新世纪土木工程系列教材

支挡结构设计

（第2版）

朱彦鹏　杨校辉　王正振　编

中国教育出版传媒集团
高等教育出版社·北京

内容提要

本书是新世纪土木工程系列教材之一，根据土木工程专业人才培养目标的要求编写，结合新颁布的与支挡结构相关的规范和标准，体现支挡结构最新研究和应用成果，融入课程思政元素，以适应土木工程专业教学改革和发展的需要。

全书分4篇共9章内容，第一篇为支挡结构设计的基本理论，包括概述，支挡结构设计计算方法，挡土墙的土压力计算；第二篇为边坡支挡结构，包括挡土墙，锚杆挡土墙，柔性支挡结构；第三篇为深基坑支护结构，包括土钉墙，排桩、地下连续墙；第四篇介绍滑坡支挡结构的相关内容。为便于教学，方便学生自学和自测，各章设有学习目标和思考题与习题。

本书可作为高等学校土木工程专业本科教材和岩土工程专业硕士研究生教材，也可供工程技术人员和科研人员参考。

图书在版编目（CIP）数据

支挡结构设计／朱彦鹏，杨校辉，王正振编．--2版．--北京：高等教育出版社，2023.1

ISBN 978-7-04-059362-4

Ⅰ.①支…　Ⅱ.①朱…　②杨…　③王…　Ⅲ.①支挡结构-结构设计-高等学校-教材　Ⅳ.①TU399

中国版本图书馆CIP数据核字（2022）第160525号

ZHIDANG JIEGOU SHEJI

策划编辑　元　方　　责任编辑　元　方　　封面设计　李小璐　　版式设计　王艳红
责任绘图　黄云燕　　责任校对　刁丽丽　　责任印制　刘思涵

出版发行　高等教育出版社
社　　址　北京市西城区德外大街4号
邮政编码　100120
印　　刷　中农印务有限公司
开　　本　787mm×1092mm　1/16
印　　张　17
字　　数　410千字
购书热线　010-58581118
咨询电话　400-810-0598
网　　址　http://www.hep.edu.cn
　　　　　http://www.hep.com.cn
网上订购　http://www.hepmall.com.cn
　　　　　http://www.hepmall.com
　　　　　http://www.hepmall.cn
版　　次　2008年6月第1版
　　　　　2023年1月第2版
印　　次　2023年1月第1次印刷
定　　价　35.50元

物 料 号　59362-00

支挡结构设计

（第2版）

1 计算机访问http://abook.hep.com.cn/1265391，或手机扫描二维码、下载并安装Abook应用。
2 注册并登录，进入"我的课程"。
3 输入封底数字课程账号（20位密码，刮开涂层可见），或通过Abook应用扫描封底数字课程账号二维码，完成课程绑定。
4 单击"进入课程"按钮，开始本数字课程的学习。

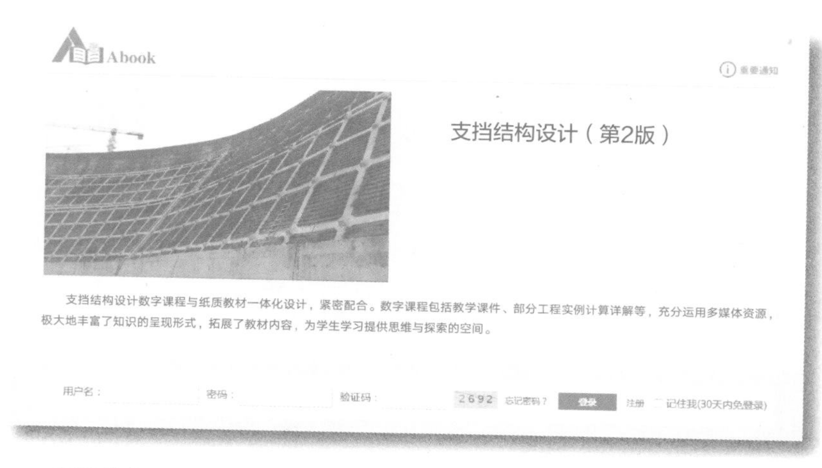

课程绑定后一年为数字课程使用有效期。受硬件限制，部分内容无法在手机端显示，请按提示通过计算机访问学习。

如有使用问题，请发邮件至abook@hep.com.cn。

http://abook.hep.com.cn/1265391

出版者的话

根据1998年教育部颁布的《普通高等学校本科专业目录(1998年)》,我社从1999年开始进行土木工程专业系列教材的策划工作,并于2000年成立了由具丰富教学经验、有较高学术水平和学术声望的教师组成的"高等教育出版社土建类教材编委会",组织出版了新世纪土木工程系列教材,以适应当时"大土木"背景下的专业、课程教学改革需求。系列教材推出以来,几经修订,陆续完善,较好地满足了土木工程专业人才培养目标对课程教学的需求,对我国高校土木工程专业拓宽之后的人才培养和课程教学质量的提高起到了积极的推动作用,教学适用性良好,深受广大师生欢迎。至今,共出版37本,其中22本纳入普通高等教育"十一五"国家级规划教材,10本纳入"十二五"普通高等教育本科国家级规划教材,5本被评为普通高等教育精品教材,2本获首届全国教材建设奖,若干本获省市级优秀教材奖。

2020年,教育部颁布了新修订的《普通高等学校本科专业目录(2020年版)》。新的专业目录中,土木类在原有土木工程,建筑环境与能源应用工程,给排水科学与工程,建筑电气与智能化等4个专业及城市地下空间工程和道路桥梁与渡河工程2个特设专业的基础上,增加了铁道工程,智能建造,土木、水利与海洋工程,土木、水利与交通工程,城市水系统工程等5个特设专业。

为了更好地帮助各高等学校根据新的专业目录对土木工程专业进行设置和调整,利于其人才培养,与时俱进,编委会决定,根据新的专业目录精神对本系列教材进行重新审视,并予以调整和修订。进行这一工作的指导思想是:

一、紧密结合人才培养模式和课程体系改革,适应新专业目录指导下的土木工程专业教学需求。

二、加强专业核心课程与专业方向课程的有机沟通,用系统的观点和方法优化课程体系结构。具体如,在体系上,将既有的一个系列整合为三个系列,即专业核心课程教材系列、专业方向课程教材系列和专业教学辅助教材系列。在内容上,对内容经典、符合新的专业设置要求的课程教材继续完善;对因新的专业设置要求变化而必须对内容、结构进行调整的课程教材着手修订。同时,跟踪已推出系列教材使用情况,以适时进行修订和完善。

三、各门课程教材要具有与本门学科发展相适应的学科水平,以科技进步和社会发展的最新成果充实、更新教材内容,贯彻理论联系实际的原则。

四、要正确处理继承、借鉴和创新的关系,不能简单地以传统和现代划线,决定取舍,而应根据教学需求取舍。继承、借鉴历史和国外的经验,注意研究结合我国的现实情况,择善而从,消化创新。

五、随着高新技术、特别是数字化和网络技术的发展,在本系列教材建设中,要充分考虑纸质教材与多种形式媒体资源的一体化设计,发挥综合媒体在教学中的优势,提高教学质量与效率。在开发研制数字化教学资源时,要充分借鉴和利用精品课程建设、精品资源共享课建设和一流本科课程尤其是线上一流本科课程建设的优质课程教学资源,要注意纸质教材与数字化资源的结合,明确二者之间的关系是相辅相成、相互补充的。

六、融入课程思政元素,发挥课程育人作用。要在教材中把马克思主义立场观点方法的教育与科学精神的培养结合起来,提高学生正确认识问题、分析问题和解决问题的能力。要注重强化学生工程伦理教育,培养学生精益求精的大国工匠精神,激发学生科技报国的家国情怀和使命担当。

七、坚持质量第一。图书是特殊的商品,教材是特殊的图书。教材质量的优劣直接影响教学质量和教学秩序,最终影响学校人才培养的质量。教材不仅具有传播知识、服务教育、积累文化的功能,也是沟通作者、编辑、读者的桥梁,一定程度上还代表着国家学术文化或学校教学、科研水平。因此,遴选作者、审定教材、贯彻国家标准和规范等方面需严格把关。

为此,编委会在原系列教材的基础上,研究提出了符合新专业目录要求的新的土木工程专业系列教材的选题及其基本内容与编审或修订原则,并推荐作者。希望通过我们的努力,可以为新专业目录指导下的土木工程专业学生提供一套经过整合优化的比较系统的专业系列教材,以期为我国的土木工程专业教材建设贡献自己的一份力量。

本系列教材的编写和修订都经过了编委会的审阅,以求教材质量更臻完善。如有疏漏之处,恳请读者批评指正!

高等教育出版社

高等教育工科出版事业部

力学土建分社

2021年10月1日

新世纪土木工程系列教材

第2版前言

本书第1版出版发行已有14年，承蒙全国高校师生厚爱，多次重印，作为土木工程专业本科和岩土工程硕士研究生课程教材，使用效果良好，编者深感欣慰。

随着我国土木工程技术的快速发展，GB 50068—2018《建筑结构可靠性设计统一标准》、GB 50009—2012《建筑结构荷载规范》的内容和要求有较大调整，JGJ 120—2012《建筑基坑支护技术规程》、GB 50330—2013《建筑边坡工程技术规范》和JTG B 01—2014《公路工程技术标准》等也有部分修改，另外，支挡结构理论和技术也取得了较大发展，相应的课程内容应随之进行调整。本次修订在章节编排和内容选取等方面进行了较大的修改，并融入课程思政元素。全书分为4篇，对不同形式的支挡结构进行了分类归纳。第一篇支挡结构设计的基本理论，主要介绍支挡结构的基本计算理论和设计原则；第二篇边坡支挡结构，主要介绍挡土墙和柔性支挡结构；第三篇深基坑支护结构，主要介绍土钉墙，排桩、地下连续墙；第四篇滑坡防治结构，主要介绍滑坡支挡结构。教学过程中可根据教学目标和要求进行取舍，土木工程专业的建筑工程方向、岩土与地下工程方向可选学第一、二、三篇内容，土木工程专业的交通土建工程方向和桥梁与渡河工程专业可选学第一、二、四篇内容，岩土工程专业研究生应学习全部内容。另外，本书第1版中有部分内容已不适应支挡结构新的发展，因此在本版修订中增加了新型支挡结构的内容，同时配套相应的数字化教学资源，希望能更好地适应目前的教学要求和支挡结构新技术的发展，并能满足工程技术人员的参考使用需求。

本书内容涉及建筑、公路、铁路、水利和矿山等多个领域，虽然理论基础相同，但是由于支挡结构形式多样，支挡结构工程存在临时和永久、不同可靠度、不同行业规范等方面的差别，因此，各章节使用相同理论时可能根据不同规范使用不同符号和表达式，希望使用者在学习过程中能够正确理解与应用。

本书由兰州理工大学朱彦鹏、杨校辉、王正振共同修订完成，其中朱彦鹏负责第1~6章和第8章部分内容，王正振负责第7章和第8章部分内容，杨校辉负责第9章，全书由朱彦鹏修改并统稿。王浩、王文龙、朱轶凡等完成了部分插图绘制和例题计算工作，在此对他们的辛勤付出表示感谢。

中国人民解放军陆军勤务学院教授、中国土木工程学会土力学及岩土工程分会非饱和土与特殊土专业委员会主任委员陈正汉教授审阅了本书稿，提出了宝贵的修改建议，使本书增色不少。在此对陈正汉教授表示衷心感谢！

由于作者水平所限，书中难免存在错误和疏漏，敬请读者批评指正。

编　者

2022年7月

第1版前言

《支挡结构设计》是为土木工程专业本科学生编写的教材，全书内容包括概述，挡土墙的土压力计算，重力式挡土墙，悬臂式挡土墙，扶壁式挡土墙，加筋土挡土墙，锚杆挡土墙，锚定板挡土墙，土钉墙，框架预应力锚杆挡土墙，排桩、地下连续墙，大型滑坡支挡结构等结构的构造与设计计算方法。本书除介绍支挡结构的基本设计计算理论外，还介绍了支挡结构在工程中应用的实例，以便教学。另外，本书还介绍了新型支挡结构（土钉墙和框架预应力锚杆挡土墙等）的最新设计计算理论和工程应用，使学习者有进一步学习和提高的空间。本书除可作为土木工程专业教材外，还可作为岩土工程和结构工程等专业硕士研究生教材，也可供土木工程技术人员参考。

本书是按照我国现行的各种最新规范，并参照土木工程专业教学指导委员会的教学大纲编写而成的。为适应土木工程专业的教学需要，在编写过程中力求理论阐述清楚，实用性强，并且每一章节都给出了设计例题，目的是尽量做到使学生通过本书的学习不但能懂得各种不同的支挡结构的结构形式、应用范围和设计计算方法，而且能够根据各种不同的环境条件选择不同支挡结构并能实际设计支挡结构。

本课程的先修课程是“土力学”“基础工程”“混凝土结构设计原理”等。本课程是主修交通土建和岩土与地下工程课程群的土木工程专业学生的专业课和建筑工程课程群的土木工程专业学生的选修课。

全书共分12章，由朱彦鹏、罗晓辉、周勇编著，主编为朱彦鹏，编写分工如下：朱彦鹏（第1章、第6章、第7章、第8章、第9章、第10章和第11章）、罗晓辉（第3章、第4章、第5章和第12章）、周勇（第2章、第11章的11.4节），全书由朱彦鹏统稿。

后勤工程学院陈正汉、周海清审阅了全部书稿，提出了很多宝贵的建议和意见，为本书增色不少，作者在此特别表示衷心的感谢！

由于本书所涉及的支挡结构内容较新，作为教材编写尚属首次，加之编者水平有限，不足之处在所难免，敬请读者批评指正。

编著者邮箱：zhuyp@ lut. cn。

编著者

2007年12月

目　录

第一篇　支挡结构设计的基本理论

第二篇　边坡支挡结构

第三篇 深基坑支护结构

第四篇　滑坡防治结构

第一篇

支挡结构设计的基本理论

第 1 章
概　　述

本章学习目标：

1. 掌握支挡结构的定义和工程应用范围；

2. 了解支挡结构的工程应用和支挡结构在工程建设中的重要性；

3. 掌握支挡结构形式的创新方法和未来发展，为学习好本门课程奠定思想基础，充分认识工程安全和经济效益的辩证统一，认识科技创新对工程技术进步和经济效益的重要贡献。

第 1 章
教学课件

在山区建设工程中，建筑工程、市政工程、公路、铁路和矿山等会遇到高低错落的建设场地，消除这些高低差均要通过修筑挡土结构来实现，这就产生了大量的支挡结构。由于场地高低差、环境条件、挖填形式、地质和水文条件等不同，就产生了不同形式的支挡结构。在城市修建地铁、城市管廊、地下工程和高层建筑时，要开挖深基坑，为了保证基坑开挖的安全，基坑周边也要进行支挡。这些用于维护边坡、滑坡和基坑开挖稳定的结构统称为支挡结构。支挡结构在土木工程各个领域得到了广泛的应用，如边坡加固、深基坑工程、斜坡稳定、滑坡防治、桥头支护和隧道口支护等。

支挡结构发展历史悠久，简易的挡土墙已有几千年的工程应用历史。我国劳动人民从远古时代就能利用土石作为挡土结构，隋代石工李春修建的赵州桥，造型美观，至今安然无恙。该桥桥台砌置于密实的粗砂层上，一千四百多年来的沉降量仅约几厘米。现在验算其基底压力约为 500~600 kPa，这与现代土力学理论给出的承载力值很接近。而作为支挡结构理论基础的土力学，发端于 18 世纪兴起了工业革命的欧洲。随着资本主义工业化的发展，为了满足向国内外扩张市场的需要，欧洲的陆上交通进入所谓“铁路时代”，因此，最初有关土力学的理论多与解决铁路路基问题有关。1773 年，法国的库仑（C.A.Coulomb）根据试验提出了著名的砂土抗剪强度公式和计算挡土墙土压力的滑楔理论。1869 年，英国的朗肯（W.J.M.Rankine）又从不同角度提出了挡土墙土压力理论。1922 年，瑞典的费伦纽斯（W.Fellenius）为解决铁路塌方问题提出了土坡稳定分析法。以上这些方法至今仍被广泛应用。1925 年，美国的太沙基（K.Terzaghi）归纳发展了以往的理论，出版了《土力学》一书，他被认为是土力学的奠基人。

时至今日，伴随着工程建设事业突飞猛进的发展，支挡结构受力分析在宏观和微观结构、本构关系与强度理论、物理模拟与数值模拟、测试与监测技术等方面取得了长足进展。电子技术和信息技术的应用为这门学科注入了新的活力，实现了测试技术的自动化，提高了理论分析的准确性，本学科已进入一个新的发展时期。

通常来说，支挡结构在山区城市建筑、公路、铁路的投资中占有很大比例，深入研究支挡结构的选型、分析和设计方法，对减少基坑支挡失效、边坡坍塌和滑移，保证公路、铁路和建筑物施工过程及使用的安全，减少滑坡对公路、铁路和建筑物的危害有重大的现实意义。

1.1 支挡结构的定义

在工程中，为解决地形高低差而采用的挡土结构称为支挡结构。常见的支挡结构形式很多，各有不同的适用范围和用途，其分类方法也有很多，一般可按照类型和结构形式、所用建筑材料、使用时间及所处的环境等因素进行划分。按照支挡结构的类型可分为边坡支挡结构、滑坡防治支挡结构和深基坑支护结构；按照结构形式可分为刚性支挡结构和柔性支挡结构；按照所用建筑材料可分为砖砌支挡结构、石砌支挡结构、混凝土支挡结构、钢筋混凝土支挡结构、土体锚固体系支挡结构、钢筋混凝土与锚固体系组合支挡结构、钢筋混凝土与钢结构组合支挡结构等；按照使用时间可分为临时性支挡结构和永久性支挡结构；按照所处的环境可分为一般地区支挡结构、浸水地区支挡结构和地震区支挡结构等。

1.1.1 边坡支挡结构

边坡支挡结构按其结构形式和受力特点可分为重力式挡土墙（图 1.1）、悬臂式挡土墙（图 1.2）、扶壁式挡土墙（图 1.3）、加筋土挡土墙（图 1.4）、土钉墙（图 1.5）、锚定板式挡土墙（图 1.6）、框架预应力锚杆（锚索、锚托板）挡土墙（图 1.7）、格宾挡土墙（图 1.8）、立柱式锚杆（锚索）支挡结构（图 1.9）和排桩预应力锚索支挡结构（图 1.10）等。

图 1.1 浆砌片石重力式挡土墙

图 1.2 施工中的悬臂式钢筋混凝土挡土墙

图 1.3　施工中的扶壁式挡土墙

图 1.4　加筋土挡土墙

图 1.5　土钉墙

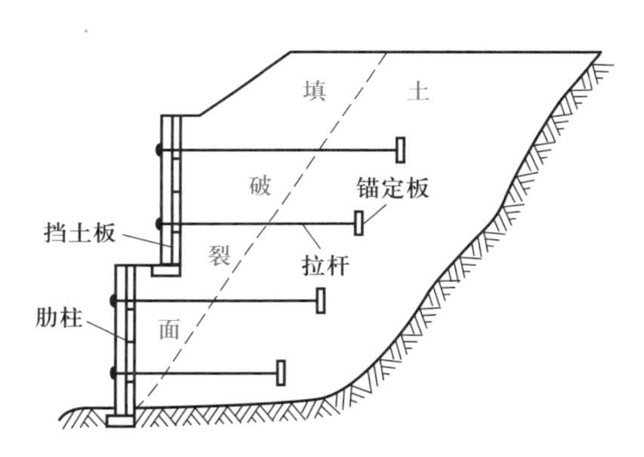

图 1.6　锚定板式挡土墙

图 1.7　框架预应力锚杆(锚索、锚托板)挡土墙

图 1.8　格宾挡土墙(钢丝石笼挡土墙)

图 1.9　立柱式锚杆(锚索)支挡结构

图 1.10　排桩预应力锚索支挡结构

也有一些工程场地边坡,自身形成的高低差就是稳定的,不需要支挡,只需要对坡面进行防护,以防雨水冲刷并美化边坡,这就产生了大量的护坡。从广义上讲护坡也属于支挡结构。由于场地高低差、环境条件、挖填形式、地质和水文条件等存在差异,就产生了不同形式的护坡。工程中常见的护坡有浆砌片石护坡(图 1.11)、菱形骨架护坡(图 1.12)、框格梁护坡(图 1.13)、孔窗式护坡(图 1.14)、草地砖护坡(图 1.15)、人字形骨架护坡(图 1.16)和拱形骨架护坡(图 1.17)等多

图 1.11　浆砌片石护坡

图 1.12　浆砌片石菱形骨架护坡

图 1.13　框格梁护坡

图 1.14　浆砌片石孔窗式护坡

种形式。随着人们对生态环境的重视，目前有大量的植物护坡在工程中得到应用（图 1.18~图 1.20）。各种工程边坡除满足边坡的功能外，已经成为一道美丽的景观，甚至成为人们休闲和健身的场所。

图 1.15　草地砖护坡

图 1.16　人字形骨架护坡

图 1.17　拱形骨架护坡

图 1.18　普通植物护坡

图 1.19　普通植物加拱形骨架护坡

图 1.20　普通植物园林护坡

1.1.2　滑坡防治支挡结构

工程建设中一般会尽量避让大型滑坡，但是当工程遇到的滑坡无法避让时，则需要进行滑坡防治。一般的滑坡防治结构包括抗滑挡土墙（图 1.21）、抗滑桩（图 1.22）、抗滑桩-锚索组合结构（图 1.23）和组合抗滑桩（1.24）等形式。这些抗滑结构必须抵抗滑坡产生的推力或者可能产生的推力，以保证工程的使用安全。

图 1.21　隧道侧抗滑挡土墙

图 1.22　抗滑桩

图 1.23　抗滑桩-锚索组合结构

图 1.24　品字形组合抗滑桩

1.1.3　深基坑支护结构

修建地下工程和高层建筑时，需要开挖工程基坑。一般的深基坑支护结构包括土钉墙支护结构（图 1.25）、复合土钉墙支护结构（图 1.26）、排桩预应力锚杆（锚索）支护结构（图 1.27）、地下连续墙（图 1.28）、排桩和地下连续墙加钢筋混凝土内撑支护结构（图 1.29 为排桩加钢筋混凝土内撑支护结构工程实例）、排桩和地下连续墙加钢结构内撑支护结构（图 1.30 为地下连续墙加钢结构内撑支护结构工程实例）和逆作法支护工程（图 1.31）等形式。

不管是边坡支挡结构、滑坡防治支挡结构，还是深基坑支护结构，这些结构都有支挡功能。通过支挡结构来保证边坡、滑坡体和基坑的稳定性，也就能保证场地在施工阶段、正常使用和极端条件下的工程安全。这些支挡结构的分析设计方法就是本门课程的研究对象。

图 1.25　土钉墙支护结构

图 1.26　复合土钉墙支护结构

图 1.27　排桩预应力锚杆(锚索)支护结构

图 1.28　地下连续墙

图 1.29　排桩加钢筋混凝土内撑支护结构

图 1.30　地下连续墙加钢结构内撑支护结构

图 1.31 深基坑盖挖逆作法支护工程

1.2 支挡结构在工程建设中的重要性

我国是一个地形和气候变化很大的国家，近年来，随着我国经济建设的高速发展，山区工程项目日益增多，边坡工程、滑坡防治工程和深基坑工程日益增多，因此，用支挡结构满足边坡、滑坡和深基坑的稳定性成为不二选择。例如，兰州市至临夏回族自治州永靖县全长 48 km 的兰永一级公路沿黄河河道建设，沿途可以欣赏黄河、湖泊、峡谷、湿地等美丽景观，被誉为“甘肃最美旅游公路”。48 km 路段有 50 多处长边坡工程，其中有 22 处超过 20 m 的高边坡，这些边坡的稳定性都是靠支挡结构实现的(图 1.32、图 1.33)。公路、铁路隧道工程进出口仰坡必须加固才能保证隧道运行安全(图 1.34)，处在斜坡上的桥墩基础边坡也需要加固(图 1.35)。为了节约耕地，山区城市兰州近年来开发了大量的低丘缓坡未利用地进行房地产开发，也产生了大量的边坡工程，为了保证边坡和建筑的安全，这些边坡都采用了新型柔性支挡结构(图 1.36、图 1.37)。山区城市的市政工程同样存在大量的边坡工程，为了保证市政设施的安全，这些边坡也需要加固(图 1.38、图 1.39)。以上这些工程中支挡结构占有很大的比重，因此，研究支挡结构对保障工程施工和使用安全、节约投资意义重大。

图 1.32 兰永一级公路多级框架预应力锚索支护

图 1.33 兰永一级公路框架预应力锚杆支护

图 1.34 高速公路隧道仰坡支护

图 1.35 高速公路桥墩基础斜坡支护

图 1.36 某房地产项目排桩框架预应力锚索支护

图 1.37 某房地产项目多级组合结构支护

图 1.38 市政河道及公园边坡支护

图 1.39 市政道路及建筑边坡支护

在山区修建高速公路、高速铁路和城市建设工程等会受到滑坡的威胁，因此，必须对滑坡体进行治理，治理的方法就是使用抗滑支挡结构(图 1.40、图 1.41)。大型水利枢纽的坝肩和库区有大量的滑坡需要治理(图 1.42、图 1.43)。滑坡灾害在我国大量存在，山区工程建设中无法避让滑坡体时，必须采用支挡的方法进行治理。因此，利用支挡结构防治滑坡同样是很重要的研究课题。

图 1.40　建设场地滑坡治理

图 1.41　抗滑桩锚索联合支护

图 1.42　水利枢纽库区滑坡治理

图 1.43　水利枢纽坝肩滑坡治理

我国经济建设处于迅猛发展的阶段，城市化进程也在加速，城市可用土地资源日益紧张，向高空及地下争取建筑空间已成为一种趋势。在此背景下，大量的高层和超高层建筑，地铁、管廊等城市地下工程投入建设，要建设这些工程必然要开挖大量的深基坑和超深基坑，开挖基坑必须进行支挡，深基坑开挖和支挡结构在工程建设投资中占有很大的比重，有些甚至超过工程造价的50%，深基坑工程的规模之大、深度之深前所未有，深基坑支护已成为岩土工程的重要研究方向，给岩土工程界提出了新的挑战。

1.3　保证支挡结构的安全稳定是土木工程工作者的历史责任

边坡、滑坡和深基坑的稳定性问题是岩土工程研究领域的重要问题之一，也是土力学中的经典问题，广泛涉及公路、铁路、水利、建筑、煤矿等基础建设工程。边坡、滑坡失稳作为一种地质灾害，一旦出现可能堵塞道路、阻断交通，严重影响铁路、公路等基础设施的安全运营，甚至威胁人民生命财产安全。近年来，滑坡灾害发生频率越来越高，规模也在渐渐扩大，对人们生产和生活产生的灾难性影响愈发严重。我国每年由滑坡、泥石流等边坡地质灾害造成的经济损失超过300 亿元人民币，其中云南省、贵州省、四川省、重庆市、陕西省、宁夏回族自治区及甘肃省等地最为严重（图 1.44、图 1.45）。工程实际中，当边坡稳定性不满足要求时，可利用支挡结构加固边坡，特别是超高边坡常采用分阶放坡的形式，且在分阶部位设平台，以提高其稳定性。多级边坡的稳定性受边坡岩土体材料、边坡级数、边坡坡率、平台宽度及加固措施的影响显著，有时由于勘察、设计和施工问题等造成的大型滑坡灾害事故也较多(图1.46、图1.47),特别是由于对支挡结构加固理论分析和设计研究不深入,而造成的工程事故也很常见。因此,深入研究边坡支挡结构分析与设计方法才是解决问题的根本途径。

图1.44 滑坡掩埋建筑物

图1.45 滑坡毁坏城市市政设施

图1.46 滑坡掩埋道路

图1.47 滑坡毁坏城市市政设施

高层建筑,地铁、管廊和城市地下工程的深基坑支护工程受城市建筑场地的限制,往往需要考虑对邻近建筑物及地下管线的影响,基坑开挖的条件愈发复杂,对基坑开挖与支护的计算与设计理论、施工技术等的要求也越来越高。深基坑工程的勘察、分析计算、设计和施工都很复杂,且属临时性质,易引发工程事故,给国家和人民生命财产带来很大的损失。因此,深入研究安全有效、造价较低的深基坑支护方法就成为土木工程工作者的重要课题。受深基坑工程建设环境和施工管理的独特性等不确定因素影响,深基坑工程通常存在较大的安全事故风险。一般深基坑工程事故的最大风险源是设计失误和施工质量问题,事故一旦发生将产生严重的损失,带来不良的社会影响。基坑支护体系失稳是经常发生的事故(图1.48)。2008年11月15日,浙江省杭州市某地铁深基坑大面积坍塌事故(图1.49),2019年6月8日,广西壮族自治区南宁市东葛路某深基坑坍塌事故(图1.50),主要是由深基坑支护失稳引起的。2009年3月19日,位于青海省西宁市商业巷的深基坑坍塌事故,就是深基坑土钉墙围护整体失稳破坏事故(图1.51)。这些工程事故损失重大,其破坏均与支挡结构设计施工有关。

图 1.48　某基坑支撑断裂导致基坑失稳

图 1.49　杭州市某深基坑围护桩折断事故

图 1.50　南宁市东葛路某深基坑排桩锚索失效破坏

图 1.51　深基坑土钉墙围护整体失稳破坏

支挡结构工程在现代土木工程中占有很重要的地位，是岩土工程理论和技术中的重要组成部分，深入研究支挡结构的分析和设计方法是土木工程工作者的历史责任。

1.4　支挡结构的新发展

传统的支挡结构以挡土墙等刚性支挡结构为主，包括重力式挡土墙、悬臂式挡土墙、扶壁式挡土墙等，抗滑结构有抗滑桩和抗滑挡土墙等，这些结构工作原理的研究比较深入，使用的范围较广，但是，这些结构有一个共同的问题，就是施工速度慢、造价高，结构的整体稳定性较差，适用范围不广，应用有一定局限性。随着技术的进步，支挡结构开始向柔性锚固方向发展，各种新型组合支挡结构和柔性支挡结构不断涌现，开辟了支挡结构发展的新领域。

20 世纪 70 年代，出现了第一个土钉墙工程，即 1972 年在法国凡尔赛附近的一处铁路路堑的边坡支护工程，从此法国、德国和美国相继在边坡中使用土钉墙这种柔性支挡结构，并研究了设计方法，编制了相关规范。随后土钉墙结构在加拿大和东南亚等国被广泛应用，美国联邦公路局经过大量工程实践和研究编制了土钉墙设计手册，使得土钉墙等柔性支挡结构在高速公路边坡工程中得到大量应用。我国香港为了治理滑坡、泥石流等灾害,从20世纪90年代开始使用土钉墙、复合土钉墙等联合支护结构防治边坡病害,并编制了采用土钉墙结构治理软填土边坡的标准。20世纪90年代,我国学者开始在煤矿巷道中使用土钉墙,已故陈肇元院士、崔京浩教授在1997年出版了《土钉支护在基坑工程中的应用》,极大地促进了柔性支护在深基坑中的应用。随后,JGJ 120—1999《建筑基坑支护技术规程》、CECS 96 : 97《基坑土钉支护技术规程》中都加入了土钉墙的内容,CECS 22—1990《土层锚杆设计与施工规范》(现已废止)对边坡锚固体系的广泛应用起到了很好的推动作用,GB 50330—2013《建筑边坡工程技术规范》、TB 10025—2019《铁路路基支挡结构设计规范》和JTG D30—2015《公路路基设计规范》也引入了土钉墙(图1.52a、b)、框架预应力锚杆等柔性支挡结构设计的相关内容。目前,柔性边坡支挡结构已经向土钉墙、土钉与锚杆联合支护、框架预应力锚杆支护结构(图1.52c、d)和排桩预应力锚索等较为复杂的支护结构发展。由于对柔性支挡结构进行空间协同作用分析时,必须考虑锚固体系、挡土结构和土体的协同工作,对永久性支护结构还必须考虑地震等偶然作用和支挡结构的耐久性,因此,给永久性柔性支挡结构的应用带来很多困难。柔性支挡结构受力性能复杂,国内外学者在这方面也进行了大量的研究工作,目前柔性支挡结构已经有可靠的分析计算理论和设计方法,为工程应用奠定了很好的基础。但是,由于柔性支挡结构的复杂性,永久性柔性支挡结构的分析与设计还有许多问题需要研究。值得高兴的是,支挡结构的数值模拟、工程现场测试、模型试验、离心机试验和振动试验研究已经不再是困难的问题。近年来我国很多学者

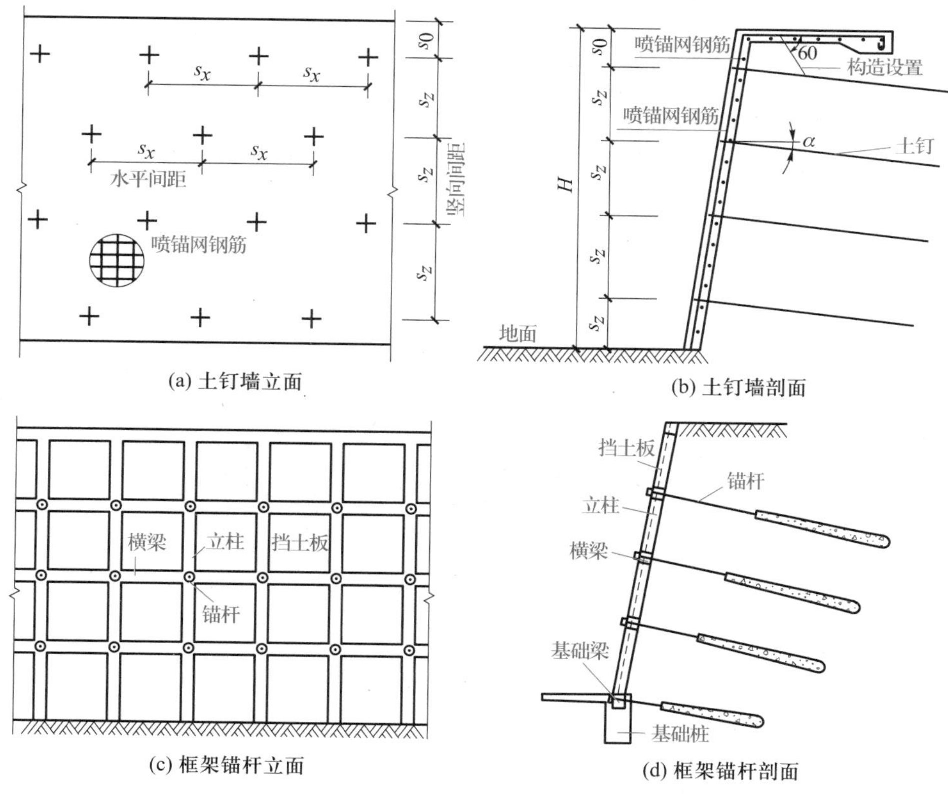

图1.52 柔性支挡结构示意图

已经就柔性支挡结构的地震作用分析展开研究，建立了土体、土钉（锚杆、锚索）及挡土结构协同工作的动力分析模型，采用非线性本构关系分析了土体、土钉（锚杆、锚索）及挡土结构在地震等动力作用下的受力和变形特性，为地震区永久性柔性支挡结构的分析设计和工程应用奠定了基础。同时，也有学者开展了降雨渗流作用下的边坡支挡结构稳定性和耐久性研究，取得了很多有益的研究成果。

随着碳达峰和碳中和工作的推进，支挡结构也出现多样性发展，目前已出现了新型太阳能挡土墙，挡土墙除满足挡土功能外还能利用边坡修建太阳能电站。在框架预应力锚杆支护的高边坡上修建太阳能高边坡工程，可实现边坡加固和太阳能供电一体化设计。以上这些新边坡工程（图 1.53~图 1.55）的出现给边坡支挡结构设计施工带来了新的挑战。

图 1.53　太阳能挡土墙一体化设计

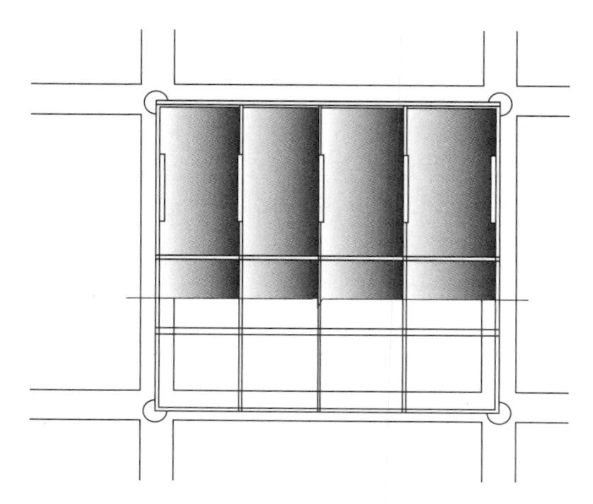

图 1.54　边坡支挡结构与太阳能一体化设计

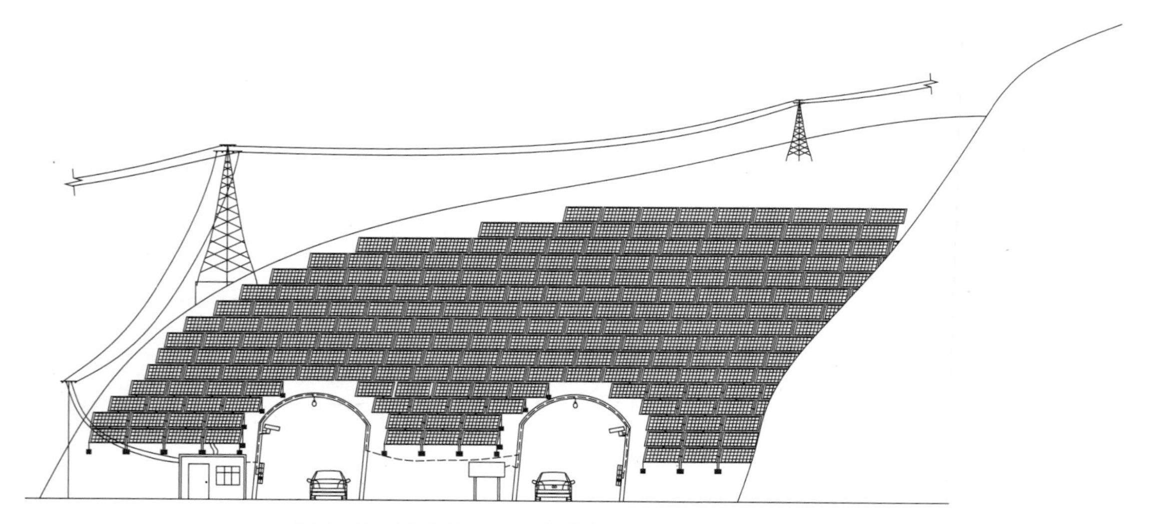

图 1.55　隧道仰坡支挡结构与太阳能供电一体化设计

1.5　支挡结构的主要学习内容和学习方法

支挡结构设计是土木工程、道路桥梁与渡河工程专业本科生,以及结构工程、岩土工程、防灾减灾及防护工程等土木类、水利类专业硕士研究生学习的一门专业课程。

1.5.1　主要学习内容

本书将支挡结构按照工程应用范围分为3部分,按照4篇9个章节展开,其中第一篇是支挡结构设计的基本理论、第二篇是边坡支挡结构、第三篇是深基坑支护结构、第四篇是滑坡防治结构,便于不同专业方向和不同要求的高校选用。建议建筑工程、岩土与地下工程方向学生选学第一、二、三篇,道路桥梁与渡河工程方向学生选学第一、二、四篇,研究生可全部选学。

本书主要包含以下学习内容:

第一篇　支挡结构设计的基本理论

第1章:支挡结构的定义、工程应用概述,学习支挡结构的重要意义。

第2章:支挡结构的分类和应用条件,设计计算原则,支挡结构设计应具有的资料和设计成果表达形式。

第3章:支挡结构的土压力计算方法。

第二篇　边坡支挡结构

第4章:重力式、悬臂式和扶壁式挡土墙的设计计算方法。

第5章:锚杆挡土墙、锚定(托)板式挡土墙、加筋土挡土墙和板桩式锚杆(索)挡土墙的设计计算方法。

第6章:加筋土挡土墙、框架预应力锚杆(索、锚托板)等柔性支护结构设计计算方法等。

第三篇　深基坑支护结构

第7章:土钉墙设计计算方法。

第8章:排桩预应力锚杆(索)、地下连续墙预应力的设计计算方法;排桩、地下连续墙内支撑支护体系设计计算方法等。

第四篇　滑坡防治结构

第9章:抗滑挡土墙、抗滑桩设计计算方法,抗滑挡土墙、抗滑桩与预应力锚索组合支挡结构的设计计算方法等。

1.5.2　学习方法

在学习完数学、理论力学、材料力学、结构力学、土力学、工程地质学、混凝土结构设计原理、钢结构设计原理、砌体结构、基础工程等课程后,可以学习支挡结构课程。

严格来说,支挡结构是结构与岩土的相互作用问题,既有结构问题,又有岩土工程问题,同时有结构与岩土的耦合作用问题,分析方法复杂,因此,在建立分析计算模型时要抓主要矛盾,不要抓住细节不放,正确理解结构与岩土的相互关系,这样才能使问题得以解决。

支挡结构分析结论是否正确与岩土工程、结构工程的相关设计计算参数取值是否正确有关,因此,正确获取岩土工程、结构工程的相关设计计算参数至关重要,因此,要分析勘察报告提供参数的正确性,不做假参数,保证分析结果的正确性。

支挡结构设计选型与地质条件、水文条件、环境条件密切相关,准确分析相关条件并考虑当地工程经验至关重要,要做到选型方向正确,才能保证分析结果的正确性。

支挡结构设计是否成功往往与地下水和地表水的处理效果密切相关,虽然本课程不研究水处理问题,但必须认识到正确处理地下水和地表水是保证支挡结构稳定的关键因素。

1.1 什么是支挡结构?

1.2 支挡结构有哪些主要应用领域?

1.3 简述支挡结构在土木工程中的地位和作用。

1.4 防止支挡结构失效的方法有哪些?

1.5 展望并简述支挡结构的未来发展。

1.6 如何理解支挡结构安全与经济效益的辩证关系?

1.7 简述支挡结构的创新发展对支护工程技术进步和工程经济的推动作用。

第 2 章

支挡结构设计计算方法

本章学习目标：

1. 了解各种类型支挡结构的特点和适用范围；
2. 掌握支挡结构的设计计算原则和设计计算方法
3. 具备合理选用不同类型支挡结构的能力，能够初步分析支挡结构设计所需条件，正确表达设计成果，树立工程建设的环境保护意识。

支挡结构的用途不同，结构破坏后产生的损失和影响不同，故支挡结构有不同的安全等级。不同形式的支挡结构对变形的控制要求和耐久性要求也不同。因此，必须深入研究各种类型支挡结构的特点和适用范围、设计计算原则和设计计算方法等，以便正确选择和设计支挡结构。

第 2 章
教学课件

2.1 各类支挡结构的特点和适用范围

支挡结构作为一种结构构筑物，其类型多种多样，其适用条件取决于支挡位置的地形、工程地质条件、水文地质条件、所用建筑材料、支挡结构的用途、施工方法、技术经济条件和当地工程经验的积累等因素。将边坡支挡结构、滑坡防治支挡结构和深基坑支护结构等不同支挡结构进行综合归类，可得常用支挡结构的特点和适用范围（表 2.1）。

表 2.1 常用支挡结构的特点和适用范围

断面形式		剖面示意图	特点和适用范围
重力式	直立式	q, b, h, H, b_1, h_1, h_2, B	特点： 1. 依靠墙身自重来平衡土压力； 2. 一般用毛石砌筑，也可用素混凝土修建； 3. 形式简单、取材容易、施工方便。 适用范围： 1. 适用于 2~6 m 高的小型挖填方边坡，可防止小型隐性边坡滑动； 2. 可用于非饱和土工程支挡结构和两侧均匀浸水条件时的风化岩石和土质边坡支挡

续表

断面形式	剖面示意图		特点和适用范围
重力式	仰斜式	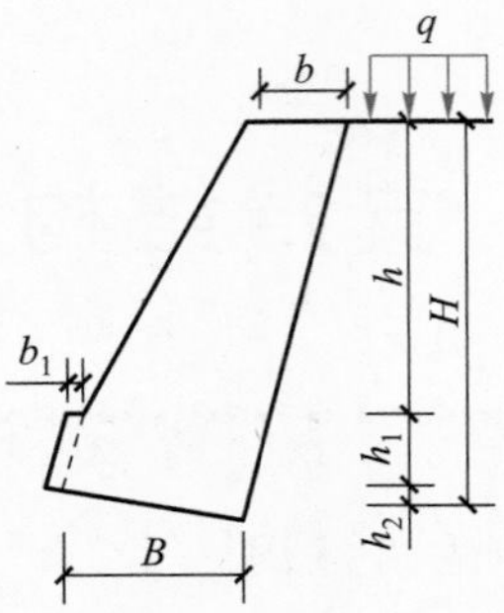	特点： 1. 依靠墙身自重来平衡土压力； 2. 一般用毛石砌筑，也可用素混凝土修建； 3. 形式简单、取材容易、施工方便。 适用范围： 1. 适用于 3～6 m 高的小型挖方边坡，可防止小型隐性边坡滑动； 2. 可用于非饱和土工程支挡结构和两侧均匀浸水条件时的风化岩石和土质边坡支挡
	俯斜式	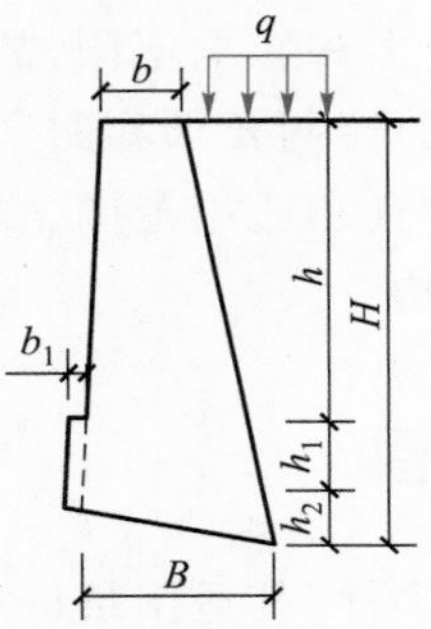	特点： 1. 依靠墙身自重来平衡土压力； 2. 一般用毛石砌筑，也可用素混凝土修建； 3. 形式简单、取材容易、施工方便。 适用范围： 1. 适用于 3～6 m 高的小型填方边坡，可防止小型隐性边坡滑动； 2. 可用于非饱和土工程支挡结构和两侧均匀浸水条件时的风化岩石和土质边坡支挡
衡重式		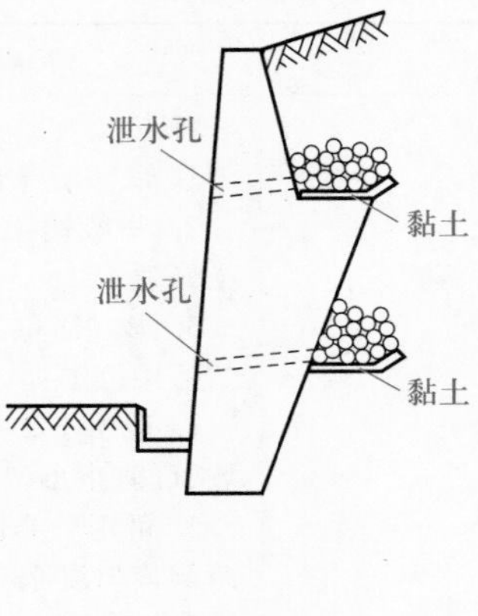	特点： 1. 卸载台（板）式挡土墙的墙背卸载台（板）可减少墙背土压力和增加稳定力矩，从而达到减少墙体圬工的目的。 2. 一般用毛石砌筑，也可用素混凝土修建； 3. 取材容易，施工相对复杂。 适用范围： 1. 适用于 6～10 m 高的填方边坡，可防止小型隐性边坡滑动； 2. 可用于非饱和土工程支挡结构和两侧均匀浸水条件时的风化岩石和土质边坡支挡

续表

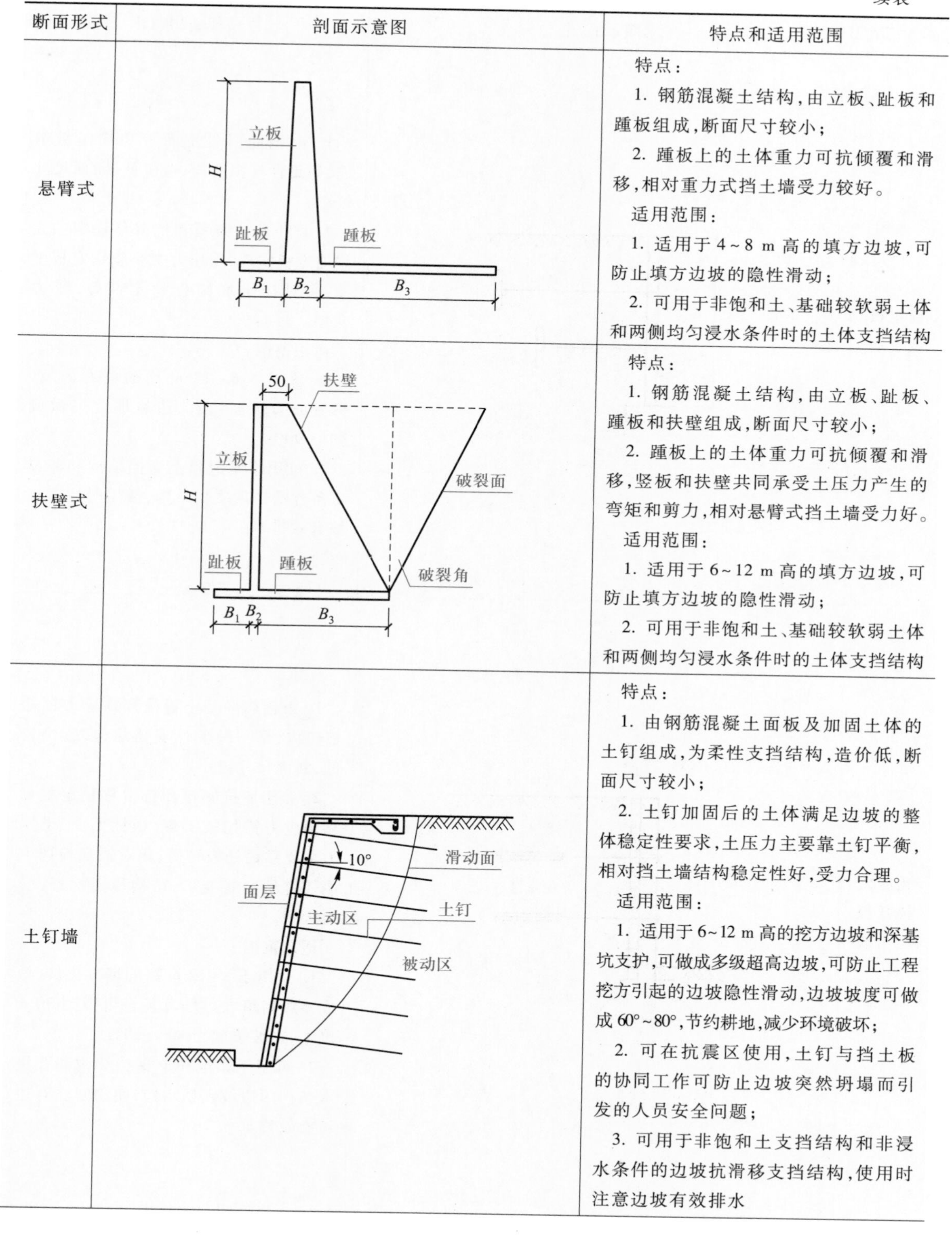

断面形式	剖面示意图	特点和适用范围
悬臂式		特点： 1. 钢筋混凝土结构，由立板、趾板和踵板组成，断面尺寸较小； 2. 踵板上的土体重力可抗倾覆和滑移，相对重力式挡土墙受力较好。 适用范围： 1. 适用于 4～8 m 高的填方边坡，可防止填方边坡的隐性滑动； 2. 可用于非饱和土、基础较软弱土体和两侧均匀浸水条件时的土体支挡结构
扶壁式		特点： 1. 钢筋混凝土结构，由立板、趾板、踵板和扶壁组成，断面尺寸较小； 2. 踵板上的土体重力可抗倾覆和滑移，竖板和扶壁共同承受土压力产生的弯矩和剪力，相对悬臂式挡土墙受力好。 适用范围： 1. 适用于 6～12 m 高的填方边坡，可防止填方边坡的隐性滑动； 2. 可用于非饱和土、基础较软弱土体和两侧均匀浸水条件时的土体支挡结构
土钉墙		特点： 1. 由钢筋混凝土面板及加固土体的土钉组成，为柔性支挡结构，造价低，断面尺寸较小； 2. 土钉加固后的土体满足边坡的整体稳定性要求，土压力主要靠土钉平衡，相对挡土墙结构稳定性好，受力合理。 适用范围： 1. 适用于 6～12 m 高的挖方边坡和深基坑支护，可做成多级超高边坡，可防止工程挖方引起的边坡隐性滑动，边坡坡度可做成 60°～80°，节约耕地，减少环境破坏； 2. 可在抗震区使用，土钉与挡土板的协同工作可防止边坡突然坍塌而引发的人员安全问题； 3. 可用于非饱和土支挡结构和非浸水条件的边坡抗滑移支挡结构，使用时注意边坡有效排水

续表

断面形式	剖面示意图	特点和适用范围
锚定板挡土墙	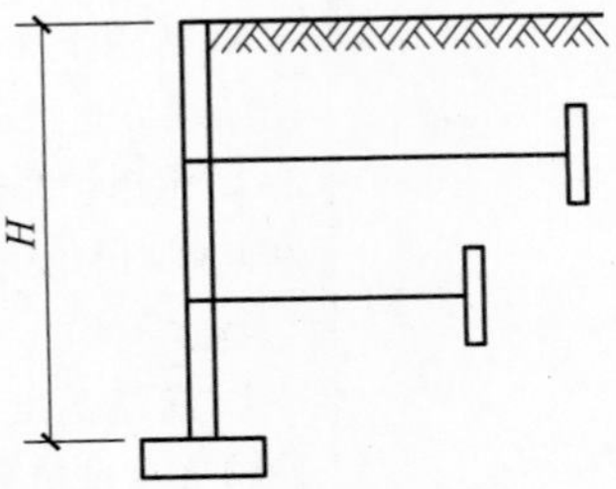 H	特点： 1. 由钢筋混凝土面板和锚定板组成，为柔性支挡结构，造价低，断面尺寸较小； 2. 挡土墙抗倾覆和抗滑移稳定主要靠锚定板实现，土压力主要靠锚定板平衡，相对挡土墙结构稳定性好，受力合理。 适用范围： 1. 适用于6～12 m高的填方边坡，可做成多级高边坡，边坡坡度可做成80°～90°； 2. 可用于非饱和土支挡结构和非浸水条件的边坡支挡结构，使用时注意边坡有效排水
预应力锚托板挡土墙	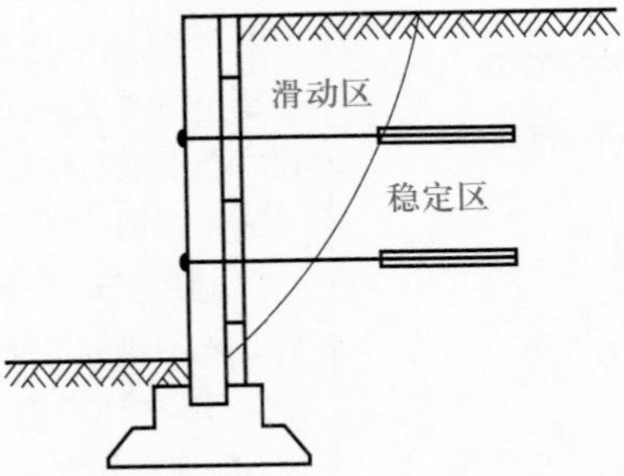 滑动区 稳定区	特点： 1. 由钢筋混凝土板柱和预应力锚托板组成，是一种柔性支挡结构，造价较低，断面尺寸较小； 2. 挡土墙抗倾覆和抗滑移稳定主要靠预应力锚托板实现，板柱挡土，土压力主要靠锚托板平衡，相对锚定板挡土墙较容易控制变形，结构稳定性好，受力合理。 适用范围： 1. 适用于8～12 m高的填方边坡，做成多级高填方边坡时甚至可做到30 m以上，边坡坡度为80°～90°； 2. 可用于非饱和土支挡结构和非浸水条件的边坡支挡结构，使用时注意边坡有效排水

续表

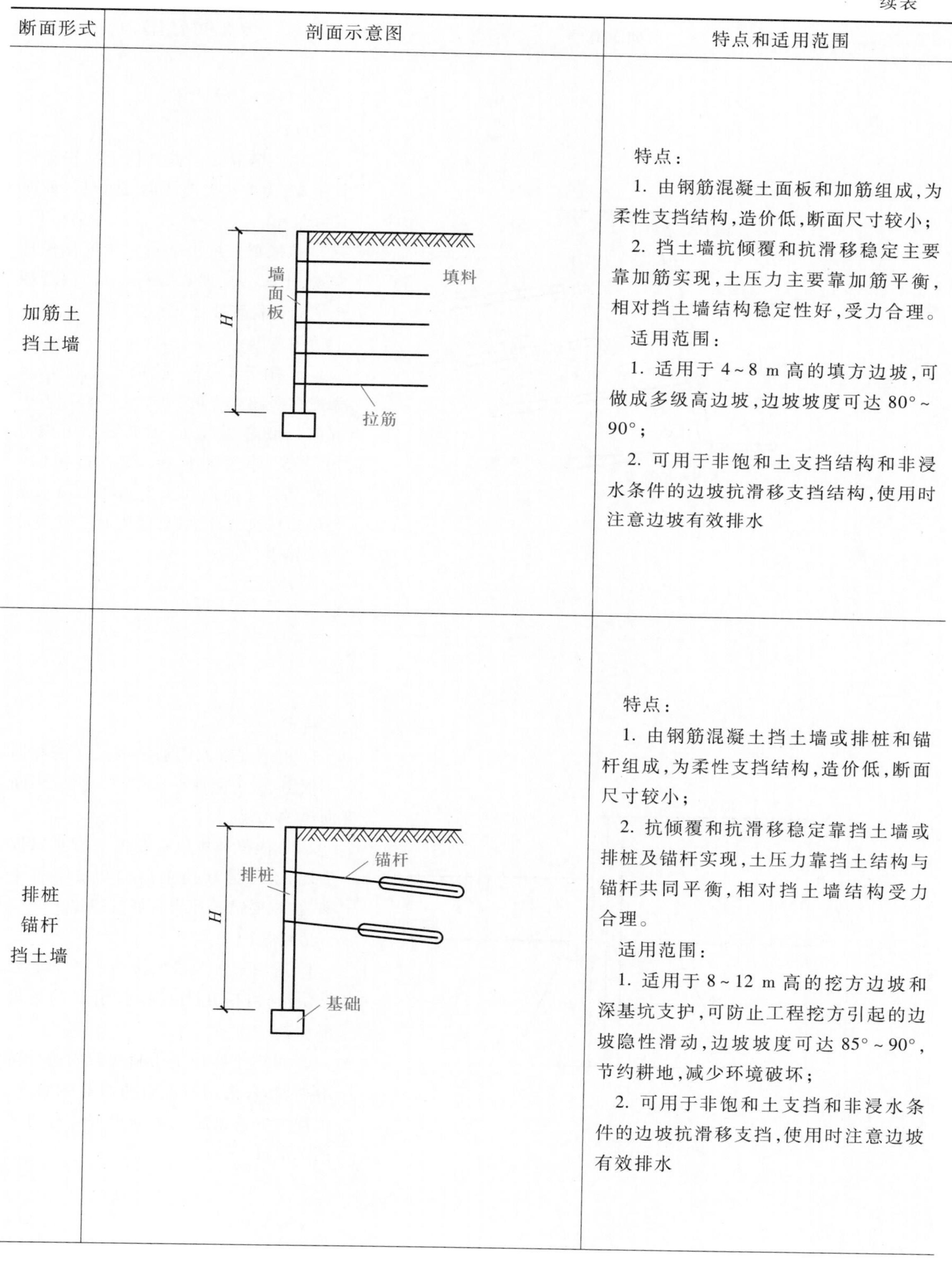

断面形式	剖面示意图	特点和适用范围
加筋土挡土墙		特点： 1. 由钢筋混凝土面板和加筋组成，为柔性支挡结构，造价低，断面尺寸较小； 2. 挡土墙抗倾覆和抗滑移稳定主要靠加筋实现，土压力主要靠加筋平衡，相对挡土墙结构稳定性好，受力合理。 适用范围： 1. 适用于 4～8 m 高的填方边坡，可做成多级高边坡，边坡坡度可达 80°～90°； 2. 可用于非饱和土支挡结构和非浸水条件的边坡抗滑移支挡结构，使用时注意边坡有效排水
排桩锚杆挡土墙		特点： 1. 由钢筋混凝土挡土墙或排桩和锚杆组成，为柔性支挡结构，造价低，断面尺寸较小； 2. 抗倾覆和抗滑移稳定靠挡土墙或排桩及锚杆实现，土压力靠挡土结构与锚杆共同平衡，相对挡土墙结构受力合理。 适用范围： 1. 适用于 8～12 m 高的挖方边坡和深基坑支护，可防止工程挖方引起的边坡隐性滑动，边坡坡度可达 85°～90°，节约耕地，减少环境破坏； 2. 可用于非饱和土支挡和非浸水条件的边坡抗滑移支挡，使用时注意边坡有效排水

续表

断面形式	剖面示意图	特点和适用范围
框架 锚杆 挡土墙	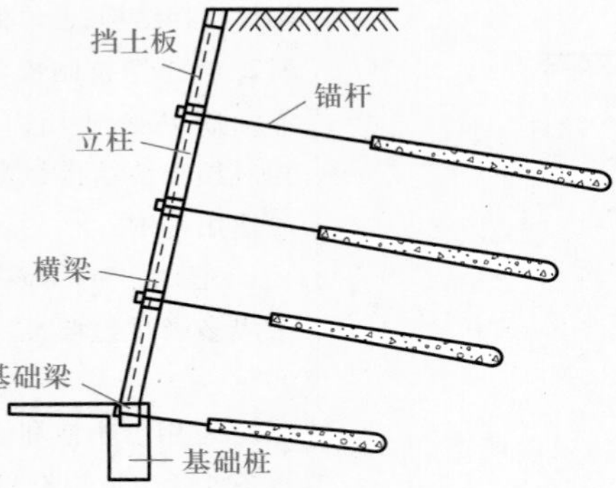	特点： 1. 由钢筋混凝土框架挡土结构和锚杆组成，为柔性支挡结构，造价低，断面尺寸较小； 2. 抗倾覆和抗滑移稳定主要靠锚杆实现，土压力主要靠锚杆平衡，相对挡土墙结构稳定性好，受力合理。 适用范围： 1. 适用于8~15 m高的挖方边坡，可做成多级超高边坡，可防止工程挖方引起的边坡隐性滑动，边坡坡度可做成70°~85°，节约耕地，减少环境破坏； 2. 可用于非饱和土支挡和非浸水条件的边坡抗滑移支挡，使用时注意边坡有效排水
抗滑桩	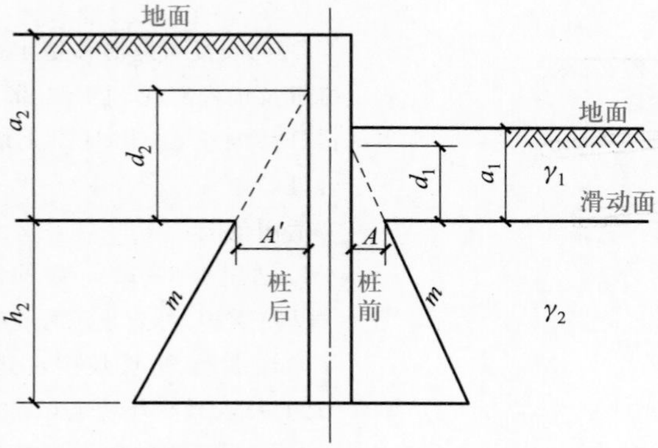	特点： 1. 由刚度很大钢筋混凝土排桩和挡土板组成，为刚性支挡结构，造价高，断面尺寸大； 2. 抗倾覆和抗滑移稳定靠排桩锚固实现，土压力靠挡土结构与抗滑桩平衡，桩端要锚固在岩石层或稳定土层。 适用范围： 1. 适用于大型滑坡抗滑支护和老滑坡防治，可防止工程挖方引起的边坡滑动； 2. 可用于各种土质和岩石的边坡抗滑移加固，使用时注意边坡有效排水，工程中少量无法躲避的滑坡工程可采用抗滑桩

续表

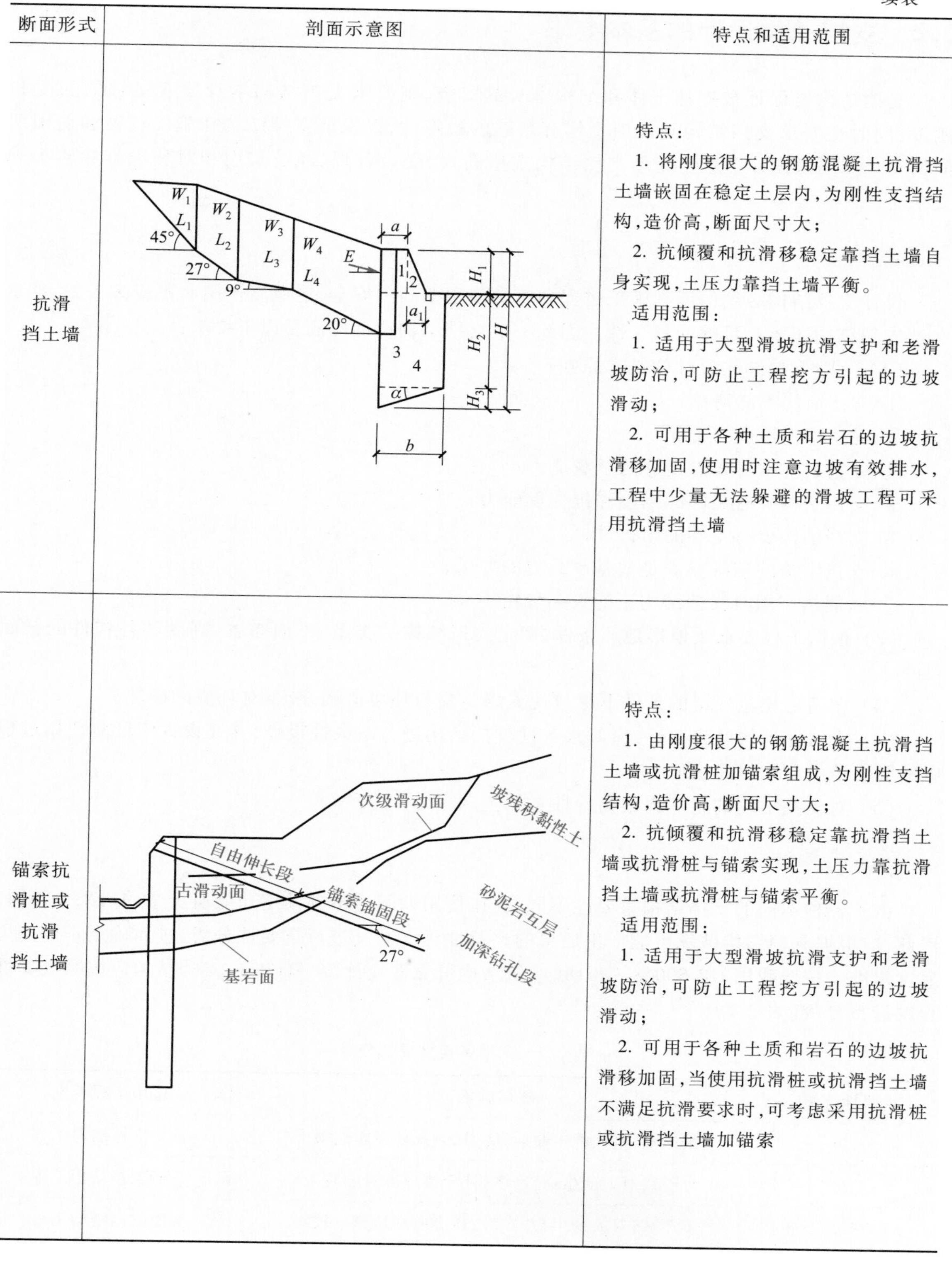

断面形式	剖面示意图	特点和适用范围
抗滑挡土墙		特点： 1. 将刚度很大的钢筋混凝土抗滑挡土墙嵌固在稳定土层内，为刚性支挡结构，造价高，断面尺寸大； 2. 抗倾覆和抗滑移稳定靠挡土墙自身实现，土压力靠挡土墙平衡。 适用范围： 1. 适用于大型滑坡抗滑支护和老滑坡防治，可防止工程挖方引起的边坡滑动； 2. 可用于各种土质和岩石的边坡抗滑移加固，使用时注意边坡有效排水，工程中少量无法躲避的滑坡工程可采用抗滑挡土墙
锚索抗滑桩或抗滑挡土墙		特点： 1. 由刚度很大的钢筋混凝土抗滑挡土墙或抗滑桩加锚索组成，为刚性支挡结构，造价高，断面尺寸大； 2. 抗倾覆和抗滑移稳定靠抗滑挡土墙或抗滑桩与锚索实现，土压力靠抗滑挡土墙或抗滑桩与锚索平衡。 适用范围： 1. 适用于大型滑坡抗滑支护和老滑坡防治，可防止工程挖方引起的边坡滑动； 2. 可用于各种土质和岩石的边坡抗滑移加固，当使用抗滑桩或抗滑挡土墙不满足抗滑要求时，可考虑采用抗滑桩或抗滑挡土墙加锚索

2.2　支挡结构设计的基本要求

支挡结构要保证被支挡土体和结构本身的安全,则要求支挡结构本身要有足够的强度和刚度,同时也要求支挡结构与被挡土体有足够的稳定性,以保证支挡结构在施工过程和使用期间的安全。同时设计中还要满足支挡结构选型新颖、受力合理、经济实用和对环境破坏较小等要求。

2.2.1　支挡结构设计的基本原则

设计支挡结构必须保证其施工过程和正常使用期间的安全,遇偶然作用时不应失去稳定,永久性支挡结构还要有足够的耐久性。因此一般支挡结构设计应满足以下要求:

(1) 一般支挡结构设计的基本原则:

① 支挡结构不能滑移;

② 支挡结构不能倾覆;

③ 支挡结构本身要有足够的承载能力;

④ 支挡结构要有足够的刚度和抗变形能力;

⑤ 支挡结构要有足够的耐久性;

⑥ 支挡结构的基础要满足地基承载力的要求;

⑦ 遇偶然作用时支挡结构不能失去稳定。

(2) 根据工程要求及地形地质条件,确定支挡结构的类型、平面布置、高度和各构件的截面尺寸。

(3) 在满足规范规定的条件下尽量使支挡结构与环境协调,减少对环境的破坏。

(4) 为保证结构的耐久性,应对永久性支挡结构进行耐久性设计,并在设计中针对使用过程中的维修给出相应的建议。

(5) 对支挡结构的施工提出指导性意见。

2.2.2　支挡结构的安全等级

由于各种不同的支挡结构重要性不同,其在使用期间达不到预定功能所产生的后果也不同。因此,应根据支挡结构破坏可能产生后果的严重性程度对其进行重要性分级,进而确定不同的可靠度水准。按照我国 GB 50068—2018《建筑结构可靠性设计统一标准》,支挡结构应按照重要性程度进行分级(表 2.2)。

表 2.2　支挡结构重要性分级

重要性等级	破坏后果	适用工程类别
一级	很严重:对人的生命、经济、社会或环境影响很大	重要支挡结构工程
二级	严重:对人的生命、经济、社会或环境影响较大	一般支挡结构工程
三级	不严重:对人的生命、经济、社会或环境影响较小	次要支挡结构工程

2.2.3　支挡结构的设计使用年限

支挡结构的设计使用年限是指结构或结构构件在设计规定的条件下，不需进行大修即可按其预定目的的使用的持续时间。设计使用年限不同于结构的实际寿命，当结构的实际使用年限超过设计使用年限时，结构仍可继续使用或经过大修后继续使用。

我国GB 50068—2018《建筑结构可靠性设计统一标准》规定的结构设计使用年限见表2.3。从表可见，不同结构的设计使用年限可以不同。结构的设计使用年限不同，其经济指标也不同。结构的设计使用年限越长，其工程投资越大。一般深基坑支护结构为临时性工程，设计使用年限可在5年以下；边坡支挡结构和滑坡防治支挡结构可与主体工程同寿命设计。

表2.3　结构设计使用年限

类别	设计使用年限/年
临时性支挡结构	5
易于替换的支挡结构构件	25
永久性支挡结构工程	50

2.2.4　支挡结构功能的极限状态

GB 50068—2018《建筑结构可靠性设计统一标准》对极限状态的定义是："整个结构或结构的一部分超过某一特定状态就不能满足设计规定的某一功能要求，此特定状态就称为该功能的极限状态。"能完成预定的各项功能时，结构处于有效状态；否则，处于失效状态。有效状态和失效状态的分界称为极限状态。

极限状态分为承载能力极限状态、正常使用极限状态和耐久性极限状态。

1. 承载能力极限状态

结构或结构构件达到最大承载能力、出现疲劳破坏或达到不适于继续承载的变形状态，称为承载能力极限状态。超过承载能力极限状态后，结构或构件就不能满足安全性的要求，因此，任何结构或结构构件都必须进行承载能力极限状态设计。

支挡结构按承载能力极限状态设计时，荷载效应的基本组合应符合式(2.1)的要求：

$$\gamma_0 S_d \leqslant R_d \tag{2.1}$$

式中：γ_0——结构重要性系数，应不小于1.0。结构安全等级为一级时，γ_0取值应不小于1.1。

S_d——荷载组合的效应设计值。

R_d——结构构件抗力的设计值。

支挡结构作为刚体失去静力平衡的承载能力极限状态设计时，荷载效应的基本组合应符合式(2.2)的要求：

$$\gamma_0 S_{d,dst} \leqslant R_{d,stb} \tag{2.2}$$

式中：γ_0——结构重要性系数，应不小于1.0。结构安全等级为一级时，γ_0取值应不小于1.1。

$S_{d,dst}$——不平衡作用效应设计值。

$R_{d,stb}$——平衡作用效应设计值。

2. 正常使用极限状态

结构或结构构件达到正常使用功能或耐久性能中的某项规定限值的状态称为正常使用极限状态。结构设计要控制结构构件的变形及裂缝,满足结构使用功能的要求。超过正常使用极限状态后,结构或构件就不能保证适用性的功能要求。

支挡结构按正常使用极限状态设计时,应根据各种支挡结构的使用要求,采用荷载效应的标准组合或准永久组合,荷载组合效应满足式(2.3)的要求:

$$S_d \leqslant C \tag{2.3}$$

式中:S_d——荷载标准组合或准永久组合的效应设计值;

C——结构或结构构件符合正常使用要求的变形、裂缝、应力、振幅及加速度等的控制值。

3. 耐久性极限状态

结构或构件在环境影响下出现的劣化达到耐久性能的某项规定限值或标志的状态称为耐久性极限状态。结构设计要控制结构构件的裂缝及材料性能劣化能满足耐久性的要求。超过耐久性极限状态后,结构或构件就不能保证耐久性的功能要求。

2.3　支挡结构设计计算的方法

支挡结构是由结构与岩土相互作用形成的一种复杂结构,支挡的方法有利用结构挡土的方法,有利用材料加固土体并与挡土结构共同挡土的方法,也有利用挡土结构加锚固体共同加固的方法。对支挡结构来说,不管使用什么样的挡土方法,其受力都比较复杂,分析方法均涉及挡土结构与岩土协同工作的问题。我国 GB 50007—2011《建筑地基基础设计规范》、JTG C20—2011《公路工程地质勘察规范》、JTG D30—2015《公路路基设计规范》、GB 50021—2001《岩土工程勘察规范(2009 年版)》、CECS 22—2005《岩土锚杆(索)技术规程》、CECS 96：97《基坑土钉支护技术规程》、GB 50330—2013《建筑边坡工程技术规范》、TB 10025—2019《铁路路基支挡结构设计规范》、JGJ 120—2012《建筑基坑支护技术规程》等,对支挡结构分析、设计的基本原则和方法做出了相关规定,但是由于行业的条块分割,这些规范的分析、设计方法不统一,本书将尽量考虑行业不同特点,给出支挡结构较为统一的分析与设计方法。

一个大型的支挡工程,需要设计规划工程师、岩土与结构工程师、施工工程师共同合作才能完成。支挡结构设计一般由岩土或结构工程师负责,与勘察、施工等方面的工作是相互关联的。

2.3.1　支挡结构设计准备工作

1. 了解工程背景

工程背景包括:工程项目的资金来源、投资规模;工程项目的建设规模、用途及使用要求;项目中规划、岩土、结构与施工的程序、内容及要求;与项目建设有关的各单位的相互关系及合作方式等。深入了解工程背景对于工程师圆满地完成支挡结构设计是有利的。

岩土或结构工程师应尽可能在规划设计阶段就参与初步设计方案的讨论,并在扩大初步设计阶段发挥积极的作用,为施工图设计奠定良好的基础。

2. 取得支挡结构设计所需要的原始资料

① 工程地质和水文地质条件。包括:支挡结构的位置及周围环境,支挡结构所在位置的地形、地貌;支挡范围内的土质构成、土层分布状况、岩土的物理力学性质、地基土的承载力、场地类别等;最高地下水位,水质有无侵蚀性等相关地质资料。

② 支挡结构的使用环境和抗震设防烈度。了解和掌握支挡结构使用环境的类别,根据支挡结构的重要性和本地区地震基本烈度确定本项工程的设防烈度。

③ 气象条件。气温条件,如最高温度、最低温度、季节温差、昼夜温差等;降水,如平均年降雨量、最大小时和日降雨量、雨量集中期等。

④ 其他技术条件。当地施工队伍的素质、水平;建筑材料、构配件及半成品供应条件;施工机械设备及大型工具供应条件;场地及运输条件;水电及动力供应条件;劳动力供应及生活条件;工期要求;等等。

3. 收集设计参考资料

应收集相关的国家和地方标准,如各种设计规范、规程等,有时还要参考国外的标准;常用设计手册、图表;支挡结构设计构造图集;国内外各种文献;以往相近工作的经验;为项目开展的一些专题研究获得的理论或试验成果;支挡结构分析所需要的计算软件及用户手册等。

4. 制订工作计划

支挡结构设计的具体工作内容;工作进度;支挡结构设计统一技术规定、措施等。

2.3.2　确定支挡结构设计方案

支挡结构设计方案的确定是支挡结构设计是否合理的关键。在初步设计阶段应对支挡结构设计方案提出初步设想;进入设计阶段后,经分析比较加以确定。

确定支挡结构设计方案的原则是:在规范的限定条件下,满足使用要求,受力合理,技术上可行,尽可能达到综合经济技术指标先进。

支挡结构设计方案的选择包括两方面的内容:支挡结构选材和支挡结构体系的选定。在方案阶段,宜先提出多种不同方案作为支挡结构设计方案的初步设想,然后进行方案的技术经济指标比较,综合考虑优选方案。

确定支挡结构设计方案,主要包括以下几个方面:

① 支挡结构设计方案与布置。支挡结构设计方案的选择除考虑支挡的重要性、使用功能、环境地质条件外还应满足表2.1列出的各种结构的适用范围。

② 细部结构方案与布置。根据支挡结构作业面上作用的荷载大小、高度和支挡结构类型可确定支挡结构的细部方案与布置方式,例如,土钉墙的土钉间距、框架预应力锚杆挡土墙的锚杆水平和竖向间距等。

③ 基础方案与布置。根据上部支挡结构形式和工程地质条件确定基础类型。

④ 支挡结构主要构造措施及特殊部位的处理。

2.3.3　支挡结构布置和结构计算简图的确定

支挡结构布置就是在支挡结构设计方案的基础上,确定各支挡结构构件之间的相关关系,例如,扶壁式挡土墙中扶壁的布置、框架预应力锚杆挡土墙中锚杆的间距等。以确定支挡结构的传力路径，初步定出结构的全部尺寸。

确定支挡结构的荷载取值和传力路径，就是使所有荷载都有唯一的传递路径，也就是说，设计者应在支挡结构的力学模型上确定各种荷载的唯一传递路径。这就要求合理地确定支挡结构的计算模型。所采用的计算模型应符合下列要求：

① 能够反映结构的实际体型、尺度、边界条件、截面尺寸、材料性能及连接方式等；

② 根据支挡结构的特点及实际受力情况，考虑施工偏差、初始位移及变形位移状况等对计算模型加以修正。

计算简图确定后，结构所承受的荷载的传力路径即可确定。

支挡结构布置所面临的问题是，支挡结构构件的尺寸不是唯一的，需要人为给定。可以用一些方法估算出构件的尺寸，但最后还是要由设计者选定尺寸。

支挡结构布置中所面临的这些选择一般要凭经验确定，有一定的技巧性，选择时，可参照有关规范、手册和指南；在没有任何经验可供借鉴的情况下，这种选择则依赖于设计者的直觉判断，带有一定的尝试性。

2.3.4 支挡结构分析与设计计算

（1）支挡结构上的荷载计算

按照支挡结构尺寸计算恒荷载的标准值和按相关规范的规定计算支挡结构上部超载的标准值，一般直接施加于支挡结构的荷载有：支挡结构构件的自重；支挡结构上部超载、挡土结构上的土压力、静水压力、波浪压力、浮力等。

能使支挡结构产生效应的作用还有：基础间发生的不均匀沉降；在温度变化的环境中，结构构件材料的热胀冷缩；地震造成的地面运动使结构产生加速度反应和外加变形；等等。

（2）支挡结构的承载力和稳定性计算

进行支挡结构分析时，应遵守以下基本原则：

① 按承载能力极限状态计算时，应按国家现行有关规范、标准规定的作用（荷载）对结构的整体进行作用（荷载）效应分析，验算其承载力和整体稳定性。

② 当支挡结构在施工和使用期间不同阶段有多种受力状况时，应分别进行分析，并按规范规定确定其最不利的作用效应组合。

③ 支挡结构可能遭遇地震、爆炸、撞击等偶然作用时，尚应按国家现行有关规范的要求进行相应的结构分析。

④ 支挡结构分析所需的各种几何尺寸，以及所采用的计算简图、边界条件、荷载的取值与组合、材料性能的计算指标、初始应力和变形状况等，应符合结构的实际工作状况，并应具有相应的构造保证措施。

支挡结构分析中所采用的各种简化和近似假定，应有理论或试验的依据，或经工程实践验证。计算结果的准确程度应符合工程设计的要求。

（3）构造设计

构造设计主要是指设计计算要求之外的构件最小尺寸、配筋（分布钢筋、架立钢筋等）、钢筋的锚固与截断、构件支承条件的正确实现及腋角等细部尺寸的确定等，这些可参考构造手册确定。目前，相当一部分支挡结构设计的内容不能通过计算确定，只能通过构造来实现；每项构造措施都有其原理，因此，构造设计也是概念设计的重要内容。

2.3.5　支挡结构设计的成果

支挡结构设计的成果主要有以下形式：

（1）支挡结构方案设计说明书

支挡结构方案设计说明书应对所确定的方案予以说明，并简要解释理由。

（2）支挡结构设计计算书

支挡结构设计计算书应对支挡结构计算简图的选取、支挡结构所受的荷载、支挡结构内力的分析方法及结果、支挡结构构件主要截面的强度计算、刚度计算和稳定性验算等，做出明确的说明。

如果采用商业化软件计算支挡结构，应说明具体的软件名称，并应对计算结果做必要的校核。

（3）支挡结构设计图纸

所有设计结果，最后必须以施工图的形式反映出来。在设计的各个阶段，都要进行设计施工图的绘制。图纸应按施工详图要求绘制，如支挡结构构件施工详图、节点构造、大样等，这部分图纸要求完全反映设计意图，包括所用建筑材料、构件具体尺寸规格、各构件之间的相关关系、施工方法、采用的标准或通用图集编号等，要达到不做任何附加说明即可施工的要求。

在工程实际中，目前已能做到支挡结构设计图纸全部采用计算机绘制。

2.1　支挡结构有哪些主要形式？它们的特点和适用范围是什么？

2.2　支挡结构有哪些基本设计原则？

2.3　哪些支挡结构为柔性支挡结构？

2.4　永久性支挡结构应考虑哪些作用或荷载？

2.5　简述支挡结构主要设计计算步骤。

2.6　设计支挡结构如何兼顾支挡结构的安全、经济和环境保护等要求？

第 3 章

挡土墙的土压力计算

本章学习目标：

1. 掌握支挡结构（挡土墙）静止土压力、主动土压力和被动土压力的计算方法；
2. 学会计算超载作用下的土压力、车辆移动荷载作用下的土压力；
3. 具备支挡结构分析计算能力。

第 3 章
教学课件

土压力是边坡支挡结构、深基坑支护结构及滑坡防治支挡结构设计中一个十分重要的参数。各种挡土墙、柔性支挡结构，支撑或不支撑的开挖，隧道支护及其他地下结构物上的土或岩石压力的计算，都需要对构件的侧向土压力有定量的估算来作为设计或稳定性分析的依据。

从广义的角度来说，土压力是指土作用在工程结构上的、作用在被土体所包围的结构物表面上的压力或这些压力的合力。这些压力由土的自重、土体所承载的恒荷载和活荷载产生，其大小由土的物理力学性质、土和结构之间的绝对位移和相对位移及变形等因素所决定。

土压力的大小和分布是超静定问题，根据挡土墙的移动情况，作用在挡土墙墙背上的土压力可以分为静止土压力、主动土压力（简称为土压力）和被动土压力（简称为土抗力）三种，其中主动土压力值最小，被动土压力值最大，而静止土压力值介于两者之间，它们与墙身位移之间的关系如图 3.1 所示。

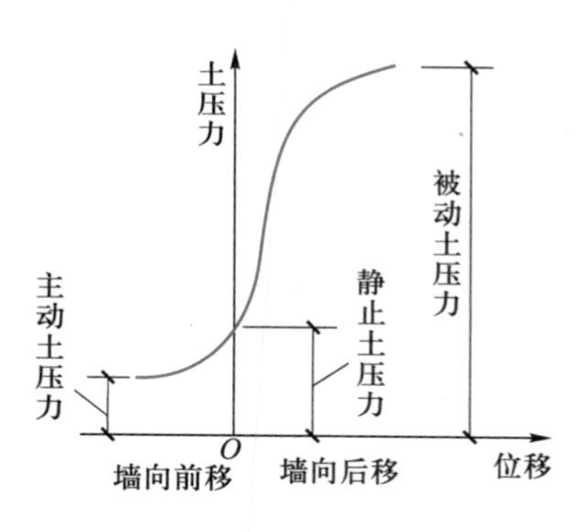

图 3.1　墙身位移与土压力的关系

3.1　静止土压力计算

修建于坚实地基中的具有足够大断面的挡土墙，在墙后填土的推力作用下，当不产生任何位移与变形时，即挡土墙绝对不动时，墙后土体由于墙背的约束而处于弹性平衡状态。此时作用于墙背上的土压力即为静止土压力。

如图 3.2 所示，取单位长度的挡土墙来分析，可根据半无限弹性体的应力状态求解静止土压力。填土表面以下任意深度 z 处 M 点取一单元体(在 M 点附近一微小正六面体),作用于单元体上的应力有竖直向的土的自重应力 σ_z、剪应力 τ_{xz}、侧向压应力 σ_x,按照弹性力学的平衡方程和相容方程有

$$\left.\begin{aligned}\frac{\partial\sigma_x}{\partial x}+\frac{\partial\tau_{xz}}{\partial z}=0\\ \frac{\partial\tau_{xz}}{\partial x}+\frac{\partial\sigma_z}{\partial z}-\gamma=0\end{aligned}\right\}\tag{3.1}$$

$$\nabla^2(\sigma_x+\sigma_z)=0\tag{3.2}$$

式中:γ——填土的重度。

$$\nabla^2=\left(\frac{\partial^2}{\partial x^2}+\frac{\partial^2}{\partial z^2}\right)$$

求解上述方程,即可求得 M 点的竖直方向和侧向(即水平方向)的应力 σ_c、p_0 为

$$\left.\begin{aligned}\sigma_c=\sigma_z=\gamma z\\ p_0=\sigma_x=\frac{\mu}{1-\mu}\gamma z\end{aligned}\right\}\tag{3.3}$$

式中:z——由填土表面至 M 点的深度;

μ——填土的泊松比,由试验确定。

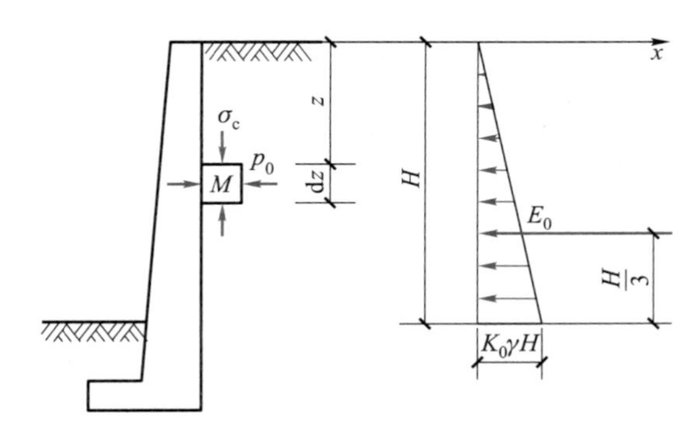

图 3.2　静止土压力计算图示

填土受到侧向压应力,它的反作用力就是要求的静止土压力。由半无限弹性体在无侧移的条件下,其侧向压应力与竖直方向的压应力之间的关系为

$$p_0=K_0\sigma_c=K_0\gamma z\tag{3.4}$$

式中:K_0——静止土压力系数,按弹性理论由式(3.3)可知

$$K_0=\frac{\mu}{1-\mu}$$

静止土压力系数 K_0 与土的种类有关,而同一种土的 K_0,还与其孔隙比、含水量、加压条件、压缩程度有关。常见的 K_0 值:黏土 $K_0=05\sim0.7$;砂土 $K_0=0.34\sim0.45$。也可以根据半经验公式计算:

$$K_0=1-\sin\varphi\tag{3.5}$$

式中：φ——填土的内摩擦角。

墙后填土表面为水平时，静止土压力按三角形分布，如图 3.2 所示，静止土压力合力为

$$E_0=\frac{1}{2}\gamma H^2 K_0 \tag{3.6}$$

式中：H——挡土墙的高度，合力作用点位于距离墙踵 $H/3$ 处。

如果墙后的填土为超固结土，将产生较大的静止土压力。在实际工程中必须注意，避免因过大的侧向压力造成挡土墙的破坏。此时静止土压力可按半经验公式(3.7)估算：

$$K_0 R=\sqrt{R}\,(1-\sin\varphi) \tag{3.7}$$

式中：R——超固结比。

$$R=\frac{p_c}{p} \tag{3.8}$$

式中：p_c——土的前期固结压力；

p——目前土的自重应力。

3.2 库仑土压力理论

3.2.1 基本假定与适用条件

作用于挡土墙的主动土压力和被动土压力可用库仑土压力理论计算，该理论由法国科学家库仑(C. A. Coulomb)于 1773 年发表。库仑土压力理论的基本假定如下：

① 挡土墙墙后填土为砂土(仅有内摩擦力而无黏聚力)；

② 挡土墙后填土产生主动土压力或被动土压力时，填土形成滑动楔体，其滑裂面为通过墙踵的平面。

库仑土压力理论有其特定的适用条件，具体为：

① 回填土为砂土。

② 滑裂面为通过墙踵的平面。

③ 填土表面倾角 β 不能大于内摩擦角 φ，否则，求得的主动土压力系数为虚根。

④ 当墙背仰斜时，土压力减小，若倾角等于 φ 时，土压力为零，实际上土压力不为零，其原因是假定破裂面为平面，而实际破裂面为曲面，故导致此误差。因此，墙背不宜缓于 1 : 0.3。

⑤ 当墙背俯斜时，若倾斜角很大，即墙背过于平缓，滑动土体不一定沿墙背滑动，而是沿土体内另一破裂面(即第二破裂面)滑动。因此，本节推导的公式不适用。

库仑土压力理论根据滑动楔体处于极限平衡状态时的静力平衡条件求解得主动土压力和被动土压力。由于假定滑裂面为平面，与实际的曲面有差异，则导致误差的出现。此差异对于主动土压力为 2%～10%；对于被动土压力与实际相差较大，随着内摩擦角 φ 的增大而增大，有时相差数倍至数十倍，如应用此被动土压力值是危险的。

3.2.2 主动土压力计算

取单位长度的挡土墙加以分析。设挡土墙墙高为 h，墙背俯斜并与竖直面之间夹角为 ρ，墙

后填土为砂土，填土表面与水平面成 β 角，墙背与土体的摩擦角为 δ。挡土墙在主动土压力作用下向前位移（平移或转动），当墙后填土处于极限平衡状态时，填土内产生一滑裂平面 BC，与水平面之间夹角为 θ。此时，形成一滑动楔体 ABC，如图 3.3a 所示。

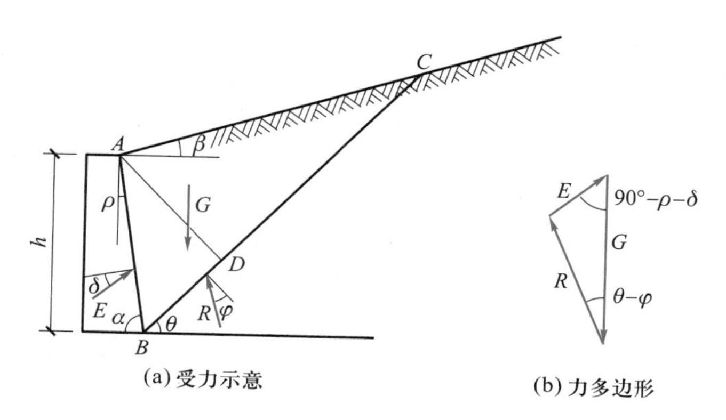

图 3.3　主动状态下滑动楔体图

为求解主动土压力，取滑动土体 ABC 为隔离体，作用于其上的力系为：土楔体自重 $G=\triangle ABC\cdot\gamma$，方向竖直向下；滑裂面 BC 上的反力 R，大小未知，但作用方向与滑裂面 BC 的法线顺时针成角 φ（φ 为土体的内摩擦角）；墙背对土体的反作用力 E，当土体向下滑动，墙对土楔的反力向上，其方向与墙背法线逆时针成 δ 角，大小未知。

滑动楔体在 G、R、E 三力作用下处于平衡状态，其封闭力三角形见图 3.3b。由正弦定理可知：

$$\frac{E}{\sin(\theta-\varphi)}=\frac{G}{\sin[180°-(\theta-\varphi+\psi)]}=\frac{G}{\sin(\theta-\varphi+\psi)}$$

$$E=\frac{\sin(\theta-\varphi)}{\sin(\theta-\varphi+\psi)}\cdot G \tag{3.9}$$

式中：$\psi=90°-\rho-\delta$

$$G=\triangle ABC\cdot\gamma=\frac{1}{2}BC\cdot AD\cdot\gamma$$

在 $\triangle ABC$ 中由正弦定理可知：

$$BC=AB\cdot\frac{\sin(90°-\rho+\beta)}{\sin(\theta-\beta)}$$

$$\because\quad AB=\frac{h}{\cos\rho}$$

$$\therefore\quad BC=h\frac{\cos(\rho-\beta)}{\cos\rho\sin(\theta-\beta)}$$

由 $\triangle ABD$ 知：

$$AD=AB\cdot\cos(\theta-\rho)=\frac{h\cos(\theta-\rho)}{\cos\rho}$$

由 AD、BC 求 G，得

$$G=\frac{\gamma h^2}{2}\cdot\frac{\cos(\rho-\beta)\cos(\theta-\rho)}{\cos^2\rho\sin(\theta-\beta)}$$

将上式所得 G 代入式(3.9)，得

$$E=\frac{\gamma h^2}{2}\cdot\frac{\cos(\rho-\beta)\cos(\theta-\rho)\sin(\theta-\varphi)}{\cos^2\rho\sin(\theta-\beta)\sin(\theta-\varphi+\psi)} \tag{3.10}$$

由式(3.10)可知 E 是滑裂面与水平线之间夹角 θ 的函数，实际作用于挡土墙上的土压力 E_a 应当是 E_{min}，即 E 的极值。由 $\frac{dE}{d\theta}=0$，求得最危险滑裂面的夹角 θ_0，将 θ_0 代入(3.10)得

$$E_a=\frac{\gamma h^2}{2}\cdot\frac{\cos^2(\varphi-\rho)}{\cos^2\rho\cos(\delta+\rho)\left[1+\sqrt{\frac{\sin(\delta+\varphi)\cdot\sin(\varphi-\beta)}{\cos(\delta+\rho)\cdot\cos(\rho-\beta)}}\right]^2}=\frac{\gamma h^2}{2}K_a \tag{3.11}$$

$$K_a=\frac{\cos^2(\varphi-\rho)}{\cos^2\rho\cos(\delta+\rho)\left[1+\sqrt{\frac{\sin(\delta+\varphi)\cdot\sin(\varphi-\beta)}{\cos(\delta+\rho)\cdot\cos(\rho-\beta)}}\right]^2} \tag{3.12}$$

式中：γ——填土的重度；

φ——填土的内摩擦角；

ρ——墙背倾角，即墙背与铅垂线之间的夹角，逆时针为正（称为俯斜），顺时针为负（称为仰斜）；

β——墙背填土表面的倾角；

δ——墙背与土体之间的摩擦角；

K_a——主动土压力系数。

由式(3.11)知：主动土压力合力的大小与墙高 h 的平方成正比。因此，主动土压力强度呈三角形分布，如图3.4所示。深度 z 处 M 点的土压力强度

$$P_{az}=\frac{dE_a}{dz}=K_a\cdot\gamma\cdot z \tag{3.13}$$

合力作用点为距墙踵 $h/3$ 处，作用方向与墙背成 δ 角。

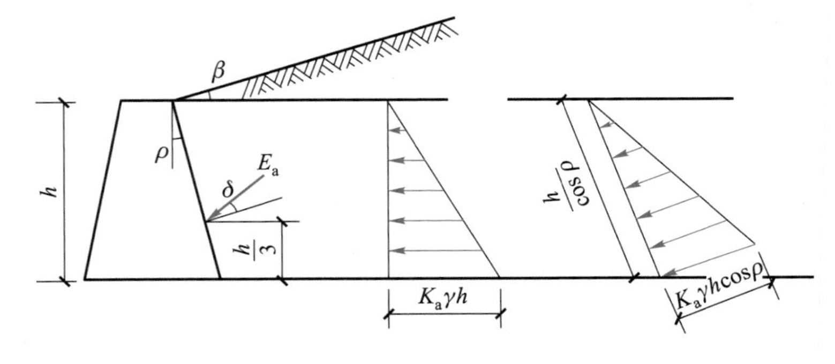

图 3.4 主动土压力强度分布图

3.2.3　被动土压力计算

若挡土墙在外力作用下向填土方向移动，直至使墙后填土沿某一滑裂面 BC 滑动而破坏。在发生破坏的瞬间，滑动楔体处于极限平衡状态。此时，作用在隔离体 ABC 上的仍是三个力：楔体 ABC 自重 G；滑裂面上的反力 R；墙背的反力 E_p。

如图 3.5 所示，除土楔体自重仍为竖直向下外，其他两力 R 及 E_p 的方向和相应法线夹角均与主动土压力计算时相反，即均位于法线的另一侧。按照求解主动土压力的原理与方法，可求得被动土压力计算公式：

$$E_p=\frac{\gamma h^2}{2}\cdot\frac{\cos^2(\varphi+\rho)}{\cos^2\rho\cos(\rho-\delta)\left[1+\sqrt{\dfrac{\sin(\varphi+\delta)\cdot\sin(\varphi+\beta)}{\cos(\rho-\delta)\cdot\cos(\rho-\beta)}}\right]^2}=\frac{\gamma h^2}{2}K_p \tag{3.14}$$

式中：K_p——被动土压力系数：

$$K_p=\frac{\cos^2(\varphi+\rho)}{\cos^2\rho\cos(\rho-\delta)\left[1+\sqrt{\dfrac{\sin(\varphi+\delta)\cdot\sin(\varphi+\beta)}{\cos(\rho-\delta)\cdot\cos(\rho-\beta)}}\right]^2} \tag{3.15}$$

被动土压力强度分布也呈三角形，被动土压力合力 E_p 作用点为距墙踵 $h/3$ 处，其方向与墙背法线顺时针成 δ 角。

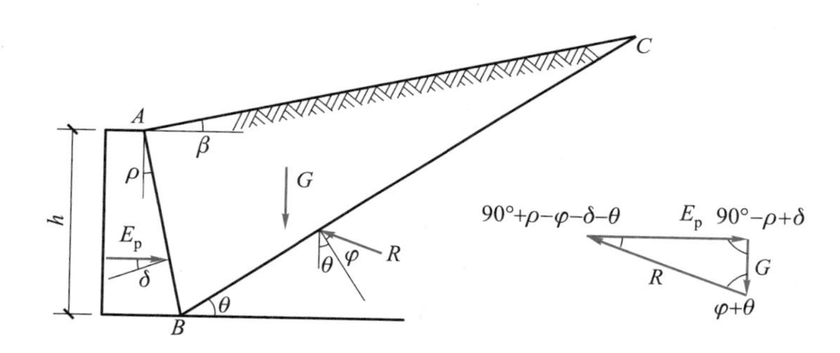

图 3.5　被动土压力计算图示

3.3　朗肯土压力理论

3.3.1　基本假定与适用条件

朗肯土压力理论是由英国学者朗肯（W. J. M. Rankine）于 1857 年提出的，其基本假定如下：

① 挡土墙墙背竖直、光滑；

② 墙后砂性填土表面水平并无限延长。

因此，砂性填土内任意水平面与墙背面均为主平面（即平面上无剪应力作用），作用于两平面上的正应力均为主应力。假定墙后填土处于极限平衡状态，应用极限平衡条件可推导出主动土压力及被动土压力公式。

朗肯土压力理论有其特定的适用条件，具体如下：

① 地面为一水平面(含地面上的均布荷载)。

② 墙背是竖直的。

③ 墙背光滑，即墙背与土体之间摩擦角 δ 为零。

④ 填土为砂性土。

⑤ 对于倾斜墙背和悬臂式挡土墙，由朗肯理论计算其土压力时，可按图 3.6 的方法处理，土压力方向都假定与地面平行；对于图 3.6a 所示的俯斜式，可假设通过墙踵的内切面 $A'B$ 为假想墙面，但土体 ABA' 的自重必须包括在力学分析中；对于图 3.6b 所示的仰斜式，可假设通过墙顶的内切面 AB' 为假想墙面，求出 E_a 后只用其水平分力 E_{ah}，因为其竖向分力和土块 ABB' 的自重对墙是不发生作用的；对于图 3.6c 所示的悬臂式钢筋混凝土挡土墙，设计时通常求出假想墙面 $A'A_2$ 上的土压力 E_a，再将底板上土块 AA_1A_2A' 的自重包括在地基压力和稳定性验算中即可。

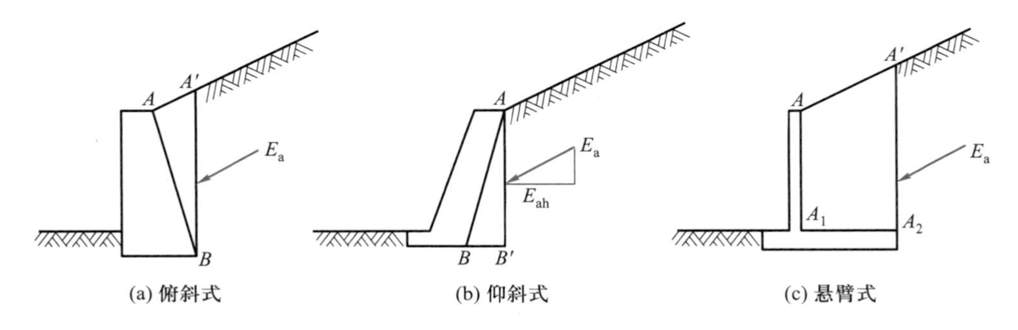

图 3.6 倾斜墙背和悬臂式挡土墙的土压力计算图示

3.3.2 主动土压力计算

分析挡土墙后填土表面以下 z 处的单元土体的应力状态，作用于上面的竖向应力为 $\gamma \cdot z$。由于挡土墙既无变形又无位移，则侧向水平应力为 $K_0\gamma z$，即为静止土压力。此点的应力圆在土的抗剪强度线下面不与其相切，如图 3.7 所示，墙后填土处于弹性平衡状态。当挡土墙在土压力作用下离开填土向前位移时，作用于单元体上的竖向应力仍为 $\gamma \cdot z$，但侧向水平应力逐渐减小。如果墙的移动量使墙后填土处于极限平衡状态，此时，应力圆与土的抗剪强度线相切，作用在单元体上的最大主压应力为 $\gamma \cdot z$，而最小主压应力为 p_a，就是我们研究的主动土压力强度。

$$p_a = \gamma \cdot z \cdot \tan^2\left(45° - \frac{\varphi}{2}\right) = \gamma z K_a \tag{3.16}$$

式中：p_a——主动土压力强度；

γ——填土的重度；

z——计算点到填土表面的距离；

K_a——主动土压力系数，$K_a = \tan^2\left(45° - \frac{\varphi}{2}\right)$；

φ——填土的内摩擦角。

发生主动土压力时的滑裂面与水平面之间的夹角为$45° + \frac{\varphi}{2}$。

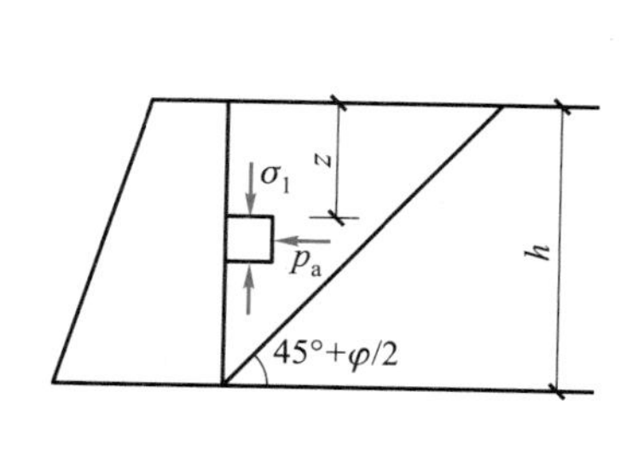

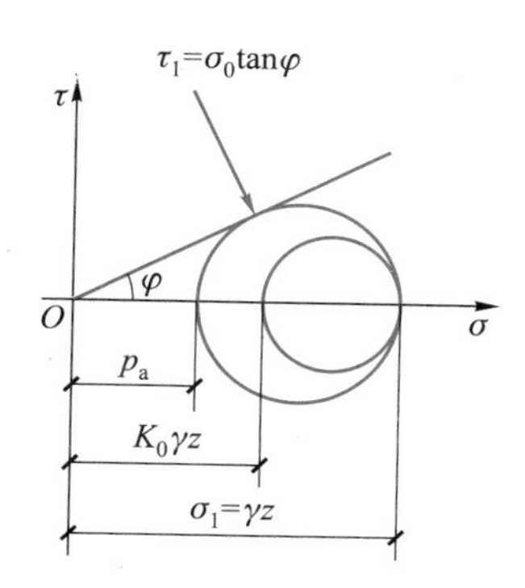

图 3.7　主动土压力计算简图

主动土压力强度与 z 成正比，沿墙高呈三角形分布，主动土压力合力为

$$E_a=\frac{\gamma h^2}{2}\tan^2\left(45°-\frac{\varphi}{2}\right)=\frac{\gamma h^2}{2}K_a \tag{3.17}$$

主动土压力合力作用线过土压力强度分布图形形心，在距墙踵 $h/3$ 处，并垂直于墙背。

3.3.3　被动土压力计算

当挡土墙在外力作用下向填土方向移动时，墙后填土被压缩。这时，距填土表面为 z 处的单元体，竖向应力仍为 $\gamma \cdot z$；而水平向应力则由静止土压力逐渐增大。如墙继续后移达到一定的数值，墙后填土会出现滑裂面，而填土处于极限平衡状态，应力圆与土的抗剪强度线相切（图 3.8），作用于单元体上的竖向应力为最小主压应力，其值为 $\gamma \cdot z$；而水平应力为最大主压应力 p_p，即我们要求的被动土压力强度。

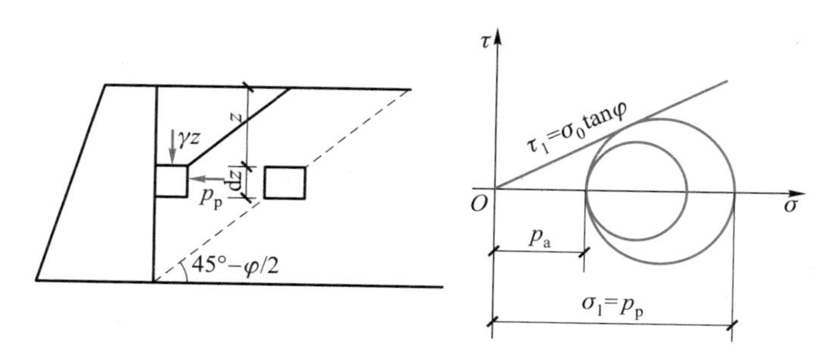

图 3.8　被动土压力计算图示

根据土体的极限平衡条件，作用在挡土墙上的被动土压力强度为

$$p_p=\gamma z\tan^2\left(45°+\frac{\varphi}{2}\right)=\gamma zK_p \tag{3.18}$$

式中：p_p——被动土压力强度；

K_p——被动土压力系数，$K_p=\tan^2\left(45°+\dfrac{\varphi}{2}\right)$。

被动土压力强度呈三角形分布。

被动土压力作用时，滑裂面与水平面之间夹角为$\left(45°-\dfrac{\varphi}{2}\right)$。

被动土压力合力：

$$E_p=\frac{\gamma h^2}{2}\tan^2\left(45°+\frac{\varphi}{2}\right)=\frac{\gamma h^2}{2}K_p \tag{3.19}$$

被动土压力合力 E_p 通过被动土压力强度分布图形的形心，在距墙踵 $h/3$ 处，并垂直于墙背。

3.4 超载作用下的土压力

在设计支挡结构时，一般应考虑地面的各种可能出现的荷载，例如施工荷载、车辆荷载、建筑物重量、建筑材料堆载等。这类荷载称为地面超载，它们的存在增加了作用于支挡结构上的土压力。确定地面超载的影响一般有两种方法：弹性力学解析法和近似简化法（如超载从地面斜线向下扩散的方法）。为了便于分析，可将地面超载简化为均布的条形荷载或集中荷载。下面讨论几种地面超载作用下的土压力计算方法。

3.4.1 填土表面满布均布荷载

在设计挡土墙时，通常要考虑填土表面有均布荷载 q 作用，一般将均布超载换算成为当量土重，即用假想土重代替均布荷载。当量土层的厚度 $h_0=q/\gamma$。

1. 填土表面水平且有均布荷载作用

假定填土表面水平，墙背竖直且光滑。应用朗肯土压力理论公式计算，作用于填土下 z 处的主动土压力强度为（如图 3.9 所示）

$$p=(q+\gamma z)K_a \tag{3.20}$$

式中：q——作用在填土表面的均布荷载；

K_a——朗肯土压力理论的主动土压力系数。

这时主动土压力强度分布图为梯形，主动土压力合力为

$$E_a=\frac{H}{2}(2q+\gamma H)K_a=\frac{\gamma H}{2}(2h_0+H)K_a \tag{3.21}$$

其作用线通过梯形形心，距墙踵的距离为

$$z_f=\frac{H}{3}\cdot\frac{3q+\gamma H}{2q+\gamma H} \tag{3.22}$$

2. 墙背倾斜、填土表面倾斜且有均布荷载作用

仍将均布荷载换算成当量土重，当量土层厚度 $h_0=q/\gamma$（如图 3.10 所示）。以此假想填土与墙背延长线交于 A' 点，故以 $A'B$ 作为假想墙背计算土压力。假想挡土墙高度为 $H+h'$，根据 $\Delta AA'D$，按正弦定理可求得

$$AA'=AD\cdot\frac{\cos\beta}{\cos(\beta-\rho)}=h_0\frac{\cos\beta}{\cos(\beta-\rho)}$$

$$h'=AA'\cdot\cos\rho=h_0\frac{\cos\beta\cos\rho}{\cos(\beta-\rho)}$$

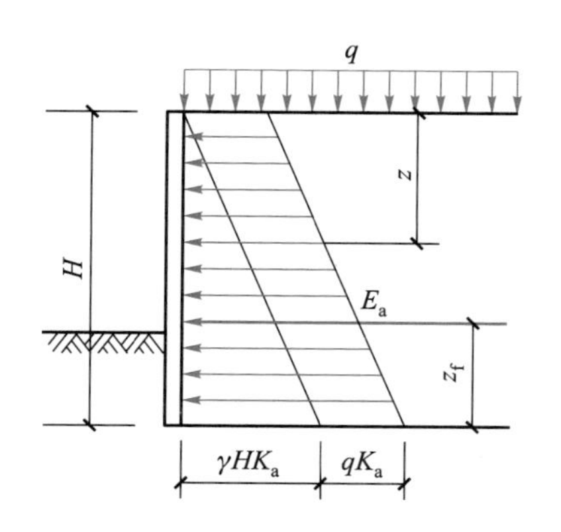

图 3.9　填土表面水平、满布均布荷载

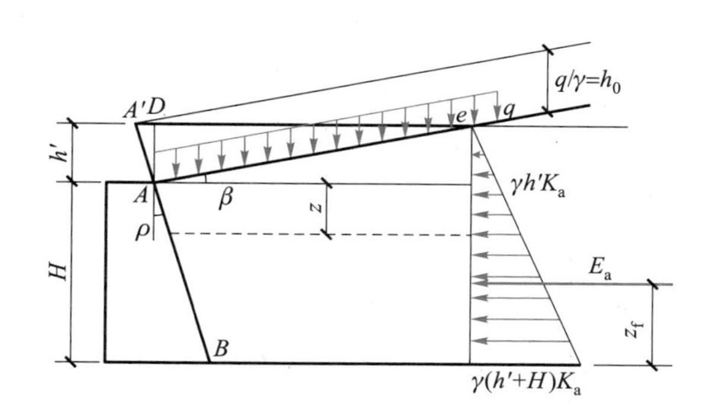

图 3.10　填土表面倾斜、满布均布荷载

主动土压力强度：

$$p_a=\gamma(h'+z)K_a \tag{3.23}$$

式中：K_a——库仑土压力理论的主动土压力系数。

主动土压力：

$$E_a=\frac{\gamma(2h'+H)H}{2}K_a \tag{3.24}$$

主动土压力作用线距墙踵的距离：

$$z_f=\frac{(3h'+H)}{(2h'+H)}\cdot\frac{H}{3} \tag{3.25}$$

3.4.2　填土表面距离墙顶有一段距离的均布荷载

如图 3.11 所示，当地面满布均布荷载的初始位置距离墙顶有一段距离时，支挡结构上的主动土压力可近似按以下方法计算：在地面超载起点 O 处作两条辅助线 OD 和 OE，与墙面交于 D、E 两点，近似认为 D 点以上的土压力不受地面超载的影响，而 E 点以下的土压力完全受地面超载的影响，D、E 两点之间的土压力按直线分布。于是挡土墙上的土压力为图中阴影部分。其中辅助线 OD 和 OE 与地表水平面的夹角分别为填土的内摩擦角 φ 和填土破裂角 θ。

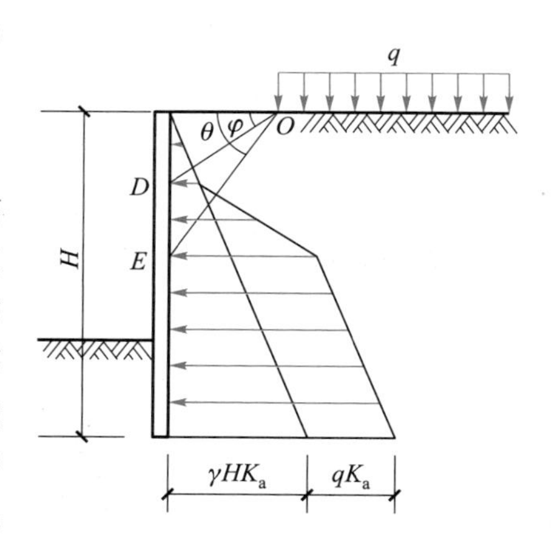

图 3.11　距墙顶有一段距离的地面均布荷载产生的侧向土压力

3.4.3　地面有局部均布荷载

当地面的均布荷载只作用在一定宽度的范围内时，通常可用图 3.12 所示的方法计算主动土压力。从均布荷载的两个端点分别作两条辅助线 OD 和 $O'E$，它们与水平线的夹角均为 θ。近似认为 D 点以上和 E 点以下的土压力不受地面超载的影响，而 D、E 两点间的土压力按满布的均布地面超载来计算。局部均布荷载作用下的土压力计算，也可采用弹性力学的方法。如图 3.13 所

示,支挡结构上各点的附加侧向土压力强度值为

$$\Delta P_{H}=\frac{2q}{\pi}(\beta-\sin\beta\cdot\cos 2\alpha) \tag{3.26}$$

式中:ΔP_{H}——附加侧向土压力强度;

q——地表局部均布荷载;

α、β——见图 3.13,单位为 rad。

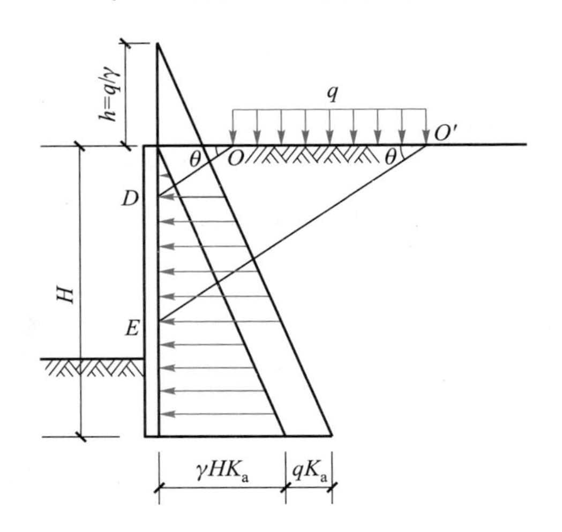

图 3.12　地面局部均布荷载产生的侧向土压力

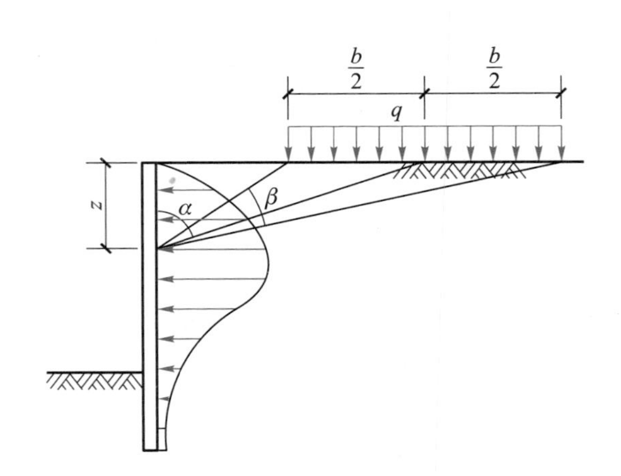

图 3.13　地面局部均布荷载引起的附加侧向土压力

3.4.4　集中荷载和纵向条形荷载引起的土压力

集中荷载引起的侧向土压力可用弹性理论计算。由此荷载引起的沿支挡结构竖向分布的主动土压力为 σ_{h},如图 3.14a 所示。

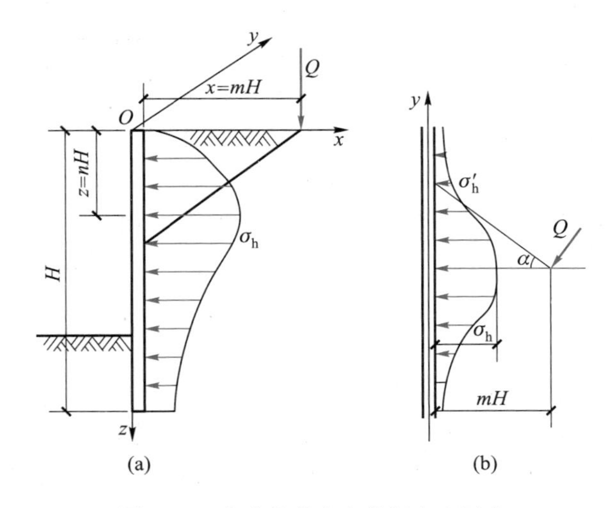

图 3.14　集中荷载产生的侧向土压力

当 $m\leqslant 0.4$ 时：

$$\sigma_h=\frac{0.28Qn^2}{H^2(0.16+n^2)^3} \tag{3.27a}$$

当 $m>0.4$ 时：

$$\sigma_h=\frac{1.77Qm^2n^2}{H^2(m^2+n^2)^3} \tag{3.27b}$$

深度为 z 处，沿支挡结构纵向即 y 方向分布的主动土压力 σ'_h 可按式(3.28)计算，如图 3.14b 所示：

$$\sigma'_h=\sigma_h\cdot\cos^2(1.1\alpha) \tag{3.28}$$

当地面超载为平行于墙体的纵向条形荷载（图 3.15）时，作用于墙背的主动土压力可用式(3.29)和式(3.30)来计算，即

当 $m\leqslant 0.4$ 时：

$$\sigma_h=\frac{0.203qn}{H(0.16+n^2)^2} \tag{3.29}$$

当 $m>0.4$ 时：

$$\sigma_h=\frac{4}{\pi}\cdot\frac{qm^2n}{H(m^2+n^2)^2} \tag{3.30}$$

上述式中：m——荷载作用点的相对距离，$m=x/H$；

n——土压力计算点的相对深度，$n=z/H$。

其余符号意义如相应图所示。

式(3.29)和式(3.30)可推广应用于相邻条形荷载引起的附加侧向土压力计算（图 3.16），但应注意式(3.29)和式(3.30)中墙高 H 应该为 H_s。H_s 为基础底面以下的支挡结构的高度。

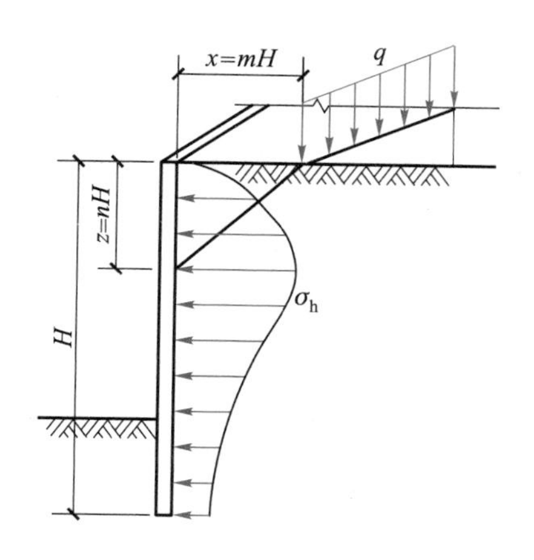

图 3.15　纵向条形荷载产生的侧向土压力

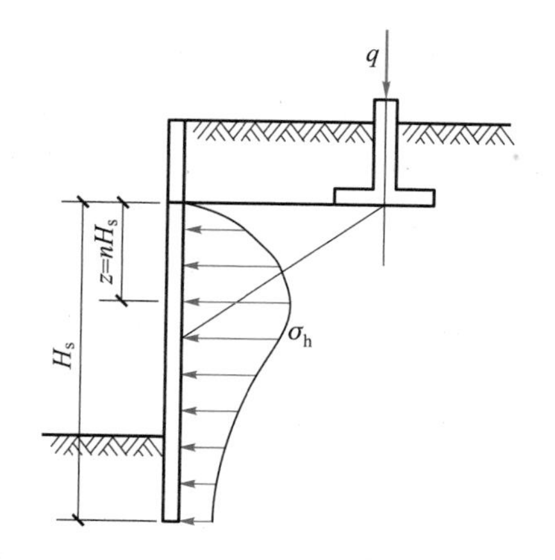

图 3.16　条形基础产生的侧向土压力

3.4.5　车辆引起的土压力

在公路桥台的挡土墙设计中，应当考虑车辆荷载引起的土压力。JTG D60—2015《公路桥涵设计通用规范》中对车辆荷载（包括汽车、履带车和挂车）引起的土压力计算方法做出了具体规

定。其计算原理是把填土破裂体范围内的车辆荷载用一个均布荷载来代替,即根据墙后破裂体上的车辆荷载换算为与墙后填土有相同重度的均布土层,求出此土层厚度 h_0 后,再用库仑理论进行计算(如图 3.17)。h_0 的计算公式为

$$h_0=\frac{\sum Q}{\gamma B_0 L} \tag{3.31}$$

式中:γ——土的重度,kN/m^3;

B_0——桥台横向全宽或挡土墙的计算长度,m;

L——桥台或挡土墙后填土的破坏棱体长度,m;

$\sum Q$——布置在 B_0L 面积内的车轮的总轴载,kN。

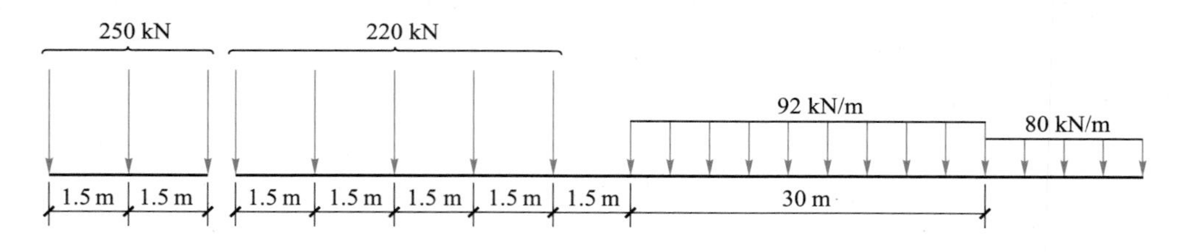

图 3.17 “中—活载”计算图示

挡土墙的计算长度 B_0 可按下式计算,但不应超过挡土墙分段长度:

$$B_0=13-H\tan 30^\circ \tag{3.32}$$

式中:H——挡土墙高度,m,对墙顶以上有填土的挡土墙,为 2 倍墙顶填土厚度加墙高。

当挡土墙分段长度小于 13 m 时,B_0 取分段长度,并应在该长度内按不利情况布置轮重。

3.4.6 铁路荷载作用下的土压力

路基面承受轨道静荷载和列车的竖向活荷载两种主要荷载。轨道静荷载根据轨道类型及其道床的标准形式尺寸进行计算;列车竖向活荷载采用中华人民共和国铁路标准荷载,其计算图式如图 3.17 所示,简称“中—活载”。活荷载分布于路基面上的宽度,自轨枕底两端向下向外按 45°扩散角计算。根据 TB 10025—2019《铁路路基支挡结构设计规范》规定,进行挡土墙力学计算时,将路基面上的轨道静荷载和列车的竖向活荷载一起换算成为与路基土重度相同的矩形土体。换算土柱作用于路基面上的分布宽度和高度按表 3.1 的规定采用。

表 3.1 客货共线铁路轨道和列车荷载

项目	单位	Ⅰ级铁路					Ⅱ级铁路
设计速度	km/h	200	160	160	120	120	≤120
钢轨自重	kg/m	60	75	60	60	50	50
混凝土轨枕型号	—	Ⅲ	Ⅲ	Ⅲ	Ⅲ	Ⅱ	Ⅱ
混凝土轨枕长度	m	2.6	2.6	2.6	2.6	2.5	2.5
铺轨根数	根	1 667	1 667	1 667	1 667	1 760	1 760
双线线间距	m	4.4	4.2	4.2	4.0	4.0	4.0
道床顶面宽度	m	3.5	3.5	3.4	3.4	3.3	3.3

续表

项目			单位	Ⅰ级铁路					Ⅱ级铁路
道床边坡坡率			—	1.75	1.75	1.75	1.75	1.75	1.75
基床表层类型	土质	道床厚度	m	—	0.5	0.5	0.5	0.45	0.45
		荷载分布宽度	m	—	3.7	3.7	3.7	3.5	3.5
		轨道单位荷载 q_1	kN/m^2	—	19.07	18.61	18.61	16.79	16.79
		列车单位荷载 q_2	kN/m^2	—	42.23	42.23	42.23	44.04	44.04
		单位荷载合计 q	kN/m^2	—	61.30	60.84	60.84	60.83	60.83
	硬质岩石	道床厚度	m	0.35	0.35	0.35	0.350	0.3	0.3
		荷载分布宽度	m	3.4	3.4	3.4	3.4	3.2	3.2
		轨道单位荷载 q_1	kN/m^2	15.47	15.51	15.11	15.11	13.24	13.24
		列车单位荷载 q_2	kN/m^2	45.96	45.96	45.96	45.96	48.82	48.82
		单位荷载合计 q	kN/m^2	61.43	61.47	61.06	61.06	62.07	62.07
	级配碎石或级配砂砾石	道床厚度	m	0.3	0.3	0.3	—	—	—
		荷载分布宽度	m	3.3	3.3	3.3	—	—	—
		轨道单位荷载 q_1	kN/m^2	14.25	14.29	13.91	—	—	—
		列车单位荷载 q_2	kN/m^2	47.35	47.35	47.35	—	—	—
		单位荷载合计 q	kN/m^2	61.60	61.64	61.26	—	—	—

注:表中列车单位荷载按普通活荷载计算。

3.5 挡土墙的地震作用

根据地震区挡土墙重要性及地基土的性质,应验算挡土墙的抗震强度和稳定性。地震时,土压力增大会造成挡土墙的破坏,因此,在地震区建造挡土墙时应考虑地震对土压力的影响。目前尚无成熟的理论计算法,国内常用的计算方法是用地震角加大墙背和填土表面坡角的算法,即假定在地震时,结构物(挡土墙)如同一个刚体固定在地基上,挡土墙上任意点的加速度与地表加速度相同,土体产生的水平惯性力作为一种附加力作用在滑动楔体上。

我国 JTG B02—2013《公路工程抗震规范》规定,应按照表 3.2 的范围和要求验算挡土墙的抗震强度和稳定性。

表 3.2 挡土墙抗震强度和稳定性验算范围

地基类型		设计基本地震动峰值加速度				
		高速公路、一级公路、二级公路			三级公路、四级公路	
		0.10g(0.15g)	0.20g(0.30g)	0.40g	<0.40g	0.40g
岩石、非液化土及非软土地基	非浸水	不验算	H>4 验算	验算	不验算	验算
	浸水	不验算	验算	验算	不验算	验算
液化土及软土地基		验算	验算	验算	不验算	验算

可采用静力法验算挡土墙墙体的抗震强度和稳定性。按静力法验算时，挡土墙第 i 截面以上墙身重心处的水平地震作用可按式（3.33）计算：

$$E_{ih}=C_{i}C_{z}A_{h}\psi_{i}G_{i}/g \tag{3.33}$$

式中：E_{ih}——第 i 截面以上墙身重心处的水平地震作用，kN；

C_i——抗震重要性修正系数，按表 3.3 取值；

C_z——综合影响系数，重力式挡土墙取 0.25，轻型挡土墙取 0.3；

A_h——水平向设计基本地震动峰值加速度；

G_i——第 i 截面以上墙身圬工的重力，kN；

ψ_i——水平地震作用沿墙高的分布系数，按下式计算取值：

$$\psi_i=\begin{cases}\dfrac{1}{3}\dfrac{h_i}{H}+1.0 & (0\leqslant h_i\leqslant 0.6H)\\[2ex] \dfrac{2}{3}\dfrac{h_i}{H}+0.3 & (0.6H<h_i\leqslant H)\end{cases} \tag{3.34}$$

h_i——挡土墙墙趾至第 i 截面的高度。

表 3.3 公路工程挡土墙抗震重要性修正系数 C_i

公路等级	挡土墙重要程度	抗震重要性修正系数 C_i
高速公路、一级公路	抗震重点工程	1.7
	一般工程	1.3
二级公路	抗震重点工程	1.3
	一般工程	1.0
三级公路	抗震重点工程	1.0
	一般工程	0.8
四级公路	抗震重点工程	0.8

注：抗震重点工程指破坏后抢修困难的挡土墙工程。

位于斜坡上的挡土墙，作用于其重心处的水平向总地震作用可按式（3.35）、式（3.36）计算。

岩基：

$$E_h=0.30C_iA_hW/g \tag{3.35}$$

土基：

$$E_h=0.35C_iA_hW/g \tag{3.36}$$

式中：E_h——作用于挡土墙重心处的水平向总地震作用，kN；

W——挡土墙的总重力。

路肩挡土墙的地震主动土压力可按公式（3.37）计算：

$$E_{ea}=\frac{1}{2}\gamma H^2K_a(1+0.75C_iK_h\tan\varphi) \tag{3.37}$$

式中：E_{ea}——地震时作用于墙背每延米长度上的主动土压力，kN/m，其作用点为距墙底 0.4H 处；

γ——土的重度，kN/m^3；

H——墙身高度，m；

K_a——非地震作用下作用于挡土墙墙背的主动土压力系数，按式(3.38)计算：

$$K_a=\cos^2\varphi/(1+\sin\varphi)^2 \tag{3.38}$$

φ——墙背土的内摩擦角，(°)。

其他挡土墙的地震主动土压力可按式(3.39)计算(图 3.18)：

$$E_{ea}=\left[\frac{1}{2}\gamma H^2+qH\frac{\cos\alpha}{\cos(\alpha-\beta)}\right]K_a-2cHK_{ca} \tag{3.39}$$

式中：γ——土的重度，kN/m^3，水下采用浮重度；

H——墙身高度，m；

q——滑裂楔体上的均布荷载标准值，地面倾斜时为单位斜面积上的重力标准值，kPa；

α——墙面与竖直方向之间的夹角，(°)；

β——填土表面与水平面的夹角，(°)；

c——黏性填土的黏聚力，kPa，砂性土时 $c=0$；

K_a——地震主动土压力系数；

K_{ca}——系数。

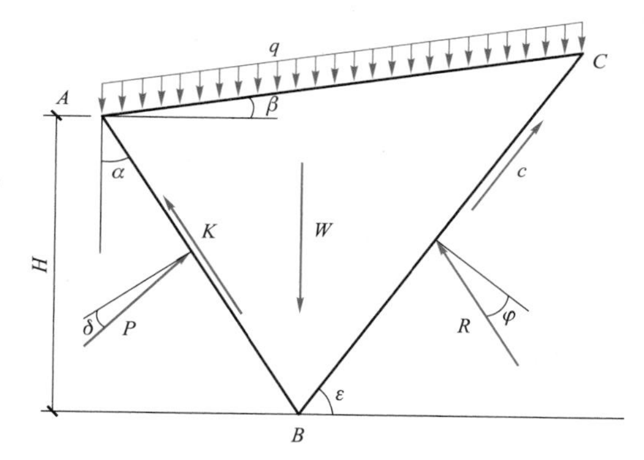

图 3.18　地震土压力计算示意图

式(3.39)中，K_a 可按式(3.40)计算：

$$K_a=\frac{\cos^2(\varphi-\alpha-\theta)}{\cos\theta\cos^2\alpha\cos(\alpha+\delta+\theta)\left[1+\sqrt{\frac{\sin(\varphi+\delta)\sin(\varphi-\beta-\theta)}{\cos(\alpha-\beta)\cos(\alpha+\delta+\theta)}}\right]^2} \tag{3.40}$$

式中：φ——填土的内摩擦角，(°)；

δ——填土与挡土墙的摩擦角，(°)；

θ——地震角，(°)，按表 3.4 取值。

表 3.4　地震角取值

设计基本地震动峰值加速度		0.10g(0.15g)	0.20g(0.30g)	0.40g
θ/(°)	水上	1.5	3.0	6.0
	水下	2.5	5.0	10.0

式(3.39)中，K_{ca}可按式(3.41)计算：

$$K_{ca}=\frac{1-\sin\varphi}{\cos\varphi} \tag{3.41}$$

地震被动土压力可按式(3.42)计算：

$$E_{ep}=\left[\frac{1}{2}\gamma H^2+qH\frac{\cos\alpha}{\cos(\alpha-\beta)}\right]K_{psp}+2cHK_{cp} \tag{3.42}$$

式中：K_{psp}——地震被动土压力系数，按式(3.43)计算；

K_{cp}——系数，按式(3.44)计算。

$$K_{psp}=\frac{\cos^2(\varphi+\alpha-\theta)}{\cos\theta\cos^2\alpha\cos(\alpha-\delta+\theta)\left[1+\sqrt{\frac{\sin(\varphi+\delta)\sin(\varphi+\beta-\theta)}{\cos(\delta+\theta-\alpha)\cos(\alpha-\theta)}}\right]} \tag{3.43}$$

$$K_{cp}=\frac{\sin(\varphi-\theta)+\cos\theta}{\cos\theta\cos\varphi} \tag{3.44}$$

挡土墙的抗震稳定性验算可参照 JTG 3363—2019《公路桥涵地基与基础设计规范》的相关规定进行，其抗滑动稳定性系数 k_c 不应小于 1.1，抗倾覆稳定性系数 k_0 不应小于 1.2。

思考题与习题

3.1 土压力分为哪几种？影响土压力的因素有哪些？

3.2 何谓静止土压力？何谓主动土压力？何谓被动土压力？

3.3 库仑土压力理论和朗肯土压力理论的适用条件分别是什么？

3.4 超载作用下的土压力都有哪些情况？

3.5 已知某挡土墙高度为 4.5 m，墙背竖直光滑，墙后填土水平，填土为干砂，重度 $\gamma=16.5\ \text{kN/m}^3$，内摩擦角 $\varphi=24°$。试计算作用在挡土墙上的静止土压力 E_0 和主动土压力 E_a。

3.6 某挡土墙高度 $H=8$ m，墙背竖直光滑，墙后填土表面水平。填土上作用有均布荷载 $q=20\ \text{kN/m}^2$。墙后填土分为两层：上层为粉质黏土，重度 $\gamma_1=16.8\ \text{kN/m}^3$，内摩擦角 $\varphi_1=22°$，层厚 $h_1=2.5$ m；下层为粗砂，重度 $\gamma_2=18.5\ \text{kN/m}^3$，内摩擦角 $\varphi_2=32°$。地下水位距离墙顶 5 m，水下粗砂的饱和重度 $\gamma_{sat}=20\ \text{kN/m}^3$。试计算作用在此挡土墙上的总主动土压力和水压力。

3.7 某挡土墙高度 $H=6.2$ m，墙背竖直光滑，墙后填土表面水平。填土上作用有均布荷载 $q=15\ \text{kN/m}^2$。墙后填土分为两层：上层土重度 $\gamma_1=18.2\ \text{kN/m}^3$，内摩擦角 $\varphi_1=24°$，黏聚力 $c_1=16$ kPa，层厚 $h_1=3.6$ m；下层土重度 $\gamma_2=19.5\ \text{kN/m}^3$，内摩擦角 $\varphi_2=22°$，黏聚力 $c_2=10$ kPa。试计算作用在此挡土墙上的土压力合力及其作用位置。

第二篇

边坡支挡结构

第4章 挡土墙

本章学习目标：

1. 熟练掌握重力式（衡重式）、悬臂式和扶壁式挡土墙的设计计算方法及构造；
2. 具备设计和施工重力式（衡重式）、悬臂式和扶壁式挡土墙的能力；
3. 理解掌握几种挡土墙的选型条件、墙高与经济性的关系。

通常将重力式挡土墙、悬臂式挡土墙和扶壁式挡土墙这几种刚度较大、计算模型可简化为刚性的支挡结构简称为挡土墙。挡土墙在边坡支挡结构中占有很大的比例，一般在建筑工程、公路和铁路等交通工程、水利工程、市政工程和矿山工程中非常常见。

第4章
教学课件

4.1 重力式挡土墙设计

当支挡土体高度不高（2~4 m之间），属于挖方或填方边坡时，可采用重力式挡土墙，重力式挡土可采用毛石（片石）砌筑，也可采用素混凝土浇筑。当支挡土体较高（4~8 m之间）时，可采用衡重式挡土墙，衡重式挡土墙可采用浆砌片石（毛石）或素混凝土砌筑，卸载平台可做成钢筋混凝土结构。

4.1.1 重力式挡土墙构造及设计方法

1. 重力式挡土墙的构造

挡土墙的构造必须满足强度和稳定性的要求，同时考虑就地取材、结构合理、断面经济、施工养护方便与安全等因素。常用的重力式挡土墙，一般由墙身、基础、排水设施和伸缩缝等部分组成。

（1）墙身构造

① 墙背。重力式挡土墙的墙背可做成仰斜、俯斜、直立、凸形折线和衡重式等形式（图4.1）。仰斜式挡土墙（图4.1a）所受的土压力小，故墙身断面较经济。墙身与开挖面边坡较贴合，故土方开挖量与回填量均较小，但当墙趾处地面横坡较陡时，会使墙身增高，断面增大。故仰斜墙背适用于路堑墙及墙趾处地面平坦的路肩墙或路堤墙。仰斜墙背的坡度不宜缓于1∶0.3，以免施工

困难。

俯斜式挡土墙(图 4.1b)所受的土压力较大。在地面横坡陡峻时,俯斜式挡土墙可采用陡直的墙面,以便减小墙高。俯斜墙背也可做成台阶形,以增加墙背与填料间的摩擦力。

直立式挡土墙(图 4.1c)的特点介于仰斜和俯斜墙背之间。

凸形折线式挡土墙(图 4.1d)将仰斜式挡土墙的上部墙背改为俯斜,以减小上部断面尺寸,多用于路堑墙,也可用于路肩墙。

衡重式挡土墙(图 4.1e)在上下墙之间设卸载台,并采用陡直的墙面,可以大大减小墙背的土压力作用,并且卸载台的形式不同,其卸载效果差异也较大。适用于山区地形陡峻处的路肩墙和路堤墙,也可用于路堑墙。上墙俯斜墙背的坡度为 1∶0.25~1∶0.45,下墙仰斜墙背的坡度在 1∶0.25 左右,上下墙的墙高比一般为 2∶3。

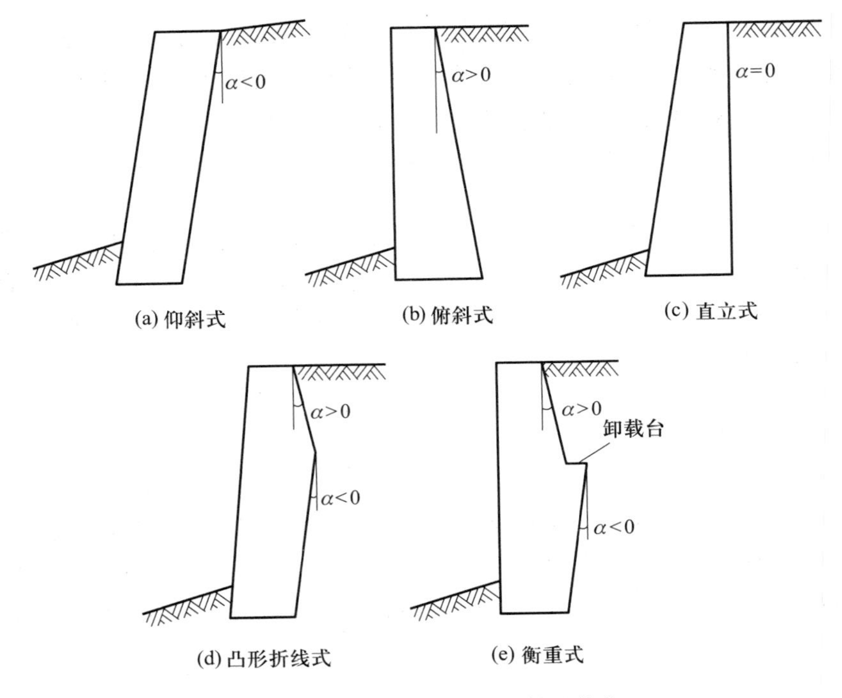

图 4.1　重力式挡土墙的断面形式

② 墙面。墙面一般均为平面,其坡度应与墙背坡度相协调。墙面坡度直接影响挡土墙的高度。因此,在地面横坡较陡时,墙面坡度一般为 1∶0.05~1∶0.20。矮墙可采用陡直墙面,地面平缓时,一般采用 1∶0.20~1∶0.35 较为经济。

③ 墙顶。墙顶最小宽度,浆砌片石挡土墙不小于 500 mm,干砌片石挡土墙不小于 600 mm。浆砌片石路肩墙墙顶一般宜采用粗料石或混凝土做成顶帽,厚 400 mm。如不做顶帽,则为路堤墙和路堑墙,墙顶应以大块石砌筑,并用砂浆勾缝,或用 M7.5 砂浆抹平顶面,砂浆厚 20 mm。干砌片石挡土墙墙顶 500 mm 高度内,应用 M10 砂浆砌筑,以增加墙身稳定。干砌片石挡土墙的高度一般不宜大于 6 m。

④ 护栏。为保证交通及支挡结构附属建筑物和环境的安全,应在地形险峻地段或过高过长

的路肩墙的墙顶设置护栏。护栏内侧边缘距路面边缘的最小宽度：二、三级公路不小于0.75 m，四级公路不小于0.5 m。

（2）挡土墙基础

地基不良或挡土墙基础处理不当，往往会引起挡土墙的破坏，因此必须重视挡土墙的基础设计。应事先对地基的地质条件做详细调查，必要时进行挖探或钻探，然后再确定基础类型与埋置深度。

① 基础类型。绝大多数挡土墙都直接修筑在天然地基上。当地基承载力不足，地形平坦而墙身较高时，为了减小基底压应力和增加抗倾覆稳定性，常常采用扩大基础（图4.2a），将墙趾或墙踵部分加宽成台阶，或两侧同时加宽，以加大承压面积。加宽宽度视基底压应力需要减少的程度和加宽后的合力偏心距的大小而定，一般不小于200 mm。台阶高度按加宽部分的抗剪、抗弯拉要求和基础材料刚性角 β 的要求确定（浆砌片石 $\beta=35°$，混凝土 $\beta=45°$）。

当地基压应力超过地基承载力过多时，需要的加宽值较大，为避免加宽部分的台阶过高，可采用钢筋混凝土底板（图4.2a），其厚度由剪力和主拉应力控制。

地基为软弱土层（如淤泥、软黏土等）时，可采用砂砾、碎石、矿渣或灰土等材料予以换填，以扩散基底压应力，使之均匀地传递到下卧软弱土层中（图4.2b）。一般换填深度 h_2 与基础埋置深度 h_1 的总和不宜超过5 m。

当挡土墙修筑在陡坡上，而地基又为完整、稳固、对基础不产生侧压力的坚硬岩石时，可设置台阶基础（图4.2c），以减少基坑开挖和节省圬工。分台高一般为1 m左右，台宽视地形和地质情况而定，不宜小于0.5 m，高宽比不宜大于2∶1。最下一个台阶的底宽应满足偏心距的有关规定，不宜小于1.5~2.0 m。

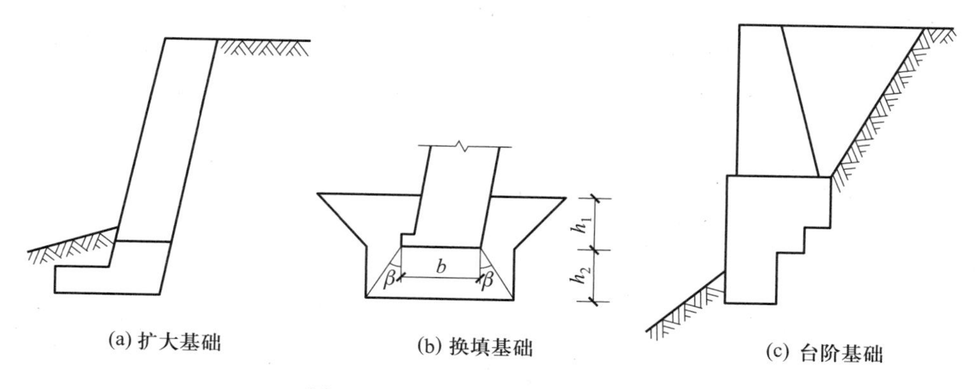

图4.2 重力式挡土墙的基础形式

如地基有短段缺口（如深沟等）或挖基困难（如需水下施工等），可采用拱形基础或桩基础的托换方式支撑挡土墙。

② 基础埋置深度。对于土质地基，基础埋置深度应符合下列要求：

a. 无冲刷时，应在天然地面以下至少1 m。

b. 有冲刷时，应在冲刷线以下至少1 m。

c. 受冻胀影响时，应在冻结线以下不少于0.25 m。当冻深超过1 m时，仍采用1.25 m，但基底应夯填一定厚度的砂砾或碎石垫层，垫层底面亦应位于冻结线以下不少于0.25 m。碎石、砾石和砂类地基不考虑冻胀影响，但基础埋深不宜小于1 m。

对于岩石地基，应清除表面风化层。当风化层较厚难以全部清除时，可根据地基的风化程度及容许承载力将基底埋入风化层中。基础嵌入岩层的深度可参照表 4.1 确定。墙趾前地面横坡较大时，应留出足够的襟边宽度，以防地基剪切破坏。

当挡土墙位于地质不良地段，地基土内可能出现滑动面时，应进行地基抗滑稳定性验算，将基础底面埋置在滑动面以下，或采用其他措施，以防止挡土墙滑动。

表 4.1　基础嵌入岩层的深度

地层类型	基础埋深 h/m	襟边宽度 L/m	嵌入示意图
较完整的坚硬岩石	0.25	0.25~0.5	
一般岩石（如砂页岩互层等）	0.6	0.6~1.5	
松散岩石（如千枚岩等）	1.0	1.0~2.0	
砂夹砾石	≥1.0	1.5~2.5	

（3）排水设施

挡土墙应采取排水措施，以疏干墙后土体和防止地面水下渗，防止墙后积水形成静水压力，减少寒冷地区回填土的冻胀压力，消除黏性土填料浸水后的膨胀压力。

排水措施主要包括：设置地面排水沟，引排地面水；夯实回填土顶面和地面松土，防止雨水及地面水下渗，必要时可加设铺砌；对路堑挡土墙墙趾前的边沟应予以铺砌加固，以防边沟水渗入基础；设置墙身泄水孔，排除墙后水。

浆砌块（片）石墙身应在墙前地面以上设一排泄水孔（图 4.3）。墙高时，可在墙上部加设一排泄水孔。泄水孔一般为 50 mm×100 mm、100 mm×100 mm、150 mm×200 mm 的方孔或直径为 50~100 mm 的圆孔。孔眼间距一般为 2~3 m，渗水量大时可适当加密，干旱地区可适当加大间

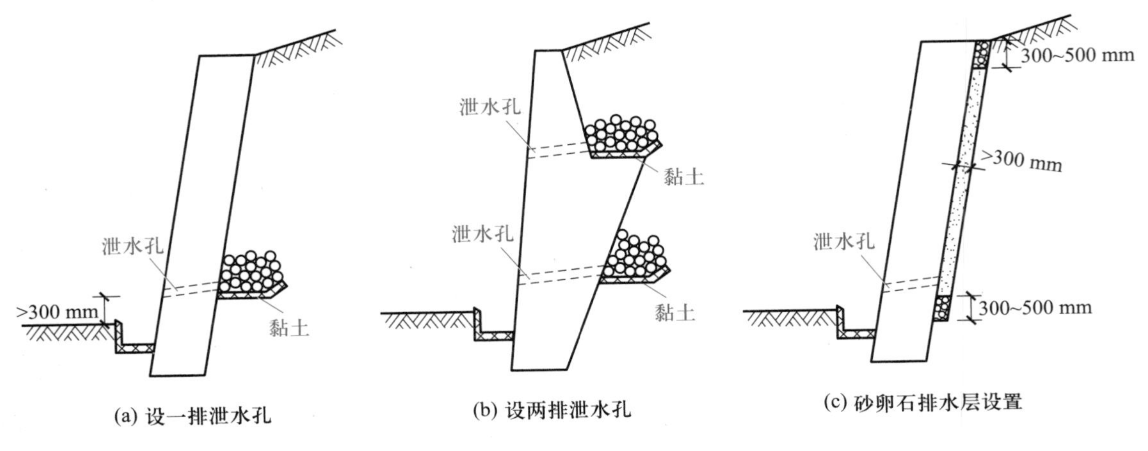

(a) 设一排泄水孔　　(b) 设两排泄水孔　　(c) 砂卵石排水层设置

图 4.3　泄水孔及排水层

距，孔眼上下错开布置。下排泄水孔的出口应高出墙前地面 0.3 m；若为路堑墙，应高出边沟水位 0.3 m；若为浸水挡土墙，应高出常水位 0.3 m。为防止水分渗入地基，下排泄水孔进水口的底部应铺设 300 mm 厚的黏土隔水层。泄水孔的进水口部分应设置粗粒料反滤层，以免孔道阻塞。当墙背填土透水性不良或可能发生冻胀时，应在最低一排泄水孔至墙顶以下 0.5 m 的范围内铺设厚度不小于 300 mm 的砂卵石排水层（图 4.3）。

干砌挡土墙因墙身透水，可不设泄水孔。

（4）沉降缝与伸缩缝

为避免因地基不均匀沉陷引起的墙身开裂，需根据地质条件和墙高、墙身断面的变化情况设置沉降缝。为了防止圬工砌体因收缩硬化和温度变化产生裂缝，应设置伸缩缝。设计时，一般将沉降缝与伸缩缝合并设置，沿路线方向每隔 10～15 m 设置一道，兼起两者的作用。通常缝宽 20～30 mm，缝内一般可用胶泥填塞；但在渗水量大、填料容易流失的情况或冻害严重地区，则宜用沥青麻筋或涂以沥青的木板等具有弹性的材料，沿缝的内侧、外侧及墙顶三方填塞，填深不宜小于 200 mm。当墙后为岩石路堑或填石路堤时，可设置空缝。

干砌挡土墙，缝的两侧应选用平整石料砌筑，形成垂直通缝。

2. 重力式挡土墙的布置

挡土墙的布置，通常在路基横断面图和墙趾纵断面图上进行。布置前，需现场核对路基横断面图，不足时应补测，测绘墙趾处的纵断面图，收集墙趾处的地质和水文等资料。

（1）挡土墙位置的选定

路堑挡土墙大多数设在边沟旁。山坡挡土墙应考虑设在基础可靠处，墙的高度应保证设墙后墙顶以上边坡的稳定。路肩挡土墙可充分收缩坡脚，以大量减少填方和占地。当路肩墙与路堤墙的墙高或截面圬工数量相近、基础情况相似时，应优先选用路肩墙，按路基宽度布置挡土墙位置。若路堤墙的高度或圬工数量比路肩墙显著降低，而且基础可靠时，宜选用路堤墙，并在经济比较后确定墙的位置。

在沿河路堤设置挡土墙时，应结合河流情况来布置，注意设墙后仍保持水流顺畅，不致挤压河道而引起局部冲刷。

（2）纵向布置

纵向布置是指墙趾纵断面图的布置。布置的内容有：

① 确定挡土墙的起讫点和墙长，选择挡土墙与路基或其他结构物的衔接方式。

路肩挡土墙端部可嵌入石质路堑中，或采用锥坡与路堤衔接；与桥台连接时，为了防止墙后回填土从桥台尾端与挡土墙连接处的空隙中溜出，需在台尾与挡土墙之间设置隔墙及接头墙。

在隧道洞口的路堑挡土墙应结合隧道洞门、翼墙的设置情况与其平顺衔接；与路堑边坡衔接时，一般将墙高逐渐降低至 2 m 以下，使边坡坡脚不致伸入边沟内，有时也可用横向端墙连接。

② 按地基及地形情况进行分段，确定伸缩缝与沉降缝的位置。

③ 布置各段挡土墙的基础。墙趾地面有纵坡时，挡土墙的基底宜做成不大于 5% 的纵坡。但地基为岩石时，为减少开挖，可沿纵向做成台阶。台阶尺寸随纵坡大小而定，但其高宽比不宜大于 1∶2。

④ 布置泄水孔的位置，包括数量、间隔和尺寸等。

在布置图上注明各特征点的桩号，以及墙顶、基础顶面、基底、冲刷线、冰冻线或设计洪水位的标高等。

（3）横向布置

横向布置选择在墙高最大处、墙身断面或基础形式有变异处及其他必需桩号处的横断面图上进行。根据墙型、墙高、地基及填料的物理力学指标等设计资料，进行挡土墙设计或套用标准图，确定墙身断面、基础形式和埋置深度，布置排水设施等，并绘制挡土墙横断面图。

（4）平面布置

对于个别复杂的挡土墙，如高度较大而且长度方向也较长的沿河曲线挡土墙，应进行平面布置，绘制平面图，标明挡土墙与路线的平面位置及附近地貌、地物等情况，特别是与挡土墙有干扰的建筑物的情况。沿河挡土墙还应绘出河道及水流方向，防护与加固工程等。

4.1.2 重力式挡土墙设计计算

重力式挡土墙可能产生的破坏有滑移、倾覆、不均匀沉陷和墙身断裂等。设计时应验算挡土墙在组合力系作用下沿基底滑动的稳定性，绕基础趾部转动的倾覆稳定性，基底应力及偏心距，以及墙身断面强度。如地基有软弱下卧层存在时，还应验算沿基底下某一可能滑动面的滑动稳定性。重力式挡土墙的设计内容包括：

① 根据支挡环境的需要拟定墙高，以及相应的墙身结构尺寸，在墙体的延伸方向一般取一延长米进行计算；

② 根据所拟定的墙体结构尺寸，确定结构荷载（墙身自重、土压力、填土重力），由此进行墙体的抗滑、抗倾覆稳定性验算；

③ 地基承载力验算，确认底板尺寸是否满足要求；

④ 圬工砌体的强度验算与墙身结构设计。

1. 抗滑稳定性验算

为保证挡土墙抗滑稳定性，应验算在土压力及其他外力作用下，基底摩擦力抵抗挡土墙滑移的能力，用抗滑稳定系数 K_c 表示，即抗滑力与滑动力之比应满足式（4.1）的要求（见图 4.4），基底摩擦系数 μ 可参照表 4.2。

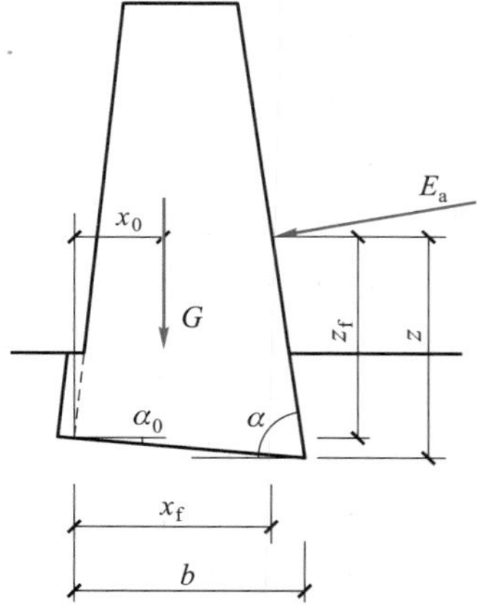

图 4.4 重力式挡土墙计算简图

$$K_c=\frac{(G_n+E_{an})\mu}{E_{a\tau}-G_\tau}\geqslant 1.3 \tag{4.1}$$

表 4.2 基底摩擦系数

地基土类型	基底摩擦系数 μ
软塑黏土	0.25
硬塑黏土	0.30
亚砂土、亚黏土、半干硬黏土	0.3~0.4
砂类土	0.4
碎石类土	0.5
软质岩石	0.4~0.6
硬质岩石	0.6~0.7

2. 抗倾覆稳定性验算

为保证挡土墙的抗倾覆稳定性,应验算在土压力及其他外力作用下,墙体的重力抵抗土压力等的抗倾覆能力,用抗倾覆稳定性系数 K_l 表示,即抗倾覆力矩与倾覆力矩之比应满足式(4.2)的要求(见图 4.4):

$$K_l=\frac{Gx_0+E_{az}\cdot x_f}{E_{ax}Z_f}\geqslant 1.6 \tag{4.2}$$

以上各式中:G——挡土墙每延米自重;

E_a——挡土墙每延米上作用的主动土压力;

x_0——挡土墙重心距墙趾的水平距离;

α_0——挡土墙的基底倾角;

α——挡土墙的墙背倾角;

b——基底的水平投影宽度;

z——主动土压力作用点距墙踵的距离;

μ——挡土墙对基底的摩擦系数;

$G_n=G\cos\alpha_0$;$G_\tau=G\sin\alpha_0$;$E_{an}=E_a\cos(\alpha-\alpha_0)$;$E_{a\tau}=E_a\sin(\alpha-\alpha_0)$;$E_{ax}=E_a\sin\alpha$;$E_{az}=E_a\cos\alpha$;$z_f=z-b\tan\alpha_0$;$x_f=b-z\cdot\cot\alpha$。

3. 基底承载力验算

作用于基底的合力偏心距 e_0 为

$$e_0=\frac{b}{2}-z_n \tag{4.3}$$

$$z_n=\frac{Gx_0+E_{az}Z_f-E_{ax}x_f}{G+E_{az}} \tag{4.4}$$

$$\begin{matrix}p_{max}\\p_{min}\end{matrix}=\frac{G+E_{az}}{b}\left(1\pm\frac{6e_0}{b}\right) \tag{4.5}$$

在偏心荷载作用下,基底的最大和最小法向应力应满足:

$$p_{max}\leqslant 1.2f_a \tag{4.6}$$

$$\frac{p_{max}+p_{min}}{2}\leqslant f_a \tag{4.7}$$

式中:f_a——修正后的地基承载力特征值,kN/m^2;

z_n——基底竖向合力对墙趾的力臂,m;

b——基底宽度,m;

e_0——合力偏心距,m;

p_{max}——基础底面边缘的最大压应力设计值;

p_{min}——基础底面边缘的最小压应力设计值;

G——基础自重设计值和基础上的土重标准值。

当偏心距 $e>b/6$ 时,p_{max} 按下式计算:

$$p_{max}=\frac{2(E_{az}+G)}{3\cdot l\cdot a} \tag{4.8}$$

式中：l——垂直于力矩作用方向的基础底面边长；

a——合力作用点至基础底面最大压应力边缘的距离。

当基础受力层范围内有软弱下卧层时，应验算其顶面压应力。

4. 墙身承载力验算

构件的受压承载力按下式计算：

$$N \leqslant \varphi \cdot f \cdot A \tag{4.9}$$

式中：N——荷载设计值产生的轴向力；

A——墙体单位长度内的水平截面面积；

f——砌体抗压强度设计值；

φ——高厚比 β 和轴向力的偏心距 e 对受压构件承载力的影响系数，按下式计算：

当 $\beta \leqslant 3$ 时，

$$\varphi = \frac{1}{1+12\left(\frac{e}{h}\right)^2} \tag{4.10}$$

当 $\beta > 3$ 时，

$$\varphi = \frac{1}{1+12\left\{\frac{e}{h}+\sqrt{\frac{1}{12}\left(\frac{1}{\varphi_0}-1\right)}\right\}^2} \tag{4.11}$$

式中：e——按荷载标准值计算的轴向力偏心距，应小于 $0.7y$；

β——构件的高厚比，矩形截面 $\beta = H_0/h$；

H_0——受压构件的计算高度；

h——轴向力偏心方向的边长；

y——截面重心到轴向力所在方向截面边缘的距离；

φ_0——轴心受压稳定系数，$\varphi_0 = \dfrac{1}{1+0.001\,5\beta^2}$。

当 $0.7y \leqslant e < 0.95y$ 时，除按上式进行验算外，还应按正常使用极限状态进行验算：

$$N_k \leqslant \frac{f_{tk}A}{\frac{Ae}{W}-1} \tag{4.12}$$

式中：N_k——轴向力标准值；

f_{tk}——砌体抗拉强度标准值；

W——截面抵抗矩；

e——按荷载标准值计算的偏心距。

当 $e \geqslant 0.95y$ 时，按下式进行计算：

$$N \leqslant \frac{f_t A}{\frac{Ae}{W}-1} \tag{4.13}$$

式中：f_t——砌体抗拉强度设计值。

构件的受剪承载力按下式计算：

$$V \leqslant (f_v + 0.18\sigma_k)A \tag{4.14}$$

式中：V——剪力设计值；

f_v——砌体抗剪强度设计值；

σ_k——恒荷载标准值产生的平均压应力，仰斜式挡土墙不考虑其影响。

其他符号同上。

5. 设置凸榫基础

在挡土墙基础底面设置混凝土凸榫，与基础连成整体，可利用榫前土体所产生的被动土压力增加挡土墙的抗滑稳定性（图 4.5）。为了增加榫前被动阻力，应使榫前被动土楔不超过墙趾。同时，为了防止因设凸榫而增大墙背的主动土压力，应使凸榫后缘与墙踵的连线与水平线的夹角不超过 φ 角。因此应将整个凸榫置于通过墙趾并与水平线成 $45°-\varphi/2$ 的直线和通过墙踵并与水平线成 φ 角的直线所形成的三角形范围内，如图 4.5 所示。

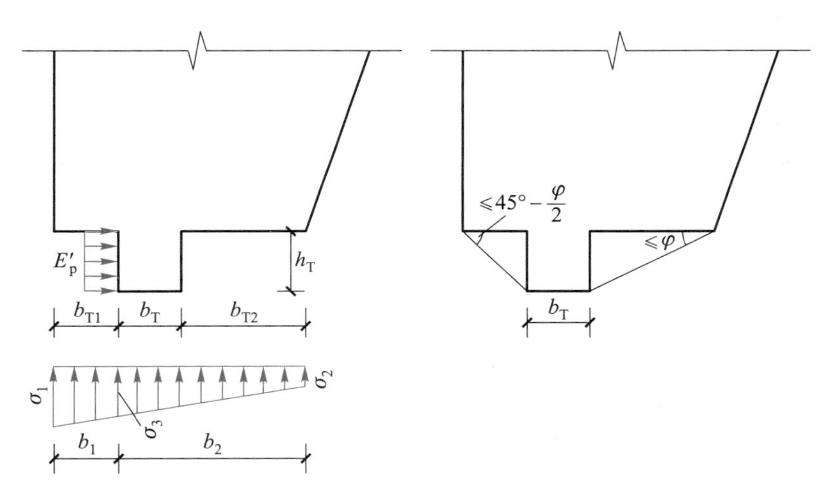

图 4.5　墙底凸榫设置

设置凸榫后的抗滑稳定系数为

$$K_c = \frac{\frac{\sigma_2 + \sigma_3}{2} b_2 \mu + h_T \sigma_p}{E_{ax}} \tag{4.15}$$

当 $\beta = 0$（填土表面水平），$\alpha = 0$（墙背垂直），$\delta = 0$（墙背光滑）时，榫前的单位被动土压力 σ_p 按朗肯理论计算：

$$\sigma'_p = \gamma z \tan^2\left(45° + \frac{\varphi}{2}\right) \approx \frac{\sigma_2 + \sigma_3}{2} \tan^2\left(45° + \frac{\varphi}{2}\right) \tag{4.16}$$

考虑到产生全部被动土压力所需要的墙身位移量大于墙身设计所允许的位移量，为工程安全所不允许，因此有关规范规定，凸榫前的被动土压力按朗肯被动上压力的 1/3 采用，即

$$\sigma_p = \frac{1}{3}\sigma'_p, \quad E'_p = \sigma_p h_T \tag{4.17}$$

在榫前 b_{T1} 宽度内，因已考虑了部分被动土压力，故未计其基底摩擦力。

按照抗滑稳定性的要求，在式(4.15)中取 $K_c=[K_c]$，即可得出凸榫高度 h_T 的计算式：

$$h_T=\frac{[K_c]E_x-\frac{\sigma_2+\sigma_3}{2}b_2\mu}{\sigma_p} \tag{4.18}$$

凸榫宽度 b_T 根据以下两方面的要求进行计算，取其大者。

① 根据凸榫根部截面的抗拉强度计算：

$$b_T=\sqrt{\frac{6M_T}{f_t}}=\sqrt{\frac{3h_T^2\sigma_p}{f_t}} \tag{4.19}$$

② 根据凸榫根部截面的抗剪强度计算：

$$b_T=\frac{\sigma_p h_T}{f_t} \tag{4.20}$$

式中：f_t——混凝土抗拉强度设计值，kN/m^2。

6. 增加抗倾覆稳定性的方法

为增加挡土墙的抗倾覆稳定性，应采取加大稳定力矩和减小倾覆力矩的办法。

(1) 展宽墙趾

在墙趾处展宽基础以增加稳定力臂，是增加抗倾覆稳定性的常用方法。但在地面横坡较陡处，会由此引起墙高的增加。

(2) 改变墙面及墙背坡度

改缓墙面坡度可增加稳定力臂，改陡俯斜墙背或改缓仰斜墙背可减少土压力。

(3) 改变墙身断面类型

当地面横坡较陡时，应使墙身尽量直立。这时可改变墙身断面类型，如改用卸载台式墙或者墙后加设卸载搭板等，以减少土压力并增加稳定力矩。

4.1.3 衡重式挡土墙设计计算

卸载台(板)式挡土墙的墙背卸载台(板)可减小墙背土压力和增加稳定力矩，从而达到减少墙体圬工的目的。与普通重力式挡土墙相比，卸载台(板)式挡土墙可节省圬工约 30%，降低造价约 20%。根据卸载台(板)形状、长度等可分为短卸载台(板)式挡土墙、长卸载台(板)式挡土墙、拉杆卸载板柱板式挡土墙、"一"字形卸载板挡土墙、"L"形卸载板挡土墙、卸载台(板)-托盘式路肩挡土墙等(图 4.6)。卸载台(板)挡土墙墙身通常为浆砌片石或片石混凝土，卸载板为钢筋混凝土。

1. 衡重式挡土墙的受力分析

卸载台(板)是衡重式挡土墙的重要构件，其主要作用是减小挡土墙下墙土压力，增强全墙抗倾覆稳定性。由于台(板)上回填料使挡土墙自重增加，稳定力矩也相应增加；另外由于台(板)的遮帘作用，台(板)下墙身所受的土压力减小，故其作用于挡土墙的水平推力减小，倾覆力矩相应减小。

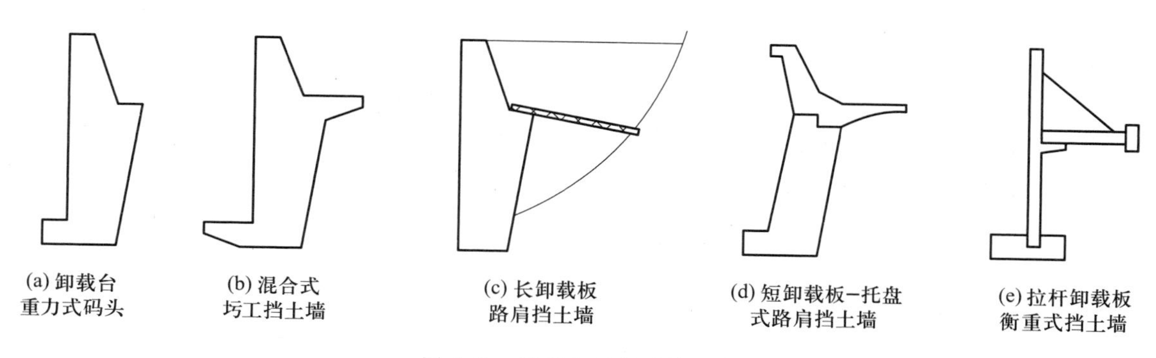

图 4.6　卸载台(板)式挡土墙

衡重式挡土墙土压力分布如图 4.7 所示。上墙土压力分布同重力式挡土墙,下墙受卸载台(板)影响,土压力减小,土压力合力作用点下降。卸载效应随卸载台(板)长度增加而增大。当卸载平台宽度在破裂面以内时,该挡土结构称为短卸载台(板)式挡土墙,其土压力分布如图 4.7a 所示;当卸载平台宽度在破裂面附近时,其土压力分布如图 4.7b 所示;当卸载平台宽度超出通过墙踵部与水平线成 φ 角的直线以外时,该挡土结构称为长卸载台(板)式挡土墙,此时下墙背土压力不受上墙填料的影响,其土压力分布如图 4.7c 所示。

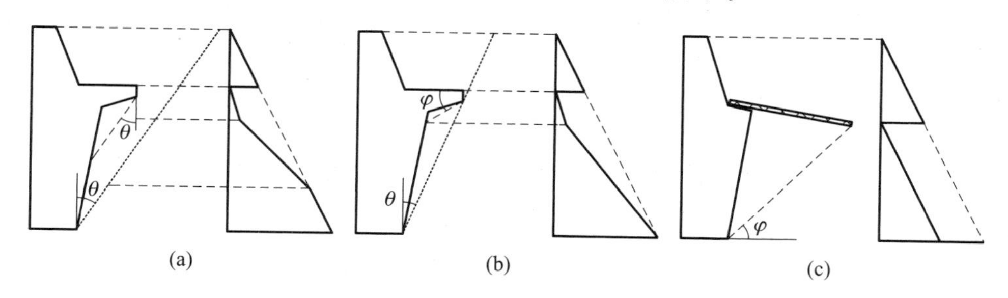

图 4.7　衡重式挡土墙土压力分布形式

卸载台(板)越短,下墙土压力越大,板上垂直压力越小;板越长,下墙土压力越小,板上垂直压力越大,板长大于某一长度时,板底出现垂直压力,也就是说,长卸载台(板)式挡土墙下墙背土压力仍然要受上墙填料的一定影响。长卸载台(板)式挡土墙具有较大的负偏心,使墙跨应力增大,当基底承载力较低时,需加宽挡墙基础。短卸载台(板)式挡土墙可通过调整卸载台(板)长度,使墙基地基应力分布更加均匀。因此,工程中倾向于使用短卸载台(板)式挡土墙,较少采用长卸载台(板)式挡土墙。

2. 短卸载台(板)衡重式挡土墙的设计

(1) 土压力计算

卸载台(板)挡土墙上的土压力计算方法主要有力多边形法、延长墙背法和校正墙背法。试验研究成果表明:力多边形法考虑了上墙对下墙土压力的影响,理论上较为严谨,而延长墙背法和校正墙背法误差较大,未考虑上墙对下墙土压力的影响,而且无法考虑墙踵和卸载台(板)末端连线与下墙实际墙背间的一块土体。土压力分布的规律为上下两头小、中间大,作用点位置约为下墙高度的 0.52 倍,考虑到力作用点对挡土墙的抗倾覆稳定性、偏心矩和基底应力均有较大影响，因此建议短卸载台（板）式挡土墙下墙土压力强度按矩形分布，作用点位置在下墙墙高的1/2处。

具体计算方法是，作用在墙背上的主动土压力可按库仑理论计算，其中上墙可按第二破裂面法计算，两破裂面交点在短卸载台（板）悬臂端；下墙可按力多边形法计算，土压力强度按矩形分布，作用点在墙高的1/2处。分别计算出上、下墙土压力，叠加后成为全墙土压力（图4.8）。

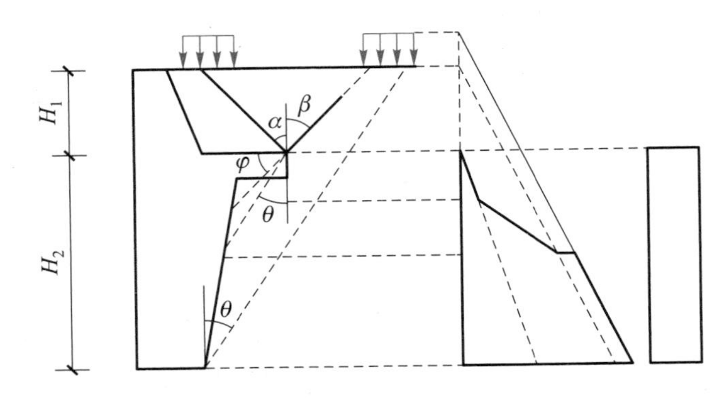

图 4.8　土压力强度分布及作用点位置

计算作用于短卸载台（板）上的竖向压力时，可先计算第二破裂面上的竖向分力，即短卸载台（板）承受其长度范围内相应投影部分的应力，再计算第二破裂面以下的土体重量，两者叠加则为短卸载台（板）的竖向压力，在卸载台（板）上按均匀分布考虑，如图4.9所示。

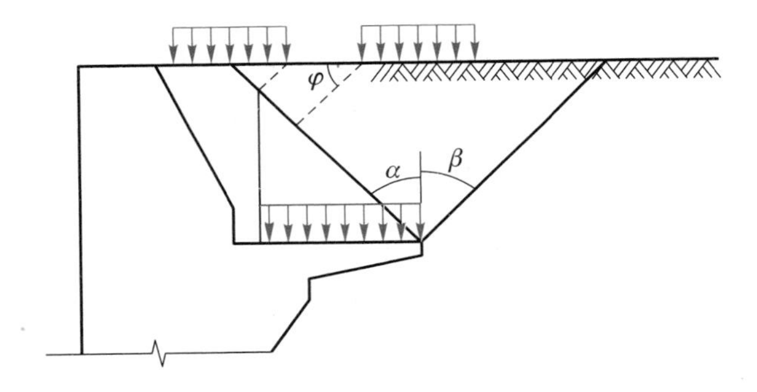

图 4.9　短卸载台（板）上的竖向压力及分布

墙背填料的物理力学指标应根据试验资料确定。当填料为黏性土时，应通过试验测定其力学指标 c、φ，然后通过抗剪强度相等的原则，换算等效内摩擦角来代替其内摩擦角和黏聚力的综合抗剪效应。等效内摩擦角 φ_b 可采用以下公式计算：

$$\varphi_b = \arctan\left(\tan\varphi + \frac{2c}{\gamma H}\right) \tag{4.21}$$

式中：γ——墙后填土的重度，kN/m^3；

c——墙后填土的黏聚力，kPa；

φ——墙后填土的内摩擦角，(°)；

H——墙高，m。

（2）全墙稳定性验算

衡重式挡土墙的抗滑稳定性与抗倾覆稳定性验算可采用式(4.1)和式(4.2)验算。

（3）结构设计

① 短卸载台(板)。短卸载台(板)长度和截面尺寸应通过试算确定,应使基底应力分布均匀,同时满足墙身截面的强度验算要求。短卸载台(板)采用钢筋混凝土,其插入端长度一般宜控制在上墙底宽的1/2~2/3,配筋设计可按悬臂梁结构计算。

短卸载台(板)式挡土墙基底、基础埋置及构造要求应符合一般重力式挡土墙的有关规定。卸载台(板)面上墙体内应设置一排泄水孔。卸载台(板)与上墙墙体的接触面上,沿纵向每隔300~400 mm 插入长度为 350 mm 的短钢筋。卸载台(板)插入部分应垫 200 mm 厚的混凝土垫板,垫板应设构造钢筋。卸载台(板)施工宜优先采用整体现浇的方法。如采用预制吊装施工,卸载台(板)及垫板表面应有粗糙度,铺设时应铺垫砂浆使其与墙体连接稳固。

② 上下墙墙身结构设计。短卸载台(板)衡重式挡土墙上下墙之间,即卸载台(板)处墙身截面变化较大,是这种墙型的薄弱截面。卸载台(板)固定端上方的一段及下方靠墙背处应力很高、变化快。因此在设计时,应对上下墙之间墙身截面进行强度验算(图 4.10)。通常验算Ⅰ—Ⅰ、Ⅱ—Ⅱ截面的弯曲强度和剪切强度;Ⅲ—Ⅲ、Ⅳ—Ⅳ斜截面的剪切强度。此外,尚应验算台阶上部墙身截面的弯曲强度和剪切强度。墙身截面的抗压、抗拉与抗剪强度验算可采用式(4.6)~式(4.14)。

挡土墙斜截面的抗剪强度验算如图 4.11 所示,上墙与卸载平台交接处沿倾斜方向被剪裂,裂缝与水平面夹角为 β,剪裂面上的作用力为上墙主动土压力的水平分力 E_{1x} 和竖直分力 E_{1y} 及 W_1 和 W_2。斜截面最大剪应力 τ_{max} 应满足下式:

$$\tau_{max}=\cos^2\beta\left[\left(\frac{E_{1x}}{b}+\frac{E_{1y}+W_1}{b}\right)(1-\tan\alpha\tan\beta)+\frac{1}{2}\gamma b\tan^2\beta\right]\leqslant f_v \tag{4.22}$$

式中:γ——墙身圬工的重度,kN/m³。

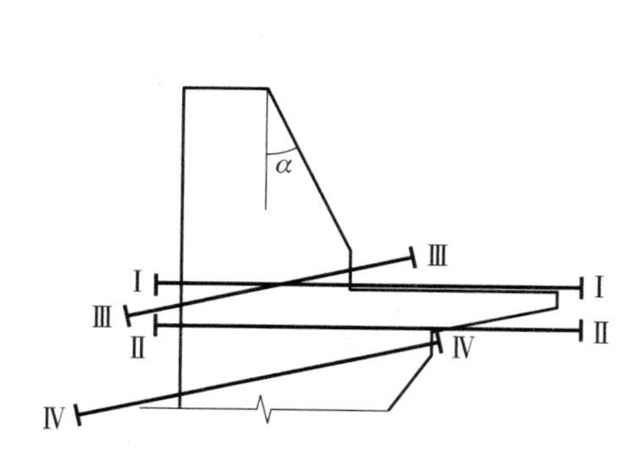

图 4.10　上下墙之间截面强度验算位置

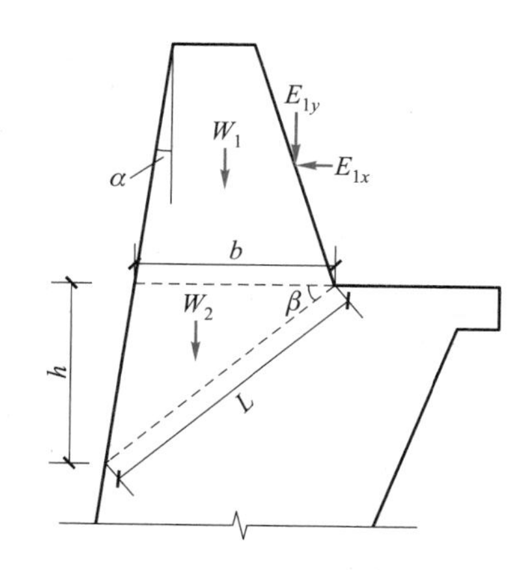

图 4.11　挡土墙圬工斜截面抗剪强度验算图

Ⅲ—Ⅲ、Ⅳ—Ⅳ斜截面剪应力的验算,应先求最危险截面与水平面的夹角 β,然后求出该斜截面上的剪应力 τ_{max},τ_{max} 应小于或等于墙身圬工的剪切强度设计值 f_v,如不满足强度要求,则需采取改善措施。这两个斜截面上承受的外力分别为验算Ⅰ—Ⅰ和Ⅱ—Ⅱ截面时的土压力。此外由于Ⅲ—Ⅲ截面穿过钢筋混凝土卸载板侵入墙体,考虑到板的厚度较小,且该斜截面又是控制截面,为安全起见,不考虑钢筋混凝土的剪切强度,全部截面按墙体圬工的剪切强度验算。

3. 拉杆卸载板衡重式挡土墙的设计

(1) 拉杆卸载板衡重式挡土墙的构造

拉杆卸载板衡重式挡土墙由立柱、挡板、底梁、卸载板、拉杆、槽形基座及金属插销等构件拼装而成(图 4.12)。底梁的一端支承在立柱牛腿上,用金属插销穿过牛腿和底梁的预留孔眼进行连接固定。钢拉杆的上下端分别与立柱、底梁预埋的伸出钢筋相焊接,使立柱、底梁、拉杆三者构成一个三角形框架,并在立柱与墙后填土之间设挡板,用以挡住墙后填土。在底梁上铺设底板(卸载板),以承受底梁以上的填土自重。墙后土压力通过挡板传至立柱,填土自重通过卸载板传至底梁,再通过拉杆传至立柱,构成平衡力系。卸载板和底梁起到卸载平台的作用,还可减少底梁以下部分立柱的侧向土压力。当墙身较高时可采用双层拉杆。拉杆卸载板衡重式挡土墙的主要优点是结构轻便,全部构件可事先预制,拼装快,能节省大量圬工、降低工程造价。

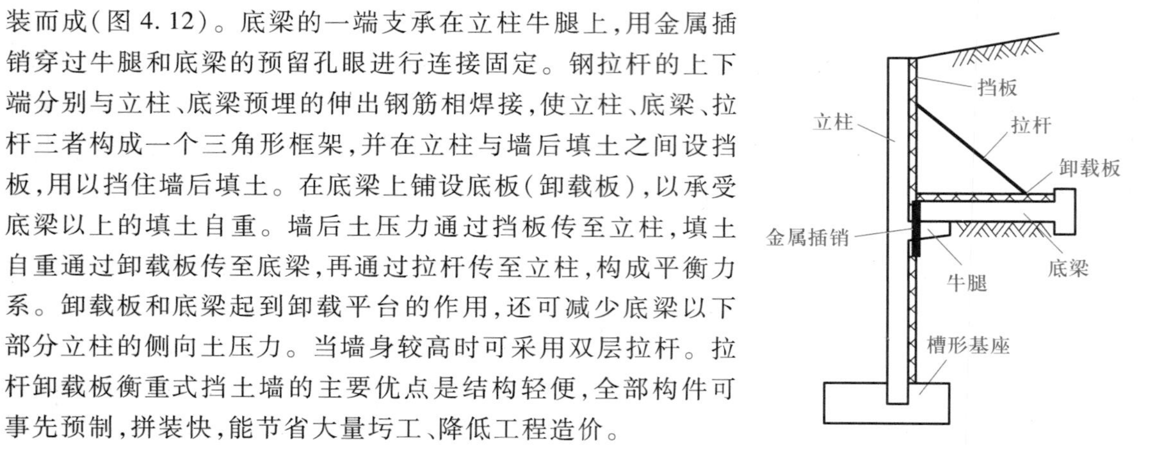

图 4.12 拉杆卸载板衡重式挡土墙结构示意图

立柱采用矩形截面,根据墙的高度,一般采用 300 mm×300 mm、300 mm×400 mm、400 mm×400 mm 等尺寸。立柱间距一般为 2~3 m。

挡板一般采用矩形截面,尺寸一般为(150~200)mm×500 mm。也可采用空心板、槽形板或拱形板。

底梁的长度和位置直接影响墙后土压力的大小,并控制墙身结构的整体稳定性,底梁的长度应根据地形地质条件及墙的整体稳定条件而定。底梁末端应设置在较坚实的地基上,墙的整体稳定主要依靠底梁以上的填土作为平衡,因此,在设计时应先根据全墙抗倾覆和抗滑移稳定性验算所需的最小长度,再结合地形地质的具体情况,确定底梁的适当长度和高程。底梁一般设在与柱底距离为 0.4~0.6 倍立柱高度的范围内。底梁一般采用矩形截面,尺寸通常为 300 mm×300 mm、300 mm×400 mm 等。底梁末端下设键,上设凸肩,以增加墙身抗滑能力和约束卸载板与底梁之间的相对位移。键高一般为 300 mm,凸肩高 150~200 mm。

卸载板采用矩形截面,厚 150~200 mm,宽 500 mm,也可采用槽形板。

槽形基座除具有扩大立柱基础的作用外,还具有立柱的吊设定位作用。槽孔尺寸较立柱截面略大,槽深一般 150~200 mm,底部厚 300 mm,采用混凝土材料预制。

拉杆一般采用普通圆钢,并进行防锈保护处理。施工时一般先对圆钢作除锈处理,外套聚氯乙烯塑料管,管内充填沥青砂胶,或采用两道沥青麻筋包裹。

(2) 结构荷载分析与全墙稳定性计算

底梁以上部分称为上墙,底梁以下部分称为下墙。上墙土压力按第二破裂面法计算,下墙按实际墙背法计算。计算下墙土压力时,应根据底梁以下的地基情况而定,可近似按以下两种情况考虑。

① 当底梁以下为比较坚硬的天然地基时,可不考虑底梁以上的超载作用对下墙的影响,下

墙的侧压力按无超载的垂直墙计算,墙高从底梁算起,到墙底为止,其土压力分布如图 4.13a 所示,土压力分布图为三角形分布,底梁处应力为零。

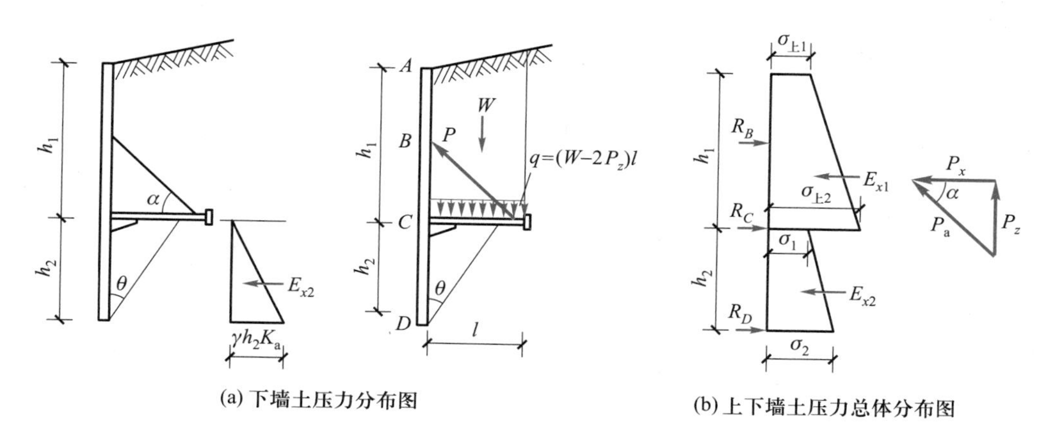

图 4.13　拉杆卸载板衡重式挡土墙墙背土压力分布图

② 当底梁置于填土或非岩石地基上,施工后底梁有可能发生少量沉降时,计算下墙土压力应考虑底梁以上土体的超载作用,根据实测试验资料,传到下墙的超载 ΔW 约为底梁以上土体重量 W 的 10%~40%,即

$$\Delta W = W - 2P_z = mW \tag{4.23}$$

式中:W——底梁承受的土体自重,kN;

P_z——拉杆承受拉力的垂直分力,kN;

m——传递系数,$m=0.1\sim0.4$。

设计时应先假定一个 m 值,将上墙传递到下墙的超载 ΔW 用等代土层厚度 $h_0 = mW/\gamma l$ 表示,则下墙的土压力(图 4.13b)为

$$\left.\begin{aligned}\sigma_1 &= \gamma h_0 K_a \\ \sigma_2 &= \gamma(h_0 + h_2) K_a\end{aligned}\right\} \tag{4.24}$$

式中:γ——墙后填土的重度,kN/m³;

K_a——墙后填土的朗肯主动土压力系数。

根据计算的上下墙土压力,按图 4.13b 所示的力分布图解立柱的三弯矩方程,求出立柱上支点反力 R_B、R_C、R_D。由拉杆所在处支点反力 R_C 求出 P_z 值。给定不同的 m 值,经过多次试算,若 m 值满足式(4.23),即可得到等代土层厚度 h_0,进而依据式(4.24)求出墙后土压力荷载。

③ 全墙稳定性验算。拉杆卸载板衡重式挡土墙的抗滑稳定性与抗倾覆稳定性验算可采用式(4.1)和式(4.2)。

(3) 结构设计

① 立柱。立柱承受挡板传来的土体侧压力,它受拉杆、底梁及槽形基座三个支点约束,按多支点连续梁进行设计。

② 挡板。挡板按简支梁进行设计。

③ 底梁。底梁可简化为一端支承在立柱牛腿上,另一端与拉杆连接的简支梁。取拉杆轴向

拉力的垂直分力作为 B 点的支点竖直反力，根据底板与地基的接触程度，确定底梁的计算荷载。

当底板与地基完全接触时，可将拉杆的垂直分力 P_z 的两倍转化为均布荷载作用于底梁上（图 4.14）。

$$q=\frac{2P_z}{l} \tag{4.25}$$

式中：P_z——拉杆的垂直分力，kN；

l——底梁计算长度，m。

当底板与地基不发生接触时，应取全部土重作为计算荷载。

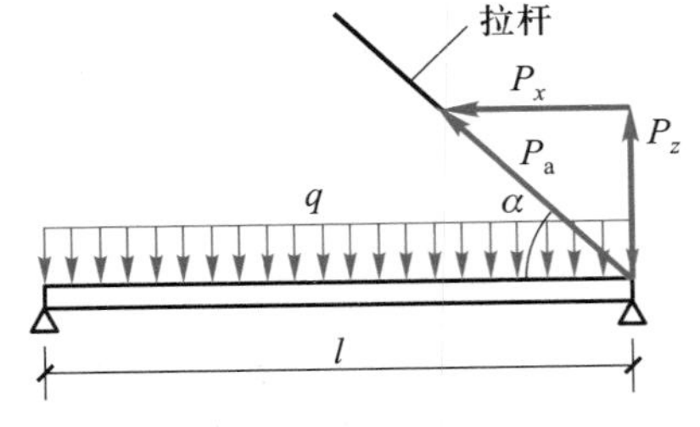

图 4.14　底梁结构计算简图

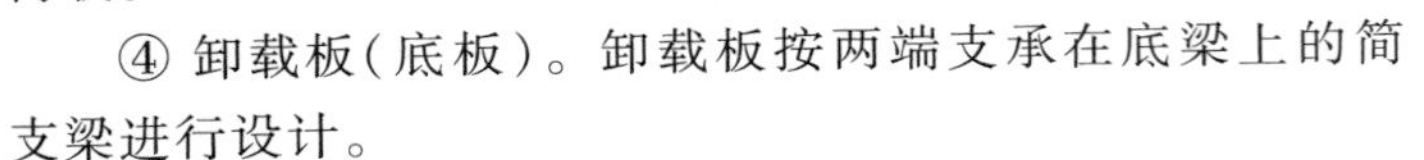

④ 卸载板（底板）。卸载板按两端支承在底梁上的简支梁进行设计。

⑤ 拉杆。拉杆按轴心受拉杆件进行设计，轴向拉力 P_a 根据立柱支点反力 P_x 而定（图 4.14）：

$$P_a=\frac{P_x}{\cos\alpha} \tag{4.26}$$

式中：α——拉杆与底梁的夹角，（°）。

4.2　悬臂式挡土墙设计

当支挡土体高度较高（3～6 m），施工场地比较宽敞，边坡为填方时，可选用钢筋混凝土悬臂式挡土墙。

悬臂式挡土墙（如图 4.15 所示）是一种轻型支挡构筑物，其支挡结构的抗滑及抗倾覆性能主要取决于墙身自重和墙底板以上填筑土体（包括荷载）的重力效应，此外如果在墙底板设置凸榫将大大提高挡土墙的抗滑稳定性。由于挡土墙采用钢筋混凝土结构，因而其结构厚度减小，自重减轻；钢筋混凝土底板刚度的提高，使得挡土墙立臂高度较高，同时提高了挡土墙在地基承载力较低条件下的适应性。因此，悬臂式挡土墙的优点主要体现为结构尺寸较小、自重轻，适于在石料缺乏和地基承载力较低的填方地段使用。

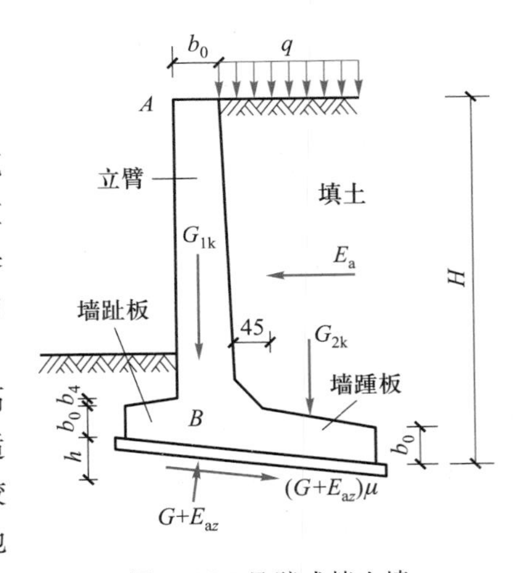

图 4.15　悬臂式挡土墙

4.2.1　悬臂式挡土墙特点及设计内容

悬臂式挡土墙的设计包括四个环节：

① 根据支挡环境的需要拟定墙高及相应的墙身结构尺寸，在墙体的延伸方向一般取一延长米计算；

② 根据所拟定的墙体结构尺寸，确定结构荷载（墙身自重、土压力、填土重力），由此进行墙体的抗滑、抗倾覆稳定性验算，确认是否需要在底板加凸榫设计；

③ 底板地基承载力验算，确认底板尺寸是否满足要求；

④ 墙身结构设计及裂缝宽度验算。

4.2.2　悬臂式挡土墙的构造要求

悬臂式挡土墙设计的一般规定：

① 悬臂式挡土墙高度不宜大于 6 m，当墙高大于 4 m 时，宜在墙面板前加肋。

② 悬臂式挡土墙的基础埋置深度应符合下列要求：

a. 一般情况下不小于 1.0 m。

b. 当冻结深度不大于 1.0 m 时，在冻结深度线以下不小于 0.25 m（弱冻胀土除外）同时不小于 1.0 m；当冻结深度大于 1.0 m 时，不小于 1.25 m，还应将基底至冻结线下 0.25 m 深度范围内的地基土换填为弱冻胀土或不冻胀土。

c. 受水流冲刷时，在冲刷线下不小于 1.0 m。

d. 在软质岩层地基上，不小于 1.0 m。

③ 伸缩缝的间距不应小于 20 m。在基底的地层变化处，应设置沉降缝，伸缩缝和沉降缝可合并设置。其缝宽均采用 20~30 mm，缝内填塞沥青麻筋或沥青木板，塞入深度不得小于 20 mm。

④ 挡土墙上应设置泄水孔，按上下左右每隔 2~3 m 交错布置。泄水孔的坡度为 4%，向墙外为下坡，其进水侧应设置反滤层，厚度不得小于 0.3 m，在最低一排泄水孔的进水口下部应设置隔水层。在地下水较多的地段或有大股水流处，应加密泄水孔或加大其尺寸，其出水口下部应采取保护措施。当墙背填料为细粒土时，应在最低排泄水孔至墙顶以下 0.5 m 高度以内，填筑不小于 0.3 m 厚的砂砾石或土工合成材料作为反滤层，反滤层的顶部与下部应设置隔水层。

⑤ 墙身混凝土强度等级不宜低于 C20，受力钢筋直径不应小于 ϕ 12。

⑥ 墙后填土应在墙身混凝土强度达到设计强度的 70% 后方可进行，填料应分层夯实，反滤层应在填筑过程中及时施工。

⑦ 为便于施工，立臂内侧（即墙背）做成竖直面，外侧（即墙面）可做成 1 :（0.02~0.05）的斜坡，具体坡度值将根据立臂的强度和刚度要求确定。当挡土墙墙高不大时，立臂可做成等厚度。墙顶的最小厚度通常采用 200 mm。当墙较高时，宜在立臂下部将截面加厚。

⑧ 墙趾板和墙踵板一般水平设置。墙趾板和墙踵板通常做成变厚度，底面水平，顶面则从与立臂连接处向两侧倾斜。当墙身受抗滑稳定性控制时，多采用凸榫基础。墙踵板长度由墙身抗滑稳定性验算确定，并具有一定的刚度。靠近立臂处厚度一般取为墙高的 1/12~1/10，且不应小于 300 mm。

⑨ 墙趾板的长度应根据全墙的抗倾覆稳定性、基底应力（即地基承载力）和偏心距等条件来确定，其厚度与墙踵板相同。通常底板的宽度 B 由墙的整体稳定性来决定，一般可取墙高度 H 的 0.6~0.8 倍。当墙后地下水位较高，且为地基承载力很小的软弱地基时，宽度 B 可能会增大到墙高或者更大。

⑩ 为提高挡土墙的抗滑稳定性，底板可设置凸榫。凸榫的高度应根据凸榫前土体的被动土压力能够满足全墙的抗滑稳定性要求而定。凸榫的厚度除了满足混凝土的直剪和抗弯的要求以外，为了便于施工，还不应小于 300 mm。

4.2.3　悬臂式挡土墙设计计算

1. 悬臂式挡土墙上的土压力计算

对挡土墙后填土面的有关荷载，如铁路列车活载、公路汽车荷载及其他地面堆载等均可简化为等效的均布荷载，再将其转化为具有墙后填土性质的等代土层厚度 h_0，由此来计算作用于挡土墙上的土压力。

（1）按库仑理论计算

用墙踵下缘与立臂上边缘的连线作为假想墙背，按库仑公式（3.10）计算（图 4.16a）。此时，墙背摩擦角 δ 取土的内摩擦角 φ，ρ 应为假想墙背的倾角；计算 $\sum G$ 时，要计入墙背与假想墙背之间 ΔABD 的土体自重。

$$E_a=\frac{\gamma h^2}{2}K_a \tag{4.27}$$

式中：$K_a=\dfrac{\cos^2(\varphi-\rho)}{\cos^2\rho\cos(\delta+\rho)\left[1+\sqrt{\dfrac{\sin(\delta+\varphi)\cdot\sin(\varphi-\beta)}{\cos(\delta+\rho)\cdot\cos(\rho-\beta)}}\right]^2}$

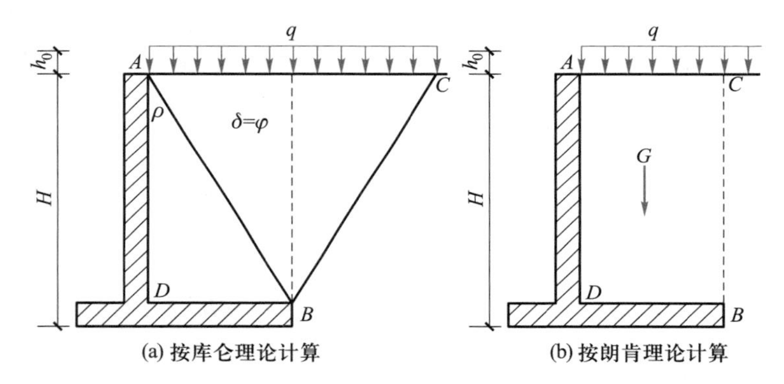

图 4.16　悬臂挡土墙土压力计算简图

（2）按朗肯理论计算

用墙踵的竖直面作为假想墙背，如图 4.16b 所示：

$$E_a=\frac{1}{2}\gamma H^2K_a\left(1+\frac{2h_0}{H}\right) \tag{4.28}$$

式中：$K_a=\tan^2(45°-\varphi/2)$。

（3）按第二破裂面理论计算

当墙踵下边缘与立臂上边缘连线的倾角大于临界角时，在墙后填土中将会出现第二破裂面，应按第二破裂面理论计算。稳定性计算时应记入第二破裂面与墙背之间的土体作用（图 4.17）。

$$E_a=\frac{1}{2}\gamma H^2K_b\left(1+\frac{2h_0}{H}\right) \tag{4.29}$$

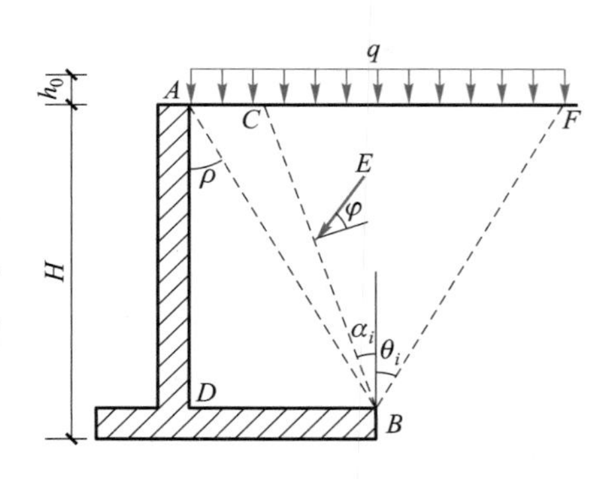

图 4.17　墙背出现第二破裂面的情况

$$K_b=\frac{\tan^2(45°-\varphi/2)}{\cos(45°+\varphi/2)} \tag{4.30}$$

$$\alpha_i=\theta_i=45°-\frac{\varphi}{2} \tag{4.31}$$

2. 墙身截面尺寸的拟定

根据前文的构造要求，初步拟定出试算的墙身截面尺寸，墙高 H 是根据工程需要确定的，墙顶宽可选用 200 mm。墙背取竖直面，墙面取 1 ：(0.02～0.05)的倾斜面，从而定出立臂的截面尺寸。

底板与立臂相接处的厚度为(1/12～1/10)H，而墙趾板与墙踵板端部厚度不小于 300 mm；底板宽度 B 可近似取(0.6～0.8)H，当遇到地下水位高或软弱地基时，B 值应适当增大。

(1) 墙踵板长度

墙踵板长度(图 4.17)的确定应以满足墙体抗滑稳定性的需要为原则，即

$$K_c=\frac{\mu\cdot\sum G}{E_{ax}}\geqslant 1.3 \tag{4.32}$$

当有凸榫时：

$$K_c=\frac{\mu\cdot\sum G}{E_{ax}}\geqslant 1.0 \tag{4.33}$$

式中：K_c——抗滑移安全系数；

μ——底板与地基土之间相互作用的摩擦系数；

E_{ax}——主动土压力水平分力，kN/m；

$\sum G$——墙身自重、墙踵板以上第二破裂面(或假想墙背)与墙背之间的土体自重和土压力的竖向分量之和，kN，一般情况下忽略墙趾板上的土体重力。

① 当墙顶填土面有均布活荷载 q 作用，且立臂面垂直时(图 4.18a)，可将均布荷载 q 转化为具有墙后填土性质的等代土层厚度 h_0，并考虑墙趾板上一般无荷载作用，因而不考虑墙趾板长度 B_1 范围内的抗滑效应，则由式(4.27)或式(4.28)得

$$B_3=\frac{K_cE_{az}}{\mu\cdot(H+h_0)\eta\gamma}-B_2 \tag{4.34}$$

式中：γ——填土重度，kN/m³；

h_0——均布活荷载 q 的等代土层厚度，m；

E_{az}——主动土压力竖向分力，kN/m；

K_c——抗滑移安全系数；

η——重度修正系数，由于未考虑墙趾板及其上部土重的抗滑移作用，因而将填土的重度根据不同的 γ 和 μ 提高 3%～20%，见表 4.3。

② 当墙顶填土面与水平线夹角为 β，且立臂面垂直时(图 4.18b)：

$$B_3=\frac{K_cE_{ax}-\mu E_{az}}{\mu\cdot\left(H+\frac{1}{2}B_3\tan\beta\right)\eta\gamma} \tag{4.35}$$

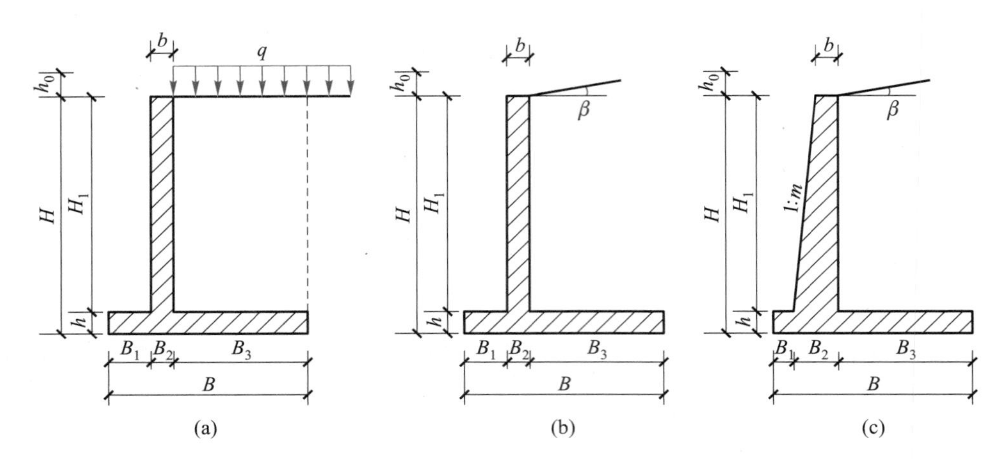

图 4.18 墙踵板长度计算简图

表 4.3 重度修正系数

重度 γ/ (kN·m^{-3})	摩擦系数 μ								
	0.30	0.35	0.40	0.45	0.50	0.60	0.70	0.84	1.00
16	1.07	1.08	1.09	1.10	1.12	1.13	1.15	1.17	1.20
18	1.05	1.06	1.07	1.08	1.09	1.11	1.12	1.14	1.16
20	1.03	1.04	1.04	1.05	1.06	1.07	1.08	1.10	1.12

③ 当墙顶填土面与水平线夹角为 β，且立臂面的坡度为 1 : m 时，上两式应加上立臂面的修正长度 ΔB_3（图 4.18c）：

$$\Delta B_3=\frac{1}{2}mH_1 \tag{4.36}$$

（2）墙趾板长度

① 当墙顶填土面有均布活荷载 q 作用，且立臂面垂直时（图 4.18a）：

$$B_1=\frac{0.5\mu H(2\sigma_0+\sigma_H)}{K_c(\sigma_0+\sigma_H)}-0.25(B_2+B_3) \tag{4.37}$$

式中：$\sigma_0=\gamma h_0K$；$\sigma_H=\gamma HK$。

② 当墙顶填土面与水平线夹角为 β，且立臂面垂直时（图 4.18b）：

$$B_1=\frac{0.5(H+B_3\tan\beta)}{K_c}-0.25(B_2+B_3) \tag{4.38}$$

如果由 $B=B_1+B_2+B_3$ 计算出的墙体底板基底应力 σ 大于修正后的地基承载力特征值 f_a，即 $\sigma>f_a$，或偏心距 $e>B/6$ 时，应采取加宽基础的方法加大 B_1，使其满足要求。

3. 墙体内力计算

（1）立臂的内力

立臂为固定在墙底板上的悬臂梁，主要承受墙后的主动土压力与地下水压力。假定不考虑墙前土压力作用,而立臂厚度较薄,自重可略去不计,立臂按悬臂梁受弯构件计算。根据立臂受力情况(图 4.19),各截面的剪力、弯矩方程为

$$V_{1z}=\frac{(\sigma_1+\sigma_2)(1-z/H_1)z}{2}+\sigma_1 z \tag{4.39}$$

$$M_{1z}=\frac{z^2}{6}\left[2\sigma_1+\sigma_2-(\sigma_2-\sigma_1)\frac{z}{H_1}\right] \tag{4.40}$$

式中:V_{1z}、M_{1z}——z 深度处立臂截面的剪力(kN/m)、弯矩(kN·m/m);

σ_1、σ_2、σ_z——立臂顶面、底面与 z 深度处的立臂侧压力,kPa/m;

H_1——立臂高度,m。

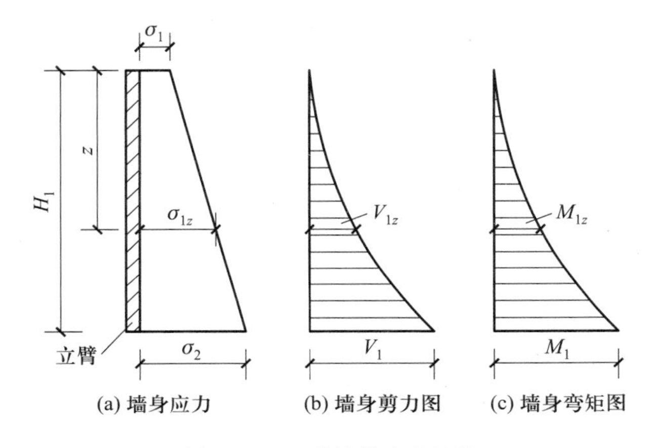

图 4.19　立臂结构内力计算

(2) 墙踵板的内力

墙踵板是以立臂底端为固定端的悬臂梁。墙踵板上作用有第二破裂面(或假想墙背)与墙背之间的土体(含其上的列车、汽车等活荷载)的自重、墙踵板自重、主动土压力的竖直分量、地基反力、地下水浮托力、板上水重和静水压力等荷载作用。在不考虑地下水作用时,其内力计算如图 4.20 所示。

$$V_{2x}=\frac{[2\gamma_G h_1+\sigma_{cx}+\sigma_{1x}+\sigma_{2x}-(\sigma_{1d}+\sigma_{2d})](1-x/B_3)x}{2}+(\gamma_G h_1+\sigma_{2x}-\sigma_{2d})x \tag{4.41}$$

$$M_{2x}=\frac{x^2}{6}\left[3\gamma_G h_1+\sigma_{cx}+\sigma_{1x}+2\sigma_{2x}-(\sigma_{1d}+2\sigma_{2d})-[\sigma_{cx}+\sigma_{1x}-\sigma_{2x}-(\sigma_{1d}-\sigma_{2d})]\frac{x}{B_3}\right] \tag{4.42}$$

式中:V_{2x}、M_{2x}——距墙踵为 x 的截面处墙踵板剪力(kN/m)、弯矩(kN·m/m);

γ_G——钢筋混凝土墙踵板的重度,kN/m^3;

h_1——墙踵板的厚度,m;

σ_{1x}、σ_{2x}——第二破裂面或假想墙背上土压力的竖直分量,kPa/m;

σ_{cx}——当第二破裂面出现时第二破裂面与墙踵板之间土体自重应力,kPa/m;

σ_{1d}、σ_{2d}——墙踵板后缘、前缘处地基压力,kPa/m;

B_3——墙踵板长度,m。

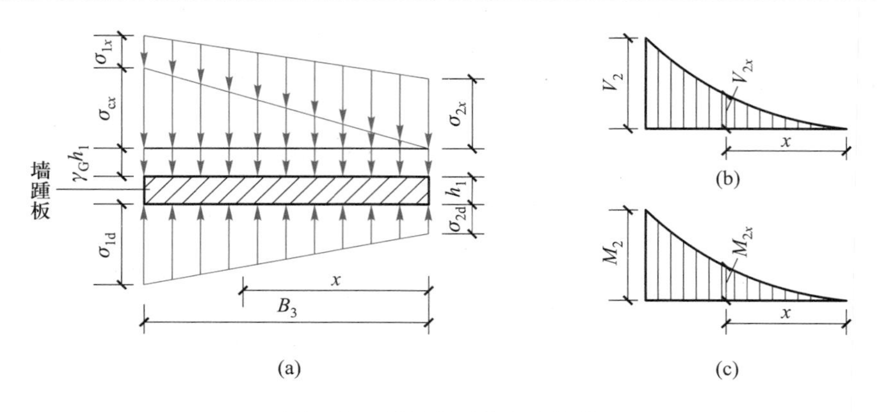

图 4.20　墙踵板结构内力计算

(3) 墙趾板的内力

墙趾板的内力计算类似于墙踵板,可按以立臂底端为固定端的悬臂梁考虑。墙趾板上作用有墙趾板自重、上覆土体自重、地基反力等荷载作用。在不考虑地下水作用时,其内力计算如图 4.21 所示。

$$V_{3x}=\frac{[2\gamma_G h_p+\sigma_{3x}+\sigma_{4x}-(\sigma_{3d}+\sigma_{4d})](1-x/B_1)x}{2}+(\gamma_G h_p+\sigma_{3x}-\sigma_{3d})x \tag{4.43}$$

$$M_{3x}=\frac{x^2}{6}\left\{3\gamma_G h_p+2\sigma_{3x}+\sigma_{4x}-(2\sigma_{3d}+\sigma_{4d})-[(\sigma_{4x}+\sigma_{3x})-(\sigma_{4d}+\sigma_{3d})]\frac{x}{B_1}\right\} \tag{4.44}$$

式中:V_{3x}、M_{3x}——距墙趾为 x 截面处的墙趾板剪力(kN/m)、弯矩(kN · m/m);

h_p——墙趾板的厚度,m;

σ_{3x}、σ_{4x}——墙趾板上覆土体自重应力,kPa/m;

σ_{3d}、σ_{4d}——墙趾板前缘、后缘处地基压力,kPa/m;

B_1——墙趾板长度,m。

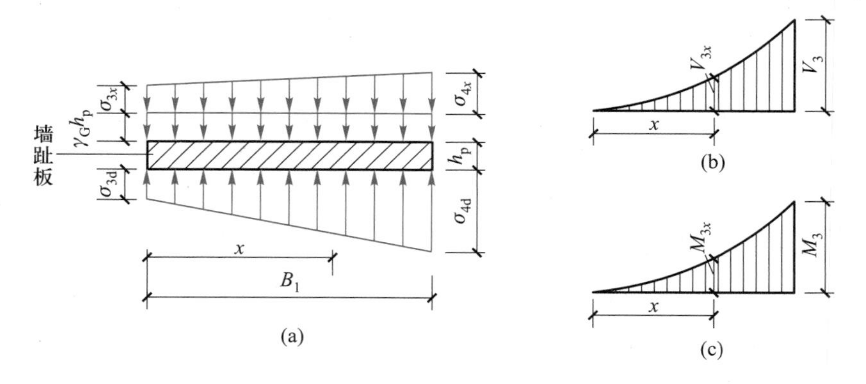

图 4.21　墙趾板结构内力计算

4. 凸榫设计

(1) 凸榫位置

为使榫前被动土压力能够完全形成,墙背主动土压力不致因设置凸榫而增大,必须将整个凸榫置于过墙趾与水平方向成 $45°-\varphi/2$ 角的直线和过墙踵与水平方向成 φ 角的直线所包围的三角形范围内(图 4.22)。因此。凸榫位置、高度和宽度必须符合下列要求:

$$B_{T1} \geqslant h_T \tan\left(45°+\frac{\varphi}{2}\right) \tag{4.45}$$

$$B_{T2}=B-B_{T1}-B_T \geqslant h_T \cos\varphi \tag{4.46}$$

凸榫前侧距墙趾的最小距离 $B_{T1\min}$:

$$B_{T1\min} \geqslant B-\sqrt{B\left\{B-\frac{2K_c E_x-B\mu\sigma_1}{\sigma_1[\cot(45°+\varphi/2)-\mu]}\right\}} \tag{4.47}$$

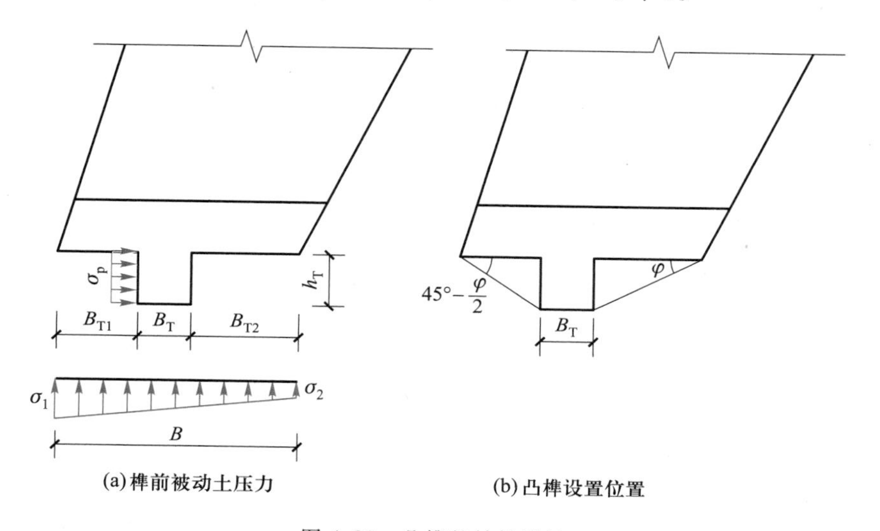

图 4.22　凸榫的结构设计

（2）凸榫高度

$$h_T=\frac{K_c E_x-(B-B_{T1})(\sigma_2+\sigma_3)\mu/2}{\sigma_p} \tag{4.48}$$

$$\sigma_p=\frac{\sigma_2+\sigma_3}{2}\tan^2\left(45°+\frac{\varphi}{2}\right) \tag{4.49}$$

上述式中 σ_1、σ_2、σ_3 为墙趾、墙踵及凸榫前缘处基底的压应力,其余符号意义同前。

（3）凸榫宽度

$$B_T=\sqrt{\frac{3.5KM_T}{f_t}} \tag{4.50}$$

其中:

$$M_T=\frac{h_T}{2}\left[K_c E_x-\frac{(B-B_{T1})(\sigma_2+\sigma_3)\mu}{2}\right] \tag{4.51}$$

式中:K_c——混凝土受弯构件的强度设计安全系数,取 2.65;

M_T——凸榫所承受的总弯矩,kN · m/m;

f_t——混凝土抗拉设计强度,MPa。

5. 墙身钢筋混凝土配筋设计

(1) 立臂配筋设计

经配筋计算,可确定钢筋的面积。钢筋的设计则是确定钢筋直径和钢筋的布置。立臂受力钢筋沿内侧竖直放置,一般钢筋直径不小于 12 mm,底部钢筋间距一般采用 100~150 mm。因立臂承受的弯矩越向上越小,可根据材料图将钢筋切断。当墙身立臂较高时,可将钢筋在不同高度分两次切断,仅将 1/4~1/3 受力钢筋延伸到板顶。顶端受力钢筋间距不应大于 500 mm。钢筋切断部位,应在理论切断点以上再加一个钢筋锚固长度,而其下端插入底板一个锚固长度。锚固长度 L_a 一般取(25~30)d(d 为钢筋直径)。配筋见图 4.23。

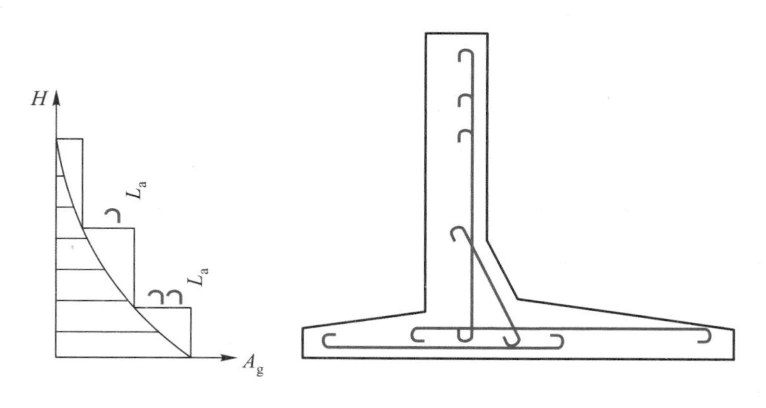

图 4.23 悬臂式挡土墙配筋

在水平方向也应配置直径不小于 6 mm 的分布钢筋,其间距不大于 400~500 mm,截面面积不小于立臂底部受力钢筋截面面积的 10%。

对于特别重要的悬臂式挡土墙,在立臂的墙面一侧和墙顶,也应按构造要求配置少量钢筋或钢丝网,以提高混凝土表层抵抗温度变化和混凝土收缩的能力,防止混凝土表层出现裂缝。

(2) 底板配筋设计

墙踵板受力钢筋设置在墙踵板的顶面。受力钢筋一端插入立臂与底板连接处以左不小于一个锚固长度;另一端按材料图切断,在理论切断点向外伸出一个锚固长度。

墙趾板的受力钢筋应设置于墙趾板的底面,钢筋一端伸入墙趾板与立臂连接处以右不小于一个锚固长度,另一端一半延伸到墙趾,另一半在 $B_1/2$ 处再加一个锚固长度后切断。配筋见图 4.23。

在实际设计中,常将立臂的底部受力钢筋一半或全部弯曲,作为墙趾板的受力钢筋。立臂与墙踵板的连接处最好做成贴角予以加强,并配以构造钢筋,其直径和间距可与墙踵板钢筋一致,底板也应配置构造钢筋。钢筋直径及间距均应符合有关规范的规定。

(3) 裂缝宽度验算

悬臂式挡土墙的立臂和底板按受弯构件设计,除构件正截面受弯承载力、斜截面抗剪承载力需要验算之外,还要进行裂缝宽度验算。其最大裂缝宽度可按下列公式计算:

$$w_{\max}=\alpha_{\mathrm{cr}}\psi\frac{\sigma_{\mathrm{sk}}}{E_{\mathrm{s}}}\left(1.9c+0.08\frac{d_{\mathrm{eq}}}{\rho_{\mathrm{te}}}\right) \tag{4.52}$$

$$\left.\begin{aligned}\psi &= 1.1-0.65\frac{f_{tk}}{\rho_{te}\sigma_{sk}}\\ d_{eq} &= \frac{\sum n_i d_i^2}{\sum n_i v_i d_i}\\ \rho_{te} &= \frac{A_s+A_p}{A_{te}}\\ \sigma_{sk} &= \frac{M_k}{0.87h_0A_s}\end{aligned}\right\} \tag{4.53}$$

式中：α_{cr}——构件受力特征系数，对于钢筋混凝土受弯构件取 2.1。

ψ——裂缝间纵向受拉钢筋应变不均匀系数，当 $\psi<0.2$ 时，取 $\psi=0.2$；当 $\psi>1$ 时，取 $\psi=1$；对直接承受重复荷载的构件，取 $\psi=1$。

σ_{sk}——按荷载效应标准组合计算的钢筋混凝土构件纵向受拉钢筋的应力，kN/m^2。

E_s——钢筋弹性模量，kN/m^2。

c——最外层纵向受拉钢筋外边缘至受拉区底边的距离，m。

ρ_{te}——按有效受拉混凝土截面面积计算的纵向受拉钢筋配筋率，当 $\rho_{te}<0.01$ 时，取 $\rho_{te}=0.01$。

f_{tk}——混凝土轴心抗拉强度标准值，kN/m^2。

A_{te}——有效受拉混凝土截面面积，m^2。

A_s——受拉区纵向钢筋截面面积，m^2。

d_{eq}——受拉区纵向钢筋的直径，m。

d_i——受拉区第 i 种纵向钢筋的直径，m。

n_i——受拉区第 i 种纵向钢筋的根数。

v_i——受拉区第 i 种纵向钢筋的相对黏结特性系数，光面钢筋取 0.7，螺纹钢筋取 1.0。

M_k——按荷载效应标准组合计算的弯矩值，$kN\cdot m$。

h_0——截面的有效高度，m。

钢筋截面面积可按下式计算：

$$A_s=\frac{f_{ck}}{f_y}bh_0\left(1-\sqrt{1-\frac{2M}{f_{ck}bh_0^2}}\right) \tag{4.54}$$

式中：f_{ck}——混凝土轴心抗压强度标准值，kN/m^2；

f_y——钢筋的抗拉强度设计值，kN/m^2；

b——截面宽度，取单位长度，m；

M——截面设计弯矩，$kN\cdot m$。

4.2.4　悬臂式挡土墙设计例题

已知：设计一无石料地区挡土墙，墙背填土与墙前地面高差为 2.4 m，填土表面水平，上有均布标准荷载 $p_k=10\ kN/m^2$，地基承载力特征值为 120 kN/m^2，填土的标准重度 $\gamma_t=17\ kN/m^3$，内摩擦角 $\varphi=30°$，底板与地基摩擦系数 $\mu=0.45$，由于采用钢筋混凝土挡土墙，墙背竖直且光滑，可假定墙背与填土之间的摩擦角 $\delta=0$。

1. 截面选择

由于为缺石地区,选择钢筋混凝土结构。墙高低于 6 m,选择悬臂式挡土墙。尺寸按悬臂式挡土墙规定初步拟定,如图 4.24 所示。

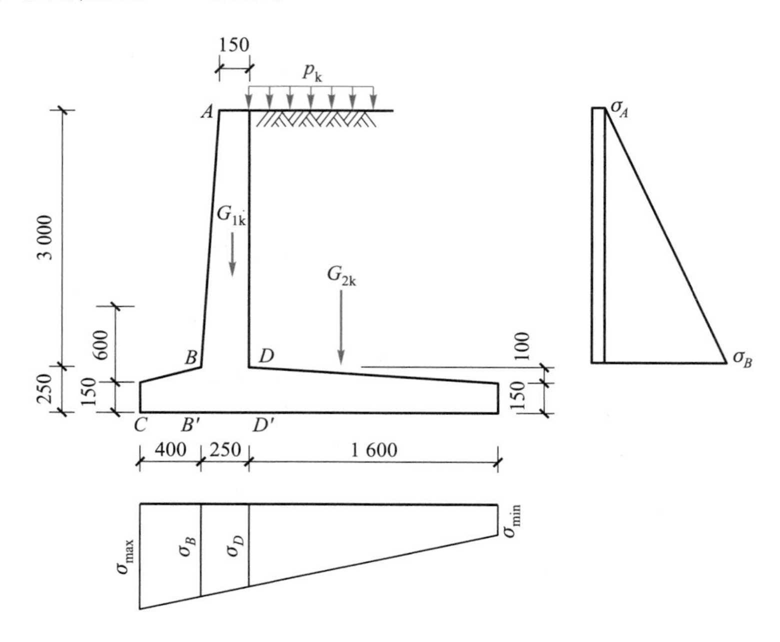

图 4.24　悬臂式挡土墙计算简图

2. 荷载计算

(1) 土压力计算

沿墙体延伸方向取一延长米。由于地面水平,墙背竖直且光滑,土压力计算选用朗肯理论公式计算:

$$K_a=\tan^2\left(45°-\frac{\varphi}{2}\right)=0.333$$

地面活荷载 p_k 的作用,采用等代土层厚度 $h_0=p_k/\gamma_t=(10/17)\ m=0.588\ m$,悬臂上 A 点水平土压力:

$$\sigma_A=\gamma h_0K_a=17\times0.588\times0.333\ kN/m^2=3.33\ kN/m^2;$$

悬臂底 B 点水平土压力:

$$\sigma_B=\gamma(h_0+H_1)K_a=17\times(0.588+3)\times0.333\ kN/m^2=20.33\ kN/m^2;$$

底板 C 点水平土压力:

$$\sigma_C=\gamma(h_0+H_1+h)K_a=17\times(0.588+3+0.25)\times0.333\ kN/m^2=21.75\ kN/m^2;$$

土压力合力:

$$E_{ax1}=\sigma_AH_1=0.333\times3\ kN/m=10\ kN/m;$$

$$z_1=(3/2+0.25)\ m=1.75\ m;$$

$$E_{ax2}=(\sigma_C-\sigma_A)H_1/2=(21.75-3.33)\times3/2\ kN/m=25.5\ kN/m;$$

$$z_1=(3/3+0.25)m=1.25\ m;$$

（2）竖向荷载计算

① 立臂自重。钢筋混凝土标准重度 $\gamma_G=25\ \text{kN/m}^3$，其自重 G_{1k} 为

$$G_{1k}=\frac{0.15+0.25}{2}\times3\times25\ \text{kN/m}=15\ \text{kN/m}$$

$$x_1=0.4\ \text{m}+\frac{(0.1\times3)/2+(2\times0.10)/3+0.15\times3\times(0.10+0.15/2)}{(0.1\times3)/2+0.15\times3}\text{m}=0.55\ \text{m}$$

② 底板自重 G_{2k} 为

$$G_{2k}=\left(\frac{0.15+0.25}{2}\times0.4+0.25\times0.25+\frac{0.15+0.25}{2}\times1.6\right)\times25\ \text{kN/m}=11.56\ \text{kN/m}$$

$$x_2=\left[\frac{0.15+0.25}{2}\times0.4\times\left(\frac{40}{3}\times\frac{2\times0.25+0.15}{0.25+0.15}\right)+0.25\times0.25\times(0.40+0.125)+\frac{0.15+0.25}{2}\times1.60\times\left(\frac{1.60}{3}\times\frac{2\times0.15+0.25}{0.15+0.25}+0.65\right)\right]\text{m}\div0.4625=1.07\ \text{m}$$

③ 地面均布活荷载及填土的自重：

$$G_{3k}=(p_k+\gamma_t\times3)\times1.60=(10+17\times3)\times1.60\ \text{kN/m}=97.60\ \text{kN/m}$$

$$x_3=0.65\ \text{m}+0.80\ \text{m}=1.45\ \text{m}$$

3. 抗倾覆稳定性验算

稳定力矩：

$$M_{zk}=G_{1k}x_1+G_{2k}x_2+G_{3k}x_3=(15\times0.55+11.56\times1.07+97.60\times1.45)\ \text{kN}\cdot\text{m/m}=162.14\ \text{kN}\cdot\text{m/m}$$

倾覆力矩：

$$M_{qk}=E_{x1}z_1+E_{x2}z_2=(10\times1.75+25.5\times1.25)\text{kN}\cdot\text{m/m}=49.38\ \text{kN}\cdot\text{m/m}$$

抗倾覆稳定系数：

$$K_0=M_{zk}/M_{qk}=162.14/49.38=3.28>1.6$$

故，满足抗倾覆稳定性。

4. 抗滑稳定性验算

竖向力之和：

$$G_k=\sum G_{ik}=(15+11.56+97.6)\ \text{kN/m}=124.16\ \text{kN/m}$$

抗滑力：

$$G_k\cdot\mu=124.16\times0.45\ \text{kN}=55.876\ \text{kN}$$

滑移力：

$$E_{ax}=E_{ax1}+E_{ax2}=10\ \text{kN}+25.5\ \text{kN}=35.50\ \text{kN}$$

抗滑稳定系数：

$$K_c=G_k\cdot\mu/E_{ax}=55.87/35.5=1.57>1.3$$

故，满足抗滑稳定性。

5. 地基承载力验算

地基承载力采用设计荷载，分项系数：地面活荷载 $\gamma_q=1.5$；土体荷载 $\gamma_{G1}=1.3$；结构自重荷载 $\gamma_{G2}=1.3$。

总竖向力到墙趾的距离为

$$e=(M_V-M_H)/G_k$$

M_V为竖向荷载引起的弯矩：

$$M_V=(G_{1k}x_1+G_{2k}x_2+\gamma\times3\times1.6\times x_3)\times\gamma_{G1}+p_k\times1.6\times x_3\times\gamma_q$$
$$=(15\times0.55+11.56\times1.07+17\times3\times1.6\times1.45)\times1.3\ \text{kN}\cdot\text{m/m}+10\times1.60\times1.45\times1.5\ \text{kN}\cdot\text{m/m}$$
$$=215.42\ \text{kN}\cdot\text{m/m}$$

M_H为水平力引起的弯矩：

$$M_H=1.5E_{x1}z_1+1.3E_{x2}z_2=1.5\times10\times1.75\ \text{kN}\cdot\text{m/m}+1.3\times25.5\times1.25\ \text{kN}\cdot\text{m/m}=67.69\ \text{kN}\cdot\text{m/m}$$

总竖向力：

$$G_k=1.3(G_{1k}+G_{2k}+\gamma\times3\times1.6)+1.5\times p_k\times1.6$$
$$=(15+11.56+17\times3\times1.60)\times1.3\ \text{kN/m}+10\times1.6\times1.5\ \text{kN/m}=164.61\ \text{kN/m}$$
$$e=(M_V-M_H)/G_k=[(215.42-67.69)/164.61]\ \text{m}=0.897\ \text{m}$$

基础底面偏心距：

$$e_0=B/2-e=2.25\ \text{m}/2-0.897\ \text{m}=0.228\ \text{m}<B/6=2.25\ \text{m}/6=0.375\ \text{m}$$

地基压力：

$$\sigma_{\min}^{\max}=\frac{G_k}{B}\left(1\pm\frac{6e_0}{B}\right)=\frac{164.61}{2.25}\left(1\pm\frac{6\times0.228}{2.25}\right)\ \text{kN/m}^2=\begin{matrix}117.64\ \text{kN/m}^2\\28.68\ \text{kN/m}^2\end{matrix}<1.2f_a$$
$$=1.2\times100\ \text{kN/m}^2=120\ \text{kN/m}^2$$

6. 结构设计

立臂与底板均采用 C20 混凝土和 HRB400 钢筋，$f_{ck}=13.4\ \text{N/mm}^2$，$f_{tk}=1.54\ \text{N/mm}^2$，$f_y=360\ \text{N/mm}^2$，$E_s=2\times10^5\ \text{N/mm}^2$。

（1）立臂设计

底部截面设计弯矩：

$$M=10\times1.5\times1.5\ \text{kN}\cdot\text{m/m}+25.5\times1\times1.3\ \text{kN}\cdot\text{m/m}=55.65\ \text{kN}\cdot\text{m/m}$$

标准弯矩：

$$M_k=10\times1.5\ \text{kN}\cdot\text{m/m}+25.5\times1\ \text{kN}\cdot\text{m/m}=40.50\ \text{kN}\cdot\text{m/m}$$

强度计算：取 $h_0=250\ \text{mm}-40\ \text{mm}=210\ \text{mm}$，$b=1\,000\ \text{mm}$；

$$A_s=\frac{f_{ck}}{f_y}bh_0\left(1-\sqrt{1-\frac{2M}{f_{ck}bh_0^2}}\right)=\frac{13.4}{360}\times1\,000\times210\times\left(1-\sqrt{1-\frac{2\times55.65\times10^6}{13.4\times1\,000\times210^2}}\right)\ \text{mm}^2=774.5\ \text{mm}^2$$

取 ⏀12@140，$A_s=807\ \text{mm}^2$。

裂缝验算：$\rho_{te}=\frac{A_s}{A_{te}}=\frac{807}{0.5\times1\,000\times250}=0.0065$，取 $\rho_{te}=0.01$；

$$\sigma_{sk}=\frac{M_k}{0.87h_0A_s}=\frac{40.5\times10^6}{0.87\times210\times807}\ \text{N/mm}^2=274\ \text{N/mm}^2$$

$$\psi=1.1-0.65\frac{f_{tk}}{\rho_{te}\sigma_{sk}}=1.1-\frac{0.65\times1.54}{0.01\times274}=0.735$$

最大裂缝宽度：$\alpha_{cr}=2.10$，$c=35\ \text{mm}$，$d_{eq}=12\ \text{mm}$；

$$w_{max}=\alpha_{cr}\psi\frac{\sigma_{sk}}{E_s}\left(1.9c+0.08\frac{d_{eq}}{\rho_{te}}\right)$$

$$=2.10\times0.735\times\frac{274}{2\times10^5}\times\left(1.9\times35+0.08\times\frac{12}{0.01}\right)\ \text{mm}=0.343\ \text{mm}>0.20\ \text{mm}$$

不满足要求，改用 ⌀12@100，$A_s=1\ 131\ \text{mm}^2$：

$$\rho_{te}=\frac{A_s}{A_{te}}=\frac{1\ 131}{0.5\times1\ 000\times250}=0.009，取\ \rho_{te}=0.01$$

$$\sigma_{sk}=\frac{M_k}{0.87h_0A_s}=\frac{40.5\times10^6}{0.87\times210\times1\ 131}\ \text{N/mm}^2=196\ \text{N/mm}^2$$

$$\psi=1.1-0.65\frac{f_{tk}}{\rho_{te}\sigma_{sk}}=1.1-\frac{0.65\times1.54}{0.01\times196}=0.59$$

$$w_{max}=\alpha_{cr}\psi\frac{\sigma_{sk}}{E_s}\left(1.9c+0.08\frac{d_{eq}}{\rho_{te}}\right)$$

$$=2.10\times0.59\times\frac{196}{2\times10^5}\times\left(1.9\times35+0.08\times\frac{12}{0.01}\right)\ \text{mm}=0.197\ \text{mm}<0.20\ \text{mm}$$

满足要求。

（2）底板设计

设计弯矩：墙踵板根部 D 点的地基压力设计值：

$$\sigma_D=\sigma_{min}+\frac{\sigma_{max}-\sigma_{min}}{B}\times1.60=28.68\ \text{kN/m}^2+\frac{117.64-28.68}{2.25}\times1.60\ \text{kN/m}^2=91.94\ \text{kN/m}^2$$

墙趾板根部 B 点的地基压力设计值：

$$\sigma_B=\sigma_{min}+\frac{\sigma_{max}-\sigma_{min}}{B}\times1.85=28.68\ \text{kN/m}^2+\frac{117.64-28.68}{2.25}\times1.85\ \text{kN/m}^2=101.82\ \text{kN/m}^2$$

墙踵板根部 D 点设计弯矩：

$$\begin{aligned}M_D=&0.32\times25\times0.733\times1.3\ \text{kN}\cdot\text{m/m}+17\times3\times1.6\times0.8\times1.3\ \text{kN}\cdot\text{m/m}+\\&10\times1.6\times0.8\times1.5\ \text{kN}\cdot\text{m/m}-26.77\times1.6\times0.8\ \text{kN}\cdot\text{m/m}-\\&(91.94-28.68)\times(1.60/2)\times(1.60/3)\ \text{kN}\cdot\text{m/m}=47.99\ \text{kN}\cdot\text{m/m}\end{aligned}$$

墙趾板根部 B 点设计弯矩：

$$M_B=101.82\times0.4\times0.20\ \text{kN}\cdot\text{m/m}+\frac{117.64-101.82}{2}\times0.4\times\frac{2\times0.4}{3}\text{kN}\cdot\text{m/m}=8.99\ \text{kN}\cdot\text{m/m}$$

标准弯矩计算，由前面计算可知，标准荷载作用时：

$$e=(M_{zk}-M_{qk})/G_k=(162.14-49.38)/124.16\ \text{m}=0.91\ \text{m}$$

基础底面偏心距：$e_0=B/2-e=2.25\ \text{m}/2-0.91\ \text{m}=0.215\ \text{m}$；

此时地基压力：

$$\sigma_{min}^{max}=\frac{G_k}{B}\left(1\pm\frac{6e_0}{B}\right)=\frac{124.16}{2.25}\left(1\pm\frac{6\times0.215}{2.25}\right)\ \text{kN/m}^2=\begin{matrix}86.63\\23.73\end{matrix}\ \text{kN/m}^2$$

$$\begin{aligned}M_D=&[0.32\times25\times0.733+17\times3\times1.6\times0.8+10\times1.6\times0.8-23.73\times1.6\times0.8-\\&(68.46-23.73)\times(1.60/2)\times(1.60/3)]\ \text{kN}\cdot\text{m/m}=34.49\ \text{kN}\cdot\text{m/m}\end{aligned}$$

墙踵板强度设计：

强度计算：取 $h_0=250\ \text{mm}-40\ \text{mm}=210\ \text{mm}, b=1\ 000\ \text{mm}$。

$$A_s=\frac{f_{ck}}{f_y}bh_0\left(1-\sqrt{1-\frac{2M}{f_{ck}bh_0^2}}\right)=\frac{13.4}{360}\times1\ 000\times210\times\left(1-\sqrt{1-\frac{2\times47.99\times10^6}{13.4\times1\ 000\times210^2}}\right)\ \text{mm}^2=663\ \text{mm}^2$$

取 ⌽12@150，$A_s=754\ \text{mm}^2$。

裂缝验算：$\rho_{te}=\frac{A_s}{A_{te}}=\frac{754}{0.5\times1\ 000\times250}=0.006$，取 $\rho_{te}=0.01$。

$$\sigma_{sk}=\frac{M_k}{0.87h_0A_s}=\frac{34.49\times10^6}{0.87\times210\times942}\ \text{N/mm}^2=200\ \text{N/mm}^2$$

$$\psi=1.1-0.65\frac{f_{tk}}{\rho_{te}\sigma_{sk}}=1.1-\frac{0.65\times1.54}{0.01\times200}=0.59$$

最大裂缝宽度：$\alpha_{cr}=2.10, c=35\ \text{mm}, d_{eq}=12\ \text{mm}$：

$$w_{max}=\alpha_{cr}\psi\frac{\sigma_{sk}}{E_s}\left(1.9c+0.08\frac{d_{eq}}{\rho_{te}}\right)$$

$$=2.10\times0.59\times\frac{200}{2\times10^5}\times\left(1.9\times35+0.08\times\frac{12}{0.01}\right)\ \text{mm}$$

$$=0.19\ \text{mm}<0.20\ \text{mm}$$

满足要求。

7. 施工图（挡土墙配筋图如图 4.25 所示）

材料：垫层为 C15 混凝土，立臂及底板为 C20 混凝土。

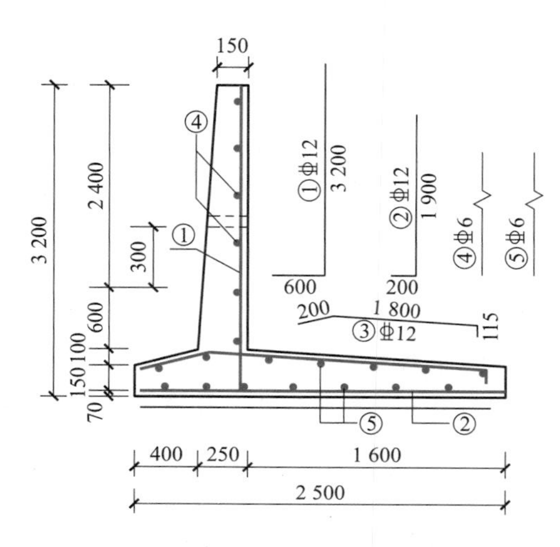

图 4.25 悬臂式挡土墙配筋图

4.3 扶壁式挡土墙设计

当支挡土体高度较高（6~10 m），施工场地比较宽敞，边坡为填方时，可选用钢筋混凝土扶壁式挡土墙。

扶壁式挡土墙由墙面板、墙趾板、墙踵板和扶壁组成，通常还设置凸榫（图 4.26）。墙趾板和凸榫的构造与悬臂式挡土墙相同。当采用钢筋混凝土悬臂式挡墙过高时，其立臂水平方向变形较大时，可考虑在立壁墙面板后设置扶壁，即成为扶壁式挡土墙。

4.3.1 扶壁式挡土墙特点及设计内容

墙面板通常为等厚的竖直板（墙面板），与扶壁和墙踵板固结相连。对于其厚度，低墙决定于板的最小厚度，高墙则根据配筋要求确定。墙面板的最小厚度要求与悬臂式挡土墙相同。

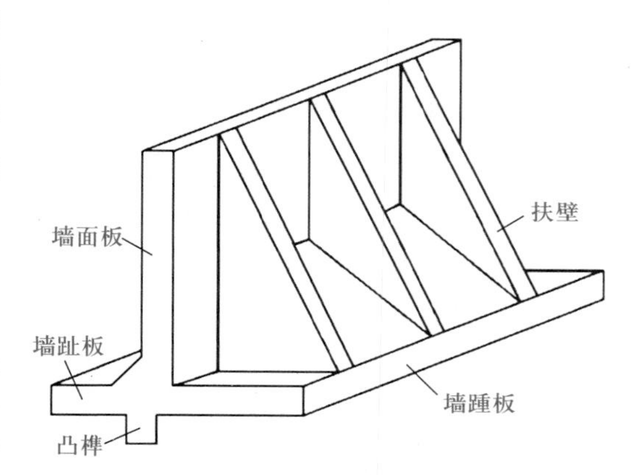

图 4.26 扶壁式挡土墙

墙踵板与扶壁的连接为固结,与墙面板的连接考虑铰接较为合适,其厚度的确定方式与悬臂式挡土墙相同。

扶壁为固结于墙踵板的T型变截面悬臂梁,墙面板可视为扶壁的翼缘板。扶壁的经济间距一般为墙高的1/3~1/2,应根据试算确定。其厚度取决于扶壁背面配筋的要求,通常为两扶壁间距的1/8~1/6,但不得小于300 mm。

根据悬臂端的固端弯矩与中间跨固端弯矩相等的原则确定扶壁两端墙面板悬出部分的长度,通常采用两扶壁净距的0.40倍。

扶壁式挡土墙设计程序与悬臂式挡土墙类似,具体设计内容与过程见图4.27。

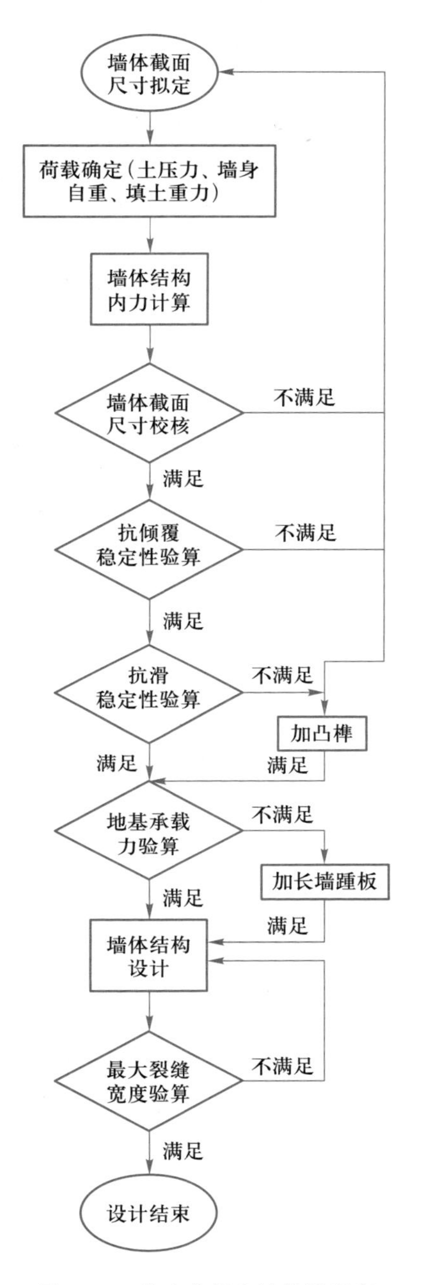

图4.27 扶壁式挡土墙设计程序

4.3.2 扶壁式挡土墙的构造要求

扶壁式挡土墙的墙面板、墙趾板、墙踵板和凸榫的构造要求同悬臂式挡土墙。

4.3.3 扶壁式挡土墙设计计算

扶壁式挡土墙的土压力计算、墙踵板与墙趾板长度的确定均同悬臂式挡土墙,墙身内力计算如下。

由于扶壁式挡土墙为多向结构的组合,结构类型为空间结构,在墙身内力计算时,一般采用简化的平面问题,按近似的方法计算各个构件的弯矩和剪力。

(1) 墙趾板

同悬臂式挡土墙。

(2) 墙面板

墙面板为三向固结板。在计算时,通常将墙面板沿墙高和墙长方向划分为若干个单位宽度的水平和竖直板条,分别计算两个方向的弯矩和剪力。

① 墙面板的土压力计算。在计算墙面板的内力时,为考虑墙面板与墙踵板之间固结状态的影响,采用如图4.28所示的替代土压应力图形。图中,图形*afge*为按土压力公式计算的法向土压应力;有水平线的梯形*abde*部分的土压力由墙面板传至扶壁,在墙面板的水平板条内产生水平弯矩和剪力;有竖直线的图形*afb*部分的土压力通过墙面板传至墙踵板,在墙面板竖直板条的下部产生较大的弯矩。在计算跨中水平正弯矩时,采用图形*abde*;在计算扶壁两侧固结端水平负弯矩时,采用图形*abce*。其中*abde*部分的土压力按下式计算:

$$\sigma_{pj}=\frac{\sigma_{H1}}{2}+\sigma_0 \tag{4.55}$$

式中：σ_{pj}——水平划线的梯形 $abde$ 部分的土压力；

σ_{H1}——墙面板底端由填料引起的法向土压应力；

σ_0——均布荷载引起的法向土压应力。

② 墙面板的水平内力。在计算时，假定每一水平板条为支承在扶壁上的连续梁，荷载沿板条均匀分布，其大小等于该板条所在深度的法向土压应力。

各板条的弯矩和剪力按连续梁计算，其计算方法见结构力学相关教材。为了简化设计，也可按图 4.29 中给出的弯矩系数，计算受力最大板条跨中和扶壁两侧边的弯矩和剪力，然后按此弯矩和剪力配筋。跨中正弯矩：

$$M_{中}=\frac{\sigma_{pj}L^2}{20} \tag{4.56}$$

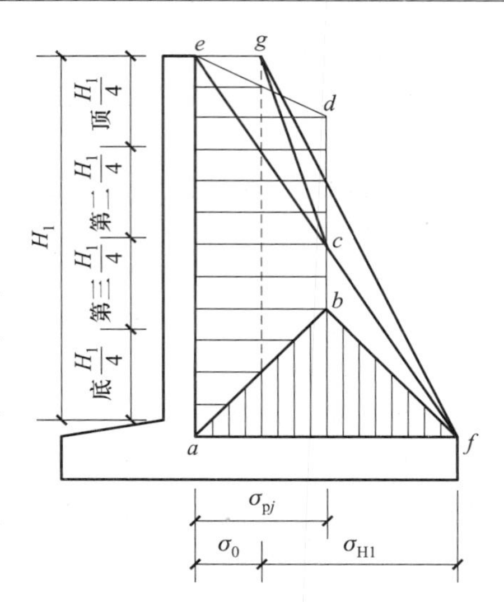

图 4.28 墙面板等代土压力图形

扶壁两侧边负弯矩：

$$M_{端}=-\frac{\sigma_{pj}L^2}{12} \tag{4.57}$$

式中：$M_{中}$、$M_{端}$——受力最大板条跨中和扶壁两端的弯矩；

L——扶壁之间的净距；

σ_{pj}——墙面板受力最大板条的法向土压应力。

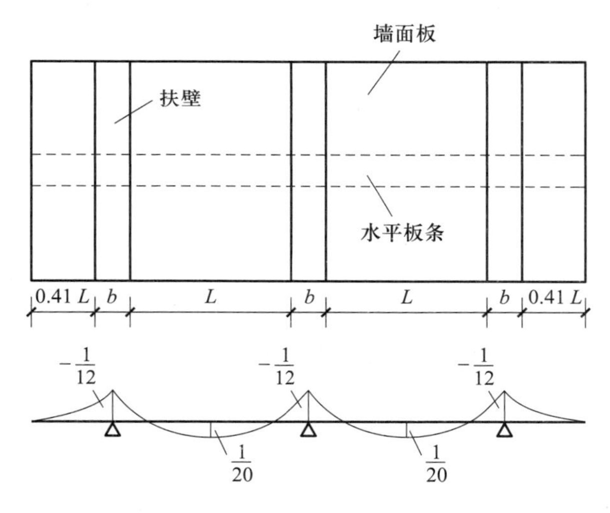

图 4.29 墙面板的水平弯矩系数

水平板条的最大剪力发生在扶壁的两端，其值可假设等于两扶壁之间水平板条上法向土压力之和的一半。受力最大板条扶壁两端的剪力为

$$V_{端}=-\frac{\sigma_{pj}L}{2} \tag{4.58}$$

③ 墙面板的竖直弯矩。作用于墙面板的土压力(图 4.28 中的 afb 部分)在墙面板内产生竖直弯矩。

墙面板跨中竖直弯矩沿墙高的分布如图 4.30a 所示。负弯矩使墙面板靠填土一侧受拉,发生在墙面板下部 $H_1/4$ 范围内,最大负弯矩位于墙面板的底端,其值按下述经验公式计算:

$$M_{底}=-(0.03\sigma_{pj}+\sigma_0)H_1L \tag{4.59}$$

式中:$M_{底}$——墙面板底端的竖直负弯矩;

H_1——墙面板的高度。

最大正弯矩位于墙面板的 $H_1/2$ 分点附近,其值等于最大竖直负弯矩的 1/4。板上部 $H_1/4$ 范围内弯矩为零。

墙面板竖直弯矩沿墙长方向呈抛物线分布,如图 4.30b 所示,设计时,可采用中部 $2L/3$ 范围内的竖直弯矩不变、两端各 $L/6$ 范围内的竖直弯矩较跨中减少一半的简化办法。

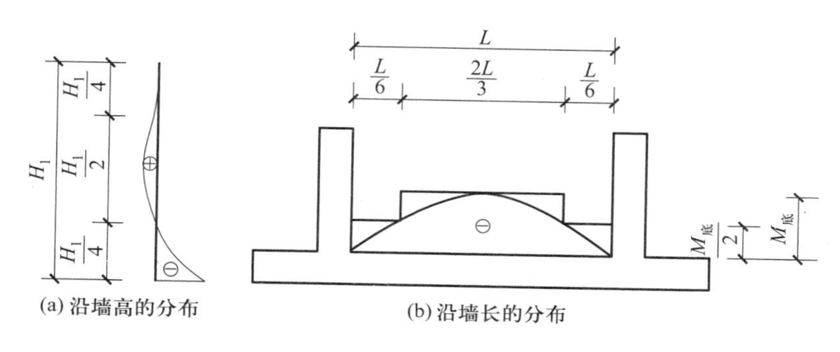

图 4.30　墙面板的竖直弯矩

(3) 墙踵板

① 墙踵板的计算荷载。作用于墙踵板的外力,除了作用在悬臂式挡土墙墙踵板上的几种外力以外,尚需考虑墙趾板弯矩在墙踵板上引起的等代荷载。

墙趾板弯矩引起的等代荷载的竖直压应力可假设为抛物线分布,如图 4.31a 所示。该应力图形在墙踵板内缘点的应力为零,墙踵处的应力根据等代荷载对墙踵板内缘点的力矩与墙趾板弯矩 M_{3B} 相等的原则求得,即

$$\sigma=2.4M_{3B}/B_3^2 \tag{4.60}$$

式中:M_{3B}——墙趾板在与墙面板衔接处的弯矩;

B_3——墙踵板的长度。

将上述荷载与在墙踵板上引起的竖直压应力叠加,即可得到墙踵板的计算荷载,如图 4.31b 所示。图中 CD(或 CD')为叠加后作用于墙踵板的竖直压应力。由于墙面板对墙踵板的支撑约束作用,在墙踵板与墙面板衔接处,墙踵板沿墙长方向板条的弯曲变形为零,向墙踵方向变形逐渐增大,故可近似地假设墙踵板的计算荷载为三角形分布,如图 4.31b 中的 CFE。墙踵处的竖直压应力为

$$\sigma_w=\sigma_{y2}+\gamma_k h_1-\sigma_2+2.4M_{3B}/B_3^2 \tag{4.61}$$

式中:σ_{y2}——墙踵处的竖直土压应力;

γ_k——钢筋混凝土的重度;

h_1——墙踵板的厚度;

σ_2——墙踵处地基压力;

B——底板宽度。

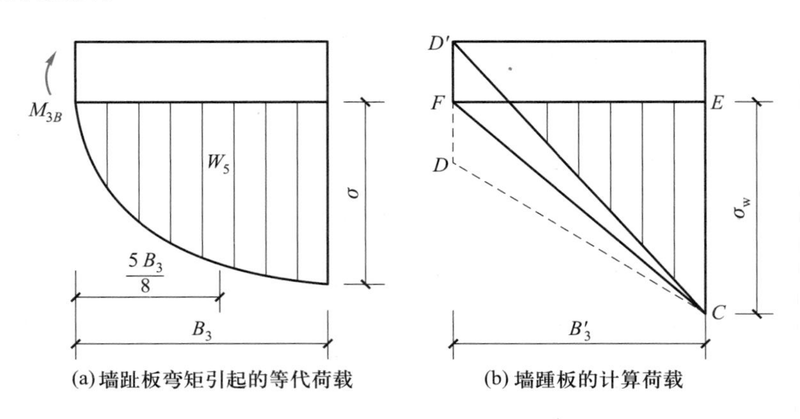

图 4.31 墙踵板的计算荷载

② 墙踵板的内力计算。由于假设了墙踵板与墙面板为铰支连接,作用于墙面板的水平土压力主要通过扶壁传至墙踵板,故不计算墙踵板横向板条的弯矩和剪力。

墙踵板纵向板条的弯矩和剪力的计算与墙面板相同,计算荷载取墙踵板的计算荷载即可。

(4) 扶壁

扶壁承受相邻两跨墙面板中点之间的全部水平土压力,扶壁自重和作用于扶壁的竖直土压力可忽略不计。另外,虽然在计算墙面板内力时,考虑图 4.28 中图形 afb 所示的土压力通过墙面板传至墙踵板的影响,但在计算扶壁内力时,可不考虑这一影响。各截面的弯矩和剪力按悬臂梁计算,计算方法与悬臂式挡土墙的立板相同。

(5) 墙身钢筋混凝土配筋设计

扶壁式挡土墙的墙面板、墙趾板和墙踵板按一般受弯构件(板)配筋,扶壁按变截面的 T 型梁配筋。

① 墙面板配筋设计(图 4.32)。

a. 水平受拉钢筋。墙面板的水平受拉钢筋分为内侧和外侧钢筋两种。

内侧水平受拉钢筋 N_2,布置在墙面板靠填土的一侧,承受水平负弯矩。该钢筋沿墙长方向的布置情况如图 4.32b 所示;沿墙高方向的布置,从图 4.28 所示的计算荷载 $abde$ 图形可以看出,为距墙顶$\left(\frac{1}{4}\sim\frac{7}{8}\right)H_1$范围,可按第三个 $H_1/4$ 墙高范围板条(即受力最大板条)的固端负弯矩 $M_{端}$配筋,其他部分按 $M_{端}/2$ 配筋,如图 4.32a 所示。

外侧水平受拉钢筋 N_3,布置在中间跨墙面板临空一侧,承受水平正弯矩。该钢筋沿墙长方向通长布置,如图 4.32a 所示,但为了便于施工,可在扶壁中心切断。沿墙高方向的布置,从图 4.28 所示的计算荷载 $abce$ 图形可以看出,为距墙顶$\left(\frac{1}{8}\sim\frac{7}{8}\right)H_1$范围,应按图中 $H_1/2$ 墙高范

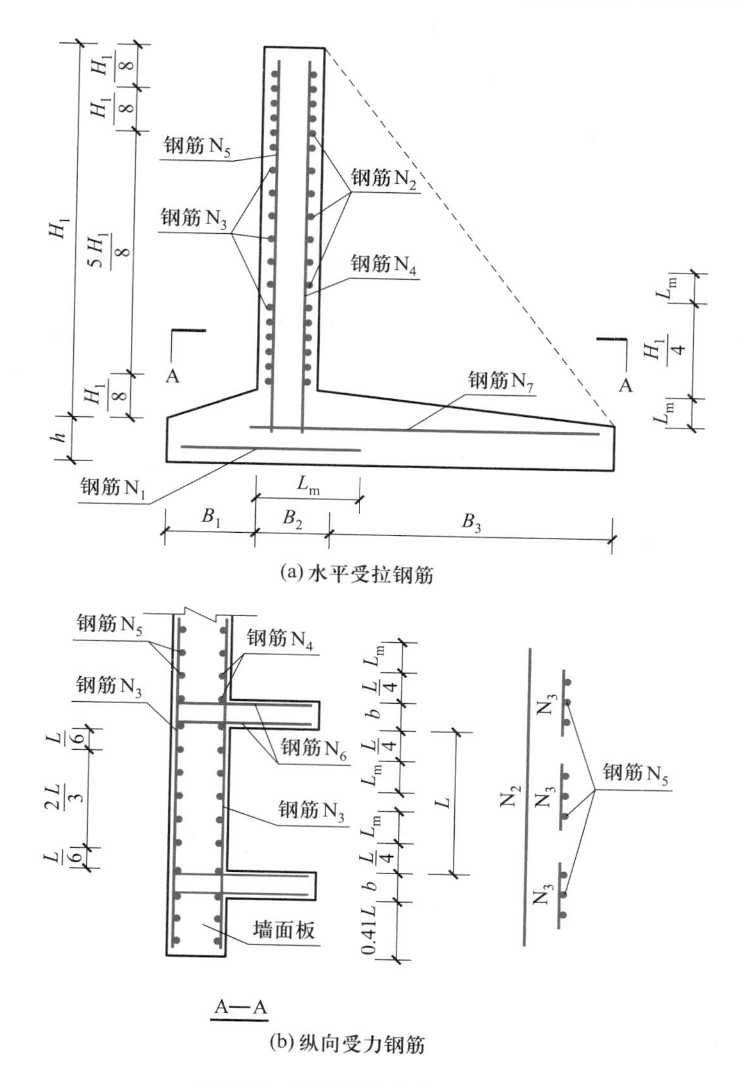

图 4.32　墙面板钢筋布置示意图

围板条，即受力最大板条的跨中正弯矩 $M_{中}$配筋，其他部分按 $M_{中}/2$ 配筋。

b. 竖直纵向受力钢筋。墙面板的竖直纵向受力钢筋也分为内侧和外侧钢筋两种。

内侧竖直受力钢筋 N_4，布置在墙面板靠填土一侧，承受墙面板的竖直负弯矩。该钢筋向下伸入墙踵板不少于一个钢筋锚固长度，向上在距墙踵板顶面 $H_1/4$ 加一个钢筋锚固长度处切断。沿墙长方向的布置，从图 4.32b 可以看出，在跨中 $2L/3$ 范围内按跨中的最大竖直负弯矩 $M_{底}$ 配筋，其两侧各 $L/6$ 部分按 $M_{端}/2$ 配筋。两端悬出部分的竖直内侧钢筋可参照上述原则布置。

外侧竖直受力钢筋 N_5，布置在墙面板的临空一侧，承受墙面板的竖直正弯矩，按 $M_{底}/4$ 配筋。该钢筋可通长布置，兼作墙面板的分布钢筋。

c. 墙面板与扶壁之间的 U 形拉筋。钢筋 N_6（图 4.32b）为连接墙面板和扶壁的水平 U 形拉筋，其开口朝向扶壁的背侧。该钢筋的每一肢承受宽度为拉筋间距的水平板条的板端剪力 $V_{端}$，在扶壁的水平方向通长布置(图 4.33a)。

② 墙趾板配筋设计。墙趾板配筋设计计算同悬臂式挡土墙。

③ 墙踵板配筋设计(图 4.33)。

a. 墙踵板顶面横向水平钢筋。墙踵板顶面横向水平钢筋是为了使墙面板承受竖直负弯矩的钢筋 N_4 得以发挥作用而设置的。该横向水平钢筋位于墙踵板顶面,并与墙面板垂直,承受与墙面板竖直最大负弯矩相同的弯矩。钢筋 N_7 沿墙长方向的布置与 N_4 相同,在垂直于墙面板方向,一端伸入墙面板一个钢筋锚固长度,另一端延长至墙踵,作为墙踵板顶面纵向受拉钢筋 N_8 的定位钢筋。如果钢筋 N_7 较密,其中一半可以在距墙踵板内缘 $B_3/2$ 加一个钢筋锚固长度处切断。

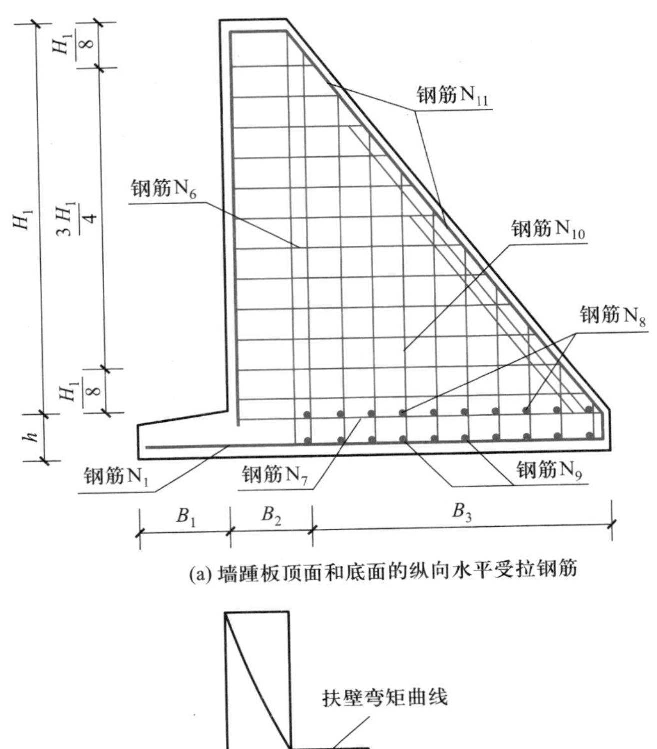

(a) 墙踵板顶面和底面的纵向水平受拉钢筋

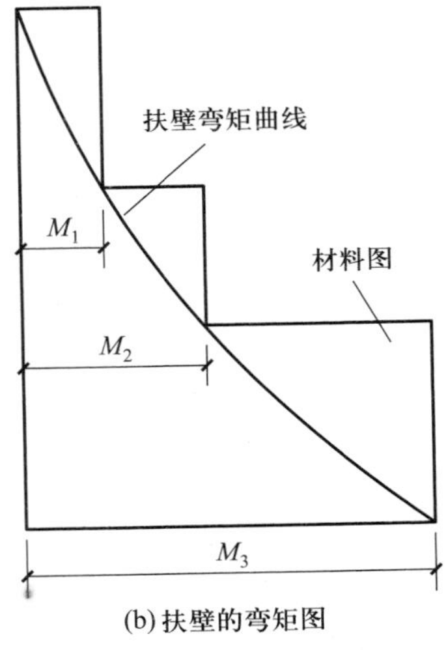

(b) 扶壁的弯矩图

图 4.33 墙踵板与扶壁钢筋布置示意图

钢筋 N_8 和 N_9 为墙踵板顶面和底面的纵向水平受拉钢筋，承受墙踵板扶壁两端负弯矩和跨中正弯矩。钢筋 N_8 和 N_9 沿墙长方向的切断情况与 N_2 和 N_3 相同；在垂直墙面板方向，可将墙踵板的计算荷载划分为 2~3 个分区，每个分区按其受力最大板条的法向压应力配置钢筋。

b. 墙踵板与扶壁之间的 U 形拉筋。钢筋 N_{10} 为连接墙踵板和扶壁的 U 形拉筋，其开口朝上。该钢筋的计算方法与墙面板和扶壁之间的水平拉筋 N_6 相同；向上可在距墙踵板顶面一个钢筋锚固长度处切断，也可延伸至扶壁顶面，作为扶壁两侧的分布钢筋之用；在垂直墙面板方向的分布与墙踵板顶面的纵向水平钢筋 N_8 相同。

④ 扶壁配筋设计。钢筋 N_{11} 为扶壁背侧的受拉钢筋（图 4.33）。在计算 N_{11} 时，通常近似地假设混凝土受压区的合力作用在墙面板的中心处。扶壁背侧受拉钢筋的截面面积可按下式计算：

$$A_s = M/f_y h_0 \cos\theta \tag{4.62}$$

式中：A_s——扶壁背侧受力钢筋截面面积；

M——计算截面的弯矩；

f_y——钢筋的抗拉强度设计值；

h_0——扶壁背侧受拉钢筋重心至墙面板中心的距离；

θ——扶壁背侧受拉钢筋与竖直方向的夹角。

在配置钢筋 N_{11} 时，一般根据扶壁的弯矩图（图 4.33b）选取 2~3 个截面，分别计算所需受拉钢筋的根数。为了节省钢筋，钢筋 N_{11} 可按多层排列，但不得多于 3 层，而且钢筋间距必须满足规范的要求，必要时可采用束筋。各层钢筋上端应较按计算不需要此钢筋的截面处向上延长一个钢筋锚固长度，下端埋入墙底板的长度不得少于钢筋的锚固长度，必要时可将钢筋沿横向弯入墙踵板的底面。

思考题与习题

4.1　简述重力式挡土墙设置的一般原则。

4.2　试从墙背形式、排水构造设置等因素的分析，简述提高重力式挡土墙稳定性的主要措施。

4.3　简述衡重式挡土墙墙背土压力的计算方法。

4.4　简述凸榫的作用及其设计方法。

4.5　试分别根据悬臂式挡土墙与重力式挡土墙的受力特点，比较这两种挡土墙的区别。

4.6　简述悬臂式挡土墙的立臂、墙踵板、墙趾板的内力计算方法。

4.7　试分别根据悬臂式挡土墙与扶壁式挡土墙的受力特点，比较这两种挡土墙的区别。

4.8　试分析扶壁式挡土墙墙面板的内力分布特点与计算方法。

4.9　简述扶壁式挡土墙的配筋特点与方法。

4.10　设计一 C20 毛石混凝土挡土墙（如图 4.34 所示）。墙后填土为砂性土，其重度 $\gamma = 18\ \mathrm{kN/m^3}$，内摩擦角 $\varphi = 35°$，黏聚力 $c = 0$，填土与挡土墙墙背的摩擦角 $\delta = 23.3°$，填土面与水平面夹角 $\beta = 18.43°$。挡土墙墙面的倾角 $\alpha_1 = 14.5°$，基础底面与地基的摩擦系数 $\mu = 0.4$，基础底面与水平面夹角 $\alpha_0 = 11.31°$。毛石混凝土重度 $\gamma = 24\ \mathrm{kN/m^3}$，地基承载力设计值 $f = 300\ \mathrm{kPa}$。

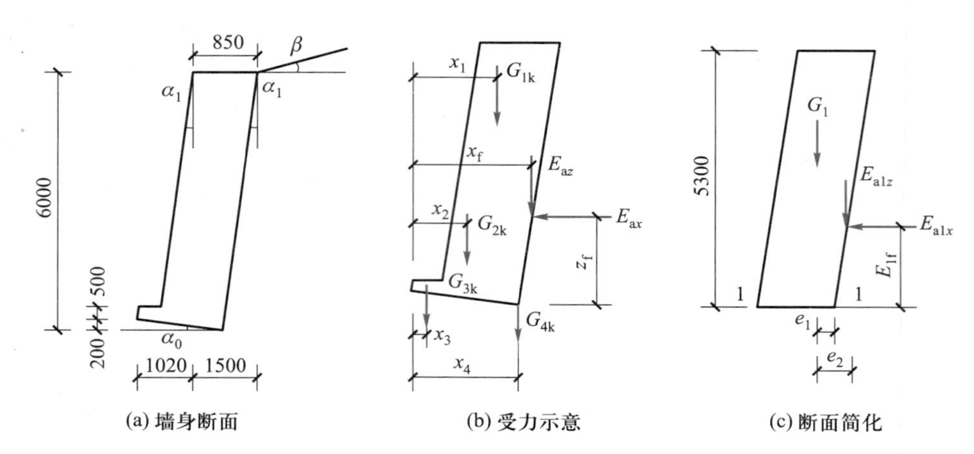

(a) 墙身断面 (b) 受力示意 (c) 断面简化

图 4.34 习题 4.10 毛石挡土墙示意图

4.11 设计一墙高为 5.0 m,采用 M5 水泥砂浆砌筑的毛石挡土墙。其重度 $\gamma=22\ \mathrm{kN/m^3}$,墙后填土为砂性土,填土为水平面,即 $\beta=0$,土的重度 $\gamma=18\ \mathrm{kN/m^3}$,内摩擦角 $\varphi=28°$,与墙背的摩擦角 $\delta=0$,基础底面与地基的摩擦系数 $\mu=0.45$,地下水位距墙顶 2.5 m。

4.12 设计一无石料地区挡土墙。墙背填土与墙前地面高差为 4 m,填土表面水平,上有均布荷载标准值 $q_k=12\ \mathrm{kN/m^2}$,地基承载力特征值为 150 kPa,填土的重度 $\gamma=18\ \mathrm{kN/m^3}$,内摩擦角 $\varphi=32°$,底板与地基的摩擦系数 $\mu=0.45$。由于采用钢筋混凝土挡土墙,墙背竖直且光滑,可假定墙背与填土之间的摩擦角 $\delta=0$。

4.13 设计一无石料地区挡土墙。墙背填土与墙前地面高差为 10 m,填土表面水平,填土表面有均布荷载标准值 $q_k=12\ \mathrm{kN/m^2}$,地基承载力设计值为 150 kPa,填土的重度 $\gamma=18\ \mathrm{kN/m^3}$,内摩擦角 $\varphi=32°$,底板与地基摩擦系数 $\mu=0.45$。由于采用钢筋混凝土扶壁式挡土墙,墙背竖直且光滑,可假定墙背与填土之间的摩擦角 $\delta=0$。

第5章

锚杆挡土墙

本章学习目标：

1. 掌握适用于挖方边坡的锚杆挡土墙的受力原理、承载力及其稳定性计算方法；

2. 掌握适用于填方边坡的锚定板挡土墙或锚托板挡土墙的受力原理、承载力及其稳定性计算方法；

3. 具备设计和施工锚杆挡土墙、锚定板挡土墙和锚托板挡土墙的能力，以及不同形式的锚杆挡土墙的选型和经济分析能力。

第5章
教学课件

锚杆挡土墙一般分为两种：挖方边坡锚杆挡土墙，填方边坡锚定板或锚托板挡土墙。这两种挡土墙墙身上都有拉杆存在，所以稳定性好，可以做成高度较高的挡土墙。这类挡土墙对地基承载力要求不高，因此，也可以做成多级挡土墙。

对挖方边坡，拉杆可以做成注浆锚杆，它的一端与挡土结构物相连，另一端通过钻孔、插入锚杆、灌浆和养护等工序锚固在稳定的地层中，以承受土压力对支挡结构物所施加的推力，利用锚杆与地层间的锚固力来维持结构物的稳定（图5.1）。锚杆挡土墙由墙面板和锚杆组成。墙面板直接与锚杆连接，并以锚杆为支撑，土压力通过墙面板传给锚杆；锚杆则依靠其与周围地层之间的锚固力（即抗拔力）抵抗土压力，以维持挡土墙的平衡与稳定。目前多用柱板式锚杆挡土墙和现浇锚杆挡土墙。

对填方边坡，拉杆端部可以设置锚定板或锚托板，拉杆一端与挡土结构物相连，另一端与锚定板或锚托板相连，锚定板和锚托板一般为预制钢筋混凝土板（图5.2、图5.3），在填方土体填筑到指定位置时，将锚定板或锚托板埋置在稳定的地层中，锚定板竖直放置，锚托板水平放置，将墙面板与锚定板或锚托板用钢筋拉杆连接并拉紧，以承受土压力对支挡结构物所施加的推力，利用锚定板或锚托板与地层间的锚固力来维持结构物的稳定。这种锚杆挡土墙称为锚定板挡土墙或锚托板挡土墙，其受力原理与注浆锚杆挡土墙一致。

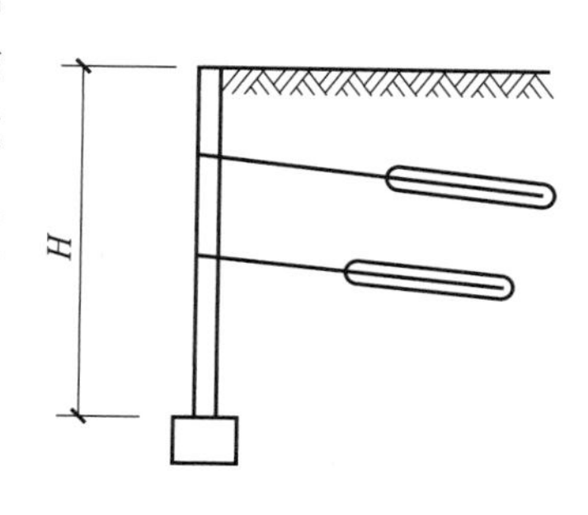

图5.1 锚杆挡土墙

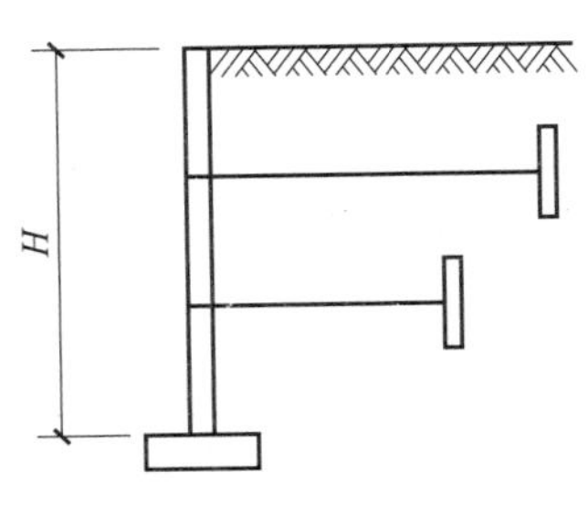

图 5.2　锚定板挡土墙

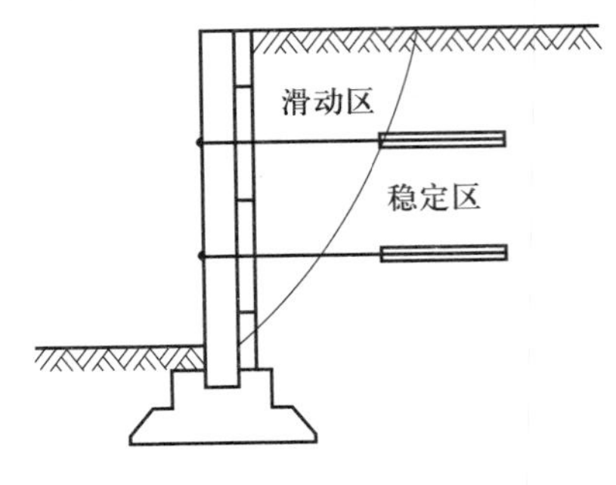

图 5.3　锚托板挡土墙

5.1　锚杆挡土墙设计

锚杆挡土墙可根据地形设计为单级或多级，每级墙的高度不宜大于 8 m，具体高度应视地质和施工条件而定。在多级墙的上、下两级墙之间应设置平台，平台宽度一般不小于 1.5 m。平台应用厚度不小于 0.15 m 的 C20 混凝土封闭，并设向墙外倾斜的横坡，坡度为 2%。

锚杆挡土墙一般适用于岩土质路堑地段，但其他具有锚固条件的路堑墙也可使用，还可应用于陡坡路堤。

5.1.1　锚杆挡土墙土压力计算

土压力是作用于锚杆挡土墙的外荷载。由于墙后土（岩）层中有锚杆的存在，造成比较复杂的荷载分布状况，因此土压力的计算至今没有一个有效的方法。GB 50330—2013《建筑边坡工程技术规范》指出，确定岩土自重产生的锚杆挡土墙侧压力分布，应考虑锚杆层数、挡土墙位移、支护结构刚度和施工方法等因素，可简化为三角形、梯形或当地经验图形；对于填方式锚杆挡土墙或单排锚杆的土层锚杆挡土墙的侧压力，可近似按库仑理论取为三角形分布；而对岩质边坡及坚硬、硬塑状黏土和密实、中密砂土类边坡，当采用逆作法施工的、柔性结构的多层锚杆挡土墙时，侧压力分布近似按图 5.4 确定，图中 e_{hk} 按下式计算：

$$e_{hk}=\frac{E_{hk}}{0.875H} \tag{5.1}$$

式中：e_{hk}——侧向岩土压力水平分力标准值，kN/m²；

E_{hk}——侧向岩土压力合力水平分力标准值，kN/m²；

H——挡土墙高度，m。

计算 E_{hk} 时，可以采用库仑土压力理论，用等代内摩擦角 φ' 代替 c 和 φ（见图 5.5），等代内摩擦角 φ' 可由下述方法确定：

$$\sigma_1=\gamma h+q_0 \tag{5.2}$$

令 $\sigma_1\tan\varphi'=\sigma_1\tan\varphi+c$，则

$$\varphi'=\arctan\ (\tan\varphi+c/\sigma_1) \tag{5.3}$$

库仑土压力系数 K_a 为

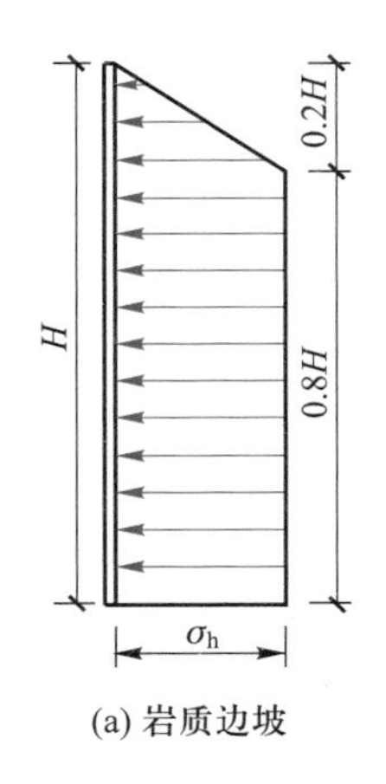

(a) 岩质边坡

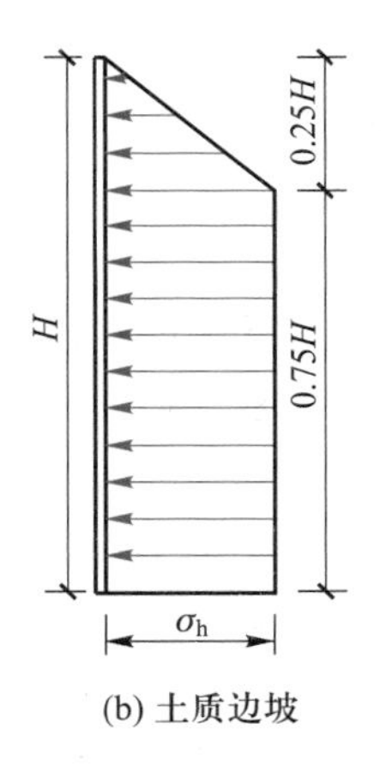

(b) 土质边坡

图 5.4　土层锚杆挡土墙侧压力分布

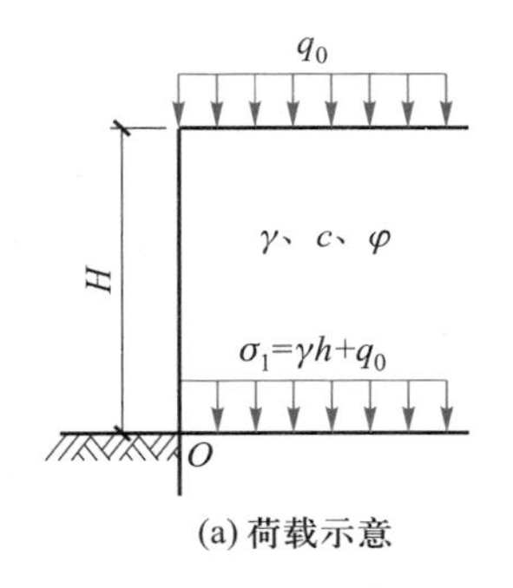

(a) 荷载示意

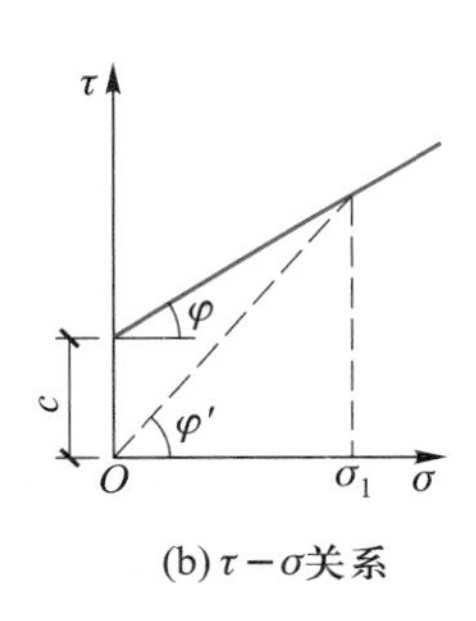

(b) $\tau-\sigma$ 关系

图 5.5　等代内摩擦角 φ' 的确定

$$K_a=\frac{\cos^2(\varphi'-\alpha)}{\cos^2\alpha\cos(\alpha+\delta)\left[1+\sqrt{\frac{\sin(\varphi'+\delta)\sin(\varphi'-\beta)}{\cos(\alpha+\delta)\cos(\alpha-\beta)}}\right]^2}\tag{5.4}$$

式中：α——墙背倾角，(°)；

δ——填土与墙面的摩擦角，(°)；

β——填土面与水平面之间的夹角，(°)。

对岩质边坡：

$$\sigma_h=\frac{E_k}{0.9H}\tag{5.5}$$

对土质边坡：

$$\sigma_h=\frac{E_k}{0.875H}\tag{5.6}$$

式中：σ_h——岩土压力水平应力，kN/m^2；

H——锚杆挡土墙高度，m。

总的主动土压力为

$$E_{k}=\frac{1}{2}\gamma H^{2}K_{a} \tag{5.7}$$

主动土压力的水平分量为

$$E_{hk}=E_{k}\cos(\alpha+\delta) \tag{5.8}$$

在按库仑土压力理论计算作用在挡土墙上的土压力时,选用填土与墙面的摩擦角 δ,不仅应考虑墙面的粗糙程度,还应考虑墙面的倾斜情况,下列数据可以作为参考:当墙面平滑、排水良好时,$\delta=0\sim\varphi/3$;当墙面粗糙、排水良好时,$\delta=\varphi/3\sim\varphi/2$;当墙面十分粗糙、排水良好时,$\delta=\varphi/3\sim\varphi/2$;当采用竖直的混凝土墙面或砌体墙面时,$\delta=\varphi/3\sim\varphi/2$;当采用俯斜的混凝土墙面或砌体墙面时,$\delta=\varphi/3$;当采用仰斜的混凝土墙面或砌体墙面时,$\delta=\varphi/2\sim2\varphi/3$;当采用阶梯形墙面时,$\delta=2\varphi/3$。但是,对于挖方挡土墙,摩擦角 δ 的值可以取 0。

对于多级挡土墙,可将上级挡土墙视为荷载作用于下级挡土墙上,或利用延长墙背法分别计算每一级的墙背土压力。

5.1.2 土层锚杆的承载力

当锚杆的锚固段受力时,首先通过钢筋(钢绞线)与周边的细石混凝土的黏结受力,再通过混凝土与孔壁土的摩擦力将此黏结力传到锚固地层中。抗拔试验表明,当拔力不大时,锚杆位移量极小;拔力增大,锚杆位移量增大;拔力增大到一定数值时,变形不能稳定,此时,细石混凝土与土层之间的摩擦力超过了极限。

锚杆抗拔力的确定是设计锚杆挡土墙的基础,它与锚杆锚固的形式、地层的性质、锚孔的直径、有效锚固段的长度及施工方法、填筑材料等因素有关。因此,从理论上来讲,锚杆抗拔力的确定是复杂而困难的,理想解答很难求得。目前普遍采用的方法是根据以往的施工经验、理论设计值与抗拔试验结果综合确定。

1. 摩擦型灌浆土层锚杆的抗拔力

利用砂浆与孔壁摩擦力起锚固作用的摩擦型灌浆锚杆,是利用水泥砂浆将一组粗钢筋锚固在地层内部的钻孔中,中心受拉部分是钢筋,而钢筋所承受的拉力首先通过锚杆周边的砂浆握裹力传递到砂浆中,然后通过锚固段周边地层的摩擦力传递到锚固区的稳定地层中。因此,锚杆受到拉力的作用,除了钢筋本身需有足够的抗拉能力外,锚杆发挥抗拔作用还必须同时满足以下三个条件:

① 锚固段的砂浆对于锚杆的握裹力需能承受极限拉力;

② 锚固段地层对于砂浆的握裹力需能承受极限拉力;

③ 锚固的土体在最不利的条件下仍能保持整体稳定性。

当锚杆锚固在风化岩层和土层中时,锚杆孔壁对砂浆的摩擦力一般低于砂浆对锚杆的握裹力。因此,锚杆的极限抗拔能力取决于锚固段地层对锚固段砂浆所能产生的最大摩擦力,故锚杆的极限抗拔力为

$$T_{u}=\pi DL_{e}\tau \tag{5.9}$$

式中:D——锚杆钻孔的直径,m;

L_{e}——有效锚固长度,m;

τ——锚固段周边砂浆与孔壁周边的黏结强度,kPa。

黏结强度 τ 除取决于地层特性外,还与施工方法、灌浆质量等因素有关,最好进行现场拉拔试验以确定锚杆的极限抗拔力。在没有试验条件的情况下,可根据以往拉拔试验得出的统计数据(参见表 5.1)使用。

表 5.1　孔壁对砂浆的极限黏结强度

锚固段地层种类	黏结强度 τ/kPa
风化砂与页岩互层、灰质页岩、泥质页岩	150~250
细砂及粉砂质泥岩	200~400
薄层灰岩夹页岩	400~600
薄层灰岩夹石灰质页岩、风化灰岩	600~800
黏性土、砂性土	60~130
软岩土	20~30

由式(5.7)可见,锚孔直径 D、有效锚固长度 L_e 和砂浆与孔壁周边的黏结强度 τ 是直接影响锚杆抗拔能力的因素。其中锚杆周边黏结强度 τ 又受地层性质、锚杆的埋藏深度、锚杆类型和施工灌浆等许多复杂因素的影响。不仅在不同种类的地层中和不同深度处的锚杆周边黏结强度 τ 有很大差异,即使在相同地层和相同埋深处,τ 值也可能由于锚杆类型和施工灌浆方法的差别而有大幅度的变化。锚杆孔壁与砂浆接触面的黏结强度与以下三种破坏形式有关,这三种破坏形式分别是:

① 砂浆接触面外围的地层剪切破坏,这只有当地层强度低于砂浆与接触面强度时才会发生;

② 沿着砂浆与孔壁的接触面剪切破坏,这只有当灌浆工艺不符合要求以致砂浆与孔壁黏结不良时才会发生;

③ 接触面内砂浆的剪切破坏。

土层强度一般低于砂浆强度。因此,土层锚杆孔壁对于砂浆的摩擦力应取决于接触面外围的土层抗剪强度。其土层抗剪强度 τ 为

$$\tau=c+\sigma\tan\varphi \tag{5.10}$$

式中:c——锚固区土层的黏聚力,kPa;

φ——锚固区土层的内摩擦角,(°);

σ——孔壁周边法向压应力,kPa。

c、φ 完全取决于锚固区土层的性质,而 σ 则受到地层压力和灌浆工艺两方面因素的影响。

一般灌浆锚杆在灌浆过程中未加特殊压力,其孔壁周边的法向压力 σ 主要取决于地层压力,土层剪力表达式为

$$\tau=c+K_0\gamma h\tan\varphi \tag{5.11}$$

式中:h——锚固段以上的地层覆盖厚度,m;

γ——锚固段土层的重度,kN/m³;

K_0——锚固段孔壁的土压力系数,一般取 $K_0=0.5\sim1.0$。

事实上,大多数情况下锚杆与周围土体的黏结强度 τ 值都较式(5.10)或式(5.11)求得的大,所以实际应用时亦可认为 τ 即为锚固体与土体之间的极限摩擦力。

2. 扩孔型灌浆锚杆的抗拔力

(1) 压缩桩法

对于端部采用扩孔形式的锚杆,其极限抗拔力视地层性质而定。法国人 Habib 提出了当锚固体处在土中时锚杆的极限抗拔力推算公式的基本形式:

$$T_u = F+Q \tag{5.12}$$

式中:F——锚固体周边的摩擦力;

Q——锚固体受压面上的抗压力。

由此可知,锚固体的抗拔力为锚固体侧面的摩擦力及断面突出部分的抗压力之和。对于图 5.6 所示的单根锚杆,其锚固体的极限抗拔力为

$$T_u = \pi D_1 \int_{Z_1}^{Z_1+L_1} \tau_1 \, dZ + \pi D_2 \int_{Z_2}^{Z_2+L_2} \tau_2 dZ + q_d S \tag{5.13}$$

式中:D_1——锚固体直径,m;

D_2——锚固体扩孔部分的直径,m;

τ_1——锚固体与地基间的黏结强度,kPa;

τ_2——锚固体扩孔部分与地基间的黏结强度,kPa;

S——锚固体扩孔受压面积,m^2;

q_d——锚固体扩大受压部分的极限承载力,kPa。

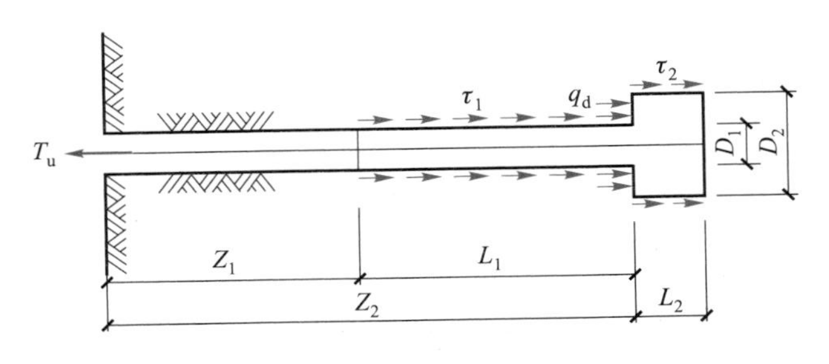

图 5.6 压缩桩法

对于设置在黏性土中的锚杆,当承压断面部分有足够的埋置深度时,可按深基础端支承力处理。捷博塔辽夫提出了极限承载力 q_d 的计算方法,即

$$q_d = 9c \tag{5.14}$$

而门纳特尔建议

$$q_d = 6kc \tag{5.15}$$

式中:k——锚固体与土体之间的黏结系数,当土体为软黏土时取 1.5,为硬黏土时取 2.0。

(2) 柱状剪切法

对于土层扩孔锚杆,假定锚杆在拉拔力的作用下锚固体扩大部分以上的土体沿锚杆轴线方向呈柱状剪切破坏,如图 5.7 所示,此时锚固体的极限抗拔力为

$$T_u = \pi D_1 L_1 \tau_1 + \pi D_2 L_2 \tau_2 \tag{5.16}$$

式中：τ_1——锚固体扩大部分以上滑动土体与外界土体表面间的黏结强度，kPa。

τ_1 值是根据统计资料凭经验确定的，有时也可采用式(5.11)推算，然后根据现场拉拔试验数值综合确定。

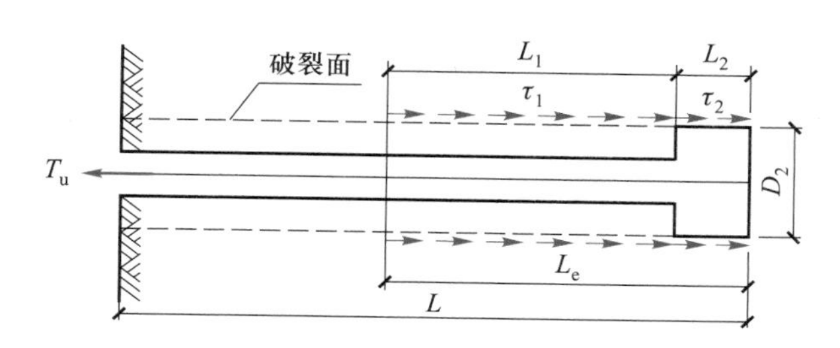

图 5.7　柱状剪切法

5.1.3　锚杆挡土墙构件设计

锚杆挡土墙构件包括墙身(即墙面板)与锚杆。

1. 墙身设计

(1) 设计内容

墙身宜为整块钢筋混凝土板，采用现场浇筑。墙身与地基的嵌固程度与基础的埋置深度有关系，它取决于地基的条件与结构的受力特点。在此仅考虑基础埋置较深、墙身底部为固定端的情况，这对减少锚杆受力较为有利，但同时需要注意地基对墙身基础的嵌固作用而产生的负弯矩。

墙身截面尺寸应按计算截面弯矩来确定，并满足构造要求。截面配筋一般采用双向配筋，并在墙身的内外侧配置通长的主要受力钢筋。配筋设计包括：

① 按最大正负弯矩决定纵向受拉钢筋截面面积。

② 计算斜截面的抗剪强度，确定箍筋数量、间距及抗剪钢筋的截面面积与位置。

③ 抗裂性计算。

(2) 墙身内力计算

墙身上锚杆的作用是把作用于墙面板上的荷载传递到稳定的地层中，严格来说，墙身是支承在一系列弹性支座上的。但考虑到确定弹性支座的柔度系数很困难，因此在计算上一般仍视墙身为支承于刚性支座上的连续梁。

墙身承受的是土侧压力，考虑到墙身上的锚杆层数和墙身基础嵌固程度的不同，其内力计算简图也不同。当锚杆层数为三层或三层以上时，内力计算简图可近似看作连续梁；当锚杆为两层，且基础为固定端时，则按连续梁计算内力。

① 单层锚杆挡土墙的内力计算分析。如图 5.8 所示，设上覆荷载为 q_0，挡土墙高度为 H，锚杆支护位置距挡土墙顶部为 H_1，锚杆与水平面的夹角为 α，锚杆间距为 s，土体的内摩擦角为 φ，黏聚力为 c，锚杆所承受拉力的水平分力为 T(即图 5.9 中 B 截面处的支座反力)。

墙身所受荷载情况见图 5.9，视其基础为固定端，于是墙身为一次超静定结构。由 GB 50330—2013《建筑边坡工程技术规范》中关于锚杆挡土墙设计的构造要求知，第一锚点位置一般设于坡顶下 1.5~2.0 m 处，而锚杆挡土墙适用于挡土墙高度较高($H \geqslant 8$ m)的情况，因此可以认为始终满足 $H_1 \leqslant 0.25H$。

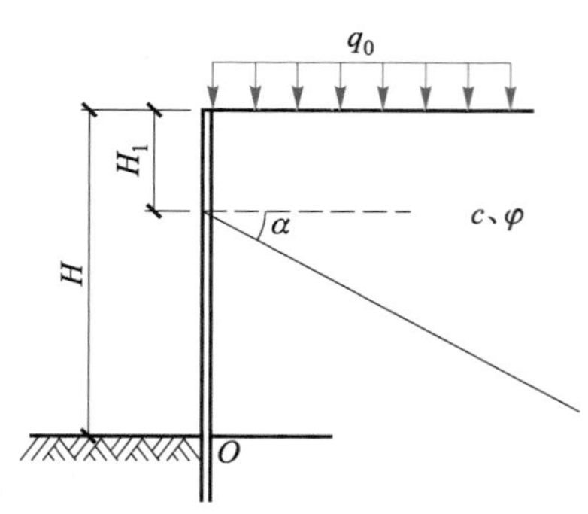
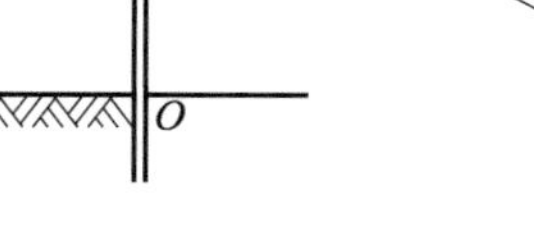

图 5.8 单层锚杆挡土墙

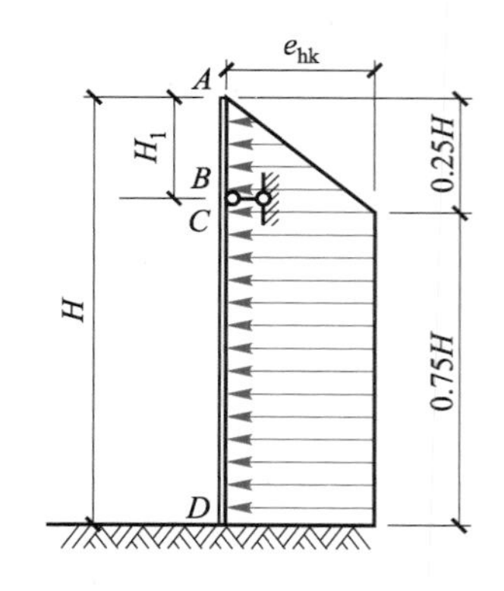

图 5.9 墙身荷载示意图

对于墙身的内力计算可采用结构力学中有关超静定结构的知识求解,具体如下。

a. 支座反力 T 的求解。

力法基本方程为

$$T=\Delta_{1P}/\delta_{11} \tag{5.17}$$

式中系数 δ_{11} 及自由项 Δ_{1P} 均为静定结构在已知外力作用下的位移,可按式(5.18)和式(5.19)计算。

$$\delta_{11}=\int\frac{\overline{M_1}^2\mathrm{d}x}{EI} \tag{5.18}$$

$$\Delta_{1P}=\int\frac{\overline{M_1}M_P\mathrm{d}x}{EI} \tag{5.19}$$

式中 $\overline{M_1}$、M_P 分别代表 $\overline{X_1}=1$ 和土压力荷载单独作用时基本结构中的弯矩。超静定结构的最后弯矩计算,可应用叠加原理按下式计算:

$$M=X_1\ \overline{M_1}+M_P \tag{5.20}$$

b. 支座弯矩和截面弯矩计算。

按式(5.17)计算出锚杆所承受的拉力的水平分力 T(即图 5.8 中的支座反力)后,即可计算各控制截面的弯矩。显然,图 5.8 中 $M_A=0$,而 B、C、D 三截面的弯矩计算如下:

$$M_B=\frac{1}{2}\cdot\frac{H_1\cdot e_{hk}}{0.25H}\cdot H_1\cdot\frac{H_1}{3}\cdot s=\frac{2H_1^3s}{3H}e_{hk} \tag{5.21}$$

$$M_C=\frac{1}{2}\cdot e_{hk}\cdot 0.25H\cdot\frac{0.25H}{3}\cdot s-T\cdot(0.25H-H_1)=\frac{H^2s}{96}e_{hk}-T(0.25H-H_1) \tag{5.22}$$

$$\begin{aligned}M_D&=\frac{1}{2}\cdot 0.25H\cdot e_{hk}\cdot\left(\frac{0.25H}{3}+0.75H\right)\cdot s+0.75H\cdot e_{hk}\cdot\frac{0.75H}{2}\cdot s-T(H-H_1)\\&=\frac{37H^2s}{96}e_{hk}-T(H-H_1)\end{aligned} \tag{5.23}$$

设 x 表示 C、D 两截面之间任一截面距 C 截面的距离,则可求得

$$
\begin{aligned}
M_x &= \frac{1}{2}\cdot 0.25H\cdot e_{\mathrm{hk}}\cdot\left(\frac{0.25H}{3}+x\right)\cdot s+x\cdot e_{\mathrm{hk}}\cdot\frac{x}{2}\cdot s-T(0.25H+x-H_1)\\
&=\frac{Hs}{8}\left(\frac{0.25H}{3}+x\right)e_{\mathrm{hk}}+\frac{x^2 s}{2}e_{\mathrm{hk}}-T(0.25H+x-H_1)
\end{aligned}
\tag{5.24}
$$

截面最大弯矩的位置可由极值原理$\frac{\mathrm{d}M_x}{\mathrm{d}x}=0$确定的下式得出：

$$
\frac{Hs}{8}e_{\mathrm{hk}}+xse_{\mathrm{hk}}-T=0 \tag{5.25}
$$

将解出的 x 值代入式(5.22)，可得 CD 跨最大弯矩 $M_{CD\max}$，并由式(5.25)求出 T。

c. 支座剪力计算。

$$
\left.
\begin{aligned}
V_{B上} &= -\frac{1}{2}\cdot\frac{H_1}{0.25H}\cdot e_{\mathrm{hk}}\cdot H_1\cdot s=-\frac{2H_1^2 s}{H}e_{\mathrm{hk}}\\
V_{B下} &= -\frac{2H_1^2 s}{H}e_{\mathrm{hk}}+T\\
V_D &= -\frac{(0.75H+H)}{2}\cdot e_{\mathrm{hk}}\cdot s+T=-\frac{7Hs}{8}e_{\mathrm{hk}}+T
\end{aligned}
\right\}
\tag{5.26}
$$

② 多层锚杆挡土墙的内力分析。对于多层锚杆挡土墙，其内力计算分析与单层锚杆挡土墙相似，只是力法基本方程复杂一些，系数与自由项计算过程烦琐得多，在求各截面控制弯矩时要分跨考虑。

(3) 墙身截面设计

在求出各控制截面的弯矩 M 和剪力 V 后，就可按照钢筋混凝土结构设计原理的有关知识进行墙身截面设计。

2. 锚杆设计

锚杆的设计包括锚杆的布置、拉杆选材、锚杆结构参数的计算等。

(1) 锚杆的布置

锚杆的布置直接涉及锚杆挡土墙墙面构件和锚杆本身设计的可行性和经济性，包括确定锚杆层数、水平及垂直间距和锚杆的倾角等。锚杆的层数取决于支护结构的高度和上部所承受的荷载。一般上、下排垂直间距不宜小于 2.5 m。锚杆的水平间距取决于支护结构的荷载和每根锚杆所能承受的拉力，为防止"群锚效应"，一般锚杆水平间距不得小于 2.0 m。锚杆倾角的确定是锚杆设计的重要内容，从受力角度考虑锚杆倾角越小越好；另一方面锚杆要求锚固在稳定地层上，以提高其承载力，而一般稳定土层较深，这就要求倾角大些好。因此需要综合考虑所有因素以确定倾角，一般倾角应取 15°~35°之间。

(2) 锚杆拉杆选材

锚杆所用钢筋可采用 HRB400 或 HRB500 钢筋或锚索，还可采用高强钢绞线。钢筋锚杆宜采用螺纹钢，直径一般应为 18~36 mm。锚杆应尽量采用单根钢筋，如果单根不能满足拉力需要，也可采用两根钢筋共同组成 1 根锚杆，但每根锚杆中的钢筋不宜多于 3 根。

(3) 锚杆结构参数的计算

求出锚杆所承受拉力的水平分力 T 后就可进行锚杆结构参数的计算。

① 锚杆自由段与锚固段长度。锚杆长度由自由段和锚固段组成。自由段不提供抗拔力，其长度 L_f 应根据边坡滑裂面的实际距离确定，对于倾斜锚杆，自由段长度应超过破裂面 1.0 m。有效锚固段提供锚固力，其长度 L_e 应按锚杆承载力的要求，根据锚固段地层和锚杆类型确定，除了满足稳定性的要求外，其最小长度不宜小于 5.0 m，但也不宜大于 10.0 m，计算简图见图 5.10。

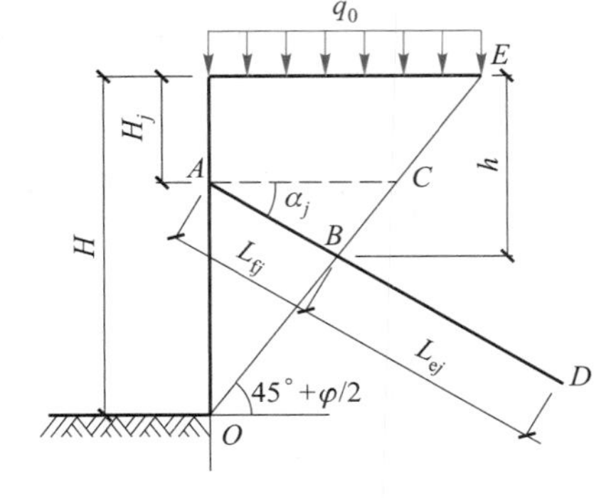

图 5.10 锚杆计算简图

锚固段长度：

$$L_{ej}=\frac{T_j \cdot K}{\cos\alpha_j \pi D\tau} \tag{5.27}$$

式中：L_{ej}——第 j 根锚杆锚固段长度，m。

T_j——支护结构传递给第 j 根锚杆的水平力，kN。

α_j——第 j 根锚杆的倾角，(°)。

D——锚杆锚固体直径，m。当钻孔直径为 d_0 时，采用一次灌注，$D=1.2d_0$；若采用一次灌注，然后第二次压力注浆，$D=1.5d_0$。钻孔直径不宜小于 50 mm，但也不宜大于 150 mm。

τ——锚固体周围土体的黏结强度，kPa。

K——安全分项系数，一般取 $K=1.4\sim2.2$。

对采用黏结料的黏结型锚杆，还需按公式(5.28)验算锚杆与黏结料间的容许黏结力。

$$L_{ej}=\frac{T_j \cdot K}{\cos\alpha_j \cdot n \cdot \pi \cdot d_s \cdot \beta \cdot \tau_b} \tag{5.28}$$

式中：n——锚杆钢筋的根数；

d_s——锚杆钢筋的直径，m；

τ_b——黏结料与锚杆间的黏结强度，kPa；

β——考虑成束钢筋的系数，单根钢筋时 $\beta=1.0$，两根一束时 $\beta=0.85$，三根一束时 $\beta=0.7$。

当按极限状态法设计时，有效锚固长度也按式(5.27)计算，但应用分项系数 γ_p 代替式中的安全系数 K，并取 $\gamma_p=2.5$。

自由段长度。图 5.10 中 $\overline{OE}$ 为破裂面，AB 为自由段，其长度为 L_f，L_f 值推导如下：

$$\overline{AC}=\overline{AO}\tan(45°-\varphi/2)$$

$$\angle ACB=45°+\varphi/2$$

$$\angle ABC=180°-(45°+\varphi/2)-\alpha_j=135°-\varphi/2-\alpha_j$$

由正弦定理

$$\frac{\overline{AC}}{\sin\angle ABC}=\frac{\overline{AB}}{\sin(45°+\varphi/2)}$$

所以

$$\overline{AB}=\frac{\overline{AC}\sin(45°+\varphi/2)}{\sin(135°-\varphi/2-\alpha_j)}=\frac{\overline{AO}\tan(45°-\varphi/2)\sin(45°+\varphi/2)}{\sin(135°-\varphi/2-\alpha_j)}$$

即

$$L_{fj}=\frac{(H-H_j)\tan(45°-\varphi/2)\sin(45°+\varphi/2)}{\sin(135°-\varphi/2-\alpha_j)} \tag{5.29}$$

则锚杆长度为

$$L=L_{ej}+L_{fj} \tag{5.30}$$

式中：L_{fj}——第 j 根锚杆自由段长度，m；

H——挡土墙高度，m；

H_j——第 j 根锚杆距挡土墙顶部的距离，m；

φ——内摩擦角，(°)。

② 锚杆截面设计。锚杆截面设计主要是确定锚杆的截面面积。作用于墙身上的土侧压力由锚杆承受，锚杆为轴心受拉构件。

钢筋按容许应力法设计时，当求得第 j 根锚杆拉力的水平分力 T_j 后，第 j 根锚杆的有效截面面积 A_{sj} 为

$$A_{sj}=\frac{T_j\cdot K}{f_y\cos\alpha_j} \tag{5.31}$$

式中：A_{sj}——第 j 根钢筋的截面面积；

f_y——钢筋抗拉设计强度设计值；

K——考虑超载和边坡安全等级的分项系数，取值见表 5.2。

表 5.2　考虑超载和边坡安全等级的分项系数 K

一级		二级		三级	
临时	永久	临时	永久	临时	永久
1.8	2.2	1.6	2.0	1.4	1.8

按极限状态法设计时，锚杆截面应满足下式要求：

$$\gamma_0\gamma_{Q1}T_j/\cos\alpha_j>A_{sj}f_{yk}/\gamma_k \tag{5.32}$$

式中：γ_0——支挡结构的重要性系数；

γ_{Q1}——荷载分项系数；

A_{sj}——锚杆净截面面积；

f_{yk}——钢筋强度标准值；

γ_k——抗力安全系数，取 $\gamma_k=1.4$。

锚杆钢筋直径除了满足强度要求外，尚需增加 2 mm 防锈安全储备。为防止钢筋锈蚀，还需验算水泥砂浆（或混凝土）的裂缝，其值不应超过容许宽度（0.22 mm）。

钢绞线计算：

$$n_j=\frac{T_j\cdot K}{\cos\alpha_j\cdot A_{sj}\cdot f_y} \tag{5.33}$$

式中：n_j——第 j 根钢绞线的束数；

A_{sj}——每束钢绞线的截面面积，mm^2。

5.1.4　锚杆挡土墙的稳定性分析

锚杆挡土墙的稳定性分析一般采用克朗兹理论。下面就单层锚杆挡土墙、多层锚杆挡土墙

和黏性土中锚杆的稳定性进行分析讨论。

1. 单层锚杆挡土墙的稳定性分析

克朗兹根据大量模型试验和理论分析，认为锚固体埋设在中性土压区。在经过锚固体中心可能产生的所有破裂面中，折线 BCD 为最不利破裂面，见图 5.11a。其中 B 是挡土墙假想支点，即墙面的底部；C 是锚固体（有效锚固段）的中点；CD 是通过 C 点的垂直假想墙背 VC 的主动破裂面。

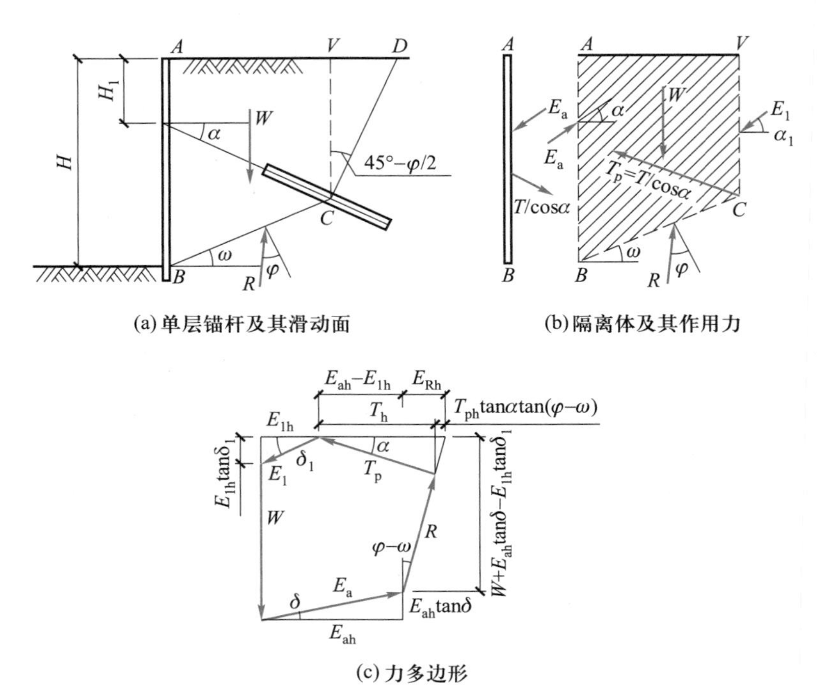

图 5.11　单层锚杆克朗兹理论稳定性分析图

现取隔离土体 $ABCV$（图 5.11b）进行分析，作用于 $ABCV$ 隔离体上的力有土自重 W、滑动面 BC 上的反力 R、墙背 AB 上的土压力的反作用力 E_a、假想墙背 VC 上的土压力 E_1 和锚杆抗拔力 T_p，这些力处于极限平衡状态，其力多边形是闭合的（图 5.11c）。根据力多边形的几何关系，可求得锚固体所能提供的最大拉力，即锚杆的抗拔力 T_p，其水平分力为

$$T_{ph}=f(E_{ah}-E_{1h}+E_{Rh}) \tag{5.34}$$

$$f=\frac{1}{1+\tan\alpha\tan(\varphi-\omega)} \tag{5.35}$$

$$E_{rh}=(W+E_{1h}\tan\delta_1-E_{ah}\tan\delta)\tan(\varphi-\omega) \tag{5.36}$$

式中：W——滑动面 BC 上的土块 $ABCV$ 的重力，kN；

E_a——作用于从挡土墙上端 A 点到底部假想支点 B 的整个挡土墙高度上（即 AB）墙背的库仑主动土压力，kN；

E_1——作用于通过锚固体中心的垂直假想墙背 VC 上的库仑主动土压力，kN；

E_{ah}、E_{1h}——E_a、E_1 的水平分力，kN；

φ——土的内摩擦角；

δ——挡土墙与填土之间的墙背摩擦角；

δ_1——VC 假想墙背摩擦角，$\delta_1=\varphi$；

ω——滑动面 BC 的倾角；

α——锚杆与水平面的夹角。

锚杆挡土墙的稳定性取决于锚杆的抗拔力 T_p 与锚杆的拉力 $T/\cos\alpha$（即锚杆所承受的轴向力），并用稳定系数 K_s 表示，即

$$K_s=\frac{T_p}{\dfrac{T}{\cos\alpha}}=T_{ph}/T \tag{5.37}$$

式中：T——锚杆拉力的水平分力，kN。

根据边坡安全等级，稳定系数一般取 $K_s\geqslant1.4\sim2.2$（见表 5.2），当稳定性不能满足要求时，则应加长锚杆。

2. 多层锚杆挡土墙的稳定性分析

采用两层或两层以上锚杆时，应进行各种组合的稳定性验算，即不但应分别验算各单层锚杆的稳定性，而且还应分别验算两层、三层直至多层锚杆组合情况下的稳定性。考虑到锚杆挡土墙在竖向以布置 2～3 排锚杆为宜，下面以两层锚杆为例加以说明。

蓝克（Ranke）和达斯拖梅耶（Dstermayer）在克朗兹理论的基础上，根据结构特点，提出了两层锚杆四种配置情况的稳定性验算方法。

①上层锚杆短，下层锚杆长，且上层锚固体中心在下层锚固体中心的假想墙背切割体 $ABFV_1$ 内，如图 5.12 所示。

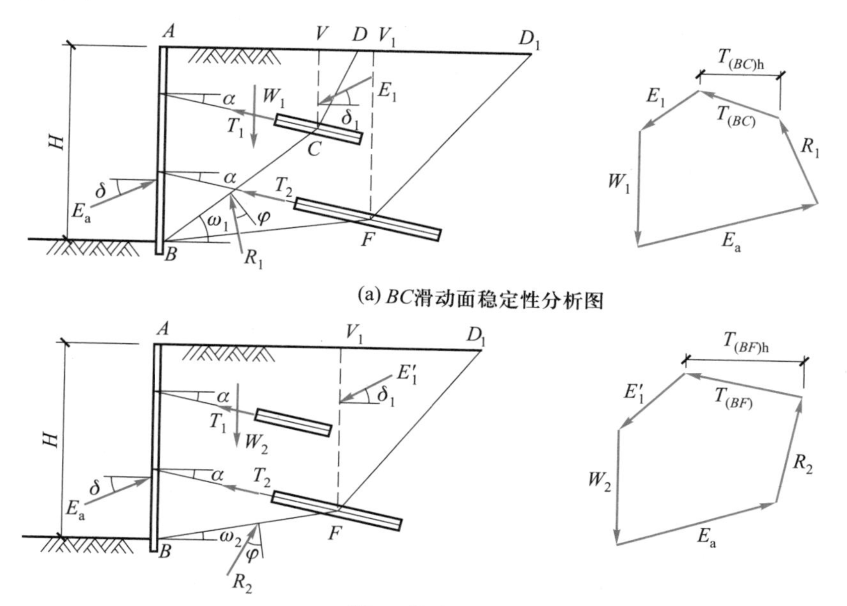

图 5.12　两层锚杆的克朗兹法分析图（第一种情况）

上层锚杆的稳定性，由滑动面 BC 的锚杆拉力的稳定系数 $K_{s(BC)}$ 来反映。$K_{s(BC)}$ 可根据破裂体 $ABCV$ 上力的平衡（如图 5.12a 所示）得到土体沿 BC 面滑动时的水平抗力 $T_{(BC)h}$ 与上层锚杆的水平设计拉力 T_{1h} 之比值来求得，即

$$K_{s(BC)}=T_{(BC)h}/T_{1h} \tag{5.38}$$

$$T_{(BC)h}=f(E_{ah}-E_{1h}-E_{rh}) \tag{5.39}$$

$$f=\frac{1}{1+\tan\alpha\tan(\varphi-\omega_1)} \tag{5.40}$$

$$\begin{aligned}E_{rh}&=(W_1+E_{1h}\tan\delta_1-E_{ah}\tan\delta)\tan(\omega_1-\varphi)\\&=-(W_1+E_{1h}\tan\delta_1-E_{ah}\tan\delta)\tan(\varphi-\omega_1)\end{aligned} \tag{5.41}$$

对于下层锚杆的滑动面 BF，根据图 5.12b 中的隔离体 $ABFV_1$ 上力的平衡可得 $T_{(BF)h}$，此时挡土墙作用荷载为锚杆所分担的水平拉力（$T_{1h}+T_{2h}$），稳定系数 $K_{s(BF)}$ 为 $T_{(BF)h}$ 与（$T_{1h}+T_{2h}$）的比值，即

$$K_{s(BF)}=T_{(BF)h}/(T_{1h}+T_{2h}) \tag{5.42}$$

式中：T_{2h}——下层锚杆设计拉力的水平分力，kN。

②上层锚杆比下层锚杆稍长，而上层锚固体中心 C 在下层锚固体中心 F 的假想墙背 FV_1 形成的主动破裂体 V_1FD_1 范围之内，如图 5.13 所示。

上层锚杆滑动面 BC 的稳定系数为

$$K_{s(BC)}=T_{(BC)h}/T_{1h} \tag{5.43}$$

下层锚杆滑动面 BF 的稳定系数为

$$K_{s(BF)}=T_{(BF)h}/(T_{1h}+T_{2h}) \tag{5.44}$$

由于上层锚固体在下层锚固体的破裂体 V_1FD_1 之内，因此，这种情况（第二种情况）实质上与第一种情况相似。

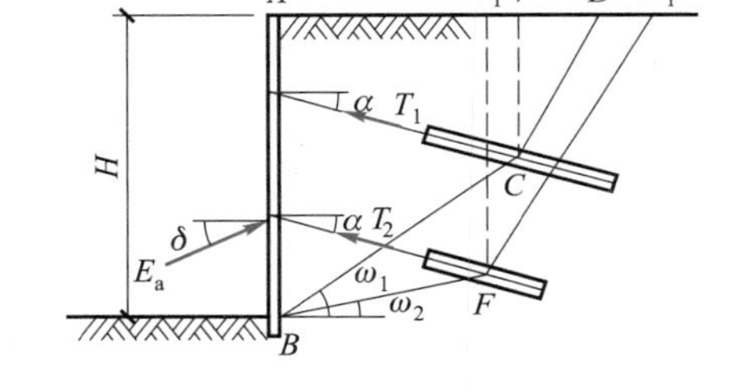

图 5.13　两层锚杆的克朗兹法分析图（第二种情况）

③ 上层锚杆比下层锚杆稍长，而上层锚固体中心 C 在下层锚固体中心 F 的假想墙背 FV_1 形成的主动破裂体 FD_1 之外，且滑动面 BC 的倾角大于滑动面 BF 的倾角，如图 5.14 所示。

此时，须分别计算滑动面 BC、BF 和 BFC 的稳定系数 $K_{s(BC)}$、$K_{s(BF)}$ 和 $K_{s(BFC)}$，即

$$K_{s(BC)}=T_{(BC)h}/T_{1h} \tag{5.45}$$

$$K_{s(BF)}=T_{(BF)h}/T_{2h} \tag{5.46}$$

$$K_{s(BFC)}=\frac{T_{(BFC)h}}{T_{1h}+T_{2h}}=\frac{T_{(BF)h}+T_{(FC)h}}{T_{1h}+T_{2h}} \tag{5.47}$$

式中：$T_{(BFC)h}$——$ABFCV_1$ 范围内土体沿 BF 和 FC 面滑动的抗拔力的水平分力，kN，其值等于 $T_{(BF)h}+T_{(FC)h}$；

$T_{(BF)h}$——$ABFV$ 范围内土体沿 BF 面滑动的抗拔力的水平分力，kN；

$T_{(FC)h}$——V_1FCV 范围内土体沿 FC 面滑动的抗拔力的水平分力，kN。

④ 上层锚杆很长，下层锚杆短，且 $\omega_1<\omega_2$，如图 5.15 所示。

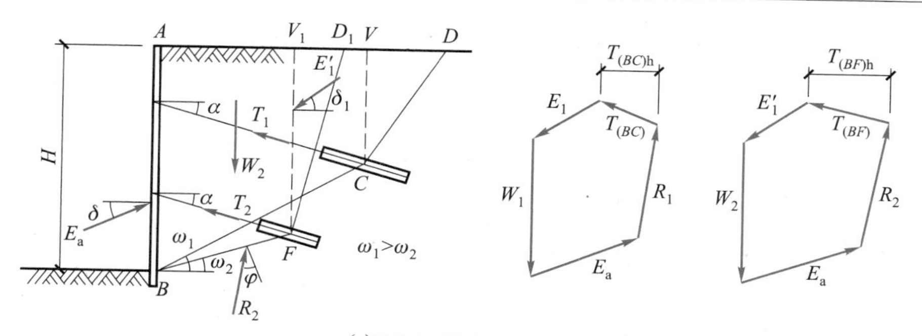

(a) BC、BF滑动面稳定性分析

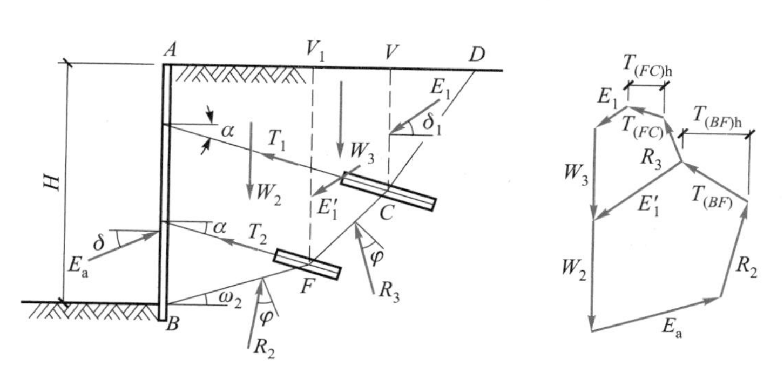

(b) BFC滑动面稳定性分析

图 5.14　两层锚杆的克朗兹法分析图(第三种情况)

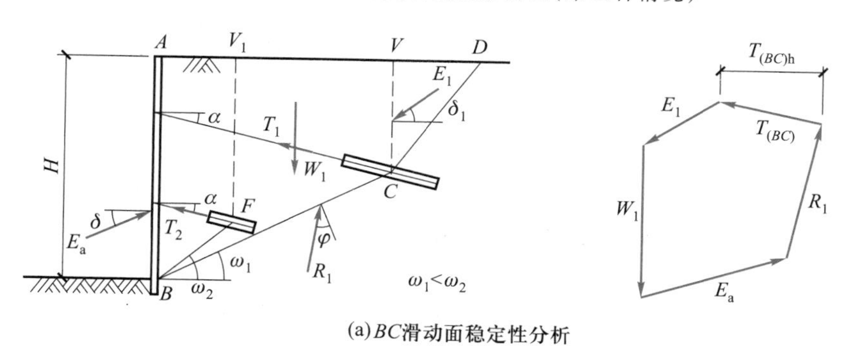

(a) BC滑动面稳定性分析

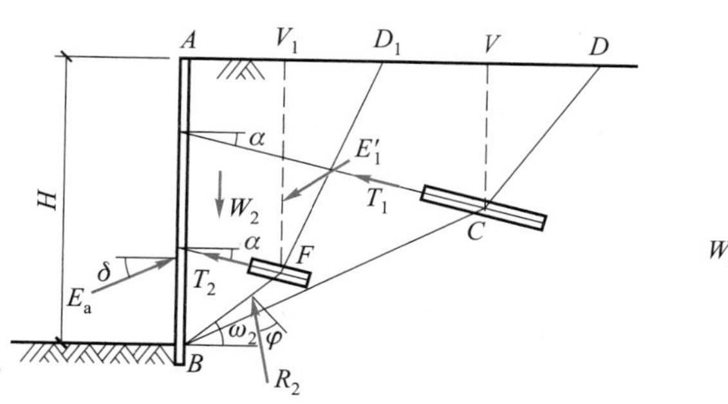

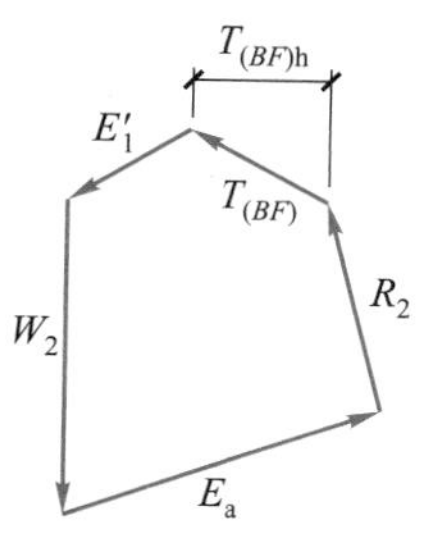

(b) BF滑动面稳定性分析

图 5.15　两层锚杆的克朗兹法分析图(第四种情况)

此时,上层锚杆滑动面 BC 和下层锚杆滑动面 BF 的稳定系数为

$$K_{s(BC)}=\frac{T_{(BC)h}}{T_{1h}+T_{2h}} \tag{5.48}$$

$$K_{s(BF)}=T_{(BF)h}/T_{2h} \tag{5.49}$$

3. 黏性土中锚杆的稳定性分析

图 5.16a 表示均质黏性土中锚杆的锚固区土体受力情况,图 5.16b 表示锚固区土体处于极限平衡状态时的力多边形。其中 E_a、W、C、E_1 四个作用力的方向和数值均可计算确定,R 和 T 的数值未知,但其方向是确定的。因此从力多边形图中可以求得 T_p,即锚固体所能提供的最大拉力。其抗滑移稳定系数为

$$K_s=\frac{T_{ph}}{T} \tag{5.50}$$

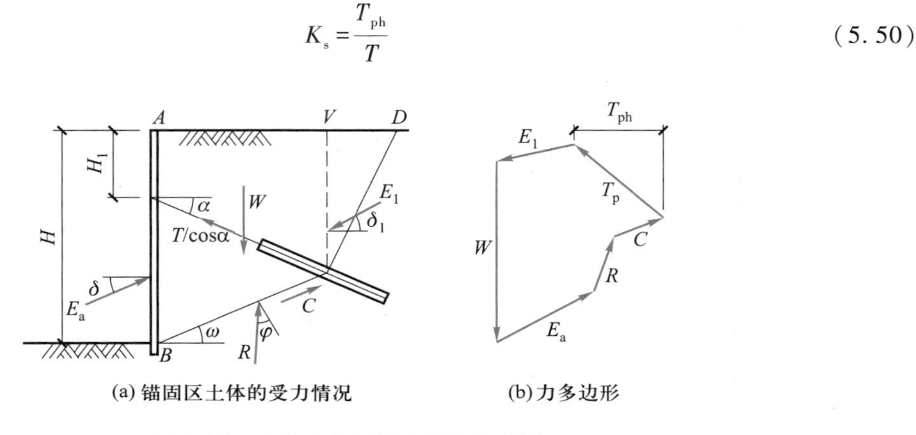

(a) 锚固区土体的受力情况 (b) 力多边形

图 5.16 黏性土中锚杆稳定性分析图

5.1.5 锚杆挡土墙设计例题

已知某边坡高 $H=8$ m,坡顶表面荷载 $q_0=0$,墙后土体为粉土,土体参数为:$\gamma=16.5\ \text{kN/m}^3$,$\varphi=20°$,$c=16$ kPa。试采用锚杆挡土墙支护该边坡。

1. 土压力计算

由已知条件知墙面倾角 $\alpha=0$,填土表面倾角 $\beta=0$,考虑此问题为挖方边坡,取墙后土体与墙面的摩擦角 $\delta=10°$。

依据库仑土压力理论计算该边坡的土压力,计算时可以用等代内摩擦角 φ'代替 c 和 φ,可由下式确定:

$$\varphi'=\arctan\ (\tan\ \varphi+c/\sigma_1)$$

即

$$\varphi'=\arctan\left(\tan\ 20°+\frac{16}{16.5\times 8}\right)=26°$$

库仑主动土压力系数为

$$K_a=\frac{\cos^2\varphi'}{\cos\ \delta\left[1+\sqrt{\dfrac{\sin\ (\varphi'+\delta)\ \sin\ \varphi'}{\cos\ \delta}}\right]^2}=\frac{\cos^2 26°}{\cos\ 10°\left[1+\sqrt{\dfrac{\sin\ 36°\cdot\sin\ 26°}{\cos\ 10°}}\right]^2}=0.359$$

总主动土压力为

$$E_{ak}=q_0HK_a+\frac{1}{2}\gamma H^2K_a=\frac{1}{2}\times16.5\times8^2\times0.359\ \text{kN/m}=189.552\ \text{kN/m}$$

总主动土压力的水平分量为

$$E_{hk}=E_k\cos\delta=189.552\ \text{kN/m}\times\cos 10°=186.67\ \text{kN/m}$$

土层锚杆挡土墙侧压力分布图中 e_{hk} 计算如下：

$$e_{hk}=\frac{E_{hk}}{0.875H}=\frac{186.67}{0.875\times8}\text{kN/m}^2=26.67\ \text{kN/m}^2$$

挡土墙土压力分布见图 5.17。

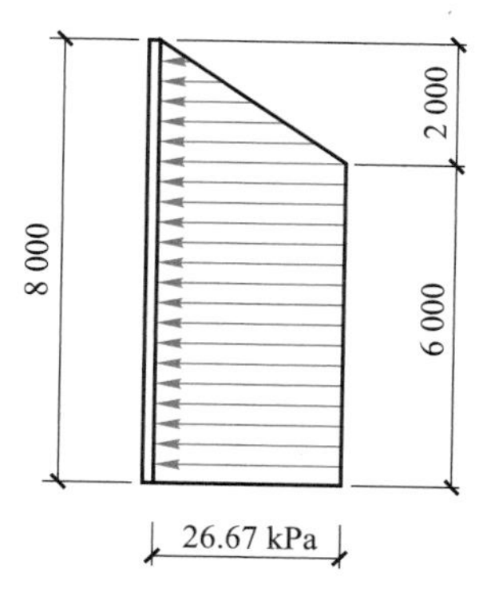

图 5.17　土压力分布图

土压力合力距挡土墙底部的距离为

$$H_h=\frac{0.5\times26.67\times2\times(2.0/3+6.0)+6\times26.67\times3}{0.5\times26.67\times2+6.0\times26.67}\text{m}=3.524\ \text{m}$$

2. 内力计算

(1) 锚杆水平支座反力

先假设采用单层锚杆，锚杆设于坡顶下 2.0 m 处，锚杆的水平间距为 2.0 m，写出 $\overline{M_1}$ 和 M_P 的函数表达式如下：

$$\overline{M_1}=x$$

$$M_P=-\frac{1}{2}e_{hk}\times0.25H\times\left(\frac{0.25H}{3}+x\right)\cdot s-\frac{1}{2}e_{hk}x^2s\quad（不考虑悬臂部分）$$

式中：x——锚杆下某截面距锚杆的距离，且满足 $0\leqslant x\leqslant6.0$ m。

由式(5.18)和式(5.19)计算系数与自由项如下：

$$\delta_{11}=\frac{1}{EI}\times\frac{1}{2}\times6\times6\times\frac{2}{3}\times6=\frac{72}{EI}$$

$$\begin{aligned}\Delta_{1P}&=-\frac{1}{EI}\int_0^6\left[\frac{1}{2}e_{hk}\times0.25H\times\left(\frac{0.25H}{3}+x\right)\cdot s+\frac{1}{2}e_{hk}x^2s\right]x\mathrm{d}x\\&=-\frac{13\ 121.64}{EI}\end{aligned}$$

由式(5.17)求得 T 值为

$$T=-\frac{\Delta_{1P}}{\delta_{11}}=\frac{13\ 121.64}{72}\text{kN}=182.245\ \text{kN}$$

设锚杆倾角 $\alpha=15°$，考虑超载和工作条件的安全分项系数 $K=2.0$，锚杆钢筋采用 HRB400，其抗拉强度设计值为 $f_y=360\ \text{N/mm}^2$，由式(5.31)求得锚杆的有效截面面积 A_s 为

$$A_s=\frac{T\cdot K}{f_y\cos\alpha}=\frac{182.245\times2.0\times1\ 000}{360\times\cos15°}\text{mm}^2=1\ 048\ \text{mm}^2$$

显然，就单根锚杆而言，无法提供这么大的截面面积，这说明采用单层锚杆支护该边坡是不可行的，故改变支护方案，变单锚支护为双锚支护，第一层锚杆的支护位置不变，仍设在坡顶下 2.0 m 处，第二层锚杆设在坡顶下 5.0 m 处，即两层锚杆的竖向间距为 3.0 m，如图 5.18 所示，挡土墙土压力分布图仍为图 5.17。现采用与计算单锚相类似的方法计算双锚挡土墙的内力，

图 5.18 所示结构为两次超静定结构，分别设第一层和第二层锚杆的水平支座反力为 T_1 和 T_2，其力法典型方程为

$$\delta_{11}T_1+\delta_{12}T_2+\Delta_{1P}=0$$
$$\delta_{21}T_1+\delta_{22}T_2+\Delta_{2P}=0$$

绘出各单位弯矩图如图 5.19a、b 所示，计算得 $\overline{M_1}$ 和 $\overline{M_2}$ 如下：

当 $0\leqslant x\leqslant 6.0$ m 时，$\overline{M_1}=x$；

当 $0\leqslant x\leqslant 3.0$ m，时，$\overline{M_2}=0$；

当 $3.0\text{ m}<x\leqslant 6.0$ m 时，$\overline{M_2}=x-3$。

$$M_P=-\frac{1}{2}\times e_{hk}\times 0.25H\times\left(\frac{0.25H}{3}+x\right)\cdot s-\frac{1}{2}\times e_{hk}\times x^2\times s \quad（不考虑悬臂部分）$$

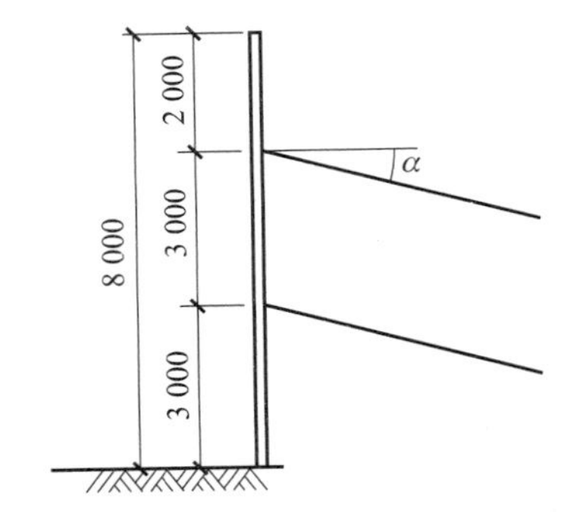

图 5.18 双锚挡土墙锚杆布置图

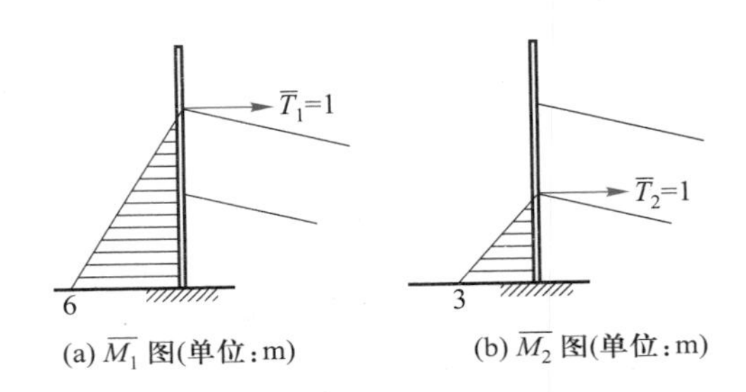

图 5.19 单位弯矩图

利用图乘法求得各系数与自由项如下：

$$\delta_{11}=\frac{1}{EI}\times\frac{1}{2}\times 6\times 6\times\frac{2}{3}\times 6=\frac{72}{EI}$$

$$\delta_{22}=\frac{1}{EI}\times\frac{1}{2}\times 3\times 3\times\frac{2}{3}\times 3=\frac{9}{EI}$$

$$\delta_{12}=\delta_{21}=\frac{1}{EI}\times\frac{1}{2}\times 3\times 3\times\frac{2\times 6+3}{3}=\frac{22.5}{EI}$$

$$\Delta_{1P}=-13\ 121.64/EI$$

$$\Delta_{2P}=-\frac{1}{EI}\int_3^6\left[\frac{1}{2}\times e_{hk}\times 0.25H\times\left(\frac{0.25H}{3}+x\right)\cdot s+\frac{1}{2}\times e_{hk}\times x^2\times s\right](x-3)\,dx$$
$$=-\frac{4\ 420.55}{EI}$$

将系数与自由项代入力法典型方程，为计算方便，令 $EI=1$，得

$$72T_1+22.5T_2-13\ 121.64=0$$
$$22.5T_1+9T_2-4\ 420.55=0$$

联立求解方程组得

$$T_1 = 131.45 \text{ kN}, \quad T_2 = 162.56 \text{ kN}$$

墙身荷载及支座反力如图 5.20 所示。

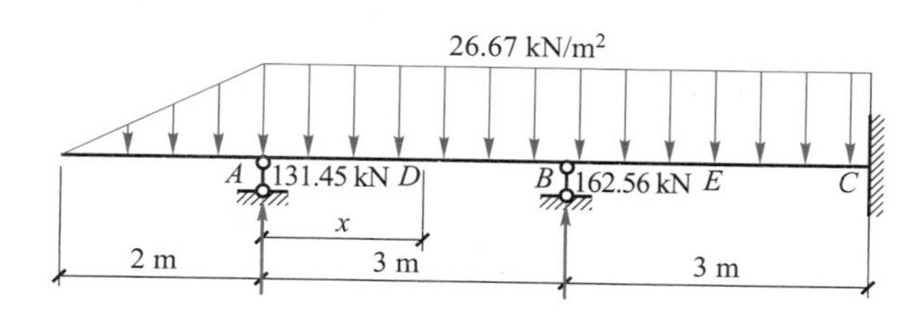

图 5.20 墙身荷载及支座反力示意图

（2）求支座弯矩、AB 跨和 BC 跨的跨中最大弯矩

$$M_A = -\frac{1}{2}\times 26.67\times 2.0\times 2\times\frac{2}{3}\text{ kN}\cdot\text{m} = -35.56 \text{ kN}\cdot\text{m} \quad（内侧受拉）$$

$$M_B = -\frac{1}{2}\times 26.67\times 2.0\times 2\times\left(\frac{2}{3}+3\right)\text{ kN}\cdot\text{m} - 26.67\times 2.0\times 3\times\frac{3}{2}\text{ kN}\cdot\text{m} + 131.45\times 3\text{ kN}\cdot\text{m}$$
$$= -41.26 \text{ kN}\cdot\text{m} \quad（内侧受拉）$$

$$M_C = -\frac{1}{2}\times 26.67\times 2.0\times 2\times\left(\frac{2}{3}+6\right)\text{ kN}\cdot\text{m} - 26.67\times 2.0\times 6\times 3\text{ kN}\cdot\text{m} + 131.45\times 6\text{ kN}\cdot\text{m} + 162.56\times 3\text{ kN}\cdot\text{m}$$
$$= -39.34 \text{ kN}\cdot\text{m} \quad（内侧受拉）$$

AB 跨的弯矩为

$$M_{AB}(x) = -\frac{1}{2}\times 26.67\times 2.0\times 2\times\left(\frac{2}{3}+x\right) - \frac{1}{2}\times 26.67\times 2.0\times x^2 + 131.45x \quad (0\leqslant x\leqslant 3.0\text{ m})$$

截面最大弯矩的位置可由极值原理$\frac{dM_{AB}(x)}{dx}=0$确定，即

$$-26.67\times 2.0 - 26.67\times 2.0\times x + 131.45 = 0$$

解得：$x = 1.464$ m

将 $x=1.464$ m 代入 $M_{AB}(x)$，求得 AB 跨最大弯矩截面 D 的弯矩为

$$M_D = -\frac{1}{2}\times 26.67\times 2.0\times 2\times\left(\frac{2}{3}+1.464\right)\text{ kN}\cdot\text{m} - \frac{1}{2}\times 26.67\times$$
$$2.0\times 1.464^2\text{ kN}\cdot\text{m} + 131.45\times 1.464\text{ kN}\cdot\text{m}$$
$$= 21.63 \text{ kN}\cdot\text{m} \quad（外侧受拉）$$

BC 跨的弯矩为

$$M_{BC}(x) = -\frac{1}{2}\times 26.67\times 2.0\times 2\times\left(\frac{2}{3}+x\right)\text{ kN}\cdot\text{m} - \frac{1}{2}\times 26.67\times 2.0\times x^2\text{ kN}\cdot\text{m} + 131.45\times x +$$
$$162.56\times(x-3) \quad (3.0\text{ m} < x\leqslant 6.0\text{ m})$$

同理，截面最大弯矩的位置可由极值原理$\frac{dM_{BC}(x)}{dx}=0$确定，即

$$-26.67\times 2.0 - 26.67\times 2.0\times x + 131.45 + 162.56 = 0$$

解得：$x = 4.512$ m

将 $x=4.512\ \text{m}$ 代入 $M_{BC}(x)$，求得 BC 跨最大弯矩截面 E 的弯矩为

$$M_E=-\frac{1}{2}\times26.67\times2.0\times2\times\left(\frac{2}{3}+4.512\right)\ \text{kN}\cdot\text{m}-\frac{1}{2}\times26.67\times2.0\times4.512^2\ \text{kN}\cdot\text{m}+131.45\times4.512\ \text{kN}\cdot\text{m}+162.56\times(4.512-3)\ \text{kN}\cdot\text{m}=19.71\ \text{kN}\cdot\text{m}\quad(\text{外侧受拉})$$

（3）支座剪力计算

$$V_{A上}=-\frac{1}{2}\times26.67\times2.0\times2\ \text{kN}=-53.34\ \text{kN}$$

$$V_{A下}=-\frac{1}{2}\times26.67\times2.0\times2\ \text{kN}+131.45\ \text{kN}=78.11\ \text{kN}$$

$$V_{B上}=-\frac{1}{2}\times26.67\times2.0\times2\ \text{kN}-26.67\times2.0\times3\ \text{kN}+131.45\ \text{kN}=-81.91\ \text{kN}$$

$$V_{B下}=-\frac{1}{2}\times26.67\times2.0\times2\ \text{kN}-26.67\times2.0\times3\ \text{kN}+131.45\ \text{kN}+162.56\ \text{kN}=80.65\ \text{kN}$$

$$V_C=-\frac{1}{2}\times26.67\times2.0\times2\ \text{kN}-26.67\times2.0\times6\ \text{kN}+131.45\ \text{kN}+162.56\ \text{kN}=-79.37\ \text{kN}$$

3. 锚杆设计

（1）截面设计

考虑超载和工作条件的安全分项系数 $K=2.0$，则顶排锚杆的截面面积为

$$A_{s1}=\frac{T_1\cdot K}{f_y\cos\alpha_1}=\frac{131.45\times1\ 000\times2.0}{360\times\cos15^\circ}\ \text{mm}^2=756\ \text{mm}^2\text{，取 }d_1=32\ \text{mm}$$

$$A_{s2}=\frac{T_2\cdot K}{f_y\cos\alpha_2}=\frac{162.56\times1\ 000\times2.0}{360\times\cos15^\circ}\ \text{mm}^2=935\ \text{mm}^2\text{，取 }d_2=36\ \text{mm}$$

（2）锚杆长度设计

自由段长度计算如下：

$$L_{f1}=\frac{(H-H_1)\tan(45^\circ-\varphi/2)\sin(45^\circ+\varphi/2)}{\sin(135^\circ-\varphi/2-\alpha_1)}=\frac{(8-2)\tan35^\circ\sin55^\circ}{\sin110^\circ}\ \text{m}=3.66\ \text{m}$$

$$L_{f2}=\frac{(H-H_2)\tan(45^\circ-\varphi/2)\sin(45^\circ+\varphi/2)}{\sin(135^\circ-\varphi/2-\alpha_2)}=\frac{(8-5)\tan35^\circ\sin55^\circ}{\sin110^\circ}\ \text{m}=1.83\ \text{m}$$

锚固段长度计算如下：

假设锚杆锚固体直径为 $D=150\ \text{mm}$，则

$$L_{e1}=\frac{T_1\cdot K}{\cos\alpha_1\cdot\pi\cdot D\cdot\tau_1}=\frac{131.45\times2}{\cos15^\circ\times3.14\times0.15\times60}\ \text{m}=9.63\ \text{m}$$

$$L_{e2}=\frac{T_2\cdot K}{\cos\alpha_2\cdot\pi\cdot D\cdot\tau_2}=\frac{162.56\times2}{\cos15^\circ\times3.14\times0.15\times60}\ \text{m}=11.91\ \text{m}$$

锚杆总长度为

$$L_1=L_{f1}+L_{e1}=3.66\ \text{m}+9.63\ \text{m}=13.29\ \text{m}$$

$$L_2=L_{f2}+L_{e2}=1.83\ \text{m}+11.91\ \text{m}=13.74\ \text{m}$$

4. 墙身设计

在垂直方向,取计算宽度为锚杆水平间距 $s=2.0$ m,截面控制内力如下:

在墙身内侧:$M_{内}=\max(|M_A|、|M_B|、|M_C|)$

$=\max(35.56、41.26、39.34)$ kN · m = 41.26 kN · m

在墙身外侧:$M_{外}=\max(M_D、M_E)=\max(21.63、19.71)$ kN · m = 21.63 kN · m

控制剪力:$V=\max(53.34、78.11、81.91、80.65、79.37)$ kN = 81.91 kN

取混凝土强度等级为C30,其强度设计值为 $f_c=14.3\ \text{N/mm}^2$,墙身厚度为 $h=300$ mm,按受弯构件计算其正截面承载力如下:

在墙身内侧:$h_0=h-c-\dfrac{d}{2}=300\ \text{mm}-25\ \text{mm}-10\ \text{mm}=265\ \text{mm}$

$$\alpha_s=\frac{M}{\alpha_1\cdot f_c\cdot b\cdot h_0^2}=\frac{41.26\times10^6}{1\times14.3\times2\,000\times265^2}=0.021$$

$$\gamma_s=\frac{1+\sqrt{1-2\alpha_s}}{2}=\frac{1+\sqrt{1-2\times0.021}}{2}=0.989$$

$$A_s=\frac{M}{f_y\cdot\gamma_s\cdot h_0}=\frac{41.26\times10^6}{360\times0.989\times265}\ \text{mm}^2=437.3\ \text{mm}^2$$

采用钢筋 Φ10@250,$A_s=628\ \text{mm}^2$。

在墙身外侧:$h_0=h-c-\dfrac{d}{2}=300\ \text{mm}-25\ \text{mm}-10\ \text{mm}=265\ \text{mm}$

$$\alpha_s=\frac{M}{\alpha_1\cdot f_c\cdot b\cdot h_0^2}=\frac{21.63\times10^6}{1\times14.3\times2\,000\times265^2}=0.011$$

$$\gamma_s=\frac{1+\sqrt{1-2\alpha_s}}{2}=\frac{1+\sqrt{1-2\times0.011}}{2}=0.994$$

$$A_s=\frac{M}{f_y\cdot\gamma_s\cdot h_0}=\frac{21.63\times10^6}{360\times0.994\times265}\ \text{mm}^2=228\ \text{mm}^2$$

采用钢筋 Φ8@300,$A_s=336\ \text{mm}^2$。

在支挡结构体系中,如果结构构件的抗弯强度能够满足要求,一般情况下,其抗剪强度亦能满足要求,因此,不必进行抗剪强度的验算。

5.2 锚定板挡土墙设计

锚定板挡土墙由墙面板、钢拉杆、锚定板和填料组成(图5.21)。钢拉杆外端与墙面板连接,内端与锚定板连接。锚定板挡土墙通过钢拉杆、依靠埋置在填料中的锚定板所提供的抗拔力来维持稳定,是一种适用于填土的轻型支档结构。与锚杆挡土墙中锚杆的区别在于锚定板挡土墙不依靠钢拉杆与填料的摩擦力来提供抗拔力,而是由锚定板提供抗拔力。

锚定板挡土墙的主要优点是结构轻、柔性大、占地少、节省圬工、造价低。由于其优点很多,因此,在我国铁路、煤矿、轻工等工程中得到广泛的应用,也常被应用于桥台、港湾护岸工程。

锚定板挡土墙主要有肋柱式和壁板式两种类型。肋柱式锚定板挡土墙的墙面由肋柱和挡土板组成，一般为双层拉杆，锚定板的面积较大，拉杆较长，挡土墙变形较小。壁板式锚定板挡土墙由钢筋混凝土面板做成，整齐美观，施工简便，多用于城市交通支挡结构物工程。

5.2.1 肋柱式锚定板挡土墙构造

肋柱式锚定板挡土墙由肋柱、挡土板、锚定板、钢拉杆、连接件及填料组成，一般情况下应设有基础（图 5.21）。根据地形可以设计为单级或双级墙。单级墙高不宜大于 6 m；双级墙间宜设一平台，平台宽度不宜小于 1.5 m，上、下两级墙肋相互错开。

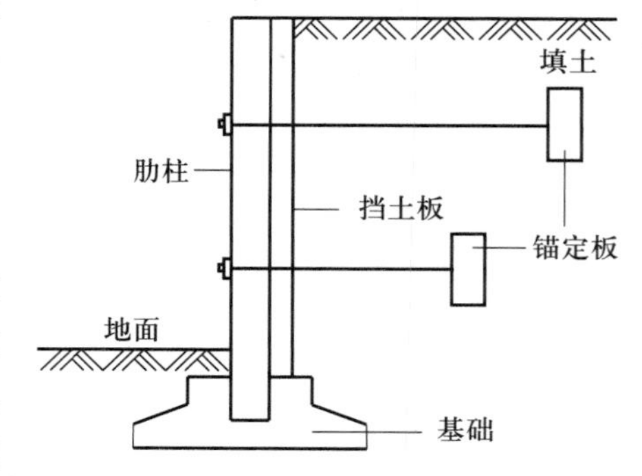

图 5.21 锚定板挡土墙

1. 肋柱

肋柱的间距视工地的起吊能力和锚定板的抗拔力而定，一般为 1.5~2.5 m。肋柱截面多为矩形，也可设计成 T 形、I 字形。为安放挡土板及设置钢拉杆孔，肋柱截面宽度不小于 240 mm，高度不宜小于 300 mm。每级肋柱高 3~5 m。上下两级肋柱接头宜用榫接，也可以做成平台并相互错开。每根肋柱按其高度可布置 2~3 层拉杆，其位置尽量使肋柱受力均匀。

肋柱底端根据地基承载力、地基的坚硬情况及埋深，一般可设计为自由端或铰支端，如埋置较深且岩层坚硬，也可视为固定端。在地基承载力较低时，可设基础。

肋柱应设置钢拉杆穿过的孔道。孔道可做成椭圆孔或圆孔，直径大于钢拉杆直径，空隙填塞防锈砂浆。

2. 挡土板

挡土板可采用钢筋混凝土槽形板、矩形板或空心板。矩形板厚度不小于 150 mm，挡土板与两肋柱搭接长度不小于 100 mm，挡土板高度一般为 500 mm。挡土板上应留有泄水孔，在板后应设置反滤层。

3. 钢拉杆

拉杆宜选用 HRB400 或 HRB500 级螺纹钢筋，其直径不小于 22 mm，亦不大于 32 mm。通常，钢拉杆选用单根钢筋，必要时，可用两根钢筋组成一个钢拉杆。

拉杆的螺丝端杆选用可焊性和延伸性良好的钢材，便于与钢筋焊接组成拉杆。

4. 锚定板

锚定板通常采用方形钢筋混凝土板，也可采用矩形板，其面积不小于 0.5 m^2，一般为 1 m×1 m。预制锚定板时应预留拉杆孔，其要求同肋柱的预留孔道。

5. 拉杆与肋柱、锚定板的连接

拉杆前端与肋柱的连接与锚杆挡土墙相同。拉杆后端用螺母、钢垫板与锚定板相连。锚定板与钢拉杆组装后，应用水泥砂浆填满孔道空隙。

6. 填料

填料应采用碎石类、砾石类土及细粒土填料，不得应用膨胀土、盐渍土、有机质土或块石类土。

7. 基础

应根据地基承载力确定肋柱下面是否需要设置基础。肋柱式挡土墙的基础可用条形基础或杯口式基础，厚度不小于 500 mm，襟边不小于 100 mm，基础埋深大于 0.5 m 及冻结线以下 0.25 m。为了减少肋柱起吊时的支撑工作量，常将肋柱下的基础设计成如图 5.22 所示的杯口基础。杯口基础应符合以下要求：

当 $h \leqslant 1.0$ m 时：$H_1 \geqslant h$ 或 $H_1 \geqslant 0.05$ 倍肋柱长度（指吊装时的肋柱长度）；

当 $h > 1.0$ m 时：$H_1 \geqslant 0.8h$ 且 $H \geqslant 1.0$ m；

当 $b/h \geqslant 0.65$ 时，杯口一般不配钢筋。

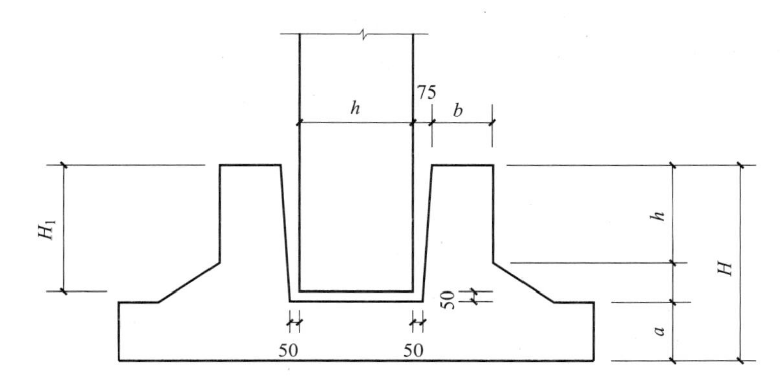

图 5.22　肋柱下的杯口基础

矩形、工字形肋柱、杯口基础尺寸参见表 5.3。

表 5.3　矩形、工字形肋柱、杯口基础尺寸表　mm

肋柱截面长边尺寸	a	b	杯口深度
300	150	200	350
500	150	200	550
600	200	200	650
700	200	200	750
800	200	250	850
900	200	250	950
1 000	200	300	1 050
1 100	200	300	1 050
1 200	250	300	1 050
1 300	250	300	1 100
1 400	250	350	1 200
1 500	300	350	1 250
1 600	300	400	1 350
1 800	350	400	1 500
2 000	350	400	1 650

5.2.2 肋柱式锚定板挡土墙设计

肋柱式锚定板挡土墙设计的主要内容包括:墙背土压力计算,挡土板的内力计算,肋柱、拉杆和锚定板的内力计算,肋柱、锚定板、挡土板配筋设计,锚定板的抗拔力验算,拉杆设计和挡土墙的整体稳定验算。

1. 墙背土压力计算

锚定板挡土墙墙面板受到的土压力是由填料及表面荷载引起的。由于挡土板、拉杆、锚定板及填料的相互作用,影响土压力的因素很多。通过现场实测和模型试验表明,土压力值大于库仑主动土压力计算值。为了保证锚定板挡土墙的安全可靠,又不致计算过于复杂,一般仍以库仑主动土压力公式为基础,然后乘以大于 1 的增大系数 m_e,以使计算结果与实际土压力相近。根据目前锚定板挡土墙结构工程实例所测得的 m_e 值,结果与理论值的比为 1.20~1.40 之间。土压力强度按下式计算:

$$\overline{p}_a = m_e K_a \gamma H \tag{5.51}$$

式中:$\overline{p}_a$——增大后的土压力强度;

m_e——增大系数,取 1.20~1.40;

K_a——库仑主动土压力系数。

土压力沿墙背的分布规律如图 5.23 所示,墙高上部 0.45H 范围内为三角形分布,下部 0.55H 部分为矩形分布。结合我国锚定板挡土墙实测土压力分布图形简化而成的 $\overline{p'_a}$ 的表达式如下:

$$\overline{p'_a} = 0.645\overline{p}_a = 0.645 m_e K_a \gamma H \tag{5.52}$$

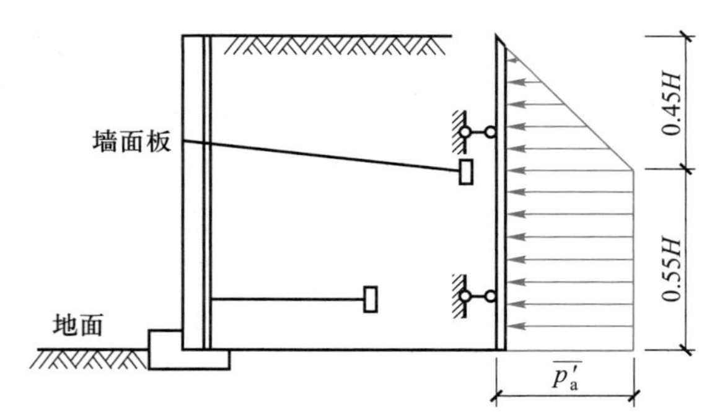

图 5.23　锚定板挡土墙的土压力分布

2. 挡土板的内力计算

挡土板按两端支承在肋柱上的简支板计算。其跨度为挡土板两端支座中心的距离。荷载取挡土板位置上最大土压力为均布荷载。挡土板的规格一般取为 2~3 种,不宜取多。

3. 肋柱、拉杆和锚定板的内力计算

每根肋柱承受相邻两跨锚定板挡土墙中线至中线范围内的土压力。假定肋柱与拉杆的连接处为铰支点,把肋柱视为支承在拉杆和地基上的简支梁或连续梁,拉杆则为轴向受力构件,锚定板为以拉杆中心为支点的受弯板。

锚定板挡土墙肋柱、拉杆的计算简图如图 5.23 所示。当肋柱为两层拉杆且底端为自由时，按外伸的简支梁计算；当底端视为铰支端或固定端时，或拉杆超过两层，肋柱应按连续梁计算。肋柱及拉杆的内力均可用结构力学方法求解；如果视肋柱为置于弹性支承上的连续梁，则应考虑拉杆及填料的变形。由结构力学知，求解弹性支座截面弯矩应用五弯矩方程。此时的关键是确定各支点的柔度系数 δ_i，即在单位力作用下支点处的变形量。肋柱各支点的变形量包括拉杆的弹性伸长量 δ_{si}和锚定板前土体的压缩变形量 δ_{ri}两部分：

$$\delta_i=\delta_{si}+\delta_{ri} \tag{5.53}$$

式中：δ_{si}——单位力作用下支点处钢拉杆的伸长量；

δ_{ri}——单位力作用下锚定板前土体的压缩变形量。

钢拉杆的单位伸长量：

$$\delta_{si}=\frac{l}{A_s E_s} \tag{5.54}$$

式中：A_s——钢拉杆面积；

E_s——钢拉杆的抗拉弹性模量；

l——钢拉杆的长度。

由于锚定板前土体压缩变形很复杂，其计算一般采用以下两种方法。

（1）弹性抗力系数法

$$\delta_{ri}=\frac{1}{kBh} \tag{5.55}$$

式中：B——锚定板宽度；

h——锚定板高度；

k——弹性抗力系数，通过试验确定，k 随深度 y 按幂函数变化：

$$k=m(y_0+y)^n \tag{5.56}$$

式中：y_0——与岩石有关的常数；

n——随岩石类别而变化的数值。

一般取 $y_0=0$，$n=1$，则 $k=my$，m 为弹性抗力系数的比例系数，按 TB 10002—2017《铁路桥涵设计规范》建议值取用，如无实测资料，可参考表 5.4。

表 5.4　弹性抗力系数的比例系数 m

土的名称	m 建议值/$(\mathrm{kN\cdot m^{-4}})$
黏性细粒土	5 000～10 000
细砂、中砂	10 000～20 000
粗砂	20 000～30 000
砾砂、砾石土、碎石土、卵石土	30 000～80 000

肋柱基础处的柔度系数：

$$C_e=\frac{1}{2mHB_0h_0} \tag{5.57}$$

式中：H——肋柱的总高度；

B_0——支座的宽度；

h_0——支座的高度。

（2）沉降量分层总和法

$$C_{ri}=\Delta m_i=\sum_{i=1}^{n}\delta_i \tag{5.58}$$

式中：δ_i——锚定板前第 i 层土在单位力作用下的压缩量，一般可按下式计算：

$$\delta_i=\frac{\Delta h_i}{2EF_A}(K_i+K_{i-1}) \tag{5.59}$$

式中：Δh_i——第 i 层土的厚度；

E——填土的变形模量，可由试验确实，也可选用 5 000～10 000 kN/m^2；

F_A——锚定板的面积；

K_i、K_{i-1}——土中应力分布系数，可按表 5.5 选用。

表 5.5 土中应力分布系数 K_i

$\beta=L/B$	矩形边长比 $a=A/B$						
	1.0	1.5	2	3	6	10	20
0.25	0.898	0.904	0.908	0.912	0.934	0.940	0.960
0.50	0.696	0.716	0.734	0.762	0.789	0.792	0.820
1.0	0.336	0.428	0.470	0.500	0.518	0.522	0.549
1.5	0.194	0.257	0.286	0.348	0.360	0.373	0.397
2.0	0.114	0.157	0.188	0.240	0.268	0.279	0.308
3.0	0.058	0.076	0.108	0.147	0.180	0.188	0.209
5.0	0.008	0.025	0.040	0.076	0.096	0.106	0.129

注：β 为锚定板前土层的相对厚度，L 为计算土层到锚定板的距离，B、A 为锚定板的宽度和高度。

锚定板前土体的压缩量 ΔM_i 是各层土体压缩量的总和。一般取锚定板前 $5B$ 范围内的土体划分为 n 层，ΔM_i 为 $5B$ 范围内各层土的压缩量之和。

肋柱基础处的柔度系数 C_e，可采用上式计算值 ΔM_i 中最小值的十分之一，即

$$C_e=0.1\Delta M_{i\min} \tag{5.60}$$

拉杆水平时，肋柱的反力为拉杆的设计拉力 T_n。当拉杆向下倾斜 α 角时，$T_n=T/\cos\alpha$。拉杆的设计拉力就是锚定板中心的支点反力。

锚定板承受拉杆传递的拉力。其拉力等于肋柱在此支点的反力，此拉力通过板的中心。假定锚定板在竖直面所受到的水平土压力是均匀分布的，则一般的简化计算视锚定板为中心有支点的单向受弯构件，其受力如图 5.24 所示。

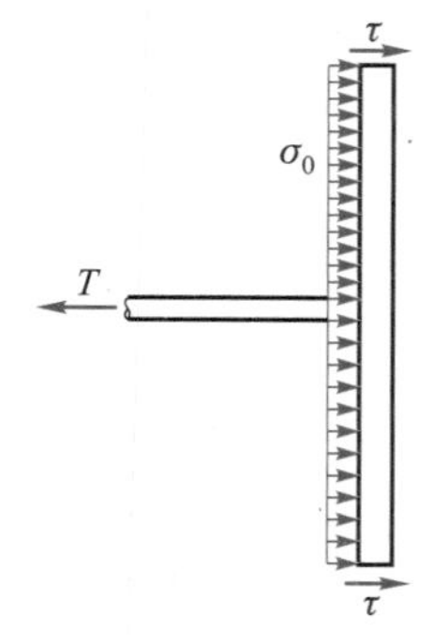

图 5.24 锚定板计算简图

4. 肋柱、锚定板、挡土板配筋设计

肋柱、锚定板、挡土板的配筋可根据结构力学原理计算内力，根据混凝土结构设计原理计算配筋。对于肋柱，尚应考虑搬运、吊装等因素。肋柱一般根据最大正、负弯矩设计配筋，采用双筋柱。由最大正、负弯矩配置纵向受力钢筋；由斜截面承载力进行箍筋计算，也要进行裂缝宽度验算。对主要受力钢筋采用通长布置。

锚定板按中心有支点的单向受弯构件进行配筋计算，挡土板则按简支板设计。

5. 锚定板的抗拔力验算

锚定板的面积应根据拉力设计值除以锚定板单位面积的抗拔力设计值确定。而锚定板单位面积的抗拔力设计值与锚定板埋深、锚定板周围土体的应力和应变有关，目前仅能由试验确定。如无试验资料，可选用下面数据：

埋置深度为 5~10 m 时，$p'=0.39\sim0.45$ MPa；

埋置深度为 3~5 m 时，$p'=0.3\sim0.36$ MPa；

当锚定板埋深小于 3 m 时，锚定板的稳定由锚定板前的被动土压力控制，锚定板的抗拔力设计值为

$$p'=\frac{\gamma h^2}{2}(K_p-K_a)\cdot B \tag{5.61}$$

式中：p'——锚定板单位面积抗拔力设计值；

γ——填料重度；

h——锚定板埋置深度；

B——锚定板宽度；

K_p、K_a——库仑土压力理论被动、主动土压力系数。

锚定板埋置深度一般不小于 2.5 m。为了满足最小埋置深度要求，可将上层拉杆向下倾斜 α 角，一般 α 取 10°~15°为宜。

6. 拉杆设计

拉杆设计包括拉杆材质选择、截面设计、长度计算和整体稳定性验算。

（1）拉杆的材质选择及截面设计

锚定板挡土墙是一种柔性结构，其特点是能适应较大的变形。为此，钢拉杆应当选用延性较好的钢材，一般选用热轧建筑钢材。材料应具有可焊性。

钢拉杆的拉力设计值就是肋柱支点的反力。钢拉杆为轴向拉伸构件，其直径按下式计算：

$$d=2\sqrt{\frac{T}{\pi f_y}}+2 \tag{5.62}$$

式中：d——钢拉杆直径，mm；

T——钢拉杆拉力设计值；

f_y——钢筋抗拉强度设计值；

2——预防钢筋锈蚀的安全储备，mm。

（2）拉杆的长度计算和整体稳定性验算

拉杆的长度必须满足每一块锚定板的整体稳定性验算的要求，同时，拉杆的长度还受到上、下层拉杆布置方式及下层拉杆与基础的相互距离的影响。为了保证每块锚定板的稳定性，必须对每块锚定板及其前方填土进行抗滑验算，由此决定拉杆的长度。

锚定板的极限破坏取决于两种不同的极限状态：第一种极限状态是锚定板前方土体中产生大片连续的塑性区，导致锚定板与其周围的土体发生相对位移，这种极限状态称为局部破坏，见图 5.25a，产生破坏的原因是拉杆拉力大而锚定板的面积较小，以致单位面积上的压力强度超过极限抗拔力。它不受锚杆长度的影响，只取决于锚定板的面积及锚定板的极限抗拔力。第二种极限状态是锚定板与其前方的土体沿某个与外部贯通的滑动面（如图 5.25b 中的 BCD）发生滑动，这种极限状态称为整体破坏，产生的原因是拉杆的长度 L 过短，以致 BC 段滑动面的抗滑力小于 VC 面上的主动土压力 E_a，由此产生了滑动力。防止整体破坏，应加长拉杆，从而使 BC 段滑动面上的抗滑力大于主动土压力 E_a 产生的滑动力。要保证每一块锚定板的整体稳定性，关键是合理计算钢拉杆的长度。

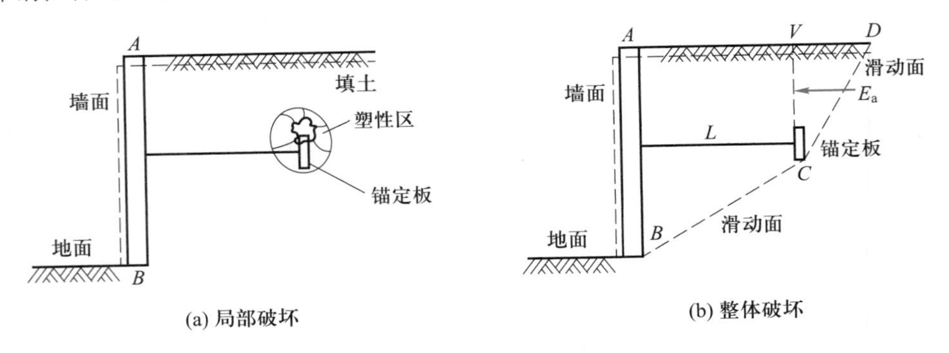

图 5.25 两种不同的极限状态

计算整体破坏的方法很多，有 Kranz 法、折线滑动面法、整体土墙法。本书介绍的是我国铁道科学研究院提出的折线滑动面法。

① 基本假定：

a. 假定下层锚定板前方土体的临界滑动面通过墙面底端；

b. 假定上层锚定板前方土体的临界滑动面通过被分析的锚定板以下拉杆与墙面；

c. 假定锚定板边界后方土体应力状态为朗肯主动土压力状态。

② 分析图式。根据以上假定，按图 5.26 进行分析。图中，BCD 为下层锚定板前方土体的临界滑动面，$B_1C_1D_1$ 为上层锚定板前方土体的临界滑动面，B_1 点为所分析的锚定板相邻下层锚杆与墙面的交点，CD、C_1D_1 均为朗肯主动土压力破裂面，E_a、E_{a1} 分别为 CV、C_1V_1 竖直面上的主动土压力，R、R_1 分别为 BC、B_1C_1 滑动面上的反作用力，G、G_1 分别为土体 $ABCV$ 和 $AB_1C_1V_1$ 的重力，α、α' 分别为 BC 段、B_1C_1 段的倾角，β 为填土坡面的倾角，φ 为填土的内摩擦角，H、H_1、h、h_1、L、L_1 分别为挡土墙的各部分尺寸。

a. 计算公式。根据以上假定及分析图，分三种不同情况进行推导。

第一种情况，上层拉杆长度小于或等于下层拉杆长度，见图 5.26。由朗肯理论知滑动面 CD 段和滑动面 C_1D_1 段与水平面的交角都是 θ。

$$\theta=\left(45°+\frac{\varphi}{2}\right)-\frac{1}{2}\left(\arcsin\frac{\sin\beta}{\sin\varphi}-\beta\right) \tag{5.63}$$

图 5.26b、c 为下层锚定板 C 和上层锚定板 C_1 的稳定性分析图式，现推导下层锚定板 C 的稳定性计算公式，上层锚定板 C_1 的稳定性公式也可仿此进行。

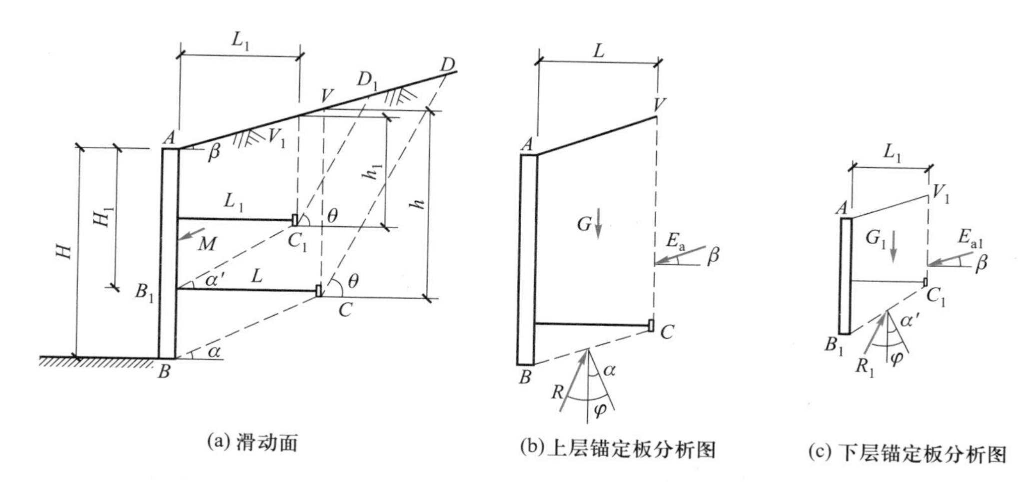

(a) 滑动面　(b) 上层锚定板分析图　(c) 下层锚定板分析图

图 5.26　折线滑动面法第一种情况分析图

图 5.26b 表示墙面及土体 $ABCV$ 所受的外力情况。其中，土压力 E_a 对土体 $ABCV$ 产生滑动力，而土体重量 G 在 BC 面上产生摩擦力抵抗滑动，按朗肯理论的计算公式求解主动土压力 E_a：

$$E_a=\frac{1}{2}\gamma h^2 K_a \tag{5.64}$$

$$K_a=\cos\beta\frac{\cos\beta-\sqrt{\cos^2\beta-\cos^2\varphi}}{\cos\beta+\sqrt{\cos^2\beta-\cos^2\varphi}} \tag{5.65}$$

式中：γ——填土的重度；

K_a——朗肯主动土压力系数。

土压力 E_a 的方向可取与填土表面平行，因而 E_a 在 BC 滑动面上的滑动力为 $E_a[\cos(\beta-\alpha)-\tan\varphi\sin(\beta-\alpha)]$；同时，土体重力 G 在 BC 面上的摩擦力分量为 $G(\tan\varphi\cos\alpha-\sin\alpha)$，其中 $G=\gamma(H+h)\cdot L/2$。

因此，锚定板的抗滑稳定系数 K_s 为

$$K_s=\frac{G(\tan\varphi\cos\alpha-\sin\alpha)}{E_a[\cos(\beta-\alpha)-\tan\varphi\sin(\beta-\alpha)]}=\frac{\tan\varphi\cos\alpha-\sin\alpha}{\cos(\beta-\alpha)-\tan\varphi\sin(\beta-\alpha)}\times\frac{h(H+h)}{h^2K_a} \tag{5.66}$$

当填土表面水平，$\beta=0$ 时，上式为

$$K_s=\frac{\tan(\varphi-a)}{\tan^2\left(45°-\frac{\varphi}{2}\right)}\times\frac{h(H+h)}{h^2} \tag{5.67}$$

一般要求 $K_s\geqslant 1.3$。

第二种情况，上层拉杆比下层拉杆长，但上层锚定板位于下层滑动面 CD 之内，见图 5.27。此时，对于上层锚定板 C_1 的分析与前一种情况相同，其临界滑动面为 $B_1C_1D_1$，抗滑稳定系数 K_s 为

$$K_s=\frac{\tan\varphi\cos\alpha'-\sin\alpha'}{\cos(\beta-\alpha')-\tan\varphi\cdot\sin(\beta-\alpha')}\times\frac{h_1(H_1+h_1)}{h_1^2\cdot K_a} \tag{5.68}$$

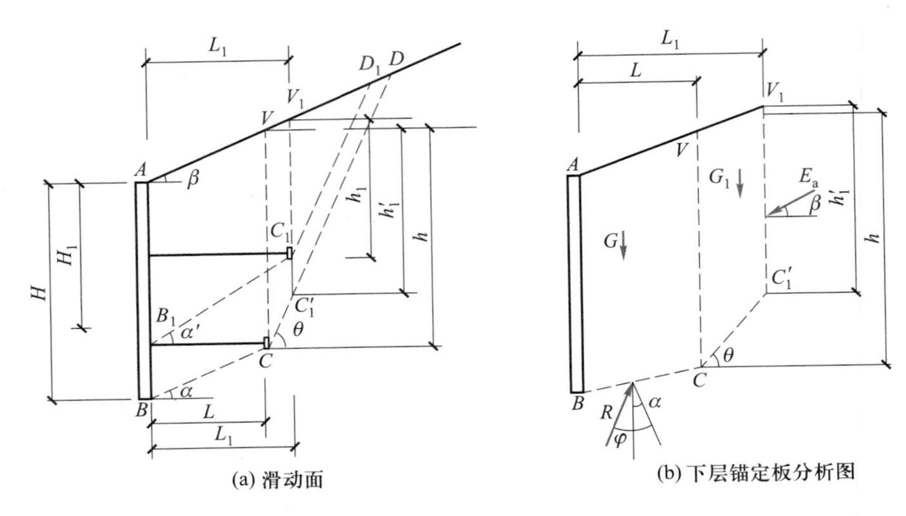

图 5.27 折线滑动面法第二种情况分析图

下层锚定板稳定性分析见图 5.27,滑动面为 BCD,稳定性分析时应考虑土体 $ABCC'_1V_1$ 各边界上所受的外力及平衡条件,其中 C'_1点为通过 C_1 竖直面与滑动面 CD 的交点。E_a 为作用在 C'_1V_1 面上的主动土压力,G 为 $ABCV$ 的重量,G_1 为土体 VCC'_1V_1 的重量,α 为滑动面的倾角,θ 为滑动面 CD 的倾角[按式(5.63)计算]。对于滑动面 BC 来说,E_a 及 G_1 在 BC 面上的分量为滑动力,G 在 BC 面上产生的分量为抗滑力,可得出下层锚定板抗滑稳定系数 K_s:

$$K_s=\frac{G(\tan\varphi\cdot\cos\alpha-\sin\alpha)}{E_a[\cos(\beta-\alpha)-\tan\varphi\cdot\sin(\beta-\alpha)]+G_1(\sin\theta-\tan\varphi\cdot\sin\theta)[\cos(\theta-\alpha)-\tan\varphi\cdot\sin(\theta-\alpha)]} \tag{5.69}$$

式中:$G=\frac{1}{2}\gamma h(H+h)$,$G_1=\frac{1}{2}\gamma(h_1-h)(h+h')$,$E_a=\frac{1}{2}\gamma(h'_1)^2K_a$。

第三种情况,上层拉杆比下层拉杆长,且上层锚定板位置超出下层锚定板滑动面 CD 以外,如图 5.28a 所示。

上层锚定板 C_1 的稳定性分析仍与前述相同,其临界滑动面 $B_1C_1D_1$ 的抗滑稳定系数 K_s 可按式(5.66)计算。

下层锚定板稳定性分析见图 5.28b。E_a 为作用于 C_1V_1 面上的主动土压力,G 为土体 $ABCV$ 的重量,G_1 为土体 VCC_1V_1 的重量,α 和 α'分别为滑动面 BC 段和 B_1C_1 段的倾角。对于滑动面 BC 段,土压力 E_a 和重量 G_1 作用在 BC 面的分量为滑动力,G 作用在 BC 面上的分量为抗滑力,则下层锚定板抗滑稳定系数 K_s 为

$$K_s=\frac{G(\tan\varphi\cdot\cos\alpha-\sin\alpha)}{E_a[\cos(\beta-\alpha)-\tan\varphi\cdot\sin(\beta-\alpha)]+G_1(\sin\alpha'-\tan\varphi\cdot\sin\alpha')[\cos(\alpha'-\alpha)-\tan\varphi\cdot\sin(\alpha'-\alpha)]} \tag{5.70}$$

式中:$G=\frac{\gamma L}{2}(H+h)$,$G_1=\frac{1}{2}\gamma(h_1-h)(h+h_1)$;$E_a=\frac{1}{2}\gamma h_1^2K_a$。

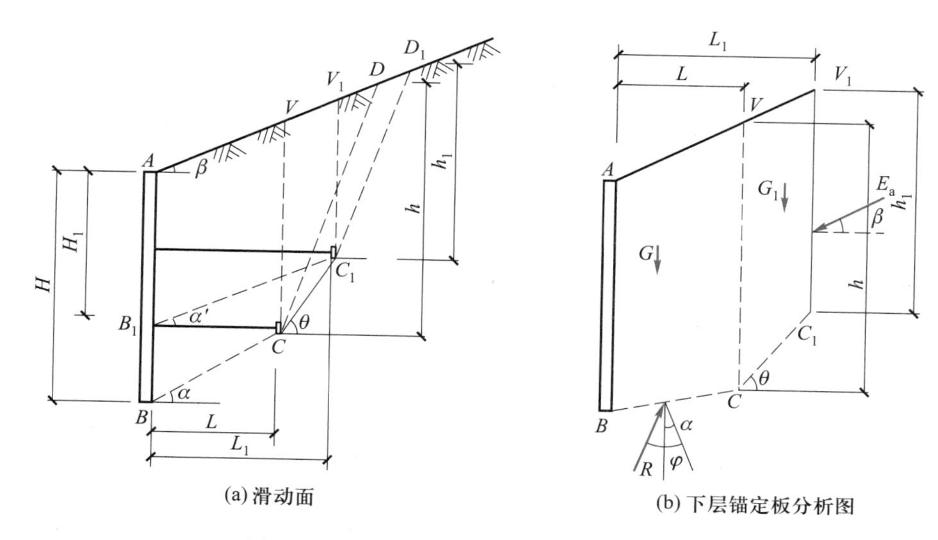

图 5.28　折线滑动面法第三种情况的分析图

当填土表面水平时，$\beta=0$，则有

$$K_s=\frac{G(\tan\varphi\cdot\cos\alpha-\sin\alpha)}{E_a[\cos\alpha-\tan\varphi\cdot\sin\alpha]+G_1(\sin\alpha-\tan\varphi\cdot\sin\alpha)\times[\cos(\alpha'-\alpha)-\tan\varphi\cdot\sin(\alpha'-\alpha)]}\tag{5.71}$$

b. 当填土表面水平并有活荷载时的稳定性分析。对于前述的第一种情况，填土表面水平并有活荷载时，活荷载作用的最危险位置在下层锚定板的后方，如图 5.29 所示。

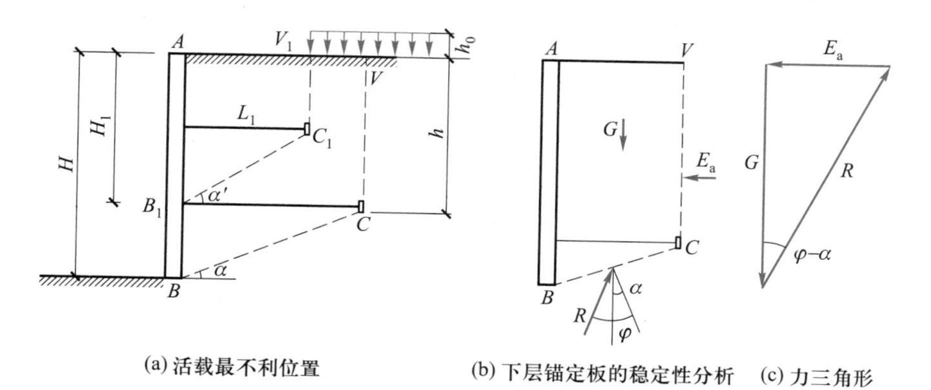

图 5.29　第一种情况的水平表面有活荷载的分析图

此时，活荷载 h_0 为换算土层高度，下层锚定板稳定性分析如图 5.29b 所示。土体 $ABCV$ 受力情况及力三角形见图 5.29c，E_a 为滑动力，$G\cdot\tan(\varphi-\alpha)$ 为抗滑力，其抗滑稳定系数 K_s 按下式计算：

$$K_s=\frac{G\cdot\tan(\varphi-\alpha)}{E_a}\tag{5.72}$$

式中：$G=\frac{1}{2}\gamma L(H+h)$，$E_a=\frac{\gamma h}{2}(h+2h_0)\tan^2\left(45°-\frac{\varphi}{2}\right)$。

因此式(5.70)可变换为

$$K_s=\frac{\tan(\varphi-\alpha)}{\tan^2\left(45°-\frac{\varphi}{2}\right)}\cdot\frac{L(H+h)}{h(h+2h_0)} \tag{5.73}$$

图5.30为第二种情况下，填土表面水平并有活荷载的锚定板结构，其下层锚定板稳定性分析见图5.30b，土体$ABCC_1V_1$及其所受外力，对于滑动面BC段，主动土压力E_a和G_1产生滑动力，而G在BC面上产生抗滑力，其抗滑稳定系数为

$$K_s=\left\{\frac{G(\tan\varphi\cdot\cos\alpha-\sin\alpha)}{E_a[\cos\alpha-\tan\varphi\cdot\sin\alpha]+G_1(\sin\alpha-\tan\varphi\cdot\cos\alpha)\times[\cos(\alpha'-\alpha)-\tan\varphi\cdot\sin(\alpha'-\alpha)]}\right\} \tag{5.74}$$

式中：$G_1=\frac{1}{2}\gamma(h_1-h)(h+h_1+2h_0)$，$E_a=\frac{1}{2}\gamma h_1(H_1+2h_0)\cdot K_a$。

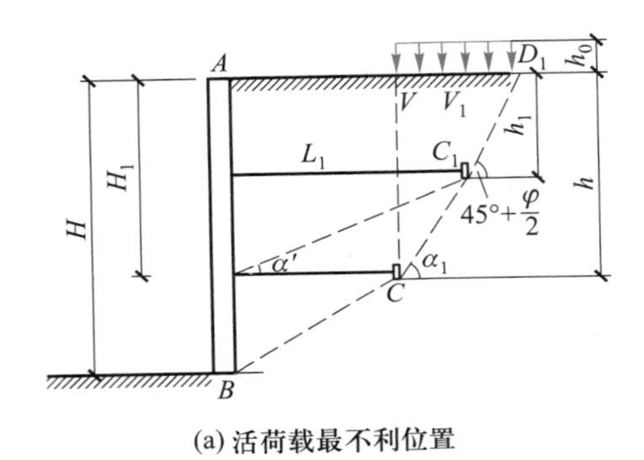

图5.30 第三种情况的水平表面有活荷载分析图

我国挡土墙相关规范规定抗滑稳定系数不小于1.3。中国铁道科学研究院建议一般锚定板挡土墙的抗滑稳定系数应不小于1.5，重要锚定板挡土墙的抗滑稳定系数加大到2.0。

c. 锚定板挡土墙整体稳定性其他方面的问题。如同重力式挡土墙一样。挡土墙的整体稳定性尚应考虑整体抗滑验算、地基承载力验算、陡坡滑动验算及深层圆弧滑动面验算等。

如果采用三层或多层拉杆，计算方法与上述推导类似。最下一层拉杆长度除按以上公式计算外，拉杆的有效锚固长度h_a(挡土板后土体主动滑动面到主锚定板的水平距离)应不小于该处锚定板高度的3.5倍。在实际工程中应防止上层拉杆变形过大而导致墙顶发生较大侧向位移，拉杆长度一般长度不宜小于5 m。

5.2.3 锚定板挡土墙施工

由于锚定板挡土墙结构独特，因此施工方法有其特殊性。

1. 构件预制

国内已建成的锚定板挡土墙大多数应用延伸率较大的圆钢作拉杆，用钢筋混凝土制作肋柱、挡土板、锚定板构件。

（1）拉杆

拉杆是锚定板挡土墙的重要构件，一般规定选用在屈服后有较大延伸率的钢材。大多采用 HPB300 和 HRB400 钢筋。

钢拉杆接头应优先采用对头接触电焊。当直径较大时，可采用四条贴角焊缝（夹板）的电弧焊接头。帮焊钢筋截面面积为钢拉杆截面面积的 1.2 倍（HPB300 钢筋）或 1.5 倍（HRB400 钢筋）。帮条长度不小于 $5d$，焊缝长度不小于帮条长度。焊缝高 h 及焊缝宽 b 的要求如图 5.31 所示。

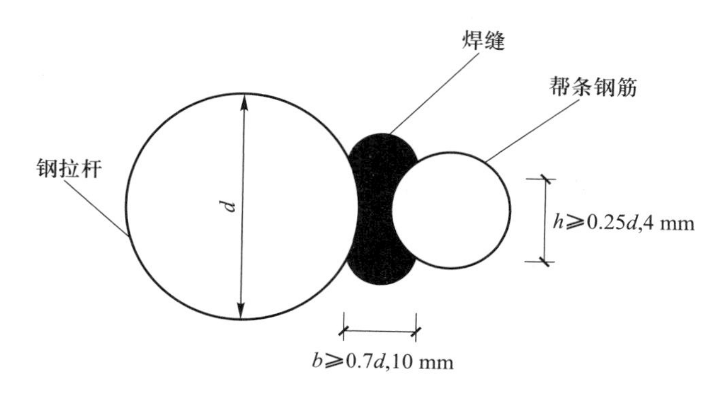

图 5.31　钢拉杆焊缝要求

拉杆端头连接除专门连接外，还可采用螺丝扣连接器。钢拉杆应特别注意防锈，一般用防锈底漆涂料（如沥青船底漆、环氧沥青漆、环氧富锌漆）涂刷两道，保证漆膜厚度均匀无空白、平整；外层包裹沥青浸制麻布或沥青玻璃丝布（一般用三油二布）。麻布或玻璃丝布宽度为 10～15 mm，要求包裹平整，压边均匀；搭接头长度为 50～80 mm，接头应平整粘牢。

（2）锚定板、挡土板和肋柱

锚定板、挡土板和肋柱可在工厂预制，也可在工地预制。

锚定板常用木模制作，不设底模，用半干硬性混凝土振捣密实后，随即脱模倒用。

挡土板多采用槽形板，可采用翻转钢模浇筑混凝土施工。

肋柱多采用矩形、T 形、I 字形截面。模板长易变形，故多用角钢加固模板，或每隔 1 m 安装用 ф22 钢筋制作的卡具，把模板卡住。锚定板及肋柱的拉杆预留孔处可放置用木料做成的圆锥体短木棒，浇筑混凝土 2 h 后，进行转动，以后每小时转动一次，待混凝土终凝后取出即可。

2. 填土程序及夯实要求

锚定板所能提供的抗拔力大小、锚定板挡土墙的整体稳定性、钢拉杆因土体下沉引起的次应力等因素，都直接与锚定板挡土墙的填料性质及夯实质量有密切关系。要加强填料的选择，重视填土工序质量控制，确保填土质量，这是锚定板挡土墙能否实现工程目标的关键因素之一。

做好基底处理。锚定板挡土墙应设置在横坡不陡于 1∶10 的密实基底上。如横坡坡度为 1∶10～1∶5 时，应清除草皮；横坡坡度为 1∶5～1∶2.5 时，坡面应挖成台阶，台阶宽度不小于 1.0 m；当横坡陡于 1∶2.5 时，应按个别设计验算基底的稳定性。基底下的淤泥必须清除，基底土壤为耕土或松土时应先夯实。有地下水影响基底稳定时，应拦截并排除地下水。填土程序见图 5.32。

a. 由肋柱底以 1 : 1 的坡度夯填土方,使肋柱不受推力。

b. 夯填至下层拉杆以上 0.2 m 处,挖下层拉杆槽及锚定板坑,装好拉杆及锚定板之后,再夯填第②部分,填高达 1 m 以后,可夯填第③部分。

c. 夯填第④部分,直至上层拉杆以上 0.2 m,挖上层拉杆槽和锚定板坑,安装上层拉杆及锚定板,即可夯填⑤⑥部分。

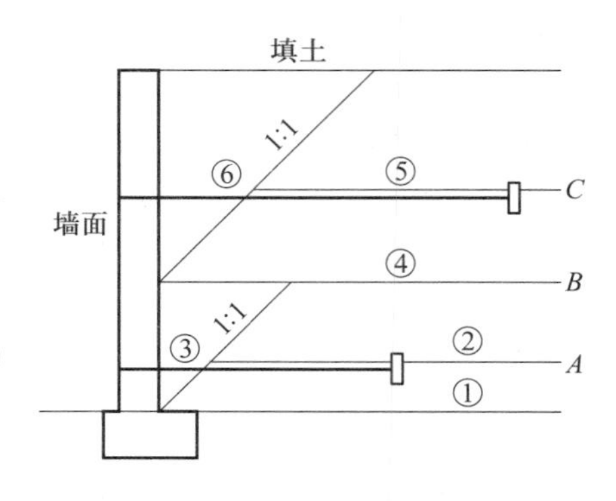

图 5.32 填土程序

d. 填土的夯实标准,应按填料土质的情况,做最优含水量及最佳密实度试验。填土的含水量应等于或接近最优含水量。对密实度的要求:下层填土应达到最佳密实度的 90%,面层 1.2 m 范围以内应达到最佳密实度的 95%。当用机器碾压时,每层厚度以 0.3 m 为宜,碾压次数应根据密实度的要求,由试验确定。靠近墙面 1 m 以内及拉杆、锚定板以上 0.5 m 厚土体,应采用人工或小型机械夯实。锚定板前土体必须加强夯填质量,以确保锚定板发挥抗拔力。如果锚定板坑较大,安装锚定板之后可用三合土或素混凝土回填。

e. 应切实加强填土夯实质量的检查,包括基底、填料、密实度的检查。

3. 拉杆、锚定板及挡土板的要求

安装拉杆的关键是保证位置的正确、顺直,与肋柱、锚定板牢固连接。拉杆与肋柱连接一般使用垫板并套双螺母拧紧。拉杆安装完毕后,拉杆土槽用三七灰土回填,轻轻夯平。

锚定板放入坑中,使拉杆与锚定板的连接角度符合设计要求。锚定板与拉杆可用螺栓连接,也可使用锻粗的端头或电焊锚头,确保连接牢靠。为防止拉杆锈蚀,用干硬性水泥砂浆封闭其锚固部分及锚定板上的预留孔。锚定板坑的回填土应保证质量。如夯实有困难,可用素混凝土回填锚定板周围的空隙。

安装挡土板时,应使挡土板与肋柱密贴,必要时可在搭接处抹一些水泥砂浆,保证受力均匀。挡土板后最好设置一层级配较好的砂卵石滤层,以利墙背排水。

5.2.4 锚定板挡土墙设计例题

5.2.4
例题详解

设计一个三级公路的锚定板挡土墙。墙高 $H=8.0$ m,墙后填土为黏砂土,重度 $\gamma=17$ kN/m^3,内摩擦角 $\varphi=33°$,与墙背摩擦角 $\delta=\varphi/2=16.5°$,黏聚力 $c=0$,修正后的地基承载力特征值 $f_a=300$ kPa。

5.3 锚托板挡土墙设计

在城镇建设工程和交通工程的沿线建设中,都需要对边坡进行加固支护。其中适合加固填方边坡的结构形式有重力式挡土墙、扶壁式挡土墙、悬臂式挡土墙、加筋土挡土墙、锚定板挡土墙等。然而,重力式挡土墙、悬臂式挡土墙、扶壁式挡土墙均不适合加固高度大于 10 m 的土质填方边坡。锚定板挡土墙作为一种适用于填土的轻型支挡结构,单级设计最大高度一般不超过 6 m,双级最大高度一般不超过 10 m。若要严格控制锚定板加固边坡的位移,则需要对锚定板施加预应力。由于板身垂直埋置于土体之中,施加预应力的过程容易在土体深层造成沿着板面的新的潜在破裂面。另外,锚定板在施加预应力后很难保证其垂直度,故锚固力很难得到保证。目前鲜有针对锚定板挡土墙结构运用预应力的实例。若对锚定板挡土墙支护体系进行改进,采用高强度预应力锚杆(锚索)作为拉杆,在填土中设置钢筋混凝土水平锚固板与拉杆连接,则就形成了锚托板挡土墙。

本书编者发明了一种新型支挡结构——预应力锚托板,并将其成功应用于多个边坡支护工程。这种新型支挡结构可以与钢筋混凝土板桩挡土墙或混凝土框架格构体系结合运用,省去了钻孔、灌浆等工艺,具有施工简便快捷、加固作用良好的特点,尤其在挖方与填方段相互交错的边坡上,与挖方区的支护结构(板桩挡土墙或框架等)能够保持形式上的统一与美观,而且在应对填土内部发生的竖向变形沉降时,具有一定的刚度以抵抗变形。

5.3.1　锚托板及其承载力计算

锚托板主要由钢筋混凝土预制板与拉杆组成,拉杆与钢筋混凝土预制板内部钢筋通过角钢焊接,如图 5.33 所示。锚托板板身埋置于填土之中,布置在最危险滑动面以外的土体稳定区,图 5.34 为某填方边坡工程中某剖面锚托板挡土墙布置简图。锚托板通过拉杆与框架格构梁柱

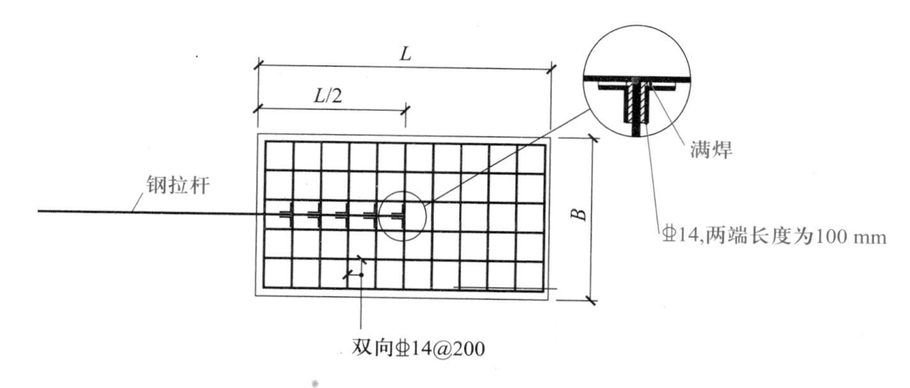

图 5.33　锚托板构造详图

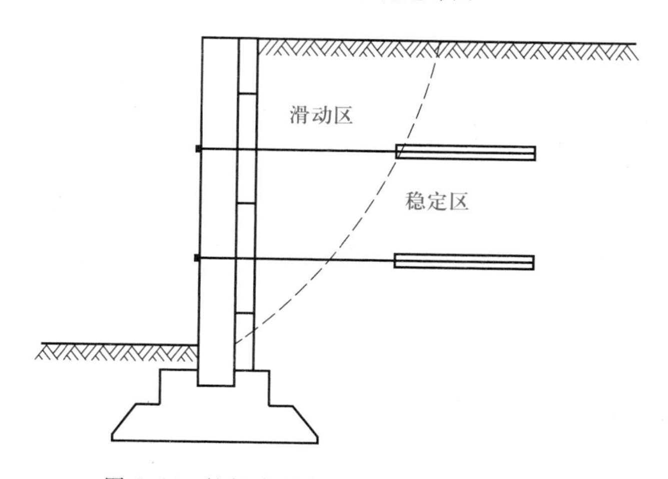

图 5.34　桩板式预应力锚托板挡土墙剖面图

节点相连，土压力产生的荷载作用于混凝土框架体系，框架格构将受到的外力通过拉杆传递给锚托板，通过锚托板作用于稳定土体提供的抗拔力来维持框架格构及整个坡体的稳定。因此，立柱、横梁和预应力锚托板组成的空间框架体系共同承担边坡的土压力。拉杆、锚托板及混凝土框架的连接构造如图 5.35 所示。

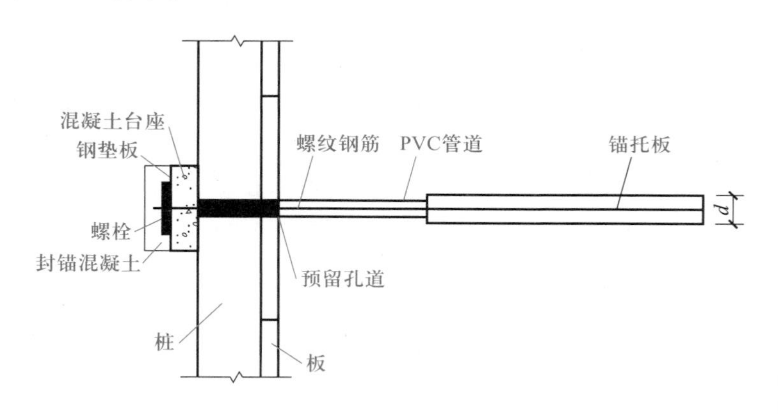

图 5.35 锚托板连接构造详图

锚托板的受力机理如图 5.36 所示，其极限抗拔力公式为

$$T_u = \min\{T_s, T_p\} \tag{5.75}$$

式中：$T_s = f_y A_s$，是钢筋的极限抗拉力；

f_y——钢筋的屈服强度；

A_s——钢筋的截面面积，由钢筋本身的材料强度及其横截面面积决定；

T_p——锚托板所能提供的抗拔力极限值。

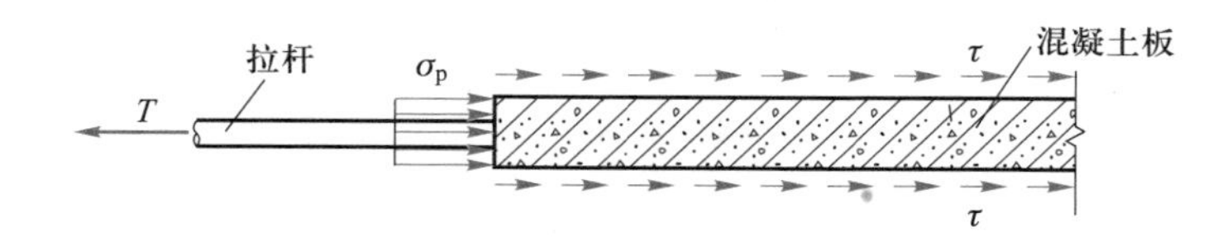

图 5.36 锚托板受力简图

由于设计过程中只需要提高钢筋的屈服强度 f_y 或者增加钢筋的截面面积 A_s 即可容易地提高钢筋的极限抗拉力，所以应将锚托板所能提供的抗拔力作为研究重点。锚托板自身为钢筋混凝土预制板，本身具备足够的抗拉强度，因此锚托板结构的破坏是由于锚托板与土体界面的摩擦力不足，造成锚托板与周围土体产生较大的相对位移，锚托板从土体中被拉出造成的。锚托板所能提供的抗拔力由锚托板与土体之间的摩擦力及锚托板受压面的被动土压力组成：

$$T_p = 2F + Q \tag{5.76}$$

式中：F——锚托板与土体接触面的摩擦力；

Q——锚托板与拉杆相连一面的被动土压力。

$$Q = \sigma_p A_d = K_p \gamma h A_d \tag{5.77}$$

式中：A_d——锚托板的侧表面面积，m^2；

h——锚托板以上的土层覆盖厚度，m；

γ——锚托板所在土层的土的重度，kN/m^3；

$K_p=\tan^2(45°+\varphi/2)$，为锚托板周围土体的库仑被动土压力系数。

锚托板与土体接触面的摩擦力 F 的计算公式为

$$F=\tau A_f \tag{5.78}$$

式中：τ——锚托板与土体界面的抗剪强度；

A_f——锚托板与土体接触面的面积，m^2，即锚托板上（下）表面的面积。

锚托板与土体界面的抗剪强度根据下式计算：

$$\tau=\mu(\sigma+\sum\Delta\sigma) \tag{5.79}$$

式中：$\sigma=\gamma h$，为土体的垂直自重应力，kPa；

h——锚托板以上的土层覆盖厚度，m；

γ——锚托板所在土层的土的重度，kN/m^3；

$\sum\Delta\sigma$——超载引起的垂直附加压力；

μ——锚托板与周围土体的摩擦系数，由试验测定，在黄土中建议取值范围为0.4~0.5。

5.3.2 锚托板挡土墙的承载力及稳定性

锚托板挡土墙的承载力及稳定性可参照5.1节中锚杆挡土墙的计算方法，此处不再赘述。

5.3.3 锚托板挡土墙设计计算实例

张家川某边坡支护工程，位于甘肃省天水市张家川回族自治县县城某小区拟建住宅楼群。建筑场地四周原有毛石挡土墙，其高度在0.35 m至3.3 m之间不等。由于拟建场地正负零位置比原有室外地面高，需要填方处理。填方后边坡高度为2.61~7.21 m，随地形走势变化。考虑到场地边坡的永久性安全及工程的经济性，采用框架预应力锚托板支护结构对边坡进行加固处理。根据GB 50330—2013《建筑边坡工程技术规范》，周边环境简单，回填土为黄土，边坡重要性等级为二级，安全系数取1.0。

为了节约工程造价，此次设计利用了已有的毛石挡土墙，在毛石挡土墙的上部及外部采用框架预应力锚托板结构加固。根据现场实际情况的考察和《张家川住宅小区建筑场地岩土工程勘察报告》，本次设计参数选择如表5.6所示。

表5.6 张家川某回填黄土设计参数

土层厚度/m	重度 $\gamma(kN\cdot m^{-3})$	黏聚力 c/kPa	内摩擦角 φ/(°)	摩擦系数 μ	坡顶超载/kPa
>10	19	10.0	20	0.4~0.55	10

锚托板层数最多处共上下两层，锚托板板身长度有1 m、2 m、3 m、4 m不等，宽度为1 m，厚度为80 mm，水平间距皆为3 m，拉杆上所施加的预应力均为60 kN。其中某个加固段的立面图如图5.37所示，某个剖面的设计图如图5.38所示。相较于其他剖面，该剖面中的下层锚托板拉杆是穿过毛石挡土墙上部与框架立柱相连的，此种相连方式大大提升了毛石挡土墙的抗倾覆能力。该工程于2011年完工，截至目前此边坡加固结构工作良好，边坡稳定。

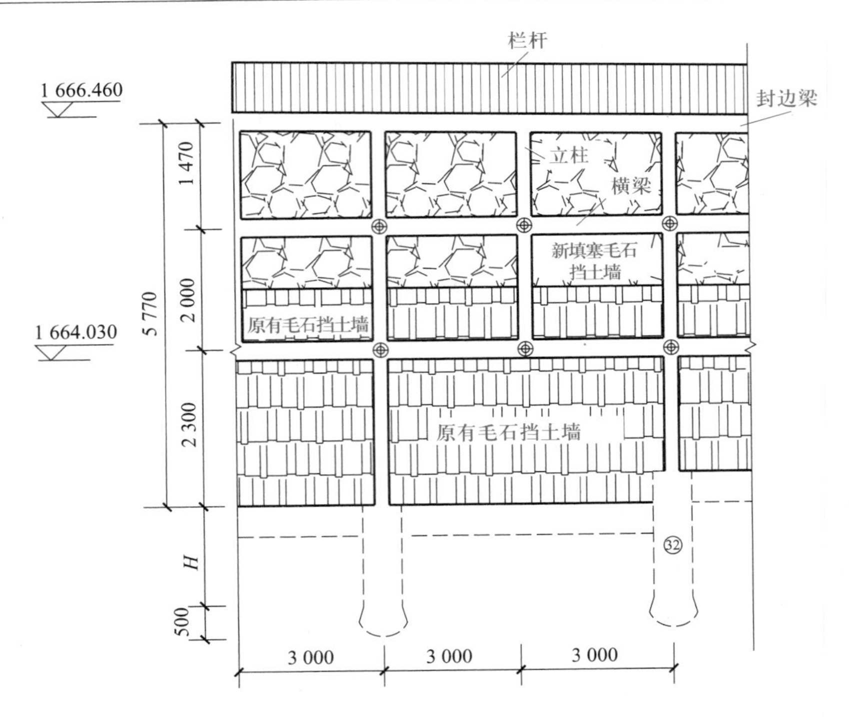

图 5.37　张家川某边坡支护工程某加固段立面图

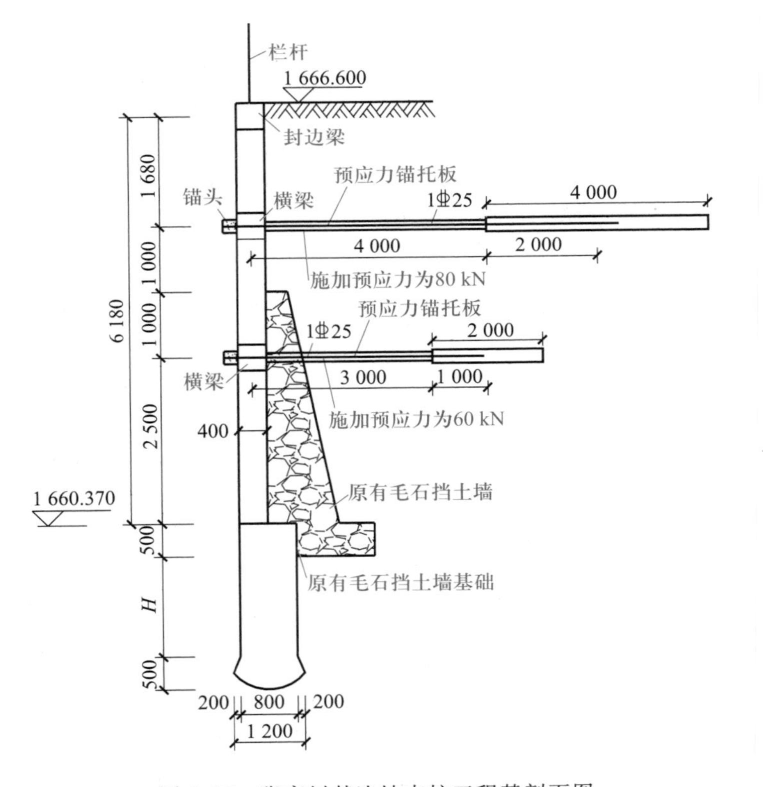

图 5.38　张家川某边坡支护工程某剖面图

思考题与习题

5.1　锚杆挡土墙的土压力如何确定?

5.2　简述锚杆挡土墙的使用范围。

5.3　锚杆挡土墙与排桩预应力锚杆挡土墙有何相同之处和区别之处?

5.4　锚定板挡土墙的适用范围有哪些?

5.5　锚定板挡土墙的稳定性如何计算?

5.6　锚托板挡土墙的适用条件是什么?

5.7　锚托板挡土墙与锚定板挡土墙相比有什么特点?

5.8　设计一边坡预应力锚杆挡土墙(钢筋混凝土),墙高 $H=10$ m,墙后填土为粉质黏土,其重度 $\gamma=16.8\ \mathrm{kN/m^3}$,黏聚力 $c=10$ kPa,内摩擦角 $\varphi=28°$,基础可做成混凝土条形基础,埋置深度可由计算确定。

5.9　设计一填方公路边坡,采用锚定板挡土墙,墙高 $H=9$ m,墙后填土为砂土,其重度 $\gamma=18\ \mathrm{kN/m^3}$,黏聚力 $c=0$,内摩擦角 $\varphi=35°$。

5.10　设计一填方公路边坡,采用锚托板挡土墙,墙高 $H=12$ m,墙后填土为粉质黏土,其重度 $\gamma=17\ \mathrm{kN/m^3}$,黏聚力 $c=18$ kPa,内摩擦角 $\varphi=30°$。

第 6 章

柔性支挡结构

本章学习目标：

1. 掌握柔性支挡结构的类型、基本受力原理及其破坏形态；
2. 掌握加筋土挡土墙、框架预应力锚杆（锚索、锚托板）结构的承载力和稳定性分析方法；
3. 具备分析和设计加筋土挡土墙、框架预应力锚杆（锚索、锚托板）结构的能力。

第 6 章
教学课件

柔性支挡结构是近半个世纪以来迅速发展起来的一种新型支挡结构形式。相对前几章介绍的各种挡土墙，柔性支挡结构墙面刚度较小，且大都有土层加筋加固，是一种支挡结构与土体联合形成的较柔整体结构。柔性支挡结构能够加固较高边坡，如果做成多级边坡，高度可以达到数十米。柔性支挡结构边坡加固更为科学，受力更合理，结构更为轻巧，造价相对较低。柔性支挡结构主要有加筋土挡土墙、土钉墙、复合土钉墙、框架预应力锚杆（索）支护结构、排桩预应力锚杆（索）和其他锚固体系等。这种支挡结构的特点是挡土结构呈柔性，岩土体与锚固体系协同工作，岩土体作为支挡结构的组成部分并发挥稳定边坡的作用。

由于柔性支挡结构造价较低、稳定性好、可用于高边坡甚至超高边坡支护，受到工程单位的普遍欢迎，在我国山区特别是西部地区工程建设中得到了广泛应用。“5・12”汶川大地震中柔性支挡结构大都保持完好，充分体现出良好的稳定性和抗震性能。但是，这种支挡结构是挡土结构、锚固体和岩土体协同工作的复杂结构体系，其承载力、稳定性分析一直是理论研究的难点，其地震动力响应和地震动力稳定性分析的难度更大，因此，目前该结构的工程实践超前于理论研究。

柔性支挡结构中用于边坡支挡结构的主要有加筋土挡土墙、土钉墙、框架预应力锚杆（索）支护结构、排桩预应力锚杆（索）和其他锚固体系等，而在深基坑支护中常见的柔性支挡结构有土钉墙、复合土钉墙、排桩预应力锚杆（索）等结构体系。本章主要讨论加筋土挡土墙、框架预应力锚杆（索）支护结构等，其他柔性支挡结构将在第三篇深基坑支护结构中讨论。

6.1 加筋土挡土墙设计

加筋土挡土墙主要用于填方（路肩）边坡加固。加筋土挡土墙由墙面板、拉筋和填料三部分组成，如图 6.1 所示，其工作原理是依靠填料与拉筋之间的摩擦力来平衡墙面所承受的水平土压力，并以拉筋、填料的复合结构抵抗拉筋尾部填料所产生的土压力，从而保证挡土墙的稳定。

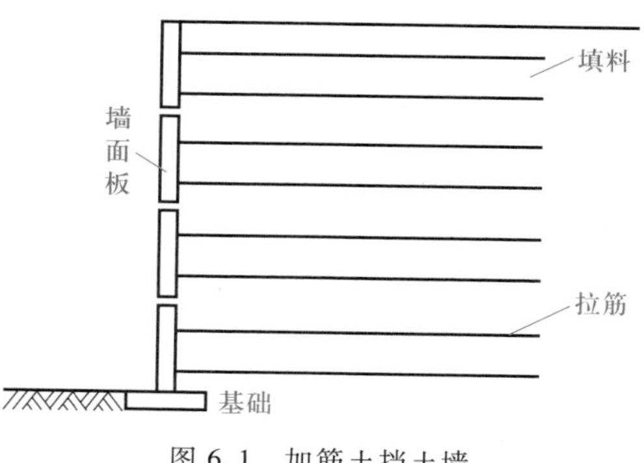

图 6.1　加筋土挡土墙

加筋土挡土墙的优点是墙可以做得很高，对地基土的承载力要求较低，适合在软弱地基上建造。由于施工简便，可保证质量，施工速度快，造价低，占地少，外形美观，因而得到较广泛的应用，但不宜在地震区的高烈度区和强烈腐蚀环境中使用。加筋土挡土墙一般应用于支挡填土工程，在公路工程、铁路工程、煤矿工程中应用较多。

6.1.1　加筋土挡土墙的构造要求

加筋土挡土墙主要由竖立的墙面板、填料及埋在填料内的具有一定抗拉强度并与面板相连接的拉筋组成。

墙面板的主要作用是防止拉筋间填土从侧向挤出，同时保护拉筋、填料。墙面板构成一个具有一定形状的整体，具有足够的强度，保证拉筋端部土体稳定。目前墙面板可采用金属面板和钢筋混凝土面板，通常做成十字形、槽形、六角形、L 形、矩形等，板边一般应有楔口相互衔接，并用短钢筋插入小孔，将每块墙面板从上、下、左、右串成整体墙面。墙面板应预留泄水孔。

拉筋对于加筋土挡土墙至关重要。拉筋应具有较高的抗拉强度，有韧性，变形小且与填土间有较大的摩擦力，而且要抗腐蚀，便于制作，价格低廉。目前一般采用扁钢、钢筋混凝土板、聚丙烯土工带、土工布和土工格栅等。扁钢采用 Q345，宽度不小于 30 mm，厚度不小于 3 mm，表面镀锌或采取防锈措施。钢筋混凝土拉筋板用 C20 以上混凝土，钢筋直径大于 8 mm，板断面为矩形，宽 100~250 mm，厚 60~100 mm。我国目前采用的整板式拉筋和串联式拉筋，其表面粗糙，与填土间有较大的摩擦力。而且，拉筋筋带较宽，故拉筋长度可缩短，因而造价也较低。聚丙烯土工带拉筋施工简便，故较多应用于公路建设中的挡土墙工程。聚丙烯土工带是一种低模量、高蠕变的材料，其抗拉强度受蠕变控制，一般可按容许应力法计算，可取断裂强度的 1/7~1/5，延伸率控制在 4%~5%。断裂强度不宜小于 200 kPa，断裂时伸长率不应大于 10%。

墙面板与拉筋之间应有必要的坚固可靠连接，墙面板还应有与拉筋相同的耐腐蚀性能。钢筋混凝土拉筋与墙面板之间、串联式钢筋混凝土拉筋节与节之间一般采用焊接。金属薄板与墙面之间的连接一般采用圆孔内插入螺栓连接的方式。聚丙烯拉筋与墙面板的连接可用拉环，也可以直接穿在墙面板的预留孔中。对于埋在土中的接头拉环，应用浸透沥青的玻璃丝布绕裹两层进行防护。

填料为加筋土挡土墙的主体材料，必须易于填充和压实，使拉筋之间有可靠的摩擦力，且不应对拉筋有腐蚀性。

墙面板下的基础应采用混凝土灌注基础或浆砌片石砌筑基础。

由于加筋土挡土墙地基的沉陷和墙面板的收缩膨胀可能会引起结构变形、基础下沉、墙面板开裂，不但影响外观，而且影响工程使用，因此应每隔 10~20 m 设沉降缝。

6.1.2　加筋土挡土墙的设计

1. 基本假定

① 墙面板承受填料产生的主动土压力,每块面板承受其相应范围内的土压力,这些土压力由面板上拉筋的拉力来平衡。

② 挡土墙内部加筋体部分分为滑动区和稳定区,这两区的分界面为土体的破裂面,此破裂面与竖直方向的夹角小于非加筋土的主动破裂角。破裂面可按图 6.2 中 0.3H 对应的折线确定。

靠近面板的滑动区内的拉筋长度 L_f 为无效长度,作用于板面上的土压力由稳定区的拉筋与填料之间的摩擦力平衡,所以在稳定区内的拉筋长度 L_a 为有效长度。

③ 拉筋与填料之间的摩擦系数在拉筋的全长范围内相同。

④ 拉筋有效长度上的填料自重及荷载对拉筋均产生有效摩擦力。

2. 土压力计算

(1) 作用于加筋土挡土墙的土压力

作用于加筋土挡土墙的土压力强度 p_i,是填料和墙顶面以上活荷载所产生的土压力之和。

① 墙后填料作用于墙面板上土压力。由于加筋土为各向异性复合材料,计算理论还不成熟,根据国内外实测资料表明,土压力值接近静止土压力,而墙后填料作用于墙面板上的土压力 p_{i1} 呈折线形分布,如图 6.3 所示。

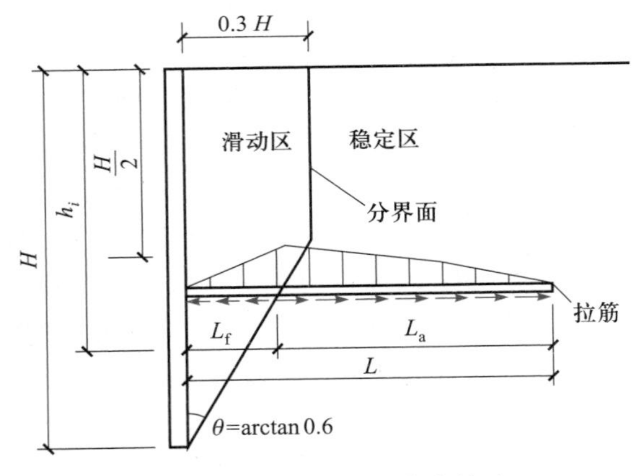

图 6.2　加筋土挡土墙破裂面

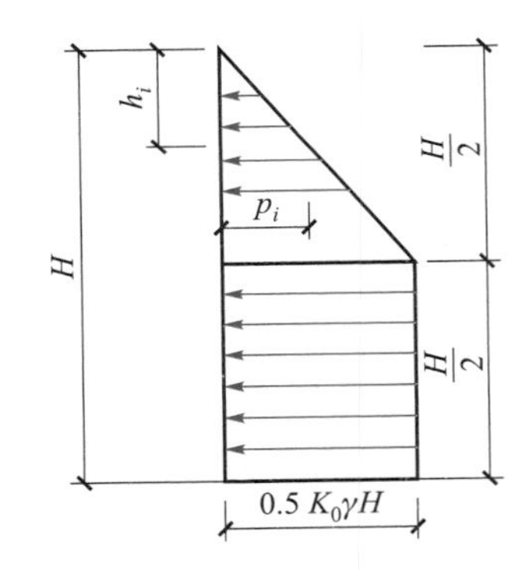

图 6.3　墙面板上土压力分布

当 $h_i \leqslant \dfrac{H}{2}$ 时:

$$p_{i1}=K_0\gamma h_i \tag{6.1}$$

当 $h_i > \dfrac{H}{2}$ 时:

$$p_{i1}=0.5K_0\gamma H \tag{6.2}$$

式中:γ——填料重度;

K_0——静止土压力系数, 可取 $K_0=1-\sin\varphi$;

φ——土的内摩擦角。

② 墙顶面上荷载产生的土压力。由实测可知,离墙顶面越远,荷载的影响越小。为简化计算,墙顶面上荷载产生的土压力 p_{i2},可由荷载引起的竖向土压力强度与静止土压力系数相乘而得(式 6.3)。竖向土压力强度可按应力扩散角法计算。

$$p_{i2}=K_0\frac{\gamma h_0 L_0}{L_i'} \tag{6.3}$$

式中:L_0——荷载换算土柱宽度;

h_0——荷载换算土柱高度;

L_i'——第 i 层拉筋深度处荷载在土中的扩散宽度。

当 $h_i\leqslant a\tan 60°$时,$L_i'=L_0+2h_i\tan 30°$;

当 $h_i>a\tan 60°$时,$L_i'=a+L_0+h_i\tan 30°$。

式中:a——荷载边缘至墙背的距离;

h_i——第 i 层拉筋到墙顶的距离。

因此,作用于加筋土挡土墙的土压力 p_i 可由式(6.4)计算:

$$p_i=p_{i1}+p_{i2} \tag{6.4}$$

(2) 作用于拉筋所在位置的竖向压力

作用于拉筋所在位置的竖向压力 p_{vi} 为填料自重应力与荷载引起的压应力之和,可由式(6.5)计算:

$$p_{vi}=p_{vi1}+p_{vi2} \tag{6.5}$$

① 墙后填料的自重应力:

$$p_{vi1}=\gamma h_i \tag{6.6}$$

② 荷载作用下拉筋上的竖向压应力,采用扩散角法计算(一般取 30°):

$$p_{vi2}=\frac{\gamma h_0 L_0}{L_i'} \tag{6.7}$$

3. 墙面板设计

墙面板的形状、大小通常根据施工条件和其他要求来确定,设计时只计算厚度。方法是取墙面板所在位置上土压力的最大值作为平均荷载,根据面板上拉筋的位置和数量,将面板作为外伸简支板计算。当墙高大于 8 m 时,墙面板可设计为两种形式的板。

4. 拉筋长度计算

拉筋的长度应保证在拉筋的设计拉力下不被拔出。拉筋总长度应由有效长度和无效长度组成。

(1) 拉筋的无效长度

$$\left.\begin{aligned}&\text{当 } h_i\leqslant\frac{H}{2}\text{时},L_{fi}=0.3H\\&\text{当 } h_i>\frac{H}{2}\text{时},L_{fi}=0.3H\frac{H-h_i}{0.5H}=\frac{3}{5}(H-h_i)\end{aligned}\right\} \tag{6.8}$$

(2) 拉筋的有效长度

① 钢板、钢筋混凝土拉筋:

$$L_{ai}=\frac{T_i}{2\mu' Bp_{vi}} \tag{6.9}$$

式中：L_{ai}——拉筋的有效长度。

μ'——填料与拉筋的摩擦系数。

B——拉筋宽度。

p_{vi}——第 i 层拉筋上竖向土压力强度。

T_i——第 i 层拉筋的设计拉力，$T_i=Kp_is_xs_y$；K 为安全系数，一般取 1.5，公路、铁路取 2.0；p_i 为与第 i 层拉筋对应墙面板中心处水平土压力强度；s_x、s_y 分别为拉筋之间的水平和竖向距离。

② 聚丙烯土工带拉筋：

当采用聚丙烯土工带作为拉筋时，其有效长度计算公式为

$$L_{ai}=\frac{T_i}{2nB\mu' p_{vi}} \tag{6.10}$$

式中：n——拉筋拉带根数。

其余符号同前。

5. 拉筋截面设计

① 钢板拉筋和钢筋混凝土拉筋的截面面积应满足：

$$A_s \geqslant \frac{T_i}{f_y} \tag{6.11}$$

② 聚丙烯土工带拉筋。聚丙烯土工带拉筋按中心受拉构件计算，通常根据试验测得每根拉筋的极限强度，取极限强度的$\frac{1}{7}\sim\frac{1}{5}$为每根拉筋的设计强度。

6. 抗拔稳定性验算

全墙抗拔稳定性验算应满足下式：

$$K_b=\frac{\sum S_{fi}}{\sum E_i}\geqslant 2 \tag{6.12}$$

式中：K_b——全墙抗拔稳定性系数；

$\sum S_{fi}$——各层拉筋所产生的摩擦力总和；

$\sum E_i$——各层拉筋承担的水平拉力总和。

7. 全墙整体稳定性

把拉筋的末端与墙面板之间的填料视为整体墙，按一般重力式挡土墙的设计方法，验算全墙的抗滑移稳定、抗倾覆稳定和地基承载力。

加筋土挡土墙在以上计算中，虽然考虑了加筋抗拔局部稳定、全墙抗拔稳定，以及全墙整体倾覆稳定和墙底滑移稳定，但是却不能评价加筋土挡土墙的滑移面稳定。可以采用圆弧滑动简单条分法对加筋土挡土墙进行滑移稳定性验算，验算方法可参照本书第三篇土钉墙的稳定性验算方法，具体是借助圆弧滑动条分法的思想，基于极限平衡理论和圆弧滑动破坏模式，利用条分法建立加筋土挡土墙的内部稳定性安全系数计算模型和最危险滑移面搜索模型，并使用网格法对最危险滑移面的圆心进行动态搜索和确定。

6.1.3　新型加筋土挡土墙

目前,加筋土挡土墙的加筋和面板形式发展很快,新型加筋和面板不断涌现,例如面板采用咬合的混凝土预制块,加筋采用土工布直接咬合在混凝土面板之间,施工简便,质量容易保证(图 6.4)。也有用植生袋作为挡土结构的,加筋采用土工格栅,坡率可取为 1 : 0.3~1 : 0.4,同时实现边坡绿化,美化边坡(图 6.5)。这类新型加筋土挡土墙设计计算原理同前述普通加筋土挡土墙,不再赘述。

图 6.4　混凝土预制块咬合面板、土工布加筋土挡土墙

图 6.5　植生袋挡土、土工格栅加筋挡土墙(顶部一级)

6.2　框架预应力锚杆(索)支护结构设计

框架预应力锚杆(索)支护结构是近几年随着支护结构的发展而被提出的一种新型支护结构。它由框架、挡土板、锚杆(索)和墙后土体组成,属于柔性挡土结构,其立面和剖面分别如图 6.6 和图 6.7 所示。挡土板的作用是挡土,它与一系列间距相等的框架刚性连接而成为连续板;框架的立柱为挡土板的支座,横梁将两侧的挡土板连接成整体,保持挡土结构的稳定;锚杆(索)的外端与框架连接,内端锚固在土体中,挡土板所受的土压力通过锚头传至锚杆(索),再由锚杆(索)周边砂浆握裹力传递至注浆体中,然后再通过锚固段周边地层的摩擦力传递到锚固区的稳定地层中,以承受挡土结构所承受的压力,从而达到稳定土层、加固不稳定边坡及不稳定土体的作用。这种结构将框架与锚杆(索)构成空间框架,协同钢筋混凝土挡土板一起共同承担边坡的土压力,通过框架横梁和立柱传给锚杆(索),是一种复杂的、隐形的、有土体填充的空间结构。在框架预应力锚杆(索)支护结构中,锚杆(索)在一定的锚固区域内形成压应力带,通过框架及挡土板形成压力面,从根本上改善

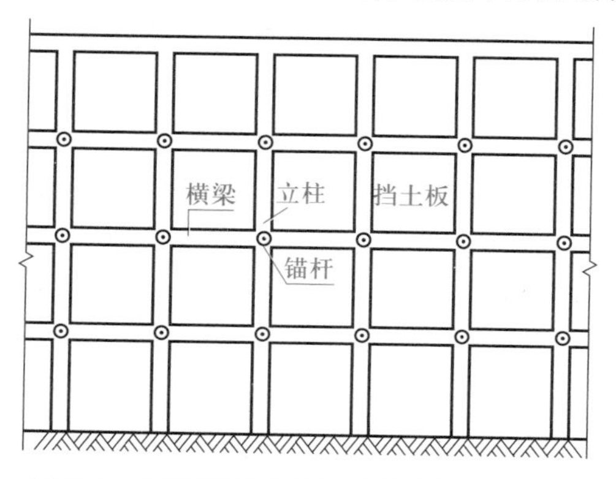

图 6.6　框架预应力锚杆柔性支护结构立面

土体的力学性能,变传统支护结构的被动支护为充分利用土体本身自稳能力的主动支护,有效地控制了土体位移。由于这种结构整体较柔,一般称为柔性支护结构。

框架预应力锚杆(索)支护结构的破坏形态是,随边坡土体向外压力的增大,支护结构所受的推力随之增大,锚杆(索)拉拔力随之增加,当超出极限平衡状态时,支护结构发生破坏,边坡一般会形成滑移面(图 6.7)。

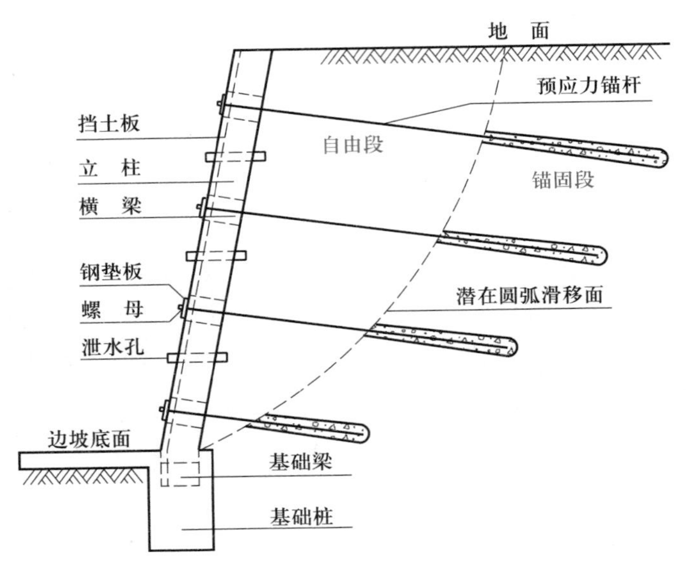

图 6.7　框架预应力锚杆柔性支护结构剖面

框架预应力锚杆(索)柔性支护结构与传统的挡土墙或抗滑桩结构相比有以下优点:

① 改变了受力原理。传统的挡土墙或锚杆挡土墙支护结构是被动受力结构,只有当边坡发生位移后,土压力作用在支护结构上,才能起到支护或加固的作用。而框架预应力锚杆(索)柔性支护结构是主动受力结构,施加的预应力提高了边坡的稳定性。

② 克服了传统边坡支护结构的支护高度受限制、造价高、工程量大、稳定性差等缺点,同时在施工过程中对边坡的扰动较小。

③ 可以有效地控制边坡的侧移。锚杆(索)上施加的预应力可以使框架产生沿土体方向的位移,对严格控制高边坡的变形十分有效。

④ 在公路和铁路边坡采用该支护结构施工完毕以后,还可以结合一定的绿化措施,比较符合公路、铁路边坡的生态支护理念。

由于框架预应力锚杆(索)柔性支护结构存在以上诸多优点,尽管其作用机理和理论研究还不是很成熟,但是在深基坑开挖支护、边坡和桥台加固等工程实践中,这类支护结构已经得到了广泛的应用。

6.2.1　框架预应力锚杆支护结构上作用的土压力

土压力是作用于框架锚杆挡土墙上的外荷载,由于墙后土层中锚杆的存在,造成比较复杂的应力状态。分析选取 GB 50330—2013《建筑边坡工程技术规范》中所推荐的关于锚杆挡土墙的土压力计算模型。此规范指出,确定岩土自重产生的锚杆挡土墙侧压力分布,应考虑锚杆层数、挡土墙位移、支挡结构刚度和施工方法等因素,可简化为三角形、梯形或当地经验图形,而对岩质边坡及坚硬、硬塑状黏土和密实、中密砂土类边坡,当采用逆作法施工的、柔性结构的多层锚杆挡土墙时,侧压力分布可近似按图 6.8 确定,图中 e_{hk} 按下式计算:

对岩质边坡:
$$e_{hk}=\frac{E_{hk}}{0.9H} \tag{6.13}$$

对土质边坡:
$$e_{hk}=\frac{E_{hk}}{0.875H} \tag{6.14}$$

式中:e_{hk}——侧向岩土压力水平分力标准值,kN/m^2;

H——挡土墙高度,m;

E_{hk}——侧向岩土压力合力水平分力标准值,kN/m,E_{hk} 取值为边坡外侧各土层水平荷载标准值的合力之和 $\sum E_{ai}$。

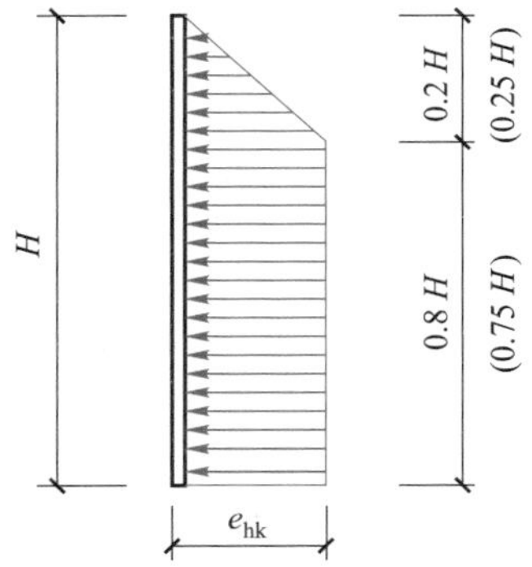

图 6.8　框架锚杆挡土墙侧压力分布

(括号内数值适用于土质边坡)

关于 E_{hk} 的计算,可以采用库仑土压力理论,计算时用等代内摩擦角 φ_D 代替 c 和 φ,库仑土压力系数 K_a 为

$$K_a=\frac{\cos^2(\varphi_D-\alpha)}{\cos^2\alpha\cos(\alpha+\delta)\left[1+\sqrt{\frac{\sin(\varphi_D+\delta)\sin(\varphi_D-\beta)}{\cos(\alpha+\delta)\cos(\alpha-\beta)}}\right]^2} \tag{6.15}$$

式中:φ_D——等效内摩擦角,(°);

α——墙背倾角,(°);

δ——填土与墙面的摩擦角,(°);

β——填土面与水平面之间的倾角,(°)。

总的主动土压力为:

$$E_k=\frac{1}{2}\gamma(H+q/\gamma)^2K_a \tag{6.16}$$

式中:q——地面附加荷载或临近建筑物基础底面附加荷载,kN/m^2。

则主动土压力的水平分量为

$$E_{hk}=E_k\cos(\alpha+\delta) \tag{6.17}$$

在按库仑土压力理论计算作用在挡土墙上的土压力时,填土与墙面的摩擦角 δ 的选用,不仅应考虑到墙面的粗糙程度,还应考虑到墙面的倾斜情况。对于挖方挡土墙,摩擦角 δ 可以取 0。

对于多级挡土墙,可将上级挡土墙视为荷载作用于下级挡土墙上,或利用延长墙背法分别计算每一级的墙背土压力。

在实际工程中,基坑或边坡周围一般为成层土结构(图 6.9),分层土的土压力一般以分层土的重度 γ_i、内摩擦角 φ_i、黏聚力 c_i 应用下式计算:

第 n 层土底面对墙的主动土压力为

$$E_{an}=\left(q_n+\sum_{i=1}^{n}\gamma_i h_i\right)\tan^2\left(45°-\frac{\varphi_n}{2}\right)-2c_n\tan\left(45°-\frac{\varphi_n}{2}\right) \tag{6.18}$$

式中：q_n——地面附加荷载 q 传递到第 n 层土底面的垂直荷载，kN/m²；

γ_i——第 i 层土的天然重度，kN/m³；

h_i——第 i 层土的厚度，m；

φ_n——第 n 层土的内摩擦角，(°)；

c_n——第 n 层土的黏聚力，kN/m²。

第 n 层土底面对墙的被动土压力为

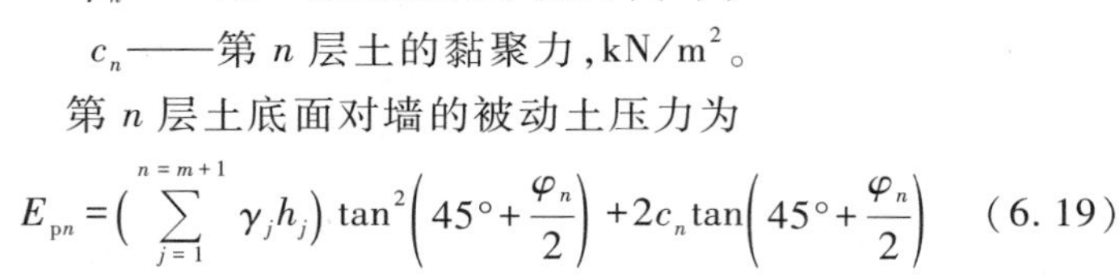

$$E_{pn}=\left(\sum_{j=1}^{n=m+1}\gamma_j h_j\right)\tan^2\left(45°+\frac{\varphi_n}{2}\right)+2c_n\tan\left(45°+\frac{\varphi_n}{2}\right) \tag{6.19}$$

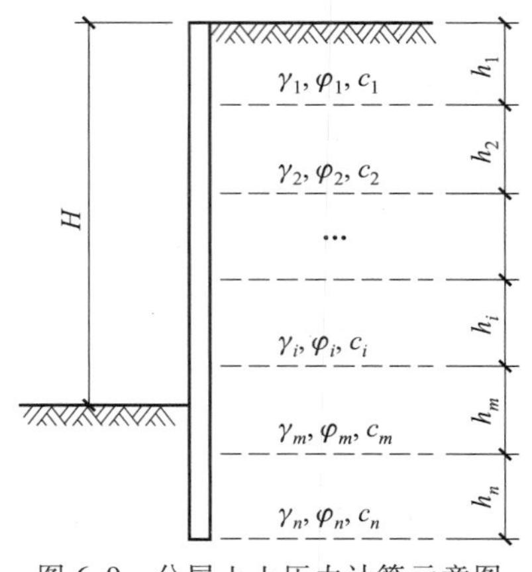

图 6.9　分层土土压力计算示意图

6.2.2　框架预应力锚杆支护结构设计计算

框架预应力锚杆支护结构主要由挡土板、立柱、横梁组成，三者整体连接形成类似楼盖的竖向梁板结构体系。框架预应力锚杆支护结构设计计算主要包括以下几个方面。

1. 立柱和横梁计算

通常情况下，立柱间距和横梁间距相近，挡土板的计算可参照双向板结构计算方法，按支承情况主要有两种类型：一种是三边固定，一边简支；另一种是四边固定。但是，框架锚杆挡土墙区格划分相对楼盖较小，且挡土板的设计在框架锚杆挡土墙中属于次要因素，实际设计时按构造要求设定板的厚度及配筋即可。

框架锚杆挡土墙结构的受力状态类似于楼盖设计中的梁板结构体系，在施工时采用逆作法施工，从上到下，立柱、横梁和挡土板现浇构成了一个整体。在对整体结构进行设计计算时，根据立柱、横梁作用的荷载将整个结构划分为立柱计算单元和横梁计算单元，然后将立柱和横梁分别按各自的计算简图单独计算，单元划分如图 6.10 所示。图中 s_x 为立柱间距，一般均匀布置；s_y 为横梁间距，根据锚杆位置可任意布置；η_1 为立柱计算系数；η_2 为横梁计算系数，一般取 0.75 进行计算。

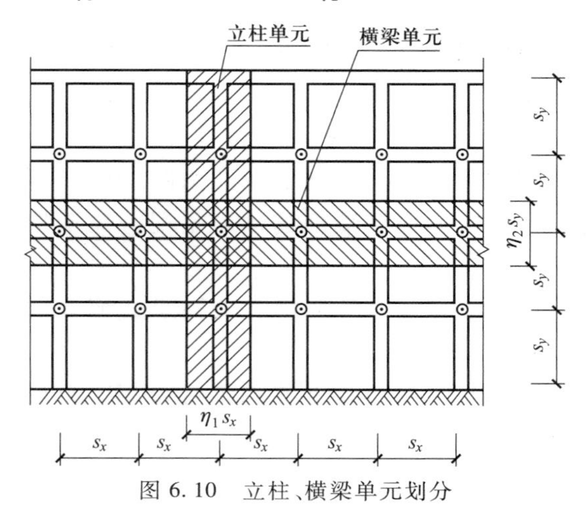

图 6.10　立柱、横梁单元划分

(1) 立柱计算

根据以上立柱单元的划分及受力状况，将立柱按多跨连续梁进行计算，立柱计算简图如图 6.11所示。其中，q_1 为立柱上作用的荷载（土压力），且 $q_1=\eta_1 e_{hk} s_x$。

多跨连续梁属于超静定结构，利用矩阵位移法对立柱进行计算，并根据图 6.11 对计算简图进行了等效，将立柱悬挑部分等效为等效力偶作用，q_1 的大小不变，但将荷载突变点位置从 0.25H 处移至 s_{y0}处，如图 6.12 所示，以便于建立矩阵位移法求解模型。图中 M_0 按下式进行计算：

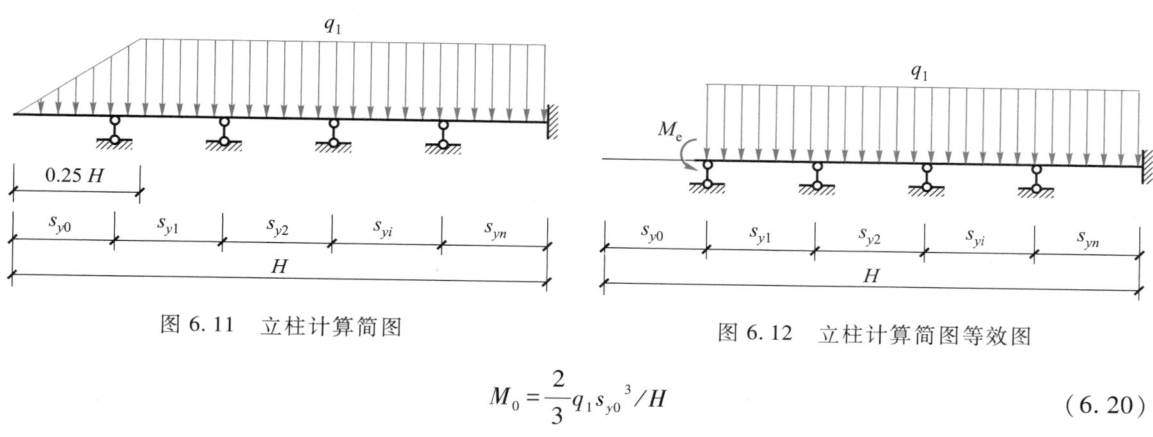

图 6.11　立柱计算简图

图 6.12　立柱计算简图等效图

$$M_0=\frac{2}{3}q_1 {s_{y0}}^3/H \tag{6.20}$$

根据图 6.12 所示的连续梁计算简图，由矩阵位移法求解多跨连续梁，主要过程为形成连续梁整体刚度矩阵、求等效荷载、建立位移法基本方程、求解内力。结点位移及单元编码如图 6.13 所示。

图 6.13　结点位移及单元编码

① 按照单元集成法形成整体刚度矩阵如下：

$$\boldsymbol{K}=\begin{bmatrix} 4i_1 & 2i_1 & 0 & 0 & 0 & 0 & 0 \\ 2i_1 & 4i_1+4i_2 & 2i_2 & 0 & 0 & 0 & 0 \\ \vdots & \vdots & \vdots & \vdots & \vdots & \vdots & \vdots \\ 0 & 0 & 2i_{i-1} & 4i_{i-1}+4i_i & 2i_{i-1} & 0 & 0 \\ \vdots & \vdots & \vdots & \vdots & \vdots & \vdots & \vdots \\ 0 & 0 & 0 & 0 & 2i_{n-2} & 4i_{n-2}+4i_{n-1} & 2i_{n-1} \\ 0 & 0 & 0 & 0 & 0 & 2i_{n-1} & 4i_{n-1}+4i_n \end{bmatrix} \tag{6.21}$$

式中：i_i——第 i 梁单元的线刚度；

$\boldsymbol{K}$——整体刚度矩阵。

② 等效结点荷载。将梁上部作用的荷载换算成与之等效的结点荷载，等效的原则是要求这两种荷载在基本体系中产生相同的结点约束力，见式(6.22)。

$$\{P\} = -\{F_p\} \tag{6.22}$$

式中：$\{P\}$——等效结点荷载；

$\{F_p\}$——原荷载在基本体系中引起的结点约束力。

③ 位移法基本方程。把整体刚度方程中的结点约束力$\{F\}$换成等效结点荷载$\{P\}$，即得到位移法基本方程，见式(6.23)。

$$\boldsymbol{K\Delta} = \{P\} \tag{6.23}$$

④ 框架结构内力求解。各单元的杆端内力由两部分组成：一是在结点位移被约束住的条件下的杆端内力，即各杆的土压力作用下的固端约束力；二是结构在等效结点荷载作用下的杆端内力。由以上两部分叠加即可求得各杆端内力。

⑤ 立柱截面承载力计算。根据以上求得的结构内力，依据现行 JTG D60—2015《公路桥涵设计通用规范》进行设计计算。

(2) 横梁计算

横梁可以看成是以立柱为铰支座的多跨连续梁，可将横梁的计算模型简化为等跨的五跨连续梁进行计算，计算简图如图 6.14 所示。

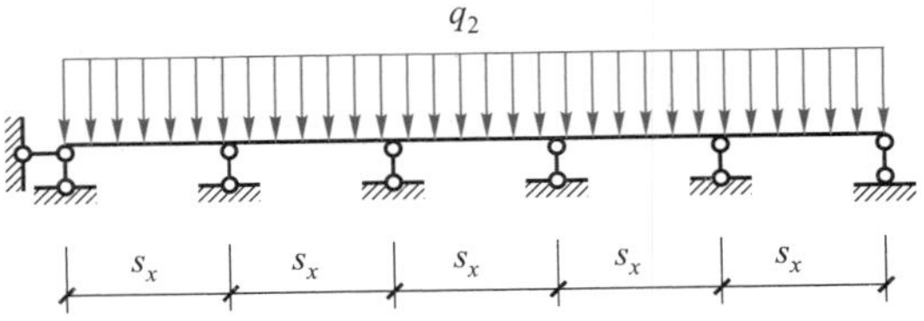

q_2

s_x s_x s_x s_x s_x

图 6.14 横梁计算简图

根据计算简图，计算各跨跨中、支座截面的弯矩和支座截面的剪力。均布荷载作用下等跨连续梁的弯矩和剪力可按下式计算：

$$M = \alpha q_2 l_0^2 \tag{6.24}$$

$$V = \beta q_2 l_n \tag{6.25}$$

式中：α、β——弯矩和剪力系数，分别按图 6.15 采用；

q_2——作用在横梁上的均布土压力荷载，$q_2 = e_{hk}\eta_2 s_y$，e_{hk}为横梁所在位置的侧向土压力，s_y为横梁布置间距；

l_0、l_n——计算跨度和净跨。

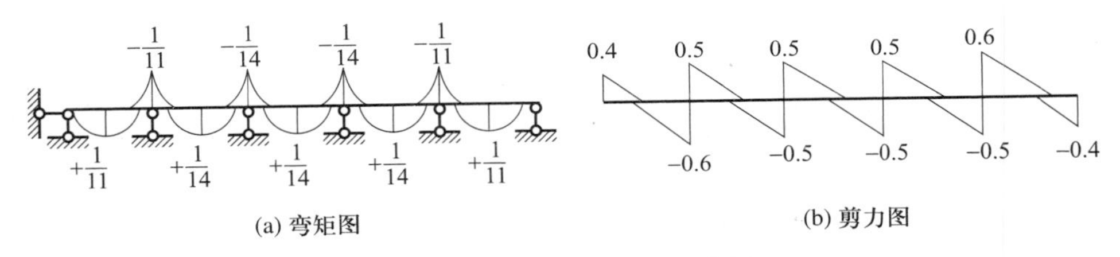

图 6.15 弯矩、剪力系数示意图

根据以上求得的结构内力，依据现行 JTG D60—2015《公路桥涵设计通用规范》或 GB 50010—2010《混凝土结构设计规范(2015 年版)》进行横梁截面设计，此处不再赘述。

2. 锚杆计算

当锚杆的锚固段受力时，首先通过钢筋(钢绞线)与周边注浆体的黏结受力，再通过混凝土与孔壁土的摩擦力将此黏结力传到锚固地层中。抗拔试验表明：当拔力不大时，锚杆位移量极小；拔力增大，锚杆位移量增大；拔力增大到一定数值时，变形不能稳定，此时，注浆体与土层之间的摩擦力超过了极限。

锚杆抗拔力的确定是锚杆挡土墙设计的基础，它与锚杆锚固的形式、地层的性质、锚孔的直径、有效锚固段的长度及施工方法、填注材料等因素有关。因此，从理论上来讲，锚杆抗拔力的确定是复杂而困难的，理想解答很难求得。目前普遍采用的方法是根据以往的施工经验、理论设计值与抗拔试验结果综合加以确定。

（1）摩擦型灌浆土层锚杆的抗拔力

对于利用砂浆与孔壁摩擦力起锚固作用的摩擦型注浆锚杆，由 5.1.2 介绍可知，锚杆的极限抗拔能力取决于锚固段地层对锚固段所能产生的最大摩擦阻力，则锚杆的极限抗拔力为

$$T_u = \pi D L_e q_{sik} \tag{6.26}$$

式中：D——锚杆钻孔的直径；

q_{sik}——锚固段周边注浆体与孔壁的黏结强度标准值。

黏结强度 q_{sik} 除取决于地层特性外，还与施工方法、注浆质量等因素有关，最好进行现场拉拔试验以确定锚杆的极限抗拔力。在没有试验条件的情况下，可根据以往拉拔试验得出的统计数据参考使用（见表 6.1）。

表 6.1　锚杆的极限黏结强度标准值

土的类型	土的状态或密实度	q_{sik}/kPa	
		一次常压注浆	二次压力注浆
黏性土	$I_L>1$	18~30	25~45
	$0.75<I_L\leq 1$	30~40	45~60
	$0.50<I_L\leq 0.75$	40~53	60~70
	$0.25<I_L\leq 0.50$	53~65	70~85
	$0<I_L\leq 0.25$	65~73	85~100
	$I_L\leq 0$	73~90	100~130
粉土	$e>0.90$	22~44	40~60
	$0.75\leq e\leq 0.90$	44~64	60~90
	$e<0.75$	64~100	80~130
粉细砂	稍密	22~42	40~70
	中密	42~63	75~110
	密实	63~85	90~130
中砂	稍密	54~74	70~100
	中密	74~90	100~130
	密实	90~120	130~170
粗砂	稍密	80~130	100~140
	中密	130~170	170~220
	密实	170~220	220~250
砾砂	中密、密实	190~260	240~290

续表

土的类型	土的状态或密实度	q_{sik}/kPa	
		一次常压注浆	二次压力注浆
风化岩	全风化	80~100	120~150
	强风化	150~200	200~260
细砂及粉砂质泥岩		150~350	200~400
薄层灰岩夹页岩		350~500	400~600

土层强度一般低于注浆体强度。因此，土层锚杆孔壁对于注浆体的摩擦阻力应取决于接触面外围的土层抗剪强度。

事实上，大多数情况下的锚杆的黏结强度 q_{sik} 值都较土的抗剪强度大，所以实际应用时亦可认为 q_{sik} 即为锚固体与土体之间的摩擦阻力。

(2) 扩孔型注浆锚杆的抗拔力

扩孔型注浆锚杆的抗拔力计算方法见第 5 章 5.1 节，此处不再赘述。

3. 基础埋深设计

框架预应力锚杆支护结构属于多支点支护结构，计算其基础埋深的方法有二分之一分割法、分段等值梁法、静力平衡法和布鲁姆(Blum)法。其中，二分之一分割法是将各道支撑之间的距离等分，假定每道支撑承担相邻两个半跨的侧压力，这种方法缺乏精确性；分段等值梁法考虑了多支撑支护结构的内力与变形随开挖过程而变化的情况，计算结果与实际情况吻合较好，但是计算过程复杂；布鲁姆法是将支护结构嵌入部分的被动土压力以一个集中力代替。此处采用静力平衡法，即设定一个埋置深度 H_d(图 6.16)，求出相应的被动土压力，以嵌入部分自由端的转动为求解条件，即可求得 H_d。

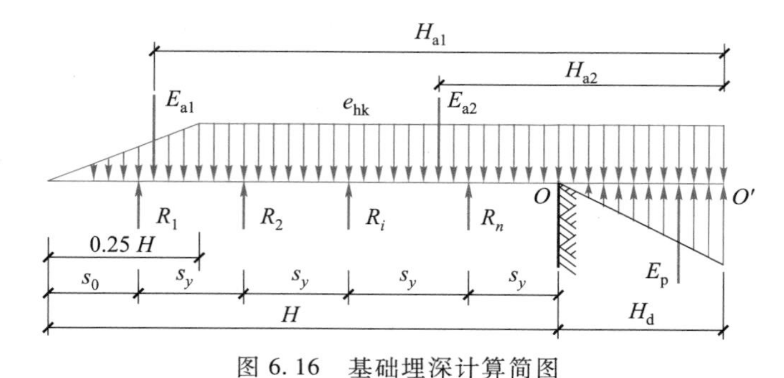

图 6.16　基础埋深计算简图

由 $\sum M_{O'} \geqslant 0$ 得

$$R_1(H-s_0+H_d)+R_2(H-s_0-s_y+H_d)+\cdots+R_n[H-s_0-(n-1)s_y+H_d]+$$
$$E_p\cdot\frac{1}{3}\cdot H_d-1.2\gamma_0(E_{a1}\cdot H_{a1}+E_{a2}\cdot H_{a2})\geqslant 0$$

经整理化简得

$$\sum_{j=1}^{n} R_j[H-s_0-(j-1)s_y+H_d]+\frac{1}{3}\cdot E_p\cdot H_d-1.2\gamma_0\sum_{i=1}^{2}(E_{ai}\cdot H_{ai})\geqslant 0 \tag{6.27}$$

式中：R_i——第 i 排锚杆的轴向拉力的水平分力；

E_p——嵌入部分的被动土压力，且 $E_p=0.25\gamma\cdot K_p\cdot s_x\cdot H_d^2$；

γ_0——支护结构的重要性系数；

E_{a1}——主动土压力三角形荷载的合力，$E_{a1}=0.0625e_{hk}\cdot H\cdot s_x$；

H_{a1}——主动土压力三角形荷载的合力作用点至嵌入底端的距离，$H_{a1}=(5H+6H_d)/6$；

E_{a2}——主动土压力矩形荷载的合力，$E_{a2}=0.125e_{hk}\cdot(3H+4H_d)\cdot s_x$；

H_{a2}——主动土压力矩形荷载的合力作用点至嵌入底端的距离，$H_{a2}=(3H+4H_d)/8$。

6.2.3　框架预应力锚杆支护结构的整体稳定性验算

框架预应力锚杆支护结构的稳定性体现在两个方面，一是单层锚杆的自身稳定性和框架预应力锚杆的整体倾覆稳定性；二是框架预应力锚杆挡土墙整体滑移稳定性验算。滑移稳定性通常采用通过墙底土层的圆弧滑动面计算，对于具有多层锚杆的支护结构的深层滑移的稳定性验算，德国学者克朗兹所推荐的方法是图解法，这不利于手算或者计算机求解，本书作者给出了边坡滑动面的位置确定方法和稳定性计算方法，可解决这个问题。

1. 单层锚杆的稳定性和框架预应力锚杆支护结构的整体倾覆稳定性

对于框架预应力锚杆支护结构的稳定性问题，应考虑两个方面：一是单排锚杆的力的极限平衡问题；二是整个支护结构绕边坡坡脚转动的极限平衡问题(图 6.17)。

(1) 单排锚杆的极限平衡稳定

当 $j=1$ 时：

$$R_1\geqslant\frac{3s_0^2}{2H}s_h e_{hk}\tag{6.28}$$

当 $j\geqslant2$ 时：

$$\sum_{i=1}^{j}R_i\geqslant\frac{3}{32}[8s_0+8(j-1)s_y-H]s_h e_{hk}\tag{6.29}$$

(2) 多层锚杆的整体稳定

由 $\sum M_{O'}\geqslant0$ 可得

$$\sum_{j=1}^{n}R_j[H-s_0-(j-1)s_y]-\frac{37}{128}e_{hk}s_h H^2\geqslant0\tag{6.30}$$

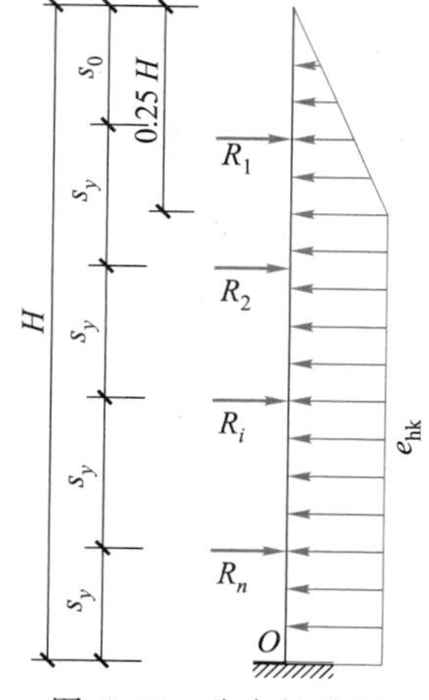

图 6.17　稳定性分析

2. 框架预应力锚杆支护结构的整体抗滑移稳定性验算

在上一节中给出的框架预应力锚杆柔性支护结构的计算模型求解中虽然考虑了支护结构的局部稳定和整体倾覆稳定的计算方法，但是却不能评价支护结构的抗滑移稳定性。现行的 JGJ 120—2012《建筑基坑支护技术规程》给出了采用圆弧滑动简单条分法进行土钉墙滑移稳定性验算的公式，但是没有给出框架预应力锚杆支护结构的滑移稳定性分析方法。通常情况下，在边坡稳定性分析中，设计人员往往按照单级土边坡计算中采用的经验公式确定圆弧滑动面的圆心所在的区域，采用的方法通常有瑞典圆弧法、Bishop 条分法、Janbu 条分法、不平衡推力传递系数法及有限元法等。但是，在考虑了预应力锚杆的作用以后，边坡土体的力学性能得到改善，从而引起边坡的受力状态发生变化，仍将其按简单土坡处理是不合理的。李忠、朱彦鹏等对框架预应力锚杆边坡支护结构内部稳定性分析方法进行了改进，借助圆弧滑动条分法的思想，基于极限平衡理论和圆弧滑动破坏模式，利用条分法建立了框架预应力锚杆边坡支护结构的内部稳定性安全系数计算模型和最危险滑动面搜索模型，并使用网格法对最危险滑动面的圆心进行动态搜索和确定，最后利用 VC++6.0 语言编制了框架预应力锚杆边坡支护结构的稳定性分析程序。

（1）框架预应力锚杆挡土墙的整体抗滑移稳定性安全系数

对于土质边坡和较大规模的碎裂结构岩质边坡可采用圆弧滑动法计算。如图 6.18 所示，整体稳定性验算采用圆弧滑动条分法，在给定一个滑移面的情况下，稳定性系数按下式进行计算：

$$K_s=\frac{M_R}{M_T} \tag{6.31}$$

$$\begin{aligned}M_R=&\left[\sum_{i=1}^{n}c_{ik}L_is+s\sum_{i=1}^{n}(w_i+q_0b_i)\cos\theta_i\cdot\tan\varphi_{ik}\right]R+\\&\sum_{j=1}^{m}T_{nj}\times\left[\cos(\alpha_j+\theta_j)+\frac{1}{2}\sin(\alpha_j+\theta_j)\cdot\tan\varphi_{jk}\right]R+F(Y+H)\end{aligned} \tag{6.32}$$

$$M_T=\left[s\gamma_0\sum_{i=1}^{n}(w_i+q_0\cdot b_i)\sin\theta_i\right]R \tag{6.33}$$

式中：K_s——稳定性系数；

M_R——滑动面上抗滑力矩总和；

M_T——滑动面上总下滑力矩总和；

n——滑动体分条数；

m——锚杆层数；

γ_k——整体滑动分项系数；

γ_0——支护结构重要性系数；

w_i——第 i 分条土重；

b_i——第 i 分条宽度；

c_{ik}——第 i 分条滑动面处黏聚力标准值；

φ_{ik}——第 i 分条滑动面处内摩擦角标准值；

θ_i——第 i 分条滑动面处切线与水平面的夹角；

α_j——锚杆与水平面之间的夹角；

L_i——第 i 分条滑动面处弧长；

s——计算滑动体单元厚度；

R——滑动面圆弧半径；

F——框架锚杆底部水平推力设计值；

H——边坡支护高度；

Y——圆心距地表面距离；

T_{nj}——第 j 层锚杆在圆弧滑动面外的锚固体与土体的极限抗拉力，可按下式确定：

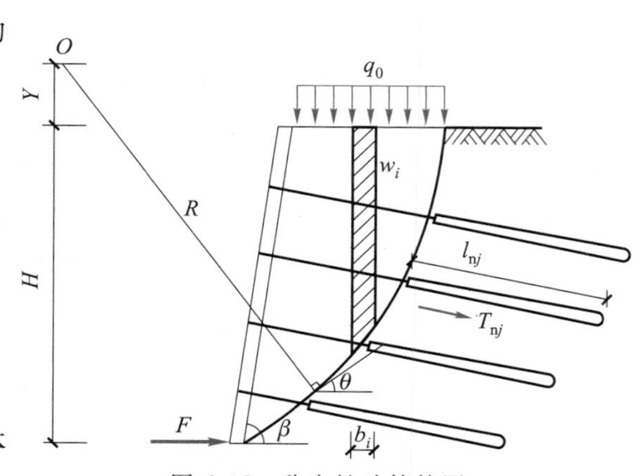

图 6.18 稳定性验算简图

$$T_{nj}=\pi d_{nj}\sum q_{sik}l_{ni} \tag{6.34}$$

式中：l_{ni}——第 j 层锚杆在圆弧滑动面外穿越第 i 层稳定土体内的长度；

d_{nj}——锚杆锚固段直径；

$\sum l_{ni}$——滑动面以外锚杆锚固段穿越不同土体的长度总和，即 l_{nj}。

（2）滑动面搜索模型

采用圆弧滑动条分法进行稳定性分析，在给定滑动面的情况下，可求得对应的稳定性系数，因此确定了最危险滑动面，即可求得最小稳定系数，则可判断该系数是否满足稳定性验算要求。以下介绍最危险滑动面的确定方法。

① 两个假定：

a. 假定圆心出现在直线 OC 右侧和直线 OE 下方的可能性近似为零。由几何关系可知，圆弧上任意点切线与水平面夹角介于 0～90°。

b. 边坡最危险滑动面圆弧通过基坑底面角点 A 处，如图 6.19 所示。

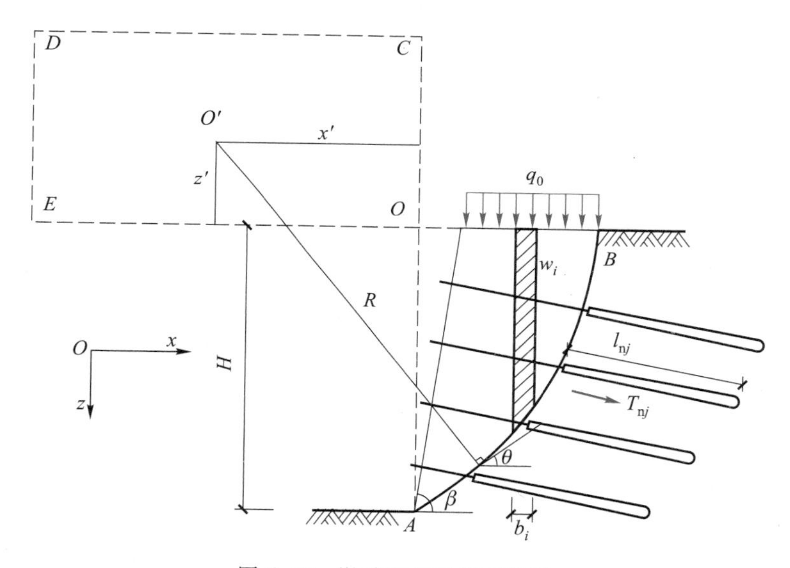

图 6.19　滑动面搜索模型简图

② 建立滑动面搜索模型。如图 6.19 所示，建立直角坐标系，$O'(-x',-z')$ 为圆心位置，$O(0,0)$ 为坐标系原点，矩形区域 $OCDE$ 为圆弧圆心 O' 所在的区域，R 为圆弧半径。在搜索过程中，通过变化圆心位置对滑动面进行搜索，并计算对应的稳定系数。在图 6.19 所示的坐标系下，建立圆心 O' 的坐标与稳定性计算公式之间的函数关系 $\mathrm{Var}(-x',-z')$，其中关键变量的求解公式如下所述。

a. 锚杆在圆弧滑动面外锚固体的长度。如图 6.20 所示，第 j 层锚杆与圆弧交点 $C(x_j,z_j+\Delta z_j)$，l_{fj} 为滑动面内锚杆长度，l_{nj} 为锚杆在滑动面外长度，锚杆的总长：

$$l_j=l_{fj}+l_{nj} \tag{6.35}$$

由于 C 点在圆弧上，则必有

$$(x'+x_j)^2+(z'+z_j+\Delta z_j)^2=R^2 \tag{6.36}$$

其中：

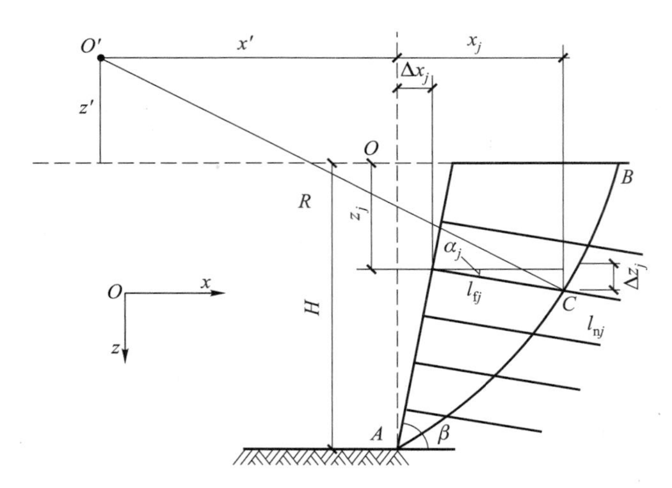

图 6.20 锚杆在滑动面外锚固长度计算简图

$$\Delta x_j=(H-z_j)\tan(90°-\beta) \tag{6.37}$$

$$x_j=\Delta x_j+l_{fj}\cos\alpha_j \tag{6.38}$$

$$\Delta z_j=l_{fj}\sin\alpha_j \tag{6.39}$$

式中:H——边坡开挖高度;

β——边坡面与水平面的夹角;

z_j——第 j 根锚杆端头到地面的距离;

α_j——第 j 层锚杆与水平面的夹角;

l_{fj}——采用迭代的方法,设计定步长 Δl_{fj},则在第 n 次迭代时有

$$l_{fj}=n\cdot\Delta l_{fj} \tag{6.40}$$

由此,将式(6.36)~式(6.39)代入式(6.40),可求得锚杆在滑动面内长度的 l_{fj},锚杆总长为设计参数,验算时为已知量,由(6.35)求得锚杆在滑动面外的长度。按上述方法求得的 l_{fj}、l_{nj} 即分别为锚杆的自由段长度和锚固段长度。但在通常情况下,设计时的自由段长度要大于计算求得的长度,以保证自由段穿越滑动体到达稳定土层,锚固段长度则参考计算值,可以适当加大,保证提供足够的锚固力。

b. 第 i 分条土重量。如图 6.21 所示,第 i 分条土重的计算如下:

$$k=\begin{cases}1-[H-x_i/\tan(90°-\beta)]/z_i & [H-x_i/\tan(90°-\beta)]>0\\ 1 & [H-x_i/\tan(90°-\beta)]<0\end{cases} \tag{6.41}$$

$$z_i=\sqrt{R^2-(x'+x_i)^2}-z' \tag{6.42}$$

$$w_i=kz_ib_is\gamma \tag{6.43}$$

式中:k——在边坡面内条分土重量计算系数;

z_i——第 i 分条底部中点至原点的竖向距离;

x_i——第 i 分条顶部中点至原点的水平距离;

β——边坡面与水平面的夹角;

b_i——第 i 分条的宽度;

w_i——第 i 分条土重。

c. 确定最危险滑动面圆心。在给定一个圆心后，由力矩极限平衡法，可求得该圆弧所对应的安全系数 K_s。如图 6.19 所示，矩形 $OCDE$ 为圆心所在区域，如此可以利用网格法在区域内给定 $n \times n$ 个圆心（n 为网格划分数），从 $n \times n$ 个圆心中寻找使安全系数最小者，即为最危险滑动面圆心。在程序中动态调节圆心搜索区域的大小，当搜索得到的圆心都在此区域内部，再扩大搜索范围已无必要时，则由搜索得到的圆心进行边坡稳定性验算；当搜索得到的圆心到达区域边界时，扩大搜索范围，继续搜索，再由搜索得到的圆心进行边坡稳定性验算。如此循环，则实现了滑动面的计算机动态搜索。

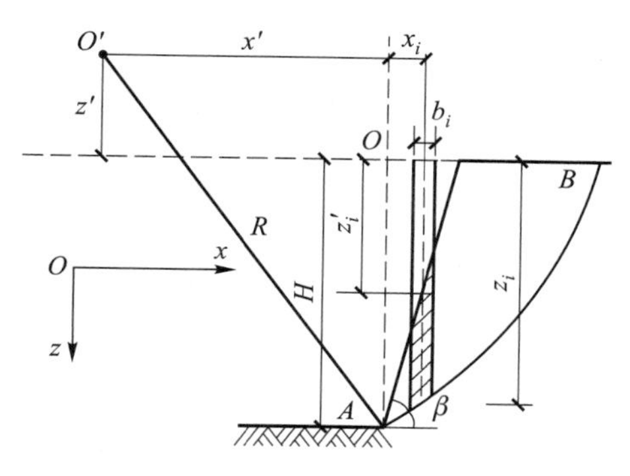

图 6.21　第 i 分条土重计算简图

3. 软件设计

（1）软件概况

软件的开发以面向对象的程序设计语言 VC++6.0 为平台，实现了界面友好、操作简便、计算快捷的人机交互式框架预应力锚杆支护结构辅助设计。主要特点在于采用了面向对象的程序设计方法，抽象了框架锚杆设计与分析，利用 MFC（微软基础类库）方便地建立了面向对象的窗口图形化界面及框架预应力锚杆设计与分析的程序体系，稳定性验算界面如图 6.22 所示。

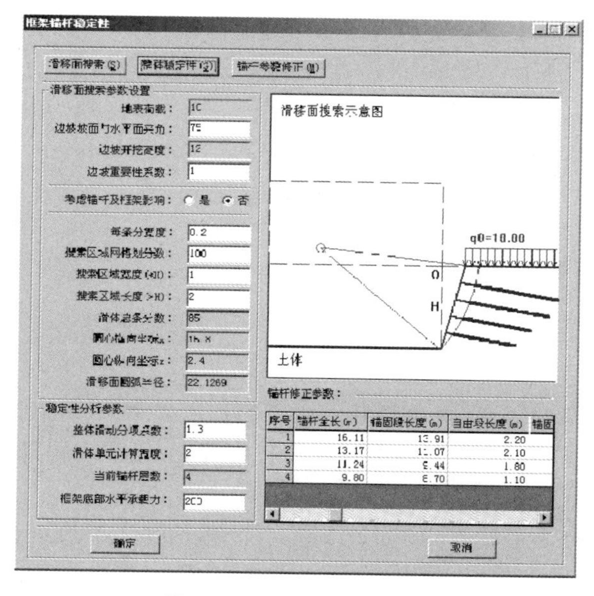

图 6.22　稳定性验算界面

（2）工程算例

① 工程概况：兰州下西园资金中心开发楼边坡支护，边坡分为上下两级，第二级边坡采用框架预应力锚杆支护，支护高度为 12 m，边坡重要性系数取 1.0，安全系数取 1.3，边坡土体参数如表 6.2 中所示。

表 6.2 边坡土体参数表

边坡高度:H=13.0 m				
黏聚力	内摩擦角	天然重度	极限摩擦力	边坡角
15 kPa	20°	16.5 kN/m^3	50 kPa	70°

② 支护方法及设计结果:采用框架预应力锚杆支护,利用软件进行结构计算及整体稳定性验算。经过反复验算,满足稳定性要求后,框架预应力锚杆支护设计剖面如图 6.23 所示,具体分析过程省略。

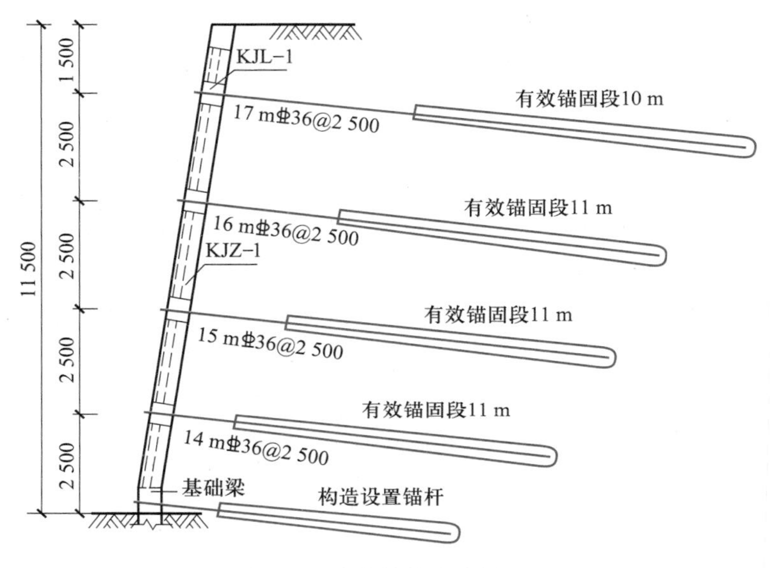

图 6.23 支护结构设计剖面图

6.2.4 框架预应力锚杆挡土墙构造要求

1. 构造要求

(1) 灌浆锚杆

① 锚杆的总长度应为锚固段、自由段和外锚段的长度之和,并应满足下列要求:

a. 锚杆自由段长度按外锚头到潜在滑动面的长度计算;预应力锚杆自由段长度不应小于3~5 m,且宜超过潜在滑动面至少 1 m。

b. 锚固段的计算长度一般在 4~10 m 之间。当计算长度小于最小长度时,考虑到实际施工期锚固区地层局部强度可能降低,或岩体中可能存在不利组合结构面,锚杆被拔出的危险性增大,结合国内外有关经验,应取为 4 m;当计算长度大于最大长度时,锚杆的抗拔力与锚固长度不再成正比关系,故应采取改善锚固段岩体质量、改变锚头构造或扩大锚固段直径等技术,提高锚固力。

② 锚杆隔离架(对中支架)应沿锚杆轴向方向每隔 1~3 m 设置一个,对土层应取小值,岩层应取大值。考虑到锚杆钢筋应与灌浆管同时插入,锚杆钻孔的直径必须大于灌浆管、钢筋及支架

高度的总和。

③ 当锚固段岩层破碎、渗水量大时，宜对岩体作固结灌浆处理，以达到封闭裂隙、封阻渗水、提高锚固性能的目的。

④ 锚杆的使用寿命应与被加固的构筑物和所服务的公路的使用年限相同，其防腐等级也应满足相应的要求。

⑤ 锚杆防腐处理的可靠性及耐久性是影响锚杆使用寿命的重要因素，“应力腐蚀”和“化学腐蚀”双重作用将使杆体锈蚀速度加快，大大降低锚杆的使用寿命，防腐处理应保证锚杆各段均不出现局部腐蚀的现象。

⑥ 永久性锚杆的防腐应符合下列规定：

a. 非预应力锚杆的自由段，应除锈、刷沥青船底漆并用沥青玻璃纤布缠裹不少于两层。

b. 对采用精轧螺纹钢制作的预应力锚杆的自由段，可按上述方法进行处理后装入聚乙烯塑料套管中；套管两端 100~200 mm 长度范围内用黄油充填，外绕扎工程胶布固定；也可采用除锈、刷沥青后绕扎塑料布再涂润滑油、装入塑料套管、套管两端黄油充填的处理方式。

c. 位于无腐蚀性岩土层内的锚固段应除锈，砂浆保护层厚度不应小于 25 mm。

d. 位于腐蚀性岩土层内的锚杆的锚固段和非锚固段，应采取特殊防腐处理措施。

e. 经过防腐处理后，非预应力锚杆的自由段外端应埋入钢筋混凝土构件内 50 mm 以上；对预应力锚杆，其锚头的锚具经除锈、三度涂防腐漆后应采用钢筋网罩并现浇混凝土封闭。混凝土强度等级不应低于 C30，厚度不应小于 100 mm，混凝土保护层厚度不应小于 50 mm。

⑦ 临时锚杆的防腐蚀可采取下列措施：

a. 非预应力锚杆的自由段，可采用除锈后刷沥青防锈漆处理。

b. 预应力锚杆的自由段，可采用除锈后刷沥青防锈漆或加套管处理。

c. 外锚头可采用外涂防腐材料或外包混凝土处理。

（2）框架和挡土板

① 框架：

a. 框架锚杆挡土墙立柱截面尺寸除应满足强度、刚度和抗裂要求外，还应满足挡土板的支座宽度（最小搭接长度不小于 100 mm）、锚杆钻孔和锚固等要求。立柱宽度不宜小于 300 mm，截面高度不宜小于 400 mm。

b. 装配式立柱，应考虑立柱在搬动、吊装过程及施工中锚杆可能出现受力不均等不利因素，故在立柱内外两侧不切断钢筋，应配置通长的受力钢筋。

c. 当立柱的底端按自由端计算时，为防止底端出现负弯矩，在受压侧应适当配置纵向钢筋。

② 挡土板：

a. 考虑到现场立模和浇筑混凝土的条件较差，为保证混凝土的施工质量，现浇挡土板的厚度不宜小于 100 mm。

b. 在岩壁上一次浇筑混凝土板的长度不宜过大，以避免当混凝土收缩时岩石的约束作用产生拉应力，导致挡土板开裂，此时应采取缩短浇筑长度等措施。

c. 挡土板上应设置泄水孔，当挡土板为预制时，泄水孔和吊装孔可合并设置。

（3）锚杆与立柱连接

锚杆与立柱的连接如图 6. 24 所示。

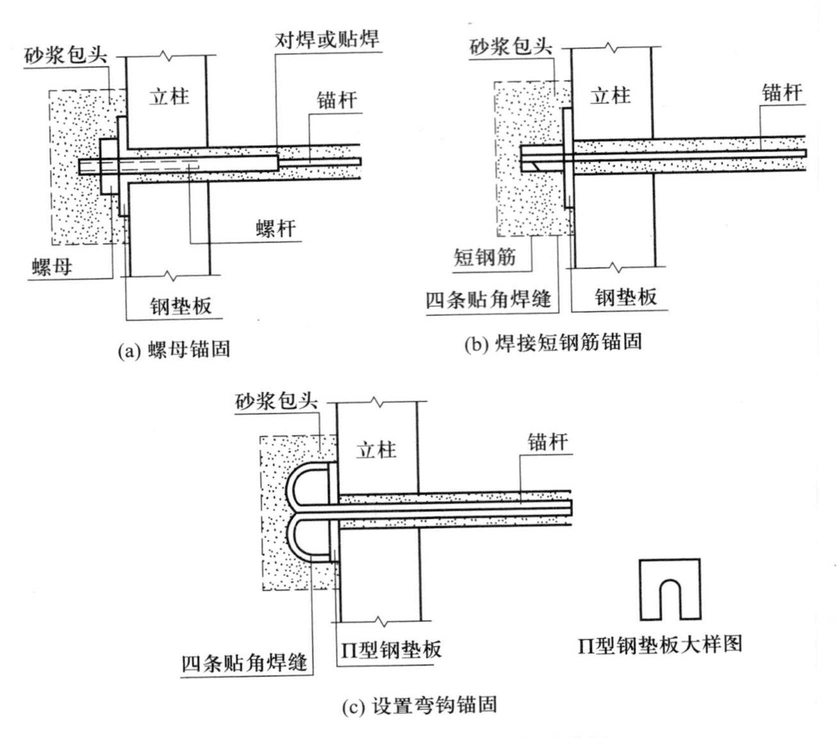

图 6.24 锚杆与立柱的连接示意图

(4) 其他方面

① 永久性框架锚杆挡土墙现浇混凝土构件的温度伸缩缝间距不宜大于 20~25 m。

② 锚杆挡土墙的锚固区内有建(构)筑物基础传递的较大荷载时,除应验算挡土墙的整体稳定性外,还应适当加长锚杆,并应采用长短相间的设置方法。

2. 材料要求

(1) 注浆锚杆

① 由于锚杆每米直接费用中钻孔所占比例较大,因此,在设计中应适当减少钻孔量,采用承载力低而密的锚杆是不经济的,应选用承载力较高的锚杆,同时也可避免“群锚效应”的不利影响。锚杆材料可根据锚固工程性质、锚固部位和工程规模等因素,选择 HRB400 级、HRB500 级普通带肋钢筋或钢绞线。预应力锚杆可选择高强精轧螺纹钢筋或钢绞线。钢筋每孔不宜多于 3 根,其直径宜为 18~36 mm。

② 注浆材料性能应符合下列规定:

a. 应使用普通硅酸盐水泥,必要时可使用抗硫酸盐水泥;

b. 砂浆的含泥量按质量计不得大于 3%,砂中云母、有机物、硫化物及硫酸盐等有害物质的含量按质量计不得大于 1%;

水中不应含有影响水泥正常凝结和硬化的有害物质,不得使用污水;

c. 水中不应含有影响水泥正常凝结和硬化的有害物质,不得使用污水;

d. 外掺剂的品种及掺入量应由试验确定;

e. 浆体配制的灰砂比宜为 0.8~1.5,水灰比宜为 0.38~0.5;

f. 用于全黏结锚杆的浆体材料的 28 d 无侧限抗压强度不应低于 25~30 MPa。

③ 防腐材料应满足下列要求：

a. 在锚杆的使用年限内，保持耐久性；

b. 在规定的工作温度内或张拉过程中不得开裂、变脆或成为流体；

c. 应具有化学稳定性和防水性，不得与相邻材料发生不良反应。

④ 套管材料应满足下列要求：

a. 具有足够的强度，保证其在加工和安装的过程中不致损坏；

b. 具有抗水性和化学稳定性；

c. 与水泥砂浆和防腐剂接触无不良反应。

（2）框架和挡土板

① 对于永久性框架预应力锚杆支护结构立柱、挡土板和横梁采用的混凝土，其强度等级不应小于 C30；临时性框架锚杆支护结构混凝土强度等级不应小于 C20。

② 钢筋宜采用 HRB400 和 HRB500 钢筋。

③ 立柱基础位于稳定的岩层内，可采用独立基础、条形基础或桩基等形式。立柱的基础应采用 C20 混凝土或 M10 水泥砂浆砌片石。

④ 各分级挡土墙之间的平台顶面，宜用 C20 混凝土封闭，其厚度为 150 mm，并设 2%横向排水坡度。

（3）锚具

① 锚具应由锚环、夹片和承压板组成，应具有补偿张拉和松弛的功能。

② 预应力锚具和连接锚杆的部件，其承载能力不应低于锚杆极限承载力的 95%。

③ 预应力锚具、夹具和连接器必须符合现行行业标准 JGJ 85—2010《预应力筋用锚具、夹具和连接器应用技术规程》的规定。

6.2.5　框架预应力锚杆支护结构设计、施工注意事项

1. 锚杆设计中有关注意事项

① 框架预应力锚杆支护结构适用于岩层较好的挖方地段。

② 钢筋混凝土框架锚杆支护结构：墙面垂直型适用于稳定性、整体性较好的 I、II 类岩石边坡，在坡面现浇网格状的钢筋混凝土格架梁，立柱和横梁的节点上设锚杆，岩面可加钢筋网并喷射混凝土作支挡和封面处理；墙面后仰型可用于各类岩石边坡和稳定性较好的土质边坡，格架内墙面根据稳定性可作封面、支挡或绿化。

③ 钢筋混凝土预应力锚杆支护结构，当挡土墙的变形需要严格控制时，宜采用预应力锚杆。锚杆的预应力也可增大滑动面或破裂面上的静摩擦力，并使岩土压实挤密，更有利于坡体的稳定。

④ 锚杆的布置应符合下列规定：

a. 锚杆上下排间距不宜小于 2.5 m，水平间距不宜小于 2 m；

b. 当锚杆间距小于上述规定或锚固段岩土层稳定性较差时，锚杆应采用长短相间的方式布置；

c. 第一排锚杆锚固体的上覆土层厚度不宜小于 4 m，上覆岩层的厚度不宜小于 2 m；

d. 第一锚固点位置可设于坡顶下 1.5~2.0 m 处；

e. 锚杆布置尽量与边坡走向垂直；

f. 立柱位于土层时宜在立柱底部附近设置锚杆。

2. 施工注意事项

稳定性一般的高边坡，当采用大爆破、大开挖、开挖后不及时支护或存在外倾结构面时，均有可能发生边坡局部失稳和局部岩体塌方，此时应采用自上而下分层开挖和分层锚固的逆作法施工。框架预应力锚杆支护结构的施工流程为：路堑坡面形成后，采用干作业法钻孔，高压风清孔，此后将锚杆钢筋放入孔内，灌注水泥砂浆；用高压风清扫坡面，同时对孔外钢筋即伸入护面及立柱部分钢筋进行防锈处理；挂网喷混凝土，在立柱、横梁的位置，待混凝土初凝后，用刮板将粗糙的表面大致整平，使立柱、横梁底面与护面之间夹的一层塑料薄膜不致损坏，以确保自由接触；进行立柱、横梁、封端施工；全部工序完成后，形成封闭框架，压在混凝土护面上循环进行，直至挡土墙完成。其施工流程如图 6.25 所示。

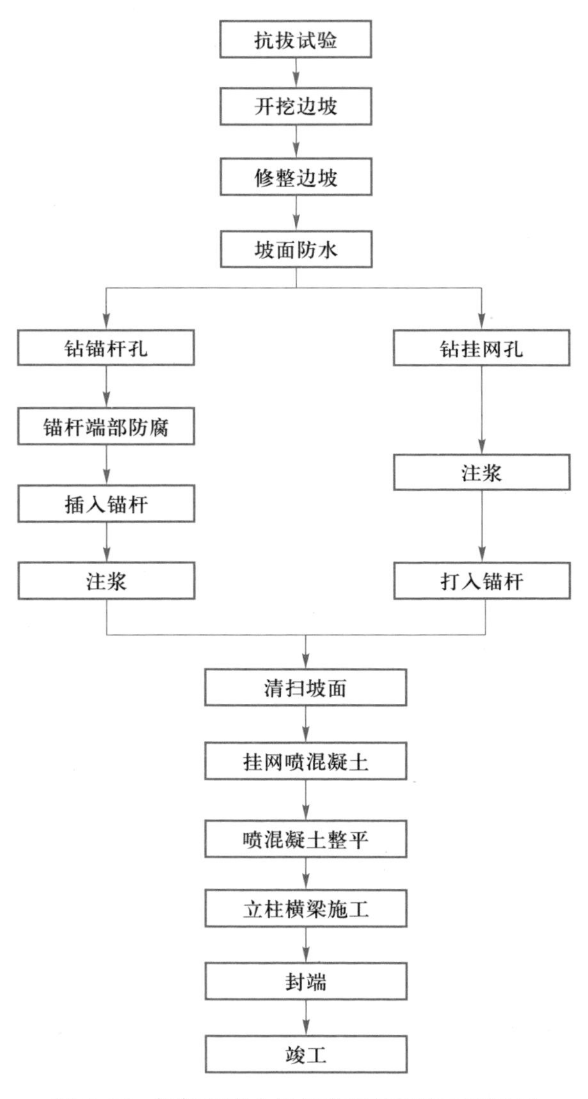

图 6.25　框架预应力锚杆支护结构施工流程图

框架预应力锚杆支护结构施工的操作要点有：

① 施工准备；

② 排除地表水及坡面防水、防风化；

③ 路堑开挖；

④ 钻孔及清孔；

⑤ 锚杆的加工及入孔；

⑥ 灌注水泥砂浆；

⑦ 挂网喷混凝土；

⑧ 喷混凝土整平及立柱、横梁、封端施工。

6.2.6　框架预应力锚杆支护结构设计例题

1. 工程概况

某房地产开发楼边坡支护，边坡分为上下两级，第一级支护采用土钉墙，高度为13 m，坡度为60°，第二级边坡采用框架预应力锚杆支护结构，支护高度为12 m，坡度为85°，边坡重要性系数取1.0，安全系数取1.3，边坡土体参数见表6.3。

2. 支护结构方案设计及施工要求

第二级边坡采用框架预应力锚杆支护结构。框架预应力锚杆支护结构采用分段施工，从东西两侧向中间推进，两根支护框架柱、地上部分四层锚杆和中间框架梁施工完毕后方可继续下两根框架柱施工，切不可追求速度大面积开挖。具体施工步骤如下：

① 预留台阶2.5 m，作为上部土钉墙的排水台阶和土钉墙的基础。向下开挖3 m，坡度80°，制作第一层锚杆，浇筑圈梁和2 m左右长度范围内支护框架柱。

② 在东端第一、二根支护框架柱设计位置竖向开槽，开槽竖向高度为5~6 m，开槽宽度为5~6 m(以提供两根支护框架柱位置宽度)，槽内制作框架柱及横梁模板。

③ 在槽内绑扎框架柱、框架梁钢筋骨架，横梁钢筋从柱两侧伸出长度以方便施工和方便以后焊接为准。浇筑混凝土。

④ 制作第二排和第三排锚杆，张拉锚固后灌浆封堵。

⑤ 竖向开槽至柱底，开槽长度以不妨碍制作基础为宜，在槽底和横梁端头支模板，以防止混凝土将钢筋头全部包裹，制作最后一排锚杆并完成成孔、灌浆、张拉、灌浆封堵。

⑥ 按照①~⑤步骤在距离第一开挖槽5~6 m处开挖第二个槽，并完成各层锚杆的张拉与锚固。

⑦ 重复①~⑤步骤，将整个开挖面形成锯齿状。待槽内支护框架柱及锚杆全部制作完毕以后开挖槽间土体，开挖过程与槽内土体开挖过程相同。

⑧ 上部支护框架柱及锚杆全部制作完毕以后，在支护框架柱基础设计位置人工挖孔，在孔内绑扎钢筋骨架，拆除支护框架柱柱底模板，将柱内钢筋和桩内钢筋焊接连接。

⑨ 绑扎桩上部大梁钢筋骨架，绑扎钢筋混凝土面板钢筋网片。浇筑大梁、桩和钢筋混凝土地面。

3. 支护结构安全监测

围护及土方开挖施工是信息化施工，其中围护的监测十分重要，监测数据能起到指导施工的作用，并保证围护体系的安全。

该工程围护结构安全监测的内容是围护体系的水平变位和沉降观测。安全监测应与施工过程紧密结合，在土方开挖过程中，应贯彻动态监测原则，即该处边壁开挖较深时，开挖该边壁下一层后，必须增加监测次数，一天数次，甚至间隔时间更短，直到该边壁稳定，稳定后监测密度约为1次/天，视边壁稳定情况调整。期间若遇大雨或异常情况，监测密度应适当加大。围护监测结果应及时报送有关单位，为下一步的施工起指导作用。由于四周不存在重要管线、重要古建筑，对监测没有特别要求，只在四周中间（最大位移点）距开挖线1.5 m左右设置四个观测点，就可满足监测要求。

根据GB 50330—2013《建筑边坡工程技术规范》、JGJ 120—2012《建筑基坑支护技术规程》等要求，必须对锚杆和土钉的设计参数进行试验测定，以保证工程的安全可靠。该工程需要有专门用于测试其强度的非工作土钉和锚杆。本设计要求测试非工程土钉和锚杆各6根，以校验土钉和锚杆的极限摩擦力设计值。另外，应对工作状态中的各层土钉和锚杆选择适当位置进行应力应变和边坡位移监测，试验测试及施工监测方案另行设计。

4. 支护方法及设计结果

采用框架预应力锚杆支护结构，进行结构计算及整体稳定性验算，上部土钉墙和下部框架锚杆最终设计结果见表6.3，剖面设计图见图6.26，完工后的边坡见图6.27。

表6.3　框架预应力锚杆支护结构的参数及设计结果

<table>
<tr><td colspan="2" rowspan="3">边坡及土体参数</td><td colspan="5">边坡高度：H=12.0 m</td></tr>
<tr><td>黏聚力</td><td>内摩擦角</td><td>天然重度</td><td>极限摩擦力</td><td>边坡角</td></tr>
<tr><td>16 kPa</td><td>20°</td><td>16.5 kN/m^3</td><td>50 kPa</td><td>80°</td></tr>
<tr><td rowspan="6">框架设计</td><td rowspan="2">挡土板</td><td>板厚</td><td colspan="2">板纵向配筋</td><td colspan="2">板横向配筋</td></tr>
<tr><td>100 mm</td><td colspan="2">ϕ8@200</td><td colspan="2">ϕ8@200</td></tr>
<tr><td rowspan="2">立柱</td><td>立柱间距</td><td>截面尺寸（b×h）</td><td>受弯正筋配置</td><td>受弯负筋配置</td><td>箍筋配置</td></tr>
<tr><td>2.5 m</td><td>400 mm×300 mm</td><td>3 Φ18</td><td>3 Φ20</td><td>ϕ8@200</td></tr>
<tr><td rowspan="2">横梁</td><td>横梁间距</td><td>截面尺寸（b×h）</td><td>受弯正筋配置</td><td>受弯负筋配置</td><td>箍筋配置</td></tr>
<tr><td>2.5 m</td><td>300 mm×300 mm</td><td>3 Φ22</td><td>3 Φ22</td><td>ϕ8@200</td></tr>
<tr><td rowspan="5">锚杆设计</td><td>锚杆层数</td><td>锚杆位置/m</td><td>自由段长度/m</td><td>锚固段长度/m</td><td>锚固体直径/mm</td><td>杆体直径/mm</td></tr>
<tr><td>1</td><td>0.15</td><td>7.0</td><td>10.0</td><td>200</td><td>36</td></tr>
<tr><td>2</td><td>3.0</td><td>5.0</td><td>11.0</td><td>200</td><td>36</td></tr>
<tr><td>3</td><td>6.0</td><td>3.8</td><td>11.2</td><td>200</td><td>36</td></tr>
<tr><td>4</td><td>9.0</td><td>2.5</td><td>11.5</td><td>200</td><td>36</td></tr>
</table>

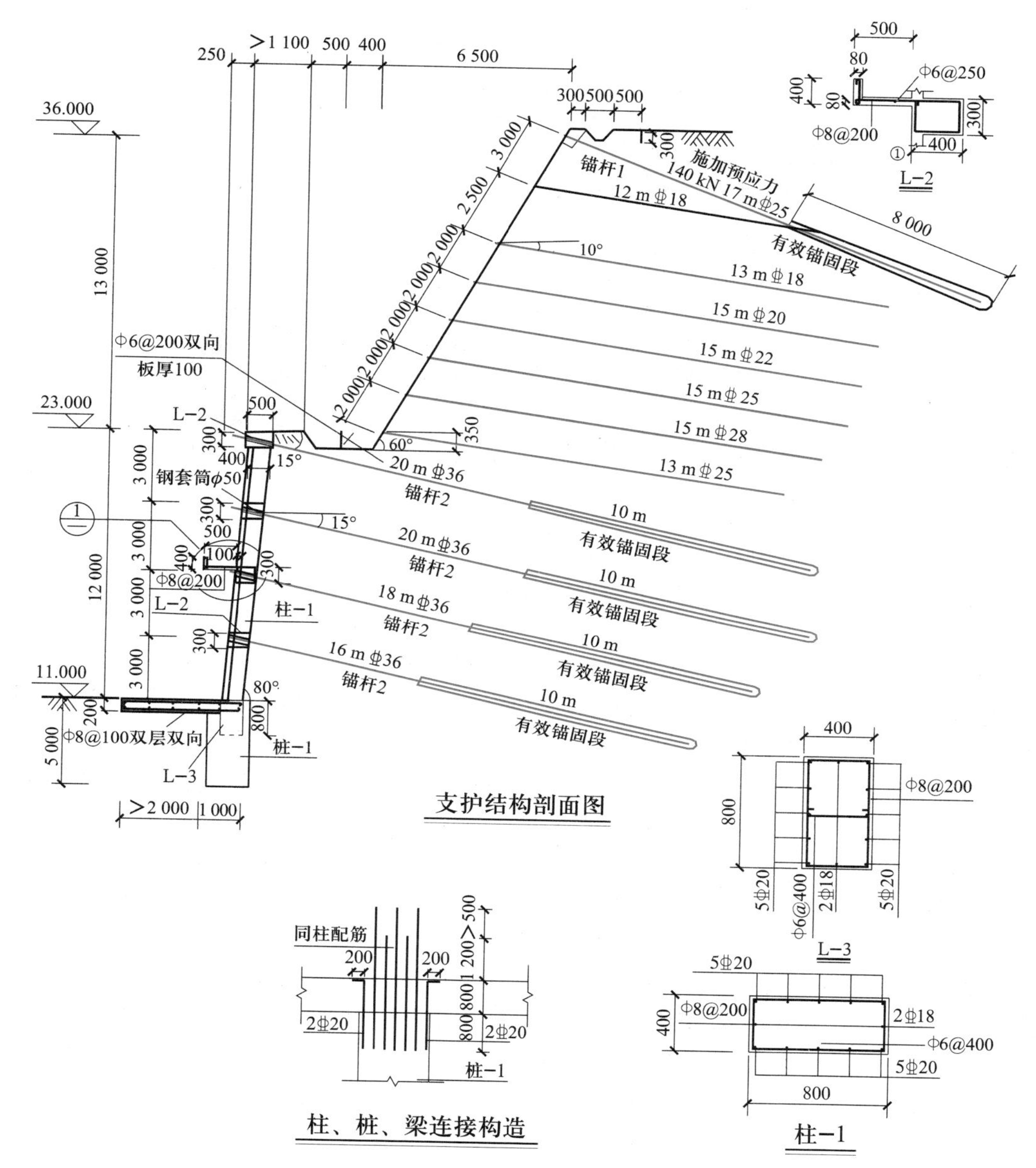

说明:

1. 锚杆1中加预拉力100 kN，锚杆2中加预拉力300 kN，分两次注浆，第一次锚杆端头6 m范围内注浆，施加预拉力并锚固后再完成第二次注浆。
2. 锚杆制作长度取图中标注长度+0.3 m+张拉长度。
3. 锚杆孔直径100 mm，端部直径150 mm，锚杆1与水平面夹角25°。其余锚杆与水平面夹角15°。
4. 本图中混凝土一律采用C20，灌注用沙浆采用M10。
5. 土钉墙及排水沟每隔15 m设置伸缩缝一道,缝宽15 mm，用沥青填充。
6. 整个墙上设置直径50 mm的泄水孔，泄水孔水平间距3 m，竖向间距3 m。
7. 先成孔制作锚杆，后加设钢套管，再浇筑钢筋混凝土梁，待锚杆及土钉墙施工完毕以后，锚杆端部用细石混凝土封裹以防锈蚀。
8. 预应力锚杆在制作以前必须做现场试验，以供设计计算校核。

图 6.26　边坡剖面设计图

图 6.27　完工后的边坡

6.3　框架预应力锚托板支护结构设计

本书第一作者发明了一种新型支挡结构——框架预应力锚托板支护结构，并将其成功应用于多个边坡支护工程。该种新型支挡结构与混凝土框架格构体系结合运用，省去了钻孔、灌浆等工艺，且能够施加预应力，起到严格控制边坡变形的目的，具有施工简便快捷、加固作用良好的特点，尤其是在挖方与填方段相互交错的边坡上，与挖方区的支护结构（框架等）能够保持形式上的统一与美观，而且在应对填土内部发生的竖向变形沉降时，具有一定的刚度来抵抗变形。

本节将给出该支挡结构的抗拔力计算公式及稳定性计算方法，并且基于有限元岩土分析软件，建立一种运用框架预应力锚托板加固的边坡模型，分析该边坡的位移、框架立柱的剪力及锚托板表面的剪应力、轴力分布，并且通过 PLAXIS 3D 的"安全性"计算，验证抗拔力计算公式中抗剪强度计算方法的正确性，总结框架预应力锚托板的受力分布规律。这些分析可为今后填方边坡运用框架预应力锚托板支护结构的设计及研究起到参考作用。

6.3.1　锚托板基本构造及锚固力计算

锚托板主要由钢筋混凝土预制板与拉杆组成，拉杆与钢筋混凝土预制板内部钢筋通过角钢焊接，其布置方式及基本构造见图 6.28a，拉杆、锚托板及混凝土框架的连接构造如图 6.28b 所示。

锚托板抗拔力计算方法见 5.3.1 内容，此处不再赘述。

6.3.2　框架预应力锚托板支护边坡的整体稳定性验算

框架预应力锚托板加固土质边坡的稳定性分析，一般采用基于极限平衡法的圆弧滑动法。我国边坡相关规范规定，对于土质边坡和较大规模的碎裂结构岩质边坡，宜采用圆弧滑动法计算。本书依据圆弧滑动简单条分法的基本思想，基于极限平衡理论和圆弧滑动破坏模式，利用条

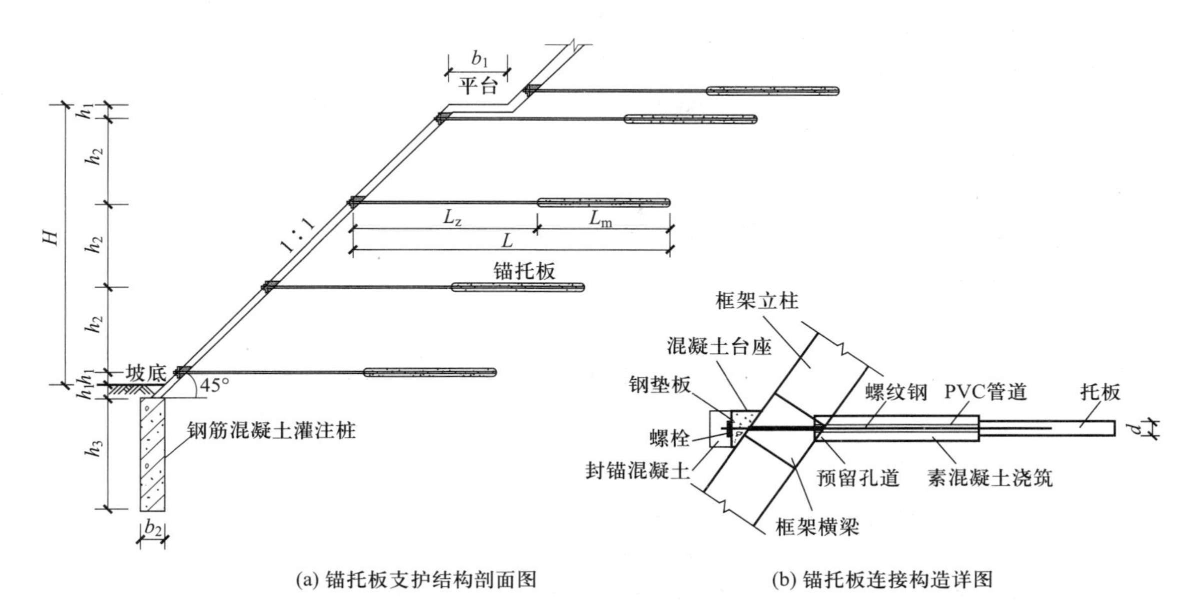

图 6.28　锚托板支护结构剖面及节点构造

分法建立了框架预应力锚托板支护结构加固边坡的抗滑移稳定性安全系数计算模型。如图 6.29 所示，其任意一个圆弧滑动面的稳定性系数 K_{SF} 按式(6.44)进行计算：

$$K_{SF}=\frac{M_R}{M_S} \tag{6.44}$$

式中：M_S——滑动面上下滑动力矩总和；

M_R——滑动面上抗滑力矩的总和，主要由土体本身的黏聚力和摩擦力、锚托板的抗拔力及框架底部结构（如抗滑桩等）的抗水平推力贡献。

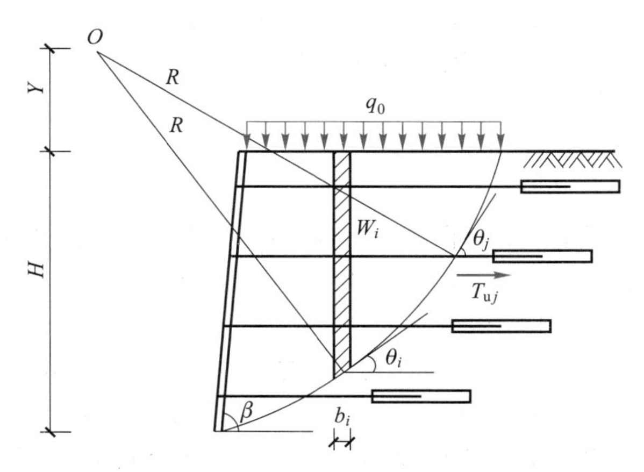

图 6.29　框架预应力锚托板整体抗滑移稳定性验算简图

下滑力矩的总和由下式求得：

$$M_S=\left[df\sum_{i=1}^{n}(w_i+q_0b)\sin\theta_i\right]R \tag{6.45}$$

式中：d——滑动体单元的厚度；

f——支护结构的重要性系数；

w_i——第 i 分条的土重；

q_0——坡顶超载；

b——分条的宽度；

θ_i——第 i 分条滑动面处的切线与水平面的夹角；

n——滑动体分条数。

抗滑力矩的总和由下式求得：

$$M_R = \left[\sum_{i=1}^{n} c_i l_i d + d \sum_{i=1}^{n} (w_i + q_0 b) \sin \theta_i \tan \varphi_i \right] R + \sum_{i=1}^{m} T_{uj} [\cos \theta_j + 0.5 \sin \theta_j \tan \varphi_i] R + F(Y+H) \tag{6.46}$$

式中：m——锚托板层数；

c_i——第 i 分条滑动面处的黏聚力标准值；

φ_i——第 i 分条滑动面处的内摩擦角标准值；

φ_j——第 j 层锚托板所处水平线与滑动面交点处的内摩擦角标准值；

θ_i——第 i 分条滑动面处的切线与水平面的夹角；

θ_j——第 j 层锚托板与滑动面交点处的切线与水平面的夹角；

l_i——第 i 分条滑动面处的弧长；

R——滑动面的圆弧半径；

F——框架底部结构的水平推力设计值；

H——边坡支护高度；

Y——滑动面圆心距离坡顶的垂直距离；

T_{ui}——第 i 层锚托板在圆弧滑动面外的极限抗拔力，由公式(5.73)确定。

通过搜索多个滑动面并求出每个滑动面对应的 K_{SF} 值，找出其中最小值，即为该边坡的稳定性系数。可以选取解析法或计算机搜索法来搜索最危险滑动面。

6.3.3 框架预应力锚托板支护工程实例

1. 兰州市白道坪石沟某边坡工程

该项目位于甘肃省兰州市城关区白道坪石沟，沿石沟有一长度为700多米的不稳定斜坡，坡高最高处约为36 m，最低处约为21 m。该坡体带内地形起伏复杂，存在多处折状陡坎，坡体多处平面形态呈内凹的圆弧形，如图6.30所示。

该坡体带内多处坡体出现滑塌现象，且经过滑坡稳定性计算后发现多处区段不满足稳定性要求，需要对坡体进行加固，而坡顶拟建居民安置区，为保证建设用地面积，需要填土造地，边坡加固设计一级采用板桩预应力锚杆挡土墙，二、三级采用框架预应力锚托板支护结构。第一级为12 m高灌注桩加预应力锚索支护，在填方区段内为框架预应力锚托板支护结构。填土设计参数见表6.4。二、三级边坡坡率为1∶0.7，锚托板水平距离为3 m，第二级支护中的锚托板尺寸为2 m×1 m，第三级支护中的锚托板尺寸为4 m×1 m，两级边坡中锚托板厚度皆为100 mm。拉杆上均施加大小为70 kN的预应力。其中某剖面的支护结构布置简图如图6.31所示。完工后的支护结构见图6.32。

图 6.30　白道坪石沟某不稳定斜坡段

表 6.4　兰州市白道坪石沟边坡回填黄土设计参数

土层厚度/m	重度 $\gamma/(\mathrm{kN\cdot m^{-3}})$	黏聚力 c/kPa	内摩擦角 φ/(°)	摩擦系数 μ	坡顶超载/kPa
16.5	17	20	24	0.4	20

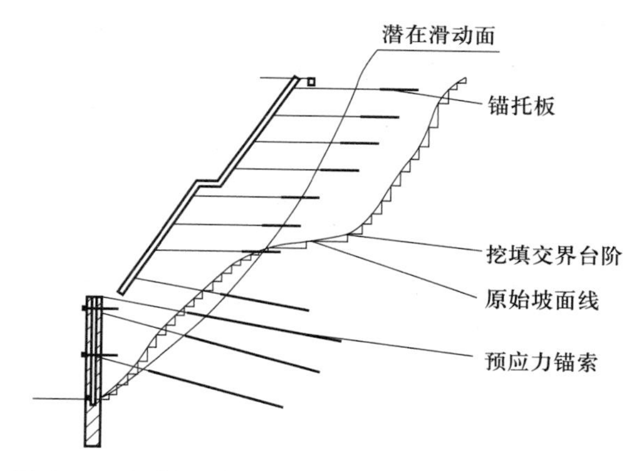

图 6.31　白道坪石沟边坡工程某剖面支护结构布置简图

2. 陇南市武都区东江新区边坡工程

该工程位于甘肃省陇南市武都区，边坡高度最大处达 42 m。在道路形成后，该边坡在自然因素及人类活动影响下发生崩塌、落石情况，影响交通安全。叶帅华等对该边坡进行了加固设计及施工后的监测工作。填方的填料采用黄土状粉质黏土与卵石的混合填料，配合比为 2 : 8，其物理力学参数见表 6.5。

该工程中，锚托板尺寸为 3 m×1 m，厚度为 80 mm。坡高最高处分四级加固，每级坡高 10 m，并设有四道锚托板，坡率为 1 : 1，预应力设计值为 30 kN。坡高最高处剖面设计图如图 6.28a 所示。

图 6.32 完工后支护结构图

表 6.5 陇南市武都区东江新区边坡回填设计参数

土层厚度/m	重度 $\gamma/(\mathrm{kN}\cdot\mathrm{m}^{-3})$	黏聚力 c/kPa	内摩擦角 $\varphi/(°)$	摩擦系数 μ	坡顶超载/kPa
40	21	5	33	0.4	20

在该边坡工程施工过程中及竣工后，对工程进行了监测，监测结果表明运用锚托板加固的边坡体内外水平位移及坡面土压力均较小，说明框架预应力锚托板对加固边坡体起到了良好的作用。

能运用于加固填方边坡的支护结构较为有限，每种结构形式都有其一定的局限性。锚托板是为了解决高填方边坡工程中具体的工程问题而发明的一种新型锚固结构，锚托板的抗拔力主要由其与土体摩擦产生的阻力和土体对其运动趋势产生的被动土压力提供。框架预应力锚托板支护结构不但能够施加预应力以严格控制边坡变形位移，而且具有经济便利的优点，加固效果良好。

思考题与习题

6.1 加筋土挡土墙的适用范围有哪些？

6.2 加筋土挡土墙的承载力和稳定性如何计算？

6.3 框架预应力锚杆支护结构的工作原理是什么？

6.4 框架预应力锚杆支护结构由哪几部分组成？各部分的计算模型如何选取？

6.5 框架预应力锚杆支护结构的锚杆长度由哪几部分组成？各自如何确定？

6.6 影响框架预应力锚杆支护结构的基础埋置深度的因素有哪些？具体如何计算？

6.7 框架预应力锚杆支护结构的稳定性主要取决于哪些因素？

6.8　框架预应力锚托板支护结构的适用条件是什么？有哪些优缺点？

6.9　设计一填方公路边坡，采用加筋土挡土墙，墙高 $H=9$ m，墙后填土为砂黏土，其重度 $\gamma=18$ kN/m^3，黏聚力 $c=0$，内摩擦角 $\varphi=35°$。

6.10　已知某边坡高度 $H=10$ m，边坡土质均匀，均为黄土状粉土，土质参数为：重度 $\gamma=16.8$ kN/m^3，内摩擦角 $\varphi=24°$，黏聚力 $c=16$ kPa，坡顶超载 20 kN/m^2。试用框架预应力锚杆支护方案支护该边坡。

6.11　已知某填方边坡高度 $H=16$ m，黄土填筑，土质均匀，土质参数为：重度 $\gamma=16.8$ kN/m^3，内摩擦角 $\varphi=24°$，黏聚力 $c=16$ kPa，坡顶超载 20 kN/m^2。试用框架预应力锚托板支护方案支护该边坡。

第三篇

深基坑支护结构

第7章 土钉墙

本章学习目标：

1. 熟悉土钉墙的支护受力原理及构造；
2. 熟练掌握土钉墙的设计计算方法；
3. 具备设计和施工土钉墙的能力。

土钉墙是一种柔性支挡结构，由于挡土结构刚度较小，其在工作状态下有较大变形，故这种支挡结构可用作基坑支护（一般适用于安全等级为二级和三级的基坑）和边坡加固，在建筑工程、交通工程、矿山工程、电力工程等方面得到了广泛的应用。

第7章
教学课件

7.1 土钉墙的构造

土钉墙由喷射钢筋混凝土面层和加固土体的土钉组成，土钉通常由钢筋或钢管组成，钻孔放入或打入后，在孔内压力满孔注浆形成土中狼牙体。土钉能够在土体稳定区与挡土薄墙之间产生很大的拉力，以阻止土体滑移和坍塌（图7.1）。土钉墙往往被看成被动加固土体的方法，因为只有基坑或边坡产生变形，形成滑移区和稳定区（图7.1），土钉才会进入工作状态。

土钉墙特别适用于中国西北部的黄土与湿陷性黄土地区。湿陷性黄土是一种容易受到风雨剥蚀的粉土，在自然状态下，湿陷性黄土颗粒之间具有黏聚力，这些含有钙盐成分的颗粒结构遇水能够溶解，因此，遇水时，湿陷性黄土就会受到侵蚀而湿陷。而土钉墙可以防止水从坡面和顶部侵入，减少基坑或边坡由于遇水可能产生的湿陷破坏，而且，土钉墙是一种协同工作性能极好的支挡结构，局部发生湿陷失效也不会造成墙体的整体破坏。

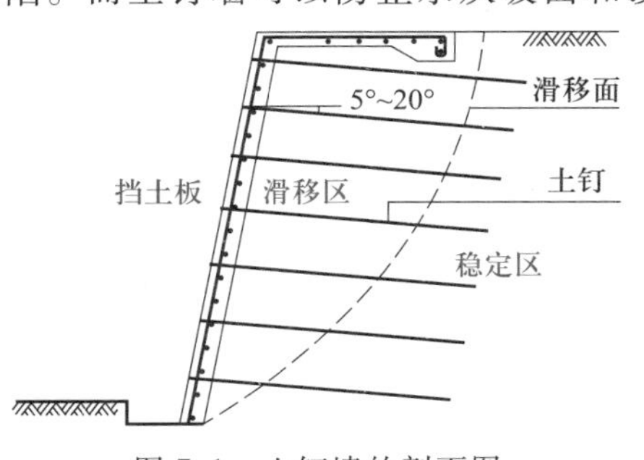

图7.1 土钉墙的剖面图

土钉墙也特别适用于黏性土、弱胶结砂土及破碎软弱岩，不宜用于含水丰富的粉细砂层、砂砾卵石层和淤泥质土。土钉墙作为土体开挖的临时支护或永久性挡土结构，高度不宜大于12 m，当与其他支护形式（如锚杆）联合使用时，高度可适当增加。土钉墙的坡率不宜大于 1∶0.2，当基坑较深、土的抗剪强度较低时，宜取较小坡率。为满足灌浆要求，土钉倾角宜为 5°~20°。

土钉墙采取自上而下分层修建的方式，分层开挖的最大高度取决于土体可以直立而不破坏的能力，砂性土为 0.5~2.0 m，黏性土可以适当增大一些，分层开挖高度一般与土钉竖向间距相同，通常为 1~2 m。分层开挖的纵向长度取决于土体维持不变形的最长时间和施工流程的相互衔接，一般多为 10 m 左右。

对于基坑工程中的临时土钉墙，为防止地下水对土钉墙工作性能造成影响，应在坑顶设置截水沟，在坑底设置排水沟；对于边坡工程中的永久土钉墙，还需在坡面设置泄水孔。

7.2　土钉墙的设计计算

7.2.1　土钉墙荷载计算

（1）支护结构水平荷载标准值 e_{ajk} 的计算（如图 7.2 所示）包括以下情况。

① 对于碎石土及砂土。

a. 当计算点位于地下水位以上时：

$$e_{ajk}=\sigma_{ajk}K_{ai} \tag{7.1}$$

b. 当计算点位于地下水位以下时：

$$e_{ajk}=\sigma_{ajk}K_{ai}+[(z_j-h_{wa})-(m_j-h_{wa})\eta_{wa}K_{ai}]\gamma_w \tag{7.2}$$

② 对于粉土及黏性土。

$$e_{ajk}=\sigma_{ajk}K_{ai}-2c_{ik}\sqrt{K_{ai}} \tag{7.3}$$

③ 当 e_{ajk} 按上式计算小于零时，$e_{ajk}=0$。

（2）第 i 层土的主动土压力系数 K_{ai} 应按下式确定：

$$K_{ai}=\tan^2\left(45°-\frac{\varphi_{ik}}{2}\right) \tag{7.4}$$

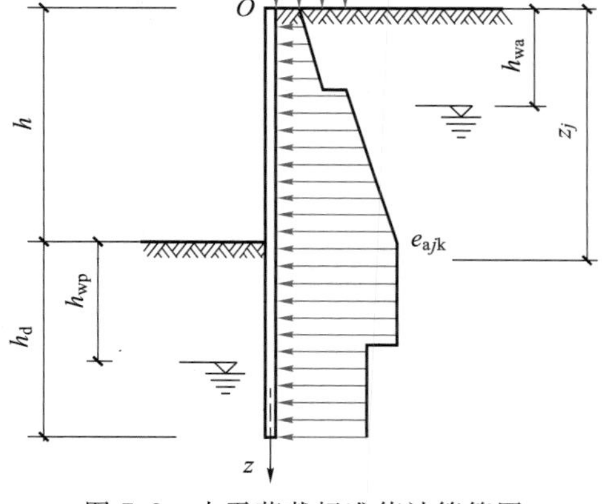

图 7.2　水平荷载标准值计算简图

（3）边坡外侧竖向应力标准值 σ_{ajk} 可按下列规定计算：

$$\sigma_{ajk}=\sigma_{rk}+\sigma_{0k}+\sigma_{1k} \tag{7.5}$$

① 计算点处自重竖向应力标准值 σ_{rk}。

a. 当计算点位于边坡开挖底面以上时：

$$\sigma_{rk}=\gamma_{mj}z_j \tag{7.6}$$

b. 当计算点位于边坡开挖底面以下时：

$$\sigma_{rk}=\gamma_{mh}h \tag{7.7}$$

② 任意深度附加竖向应力标准值 σ_{0k}

当支护结构外侧地面作用满布附加荷载 q_0 时（如图 7.3 所示）：

$$\sigma_{0k}=q_0 \tag{7.8}$$

③ 任意深度条形荷载附加竖向应力标准值 σ_{1k}

当支护结构外侧到挡土板距离为 b_1 的地表处作用有宽度为 b_0 的条形附加荷载 q_1 时（如图7.4所示）：

$$\sigma_{1k}=q_1\frac{b_0}{b_0+2b_1} \tag{7.9}$$

式中：K_{ai}——第 i 层土的主动土压力系数；

h——基坑深度；

σ_{ajk}——作用于深 z_j 处的竖向应力标准值；

c_{ik}——三轴试验快剪黏聚力标准值；

z_j——计算点深度；

m_j——计算参数，当 $z_j<h$ 时，取 z_j，当 $z_j>h$ 时，取 h；

h_{wa}——边坡外侧水位深度；

γ_w——水的重度；

η_{wa}——计算系数，当 $h_{wa}\leqslant h$ 时，取1.0，否则取0；

φ_{ik}——三轴试验快剪内摩擦角标准值；

γ_{mj}——深度 z_j 以上土的加权平均天然重度；

γ_{mh}——开挖面以上土的加权平均天然重度。

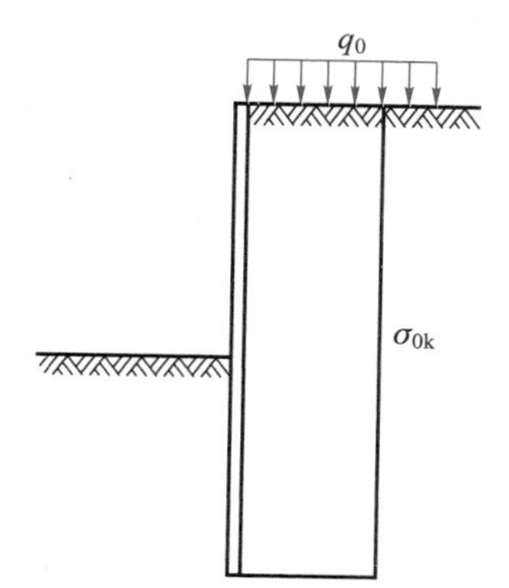

图7.3 均布附加竖向荷载应力计算简图

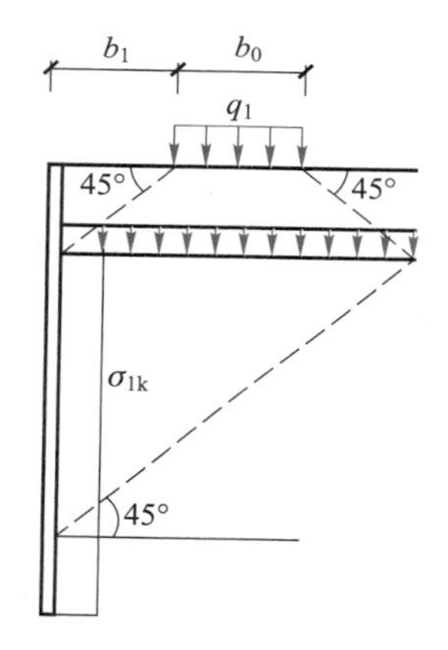

图7.4 局部荷载附加竖向应力计算简图

7.2.2 土钉抗拔承载力计算

（1）单根土钉轴向拉力标准值可按下式计算：

$$T_{jk}=\zeta\eta_j e_{ajk}s_{xj}s_{zj}/\cos\alpha_j \tag{7.10}$$

$$\zeta=\tan\frac{\beta-\varphi_m}{2}\left(\frac{1}{\tan\frac{\beta+\varphi_m}{2}}-\frac{1}{\tan\beta}\right)/\tan^2\left(45°-\frac{\varphi_m}{2}\right) \tag{7.11}$$

$$\eta_j=\eta_a-(\eta_a-\eta_b)\frac{z_j}{h} \tag{7.12}$$

$$\eta_a=\frac{\sum(h-\eta_b h_j)\Delta E_{aj}}{\sum(h-h_j)\Delta E_{aj}} \tag{7.13}$$

式中：ζ——墙面倾斜时水平荷载折减系数；

η_j——第 j 层土钉轴向拉力调整系数；

e_{ajk}——第 j 根土钉位置处水平荷载标准值；

s_{xj}、s_{zj}——第 j 根土钉与相邻土钉的平均水平、垂直间距；

α_j——第 j 根土钉与水平面的夹角；

β——土钉墙坡面与水平面的夹角；

φ_m——基坑底面以上各土层按厚度加权的等效内摩擦角平均值；

h_j——第 j 层土钉至基坑顶面的垂直距离；

η_a——计算系数；

η_b——经验系数。

（2）对于安全等级为二级的土钉极限抗拔承载力标准值应按试验确定，安全等级为三级时可按下式计算（如图 7.5 所示）：

$$T_{uj}=\pi d_{nj}\sum q_{sk,i}l_i \tag{7.14}$$

式中：d_{nj}——第 j 根土钉锚固体直径；

$q_{sk,i}$——土钉穿越第 i 层土时土体与锚固体极限摩擦力标准值，应由现场试验确定或参考表 7.1 取值；

l_i——第 j 根土钉在直线破裂面外穿越第 i 层稳定土体内的长度，破裂面与水平面的夹角为 $(\beta+\varphi_m)/2$。

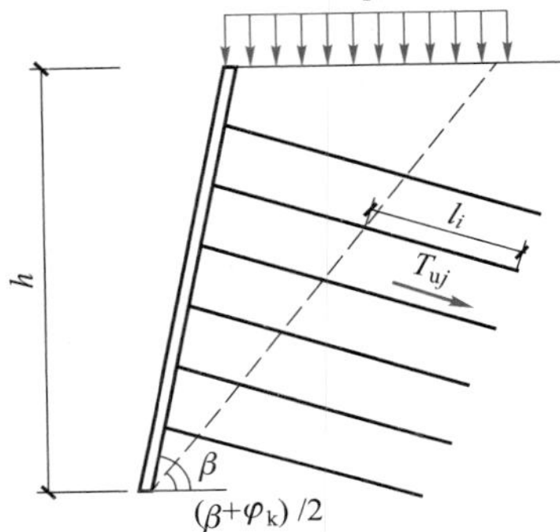

图 7.5　土钉抗拔承载力计算简图

（3）单根土钉抗拔承载力计算应符合下式要求：

$$\frac{T_{uj}}{T_{jk}}\geqslant K_t \tag{7.15}$$

式中：T_{jk}——第 j 根土钉的轴向拉力标准值；

T_{uj}——第 j 根土钉的极限抗拔承载力标准值；

K_t——土钉抗拔安全系数，安全等级为二级、三级的土钉墙，K_t 分别不应小于 1.6、1.4。

表 7.1　土钉锚固体与土体极限摩擦力标准值

土的名称	土的状态	q_{sk}/kPa	
		成孔注浆土钉	打入钢管土钉
素填土		15~30	20~35
淤泥质土		10~20	15~25
黏性土	$0.75<I_L\leqslant1$	20~30	20~40
	$0.25<I_L\leqslant0.75$	30~45	40~55
	$0<I_L\leqslant0.25$	45~60	55~70
	$I_L\leqslant0$	60~70	70~80
粉土		40~80	50~90

续表

土的名称	土的状态	q_{sk}/kPa	
		成孔注浆土钉	打入钢管土钉
砂土	松散	35~50	50~65
	稍密	50~65	65~80
	中密	65~80	80~100
	密实	80~100	100~120

7.3　土钉墙整体稳定性验算

由于通常的土钉墙设计计算量较大，设计人员往往将土层参数简化，凭借经验进行设计，对土钉墙稳定性分析不够深入，容易导致工程事故的出现。对于土钉墙的设计，现行的基坑支护技术规程中只给了基本的设计方法，因此整体稳定性计算会给设计人员带来很多困难。为了解决这个问题，石林珂等进行了研究和探讨，给出了一种新的方法，但仍未能确定圆弧滑移面圆心所在的区域。通常情况下，设计人员往往按简单土坡计算中采用的经验公式确定圆弧滑移面圆心所在区域。在考虑土钉作用的情况下，边坡受力情况发生改变，这种方法存在不合理性。张明聚、朱彦鹏、李忠等提出了用几何控制参数确定最危险滑动面的计算机算法。近年来，我国一些科研机构和高校基于不同的分析模型及计算机开发环境，开发了多种深基坑工程设计软件，其中都包括了土钉墙支护设计，有些软件已实现商品化，并得到一定范围的推广，如同济大学启明星软件中的 FRMSV4.0、中国建筑科学研究院地基基础研究所的 RSDV3.0、北京理正软件设计研究所的 F-SPW、兰州理工大学的深基坑支护软件 V1.0 等，但由于基坑工程地区差异性的限制，这些软件各有侧重，各有其适用条件，目前还没有软件能通用于各地区的基坑支护结构的设计。在西北黄土地区，土钉墙支护技术近年来被迅速推广应用，为了开发能结合本地特征、通用性良好的设计软件，兰州理工大学对土钉墙整体稳定性分析方法进行了改进，并采用面向对象的编程思想，以 VC++6.0 为平台，开发了基坑土钉支护设计软件。

土钉墙的设计主要包括以下几个方面：① 支护结构荷载计算；② 土钉抗拔承载力计算；③ 土钉墙整体稳定性验算；④ 土钉墙的构造、施工与检测。前三者为设计中的主要问题，支护结构荷载计算和土钉抗拔承载力计算在 7.2 节中已介绍。以下介绍针对土钉墙整体稳定性验算方法进行的改进和推导的滑移面搜索计算模型。

7.3.1　建立滑移面搜索模型

1. 两个假定（图 7.6）

① 圆弧上任意点切线与水平面夹角介于 0°~90°之间，即假定圆心出现在直线 OC 右侧和直线 OE 下方的可能性近似为 0。

② 最危险滑移面圆弧通过基坑底面角点 A 处。

2. 建立计算模型

根据 JGJ 120—2012《建筑基坑支护技术规程》，采用圆弧滑动简单条分法进行整体稳定性验算，为了便于计算机计算，对整体稳定性分析的改进如图 7.6 所示，建立直角坐标系，$O'(-x',-z')$为圆心位置，$O(0,0)$为坐标系原点，矩形区域 $OCDE$ 为圆弧圆心 O'所在的区域。在考虑土钉作用的影响时，圆心位置随着设计参数的变化为动态变化，最危险滑移面的确定必须借助于计算机搜索，以确定圆弧的圆心位置。整体搜索过程中，涉及多个变量的求解，可以方便地建立圆心 O'坐标与其余变量之间的函数关系 $\mathrm{Var}(-x',-z')$，其中关键的几个变量求解公式如下。

（1）圆弧半径

如图 7.6 所示，O'点为圆弧滑移面的圆心，O 点为基坑顶面角点，根据第二条基本假定可知，圆弧半径为 $O'A$。由此，以 O 点为原点，令 O'点相对坐标为$(-x',-z')$，得

$$R=\sqrt{(x')^2+(H+z')^2} \tag{7.16}$$

（2）圆弧上任意点处切线与水平面的夹角

如图 7.7 所示，在圆弧上任意点 $M(x_i,z_i)$处，切线与水平面的夹角为 θ_i，由几何关系可知 θ_i 即为角 $O'MN$，由此得

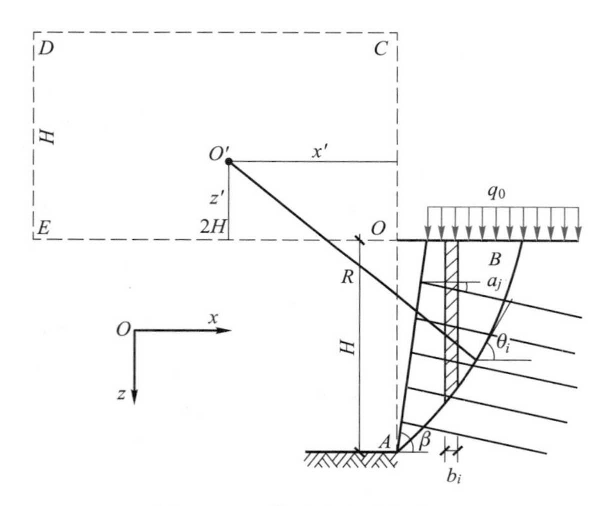

图 7.6 整体稳定性分析简图

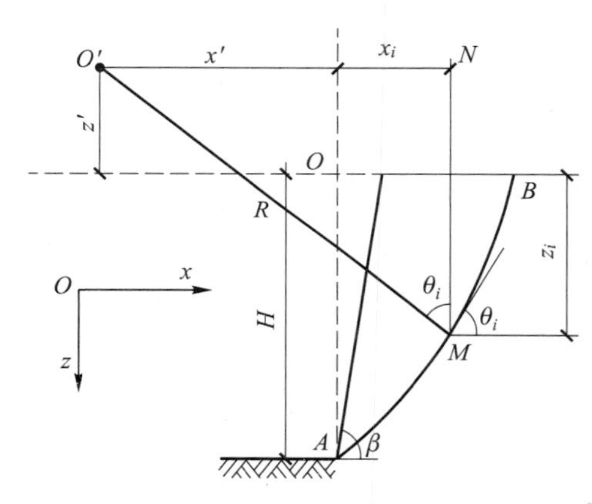

图 7.7 切线与水平面夹角计算

$$\sin\theta_i=\frac{x'+x_i}{R} \text{ 或 } \cos\theta_i=\frac{z'+z_i}{R} \tag{7.17}$$

$$\theta=\arcsin\left(\frac{x'+x_i}{R}\right) \text{ 或 } \theta=\arccos\left(\frac{z'+z_i}{R}\right) \tag{7.18}$$

（3）土钉在圆弧面外穿越土体的长度

如图 7.8 所示，第 j 根土钉与圆弧交点 $C(x_j,z_j+\Delta z_j)$，$l_{\mathrm{f}j}$为圆弧内土钉长度，$l_{\mathrm{n}j}$为土钉在圆弧外长度，则土钉的总长为

$$l_j=l_{\mathrm{f}j}+l_{\mathrm{n}j} \tag{7.19}$$

由于 C 点在圆弧上，则有

$$(x'+x_j)^2+(z'+z_j+\Delta z_j)^2=R^2 \tag{7.20}$$

$$x_j=\Delta x_j+l_{\mathrm{f}j}\cos\alpha_j \tag{7.21}$$

$$\Delta x_j=(H-z_j)\tan(90°-\beta) \tag{7.22}$$

$$\Delta z_j=l_{fj}\sin\alpha_j \tag{7.23}$$

式中：H——开挖深度；

β——土钉坡面与水平面的夹角；

z_j——第 j 根土钉端部到地面的距离；

α_j——第 j 根土钉与水平面的夹角。

以上均为已知，l_{fj}采用迭代的方法，设计定步长 Δl_{fj}，初始长度设计为 0，则在第 n 次迭代时有

$$l_{fj}=n\cdot\Delta l_{fj} \tag{7.24}$$

由此，将式(7.20)～式(7.23)代入式(7.19)，当满足圆弧方程时，可求得土钉在圆弧内的长度 l_{fj}，土钉总长为设计参数，给定后即可由式(7.19)求得 l_{nj}。

(4) 第 i 分条土重量

如图 7.9 所示，第 i 分条土重的计算公式如下：

$$k=\begin{cases}1-[H-x_i/\tan(90°-\beta)]/z & [H-x_i/\tan(90°-\beta)]>0\\ 1 & [H-x_i/\tan(90°-\beta)]<0\end{cases} \tag{7.25}$$

$$z_i=\sqrt{R^2-(x'+x_i)^2}-z' \tag{7.26}$$

$$w_i=kz_ib_is\gamma \tag{7.27}$$

式中：k——在土钉坡面内条分土重量计算系数；

z_i——第 i 分条底部中点至原点的竖向距离；

x_i——第 i 分条顶部中点至原点的水平距离；

β——土钉坡面与水平面的夹角；

b_i——第 i 分条宽度；

w_i——第 i 分条土重；

s——滑动体单元的计算厚度。

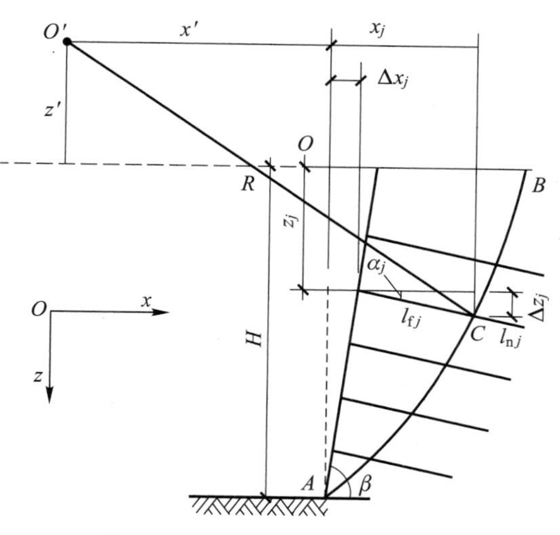

图 7.8　土钉在圆弧面内外长度

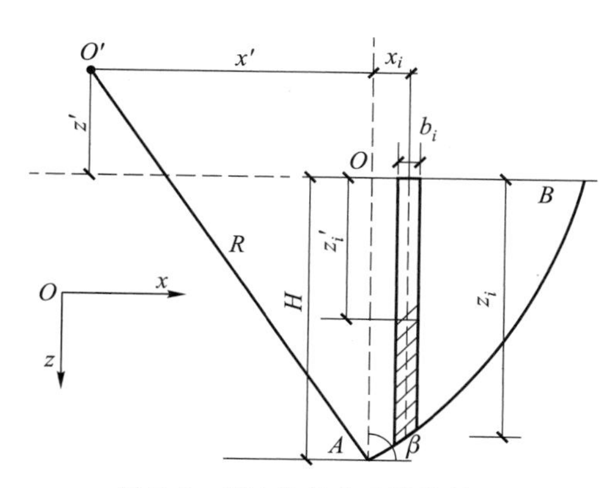

图 7.9　第 i 分条土重计算简图

7.3.2　最危险滑移面确定

确定上述几个关键变量后，则在给定圆心时，可求得该圆弧所对应的安全系数 K_s。考虑土钉作用的影响时，计算公式如下：

$$K_s=\frac{\sum_{i=1}^{n}c_{ik}L_i s+s\sum_{i=1}^{n}(w_i+q_0b_i)\cos\theta_i\cdot\tan\varphi_{ik}+\sum_{j=1}^{m}T_{nj}\times\left[\cos(\alpha_j+\theta_j)+\frac{1}{2}\sin(\alpha_j+\theta_j)\cdot\tan\varphi_{jk}\right]}{s\gamma_0\sum_{i=1}^{n}(w_i+q_0b_i)\sin\theta_i}\tag{7.28}$$

式中：γ_0——基坑重要性系数。

如图 7.6 所示，矩形 $OCDE$ 为圆心所在区域，利用网格法在区域内给定 $n\times n$ 个圆心（n 为网格划分数），从中寻找使得安全系数最小者，即为最危险滑移面圆心。因此，矩形 $OCDE$ 区域的范围必须足够大，以保证求得的最危险滑移面的准确性。通过在程序中动态调节搜索区域的大小发现，当矩形 $OCDE$ 为 $2H\times H$ 时，在土体参数及开挖深度改变的情况下，搜索得到的圆心都在此区域内部，再扩大搜索范围已无必要；当圆心到达搜索区域边界时，则可动态调节区域大小，使得搜索得到的圆心在此区域内部。

7.3.3　软件的开发

兰州理工大学按照以上方法开发了土钉墙结构优化设计软件，该软件便于数据输入、数据传递、数据输出和数据处理，可理解性强，具有易重用性、易维护性、易扩充性的特点。

该软件的主要功能及组织如图 7.10 所示，稳定性分析界面如图 7.11 所示。

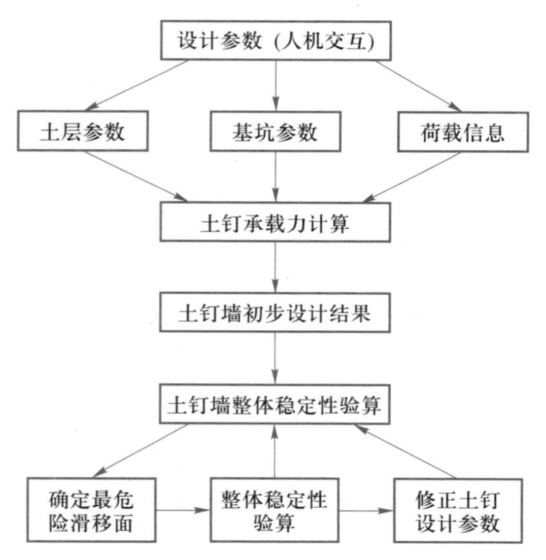

图 7.10　软件的主要功能及组织

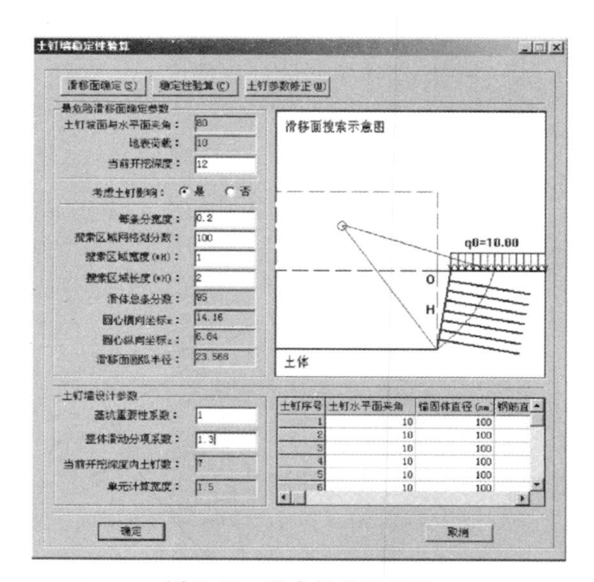

图 7.11　稳定性分析界面

7.4　土钉墙的优化设计

7.4.1　土钉墙的优化设计方法

土钉墙的优化设计方法为,首先计算土钉的抗拔承载力,取最终开挖深度,根据初步拟定的土钉水平和竖向间距、土钉注浆体的直径等设计各层土钉的长度和直径,把此设计值作为土钉墙稳定计算的初值,然后从第一开挖层开始逐个验算每个开挖层土钉墙的稳定性。对第一开挖层而言,按照上节所述的最危险滑移面的计算方法,求出稳定性验算的安全系数的最小值 $K_{s,\min}$,则 $K_{s,\min}$ 对应的滑移面为最危险滑移面。此时,如果稳定性安全系数大于等于给定的安全系数容许值 $[K_s]$,则进行下一开挖层的稳定性验算;如果稳定性安全系数小于 $[K_s]$,则采用给定增量,用迭代方法增加土钉长度,土钉长度每增加一个增量,都要重新确定最危险滑移面,计算整体稳定性安全系数 K_s 的最小值,当 K_s 满足要求时迭代搜索停止。从最下一层开始增加土钉长度,直到本层土钉达到土钉钢筋的极限强度,然后再加长上一层土钉,直到各层都达到土钉钢筋的极限强度后,若稳定性安全系数 $K_{s,\min}$ 仍不满足要求,则从最下一层按增量要求增加土钉的直径及相应的长度,这样依次类推直到 K_s 满足要求。第二及其他各层同样重复上述步骤,基坑或者边坡开挖越深,则上述步骤重复得越多,这种大量重复的迭代过程完成以后可得到土钉墙的最优设计解。值得注意的是,土钉长度和直径与最危险滑移面之间的计算是一个动态的变化过程,只有开发相应的计算机软件才能实现这个大量重复迭代的计算过程。

根据以上思路,土钉墙的优化设计计算方法和步骤如下。

(1) 初步设定土钉水平、竖向间距和注浆体直径,按照式(7.15)的抗拔承载力要求,设计计算各层土钉直径和长度,把承载力设计结果作为土钉墙稳定性验算的初值,即取其长度和直径分别为 $\{l_{j0}\}$ 和 $\{d_{j0}\}$,其中,$\{l_{j0}\}$ 为各层土钉长度的设计初值,$\{d_{j0}\}$ 为各层土钉直径的设计初值。

(2) 按照开挖层厚度计算第一开挖层的稳定性。事实上第一开挖层无土钉,为土坡稳定问题,由于第一开挖层深度较浅(1~2 m),非饱和黄土边坡一般不存在稳定性问题,因此设计中把做了第一层土钉并开始第二层开挖的边坡叫作第一开挖层,然后对其进行稳定性验算。

① 将承载力设计结果,土钉长度 $\{l_{j0}\}$ 和直径 $\{d_{j0}\}$ 作为稳定验算初值,搜索最危险滑移面(搜索方法如上节所述),验算稳定性安全系数。给定的稳定性安全系数容许值为 $[K_s]$,若满足

$$K_{s,\min} \geqslant [K_s] \tag{7.29}$$

则转入下一步,进行第二开挖层的稳定性验算。

② 如不满足式(7.29),则对初步设计进行修改,修改的方法是:

a. 由于现在仅有一层土钉,设定土钉长度增量为 Δl_1,则第一次修正后的土钉长度为

$$l_{11}^1 = l_{10} + \Delta l_1 \tag{7.30}$$

搜索新的最危险滑移面,验算是否满足钢筋抗拉强度条件[式(7.31)]和稳定性安全系数条件[式(7.29)]:

$$f_y A_{s1} \geqslant T_{n1} \tag{7.31}$$

式中:f_y——土钉钢筋的抗拉强度;

A_{s1}——第 1 行土钉的截面面积;

T_{n1}——第1行土钉的轴向拉力设计值。

若满足上述条件，则转入下一步，进行第二开挖层的稳定性验算。

b. 若不满足稳定性条件，则进入下一轮设计修正，现假定经过 i 轮修正后，土钉长度为

$$l_{11}^{i}=l_{11}^{i-1}+\Delta l_{i} \tag{7.32}$$

再搜索新的最危险滑移面，验算抗拉承载力条件[式(7.31)]和稳定性安全系数条件[式(7.29)]。若均满足，则转入下一步，进行第二开挖层的稳定性验算。

c. 若出现式(7.29)和式(7.31)均不满足的情况，则对土钉的直径和长度同时进行修改，此时可将修正的土钉长度作为初值，开始新的迭代搜索。

$$d_{11}^{1}=d_{10}+\Delta d_{1} \tag{7.33}$$

然后重复以上步骤，直到同时满足式(7.29)和式(7.31)，则土钉长度和直径为第一开挖层稳定性验算的修改结果$\{l_{j1}\}$和$\{d_{j1}\}$，然后转入下一步，进行第二开挖层的稳定性验算。

③ 开挖至 k 层共有 j 行土钉，本层稳定性验算取上一轮验算的最后结果，即长度$\{l_{j,k-1}\}$和直径$\{d_{j,k-1}\}$为新初值，搜索新的危险滑移面，验算稳定性和抗拉条件。若均满足，则转入下一步，进行第 $k+1$ 开挖层的稳定性验算。

④ 如不满足式(7.29)，则对上步设计进行修改，修改的方法如下：

a. 由于本层验算有 j 行土钉，$j-1$ 行以上土钉已在上一层稳定性验算中进行了修改，本层修改设计先从 j 行开始，设定土钉长度增量为 Δl_{j}，则第一次修正后的土钉长度为

$$l_{jk}^{1}=l_{j,k-1}+\Delta l_{j} \tag{7.34}$$

搜索新的最危险滑移面，验算抗拉承载力条件[式(7.35)]和稳定性安全系数条件[式(7.29)]：

$$f_{y}A_{sj}\geqslant T_{nj} \tag{7.35}$$

式中：A_{sj}——第 j 行土钉的截面面积。

若满足上述条件，则转入下一步，进行第 $k+1$ 开挖层的稳定性验算。

b. 若不满足式(7.29)，则进入下一轮设计修正，现假定经过 i 轮修正后，土钉长度为

$$l_{jk}^{i}=l_{jk}^{i-1}+\Delta l_{i} \tag{7.36}$$

再搜索新的最危险滑移面，验算抗拉承载力条件[式(7.35)]和稳定性安全系数条件[式(7.29)]。若均满足，则转入下一步，进行第 $k+1$ 开挖层的稳定性验算。

c. 若出现两个条件[式(7.29)和式(7.35)]均不满足的情况，则转入对 $j-1,j-2,\cdots,1$ 各行土钉长度的修正，直到满足上述两个条件，即可转入下一步，进行第 $k+1$ 开挖层的稳定性验算。

d. 当所有土钉长度修改完成以后，若式(7.29)的条件还得不到满足，则对土钉的直径和长度同时进行修改，本层修改设计同样先从 j 行开始，设定土钉直径的增量为 Δd_{j}，则第一次修正后 j 行土钉直径为

$$d_{jk}^{1}=d_{j,k-1}+\Delta d_{j} \tag{7.37}$$

然后重复以上步骤，直到同时满足式(7.35)和式(7.29)。若两式还得不到满足，则转入对 $j-1,j-2,\cdots,1$ 各行土钉直径的修改，直到满足上述两个条件，土钉长度和直径为第 k 土层稳定性验算的修改结果$\{l_{jk}\}$和$\{d_{jk}\}$，然后转入下一步，进行第 $k+1$ 开挖层的稳定性验算。

⑤ 重复迭代步骤 a~d，直到第 1 到第 n 开挖层（开挖到坑底）稳定性验算修改设计完成，最

后得到的设计结果$\{l_{jn}\}$和$\{d_{jn}\}$为最终的土钉墙设计结果。

这种方法设计的土钉墙能保证土钉墙在施工和使用阶段的安全,而且造价最低。

7.4.2　土钉墙的优化设计算例

兰州市某高层建筑深基坑,平面尺寸为85 m×56 m,深度为12 m,其土层分布为:最上层为回填土,厚度为2.0 m;第二层为黄土状粉土,厚度为3.0 m;第三层为粉砂,厚度为2.0 m;以下为卵石层,厚度大于10.0 m。各土层相关参数见表7.2。基坑支护采用土钉墙,按照CECS 96:97《基坑土钉支护技术规程》中给出的方法进行设计,土钉墙面与水平面夹角为80°,土钉竖向和水平间距分别为1.3 m和1.4 m,注浆体直径为100 mm,土钉与水平面的夹角为10°,当基坑开挖至7 m进入粉砂层时出现滑移破坏。破坏开始时,坑边粉砂层外鼓,地表出现裂缝,紧接着土钉墙出现整体滑移,基坑支护失效。基坑破坏时在土钉墙顶部地面有10 kPa均布荷载。基坑破坏后对破坏原因进行分析,表7.3为按照最终开挖深度设计的土钉墙,施工中采用此方案,其设计方法是取12 m深基坑,分别按照土钉抗拉承载力和整体滑移稳定性进行设计,抗滑稳定性安全系数取1.3,施工采用承载力和稳定性计算结果中的较大值,本工程采用稳定性计算结果。

表7.2　深基坑土层参数

土层序号	土层名称	土层厚度/m	内摩擦角φ/(°)	黏聚力c/kPa	重度γ/(kN·m^{-3})	极限摩擦力q_{sk}/kPa
1	杂填土	2.0	15	5	16.0	30
2	黄土状粉土	3.0	20	10	16.0	40
3	粉砂	2.0	15	0	16.5	30
4	卵石	>10.0	40	5	18.0	100

表7.3　按照最终开挖深度设计的土钉墙抗拉承载力和抗滑移稳定性设计结果

土钉层号	钢筋直径/mm		土钉长度/m	
	按抗拉承载力设计	按照稳定性设计	按抗拉承载力设计	按照稳定性设计
1	18	18	6.93	6.93
2	18	18	7.82	7.82
3	20	20	7.50	7.50
4	20	20	9.89	9.89
5	22	22	9.67	9.67
6	22	22	6.85	6.85
7	25	28	6.24	8.50
8	28	32	6.22	9.50
9	32	36	6.31	10.07

按照开挖层优化设计法检查破坏基坑的设计结果，算出每个开挖层的稳定性安全系数、危险滑移面半径见表7.4，结果表明，不同开挖层的最危险滑移面对应的稳定性安全系数不同，开挖深度在6~9 m和11 m时稳定性安全系数小于1.3，尤其在破坏点（7 m开挖深度时）时的稳定性安全系数仅为0.83，但最后一级开挖的稳定性安全系数为1.32，说明如果对土钉墙仅按最终开挖深度进行承载力和稳定性设计，土钉墙产生稳定性破坏就很难避免，按照开挖层逐层进行稳定性设计才能保证施工和使用过程的安全可靠。

土钉墙破坏后，按照开挖层优化设计方法对此基坑还未施工的其他土钉墙支护段进行重新设计，这种方法的本质是验算每个开挖层的稳定性，按照前述方法对抗拉承载力设计的每层土钉的长度和直径进行修正，重新设计取与原设计相同的土钉间距、墙面坡度、土钉夹角和注浆直径，最后的设计结果见表7.5，整个设计结果由稳定性控制。每一级开挖的稳定性安全系数最小值（F_{smin}）、最危险滑移面半径见表7.6。新设计基坑开挖至7 m时抗滑稳定性安全系数最小，为1.33（按优化设计法此值应为1.3，但是由于钢筋直径的突变使此值很难达到预定最小值），这个设计结果才是一个基坑的完整设计，所有各级开挖的稳定性安全系数均满足要求。

现场的其他土钉墙按照新设计施工后安全可靠，没有出现任何破坏，土钉墙的剖面见图7.12。

表7.4 按照每层开挖深度设计的土钉墙稳定性验算结果（开挖层厚1 m）

开挖层数	开挖深度/m	包含土钉层数	稳定性安全系数	危险滑移面半径/m
1	1	1~2	2.51>1.3	4.181
2	2	1~2	1.35>1.3	3.530
3	3	1~3	1.38>1.3	4.652
4	4	1~4	1.33>1.3	8.677
5	5	1~5	**1.18<1.3**	9.326
6	6	1~5	**0.83<1.3**	7.826
7	7	1~6	**1.06<1.3**	19.716
8	8	1~7	**1.28<1.3**	21.869
9	9	1~8	1.42>1.3	27.121
10	10	1~8	**1.24<1.3**	28.874
11	11	1~9	1.32>1.3	30.792

表7.5　按照开挖层优化设计方法计算的土钉墙设计结果(开挖层厚1 m)

土钉层号	钢筋直径/mm	土钉长度/m	
		按抗拉承载力设计	按稳定性设计
1	25	6.93	16.70
2	28	7.82	18.00
3	28	7.50	18.00
4	28	9.89	17.10
5	28	9.67	11.40
6	28	6.85	9.20
7	28	6.24	8.50
8	28	6.22	7.70
9	28	6.31	6.80

表7.6　按照开挖层优化设计方法得出的土钉墙稳定性验算最终结果(开挖层厚1 m)

开挖层数	开挖深度/m	包含土钉层数	稳定性安全系数	危险滑移面半径/m
1	1	1~2	5.46>1.3	4.001
2	2	1~2	2.45>1.3	3.810
3	3	1~3	2.45>1.3	4.214
4	4	1~4	2.32>1.3	5.250
5	5	1~5	1.93>1.3	6.030
6	6	1~5	1.33>1.3	7.089
7	7	1~6	1.60>1.3	9.162
8	8	1~7	1.72>1.3	18.746
9	9	1~8	1.73>1.3	20.025
10	10	1~8	1.46>1.3	13.555
11	11	1~9	1.42>1.3	14.611

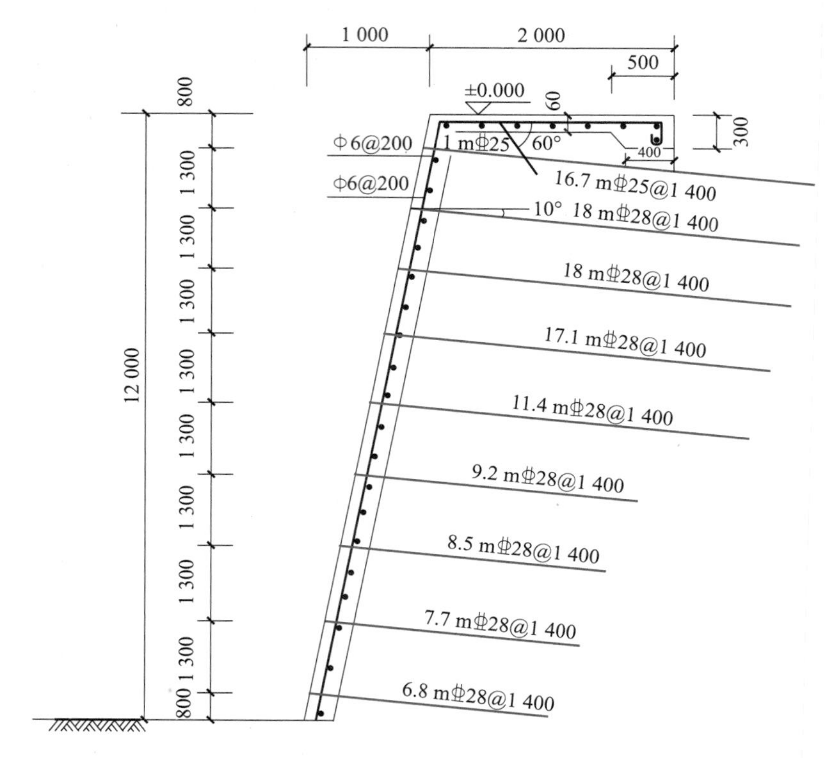

图 7.12 新设计土钉墙的剖面图

7.4.3 土钉墙优化设计方法的特点

本章所建议的土钉墙优化设计方法有如下特点：

① 土钉抗拉承载力和每级开挖深度的土钉墙整体稳定性都会得到满足；

② 每个土钉拉力都不会超过土钉的极限抗拉承载力；

③ 按照这种方法设计的土钉墙，土钉钢筋的长度和直径是最经济的。

这种方法认为在搜索最危险滑移面时，土钉长度和直径变化与土钉墙最危险滑移面之间是一个动态的变化过程，也就是说滑移面的改变将会引起土钉在稳定区长度和直径的改变，反之，土钉在稳定区长度和直径的改变也会引起最危险滑移面位置的改变。根据这种思想编写的计算机软件可自动地搜索每级开挖过程中动态变化的最危险滑移面的位置，自动设计土钉的长度和直径。

7.5 土钉墙设计例题

1. 工程概况

某房地产开发项目边坡支护，边坡分为上下两级，第一级支护采用土钉墙，高度 13 m，坡度 70°，边坡重要性系数取 1.0，安全系数取 1.3，边坡土体参数如表 7.7 所示。

表 7.7 边坡土体参数表

边坡及土体参数	边坡高度:$H=13.0$ m				
	黏聚力	内摩擦角	天然重度	极限摩擦力	边坡角
	15 kPa	20°	16.5 kN/m^3	50 kPa	70°

2. 设计依据

① 工程总平面图,初步给定的基础埋置深度和基础外边线。

②《建设用地地质灾害危险性评估报告》。

③ 实测建筑场地平面图。

④ JGJ 94—2008《建筑桩基技术规范》、JGJ 120—2012《建筑基坑支护技术规程》、CECS 96:97《基坑土钉支护技术规程》、GB 50330—2013《建筑边坡工程技术规范》等。

⑤ 深基坑支护结构设计软件 V1.0。

3. 支护结构方案设计及施工要求

该工程边坡情况复杂,高度从 25 m 到 7 m 不等,高度较大且坡度较陡的边坡采用钢筋混凝土框架加锚杆支护,高度较大但坡度较缓的边坡采用土钉墙支护,高度较小的边坡采用悬臂式挡土墙加锚杆的支护形式。

支护结构混凝土用 C20。

边坡施工工艺要求:

① 放线:用测量仪器准确定出坡面位置,坡顶外边线即为开挖线,用木楔和白灰做出开挖线标记。

② 土方开挖:放线后即可开挖。边开挖边支护,分层开挖,分层支护,挖完即支护完。

③ 土钉制作、成孔:钢筋土钉采用直径为 18~25 mm 的 HRB400 钢筋制作,每间距 1.5~1.8 m 设置对中支架。

④ 土钉注浆:采用底部注浆法,即用注浆导管将水泥浆送到底部,边注边抽,直至口部流浆后,将口部封堵、加压;注浆压力为 0.4~0.6 MPa,锚杆返浆后即可停止注浆。水灰比控制在 0.45~0.5。施工中应做好注浆记录。

⑤ 编制钢筋网:按照设计要求编制钢筋网。土钉头焊接后用螺纹钢呈井字架形压在钢筋网片上。

⑥ 喷射混凝土:混凝土喷射在钢筋网编焊工作完成后进行,喷射厚度 100 mm,石子粒径 5~15 mm,混凝土等级为 C20。添加喷射混凝土专用速凝剂。按照混凝土的批量及施工层次做好试块,以便检验混凝土施工质量。

4. 支护结构安全监测

支护及土方开挖施工是信息化施工,其中支护结构的监测十分重要,监测数据能起到指导施工的作用,也能保证支护体系的安全。

该工程支护结构安全监测的内容包括支护体系的水平变位和沉降。安全监测应与施工过程紧密结合,在土方开挖过程中,应贯彻动态监测原则,即某处边壁开挖较深时,开挖该边壁下一层后,必须增加监测次数,一天数次,甚至间隔时间更短,直到该边壁稳定后,监测密度约为 1 次/

天,视边壁稳定情况调整。期间若遇大雨或异常情况,监测密度应适当加大。支护结构监测结果应及时报送有关单位,为下一步的施工起指导作用。由于四周不存在重要管线、重要古建筑,对监测没有特别要求,只需在四周中间(最大位移点)距开挖线 1.5 m 左右设置四个观测点,就可满足监测要求。

根据 JGJ 120—2012《建筑基坑支护技术规程》等规范的要求,必须对锚杆和土钉的设计参数进行试验测定,以保证工程的安全可靠。该工程需要有专门用于测试强度的非工作土钉和锚杆。本设计要求测试非工作土钉和锚杆各 3 根,另外对工作状态中的各层土钉和锚杆,也需要选择合适位置进行应力应变监测。试验测定及施工监测方案另行设计。

5. 支护方法及设计结果

支护结构设计结果见表 7.8。

表 7.8　上层土钉墙设计结果(土钉墙高 13 m)

土钉层数	土钉位置(深度/m)	土钉长度/m	锚固体直径/mm	杆体直径/mm
1	0.2	12	150	25
2	2.8	12	150	18
3	5.0	15	150	18
4	6.7	15	150	20
5	8.4	15	150	22
6	10.1	15	150	25
7	11.8	15	150	28
8	12.5	13	150	25

图 7.13 为施工中的边坡实景,上半部为土钉墙,下部正在施工的是框架锚杆挡土墙。图 7.14为上层土钉墙施工完成后的实景。

图 7.13　施工中的边坡

图 7.14　上层土钉墙施工完成

思考题与习题

7.1　土钉墙的工作原理是什么?

7.2　如何用极限承载力和整体稳定性来设计土钉墙支护结构?

7.3　已知某基坑(图 7.15)深度 $H=8$ m,基坑外表面有荷载 $q_0=10$ kN/m^2,土层为粉土,土体参数为:$\gamma=16.5$ kN/m^3,$\varphi=20°$,$c=16$ kPa,试采用土钉墙支护该基坑。假设土钉布置方式如图 7.16 所示,并设第一排土钉与第二排土钉的水平间距为 2.0 m,其余均为 1.5 m,相邻土钉的垂直间距均为 1.5 m,土钉与水平面的夹角均取 15°,土钉锚固体与土体极限摩擦力 q_{sk} 均取 50 kPa,锚固体直径 d_{nj} 取 150 mm。

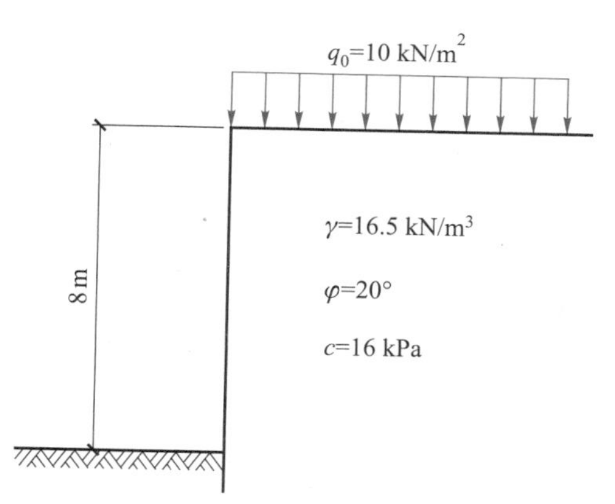

图 7.15　基坑边坡示意图

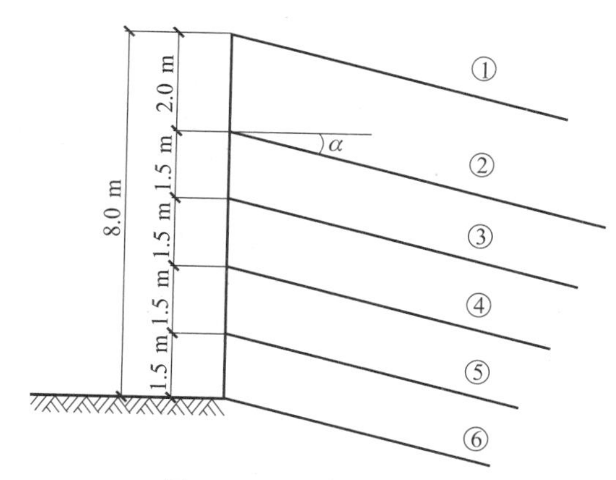

图 7.16　土钉布置示意图

7.4　已知某边坡高度 $H=10$ m,边坡土质均匀,均为黄土状粉土,土质参数为:重度 $\gamma=16.8$ kN/m^3,内摩擦角 $\varphi=24°$,黏聚力 $c=16$ kPa,距离坡顶 5 m 处有一排民用建筑。试用土钉墙支护该边坡,土钉锚固体与土体极限摩擦力 q_{sk} 均取 50 kPa,锚固体直径 d_{nj} 取 150 mm。

第 8 章

排桩、地下连续墙

本章学习目标：

1. 熟悉悬臂式、单层支点、多层支点排桩和地下连续墙的支护原理及构造；
2. 熟练掌握悬臂式、单层支点、多层支点排桩和地下连续墙的设计计算方法；
3. 具备设计和施工悬臂式、单层支点、多层支点排桩和地下连续墙的能力。

排桩、地下连续墙属于柔性支挡结构。柔性支挡结构是相对于传统刚性挡土墙结构而言的，由于柔性挡土结构刚度较小，挡土结构自身在工作状态下有较大变形，多数情况下需在结构上增加锚杆（锚索）或内支撑以控制变形。

第 8 章
教学课件

排桩、地下连续墙支挡结构能够利用稳定土体来加固不稳定土体，使挡土结构与土体协同工作来保持支挡结构的稳定，这种支挡结构比较轻巧，受力性能较好，占用空间小，不受地下水影响，适宜作为深基坑支护的支挡结构，也可用作边坡加固。

8.1 悬臂式排桩、地下连续墙支护结构

悬臂式排桩、地下连续墙支护结构是仅以挡土构件（排桩、地下连续墙）为主的支挡结构。为增加排桩之间的整体性，悬臂式排桩支护结构在具体应用时一般在桩顶浇筑一道压顶圈梁作为安全储备，压顶圈梁也称为冠梁，在设计计算中通常只是作为增加支护结构系统的整体性的构造措施，不考虑其受力，但事实上，冠梁可以和支护桩协同工作，设置了冠梁后可使原来各自独立的排桩形成一个闭合、连续的抵抗水平力的整体结构，其刚度对围护结构的整体刚度影响很大，因此冠梁是支护结构的必要构件。冠梁通常采用现浇钢筋混凝土结构，以保证有较好的连续性和整体性。

悬臂式排桩、地下连续墙支护结构适用于深度较浅、地质条件较好和位移要求不严格的基坑，这种支护结构在基坑开挖时完全依靠插入坑底足够的深度来保持稳定。

悬臂式排桩、地下连续墙是利用悬臂作用来挡住墙后土体的，因此这类结构的设计过程首先是选定初步尺寸，然后按稳定性和结构设计要求进行分析，根据需要修改，最终确定设计方案。

悬臂式挡土结构的安全系数一般分为稳定性安全系数和结构安全系数：稳定性安全系数包括整体稳定安全系数和嵌固稳定安全系数，整体稳定安全系数对于安全等级为一级、二级、三级

的基坑不应小于 1.35、1.3、1.25，嵌固稳定安全系数对于安全等级为一级、二级、三级的基坑不应小于 1.25、1.2、1.15，计算结构强度时一般按现行规范取值。

8.1.1　悬臂式排桩、地下连续墙支护结构工作原理

悬臂式排桩、地下连续墙支护结构依靠插入基坑坑底嵌固深度范围内结构的被动土压力来平衡基坑所承受的主动土压力、地面荷载等，从而使基坑保持稳定。如图 8.1 所示，h 为基坑开挖深度，l_d 为插入深度，基坑外侧的主动土压力 E_{ak} 由插入基坑坑底嵌固深度范围内结构的被动土压力 E_{pk} 平衡。根据受力原理，嵌固深度的确定是非常重要的，必须准确计算入土嵌固深度才能保证基坑和基坑周围的安全。

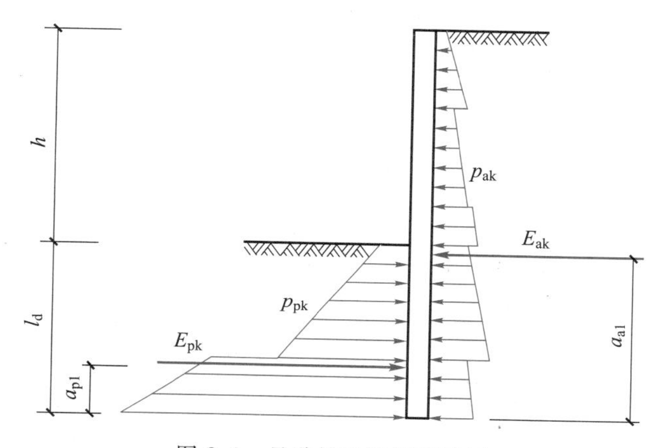

图 8.1　悬臂桩工作原理简图

悬臂式排桩桩身、地下连续墙墙身的最大弯矩决定着桩身和墙身的强度，如采用灌注桩、混凝土地下连续墙，则需按最大弯矩予以配筋，而且要验算桩顶的变形，保证变形满足基坑安全及基坑周围环境的变形要求。

8.1.2　悬臂式排桩支护结构的特点

悬臂式排桩支护结构的特点：

① 施工方便，无须在基坑内设支撑，也不用设置锚拉构件，避免了拆支撑和锚拉构件侵占他人用地的不便；

② 占用空间小，基坑周边建(构)筑物距离开挖边线较近时也能使用；

③ 挖土方便，悬臂式排桩、地下连续墙施工完成后混凝土达到设计强度时，即可挖土。

④ 悬臂式排桩、地下连续墙结构适用于各种水文地质条件，必要时还可兼作止水帷幕。

8.1.3　悬臂式排桩、地下连续墙支护结构嵌固深度计算

按照 JGJ 120—2012《建筑基坑支护技术规程》规定，悬臂式排桩、地下连续墙支护结构的嵌固深度应满足以下验算要求，同时，嵌固深度不宜小于 0.8 倍的基坑开挖深度。

1. 悬臂式排桩、地下连续墙嵌固稳定性验算

悬臂式支挡结构嵌固深度 l_d 应符合下式的嵌固稳定性要求(图 8.1)：

$$\frac{E_{pk}a_{p1}}{E_{ak}a_{a1}} \geqslant K_e \tag{8.1}$$

式中：K_e——嵌固稳定安全系数，安全等级为一级、二级、三级的悬臂式支挡结构，K_e 分别不应小于 1.25、1.2、1.15；

E_{ak}、E_{pk}——基坑外侧主动土压力和基坑内侧被动土压力合力标准值；

a_{a1}、a_{p1}——基坑外侧主动土压力、基坑内侧被动土压力合力作用点至悬臂式支挡结构底端的距离。

2. 悬臂式排桩、地下连续墙整体稳定性验算

悬臂式支挡结构应按下列规定进行整体滑动稳定性验算，如图 8.2 所示（考虑到后面章节锚拉式支挡结构计算分析介绍的需要，图 8.2 中标出了锚杆位置，对于悬臂式支挡结构的整体稳定性验算，忽略锚杆的作用即可）：

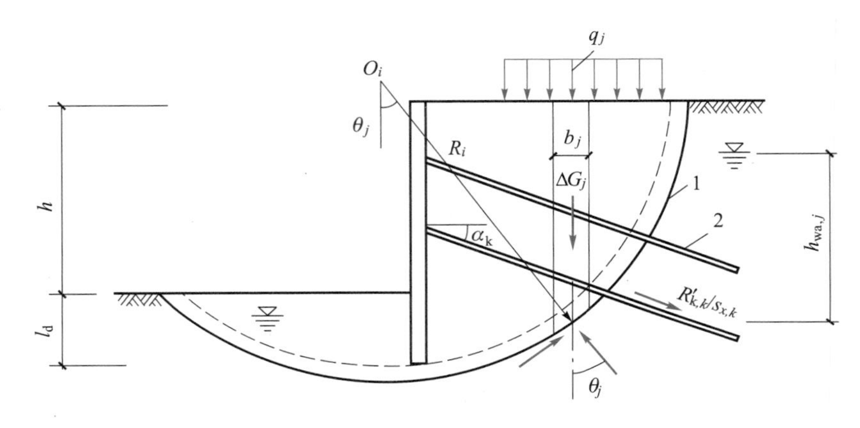

1—任意圆弧滑动面；2—锚杆。

图 8.2 圆弧滑动条分法整体稳定性验算

① 整体滑动稳定性可采用圆弧滑动条分法进行验算；

② 采用圆弧滑动条分法分析时，整体滑动稳定安全系数可通过下式计算：

$$\min\{K_{s,1},K_{s,2},\cdots,K_{s,i},\cdots\} \geqslant K_s \tag{8.2}$$

$$K_{s,i}=\frac{\sum\{c_jl_j+[(q_jb_j+\Delta G_j)\cos\theta_j-u_jl_j]\tan\varphi_j\}+\sum R'_{k,k}[\cos(\theta_k+\alpha_k)+\psi_v]/s_{x,k}}{\sum(q_jb_j+\Delta G_j)\sin\theta_j} \tag{8.3}$$

式中：K_s——圆弧滑动整体稳定安全系数，安全等级为一级、二级、三级的支挡结构，K_s 分别不应小于 1.35、1.3、1.25。

$K_{s,i}$——第 i 个圆弧滑动面的抗滑力矩与滑动力矩的比值，抗滑力矩与滑动力矩之比的最小值宜通过搜索不同圆心及半径的所有潜在圆弧滑动面确定。

c_j、φ_j——第 j 分条滑弧面处土的黏聚力、内摩擦角。

b_j——第 j 分条土的宽度。

θ_j——第 j 分条滑弧面中点处的法线与垂直面的夹角。

l_j——第 j 分条滑弧长度，取 $l_j=b_j/\cos\theta_j$。

q_j——第 j 分条土上的附加分布荷载标准值。

ΔG_j——第 j 分条土的自重。

u_j——第 j 分条滑弧面上的水压力，采用落底式止水帷幕时，对地下水位以下的砂土、碎石土、砂质粉土，在基坑外侧，可取 $u_j=\gamma_w h_{wa,j}$，在基坑内侧，可取 $u_j=\gamma_w h_{wp,j}$；滑弧面在地下水位以上或对地下水位以下的黏性土，取 $u_j=0$。

γ_w——地下水重度。

$h_{wa,j}$——基坑外侧第 j 分条滑弧面中点的压力水头。

$h_{wp,j}$——基坑内侧第 j 分条滑弧面中点的压力水头。

$R'_{k,k}$——第 k 层锚杆在滑动面以外的锚固段的极限抗拔承载力标准值与锚杆杆体受拉承载力标准值的较小值；对于悬臂式支挡结构，不考虑含 $R'_{k,k}$ 的计算项。

α_k——第 k 层锚杆的倾角。

θ_k——滑动面在第 k 层锚杆处的法线与垂直面的夹角。

$s_{x,k}$——第 k 层锚杆的水平间距。

ψ_v——计算系数，可按 $\psi_v=0.5\sin(\theta_k+\alpha_k)\tan\varphi$ 取值，φ 为第 k 层锚杆与滑弧交点处土的内摩擦角。

8.1.4　悬臂式排桩、地下连续墙支护结构计算

1. 静力平衡法

悬臂式排桩、地下连续墙支护结构的截面弯矩计算值 M_c、剪力计算值 V_c 可按静力平衡条件（图 8.1）进行计算，其正截面受弯及斜截面受剪承载力计算及纵向钢筋和箍筋的构造要求，应符合现行国家标准 GB 50010—2010《混凝土结构设计规范（2015 年版）》的有关规定。对于圆形截面正截面受弯承载力，可按 JGJ 120—2012《建筑基坑支护技术规程》附录 B 的规定计算。结构内力的设计值应按下列规定计算。

① 截面弯矩设计值 M：

$$M=1.25\gamma_0 M_c \tag{8.4}$$

式中：γ_0——结构重要性系数，安全等级为一级的结构构件不应小于 1.1；安全等级为二级的结构构件不应小于 1.0；安全等级为三级的结构构件不应小于 0.9。

M_c——截面弯矩计算值。

② 截面剪力设计值 V：

$$V=1.25\gamma_0 V_c \tag{8.5}$$

式中：V_c——截面剪力计算值。

2. 弹性支点法

单层支点排桩、地下连续墙支护结构也可根据受力条件分段按平面问题采用 JGJ 120—2012《建筑基坑支护技术规程》中推荐的弹性支点法（图 8.3）进行计算，计算时排桩水平荷载计算宽度可取排桩的中心距，地下连续墙可取单位宽度或一个墙宽。

支护结构嵌固段上的基坑内侧土反力应符合下式要求：

$$P_{sk}\leqslant E_{pk} \tag{8.6}$$

坑外土压力强度按土压力理论进行计算，土反力按下式计算：

$$p_s=k_s v+p_{s0} \tag{8.7}$$

$$k_s = m(z-h) \tag{8.8}$$

式中：p_s——分布土反力；

k_s——土的水平反力系数；

v——支护结构在分布土反力计算点使土体压缩的水平位移值；

p_{s0}——初始分布土反力，按郎肯主动土压力理论计算；

P_{sk}——支护结构嵌固段上的基坑内侧土反力合力标准值；

E_{pk}——支护结构嵌固段上的被动土压力标准值，按郎肯被动土压力理论计算；

m——土的水平反力系数的比例系数；

z——计算点距地面的深度；

h——计算工况下的基坑开挖深度。

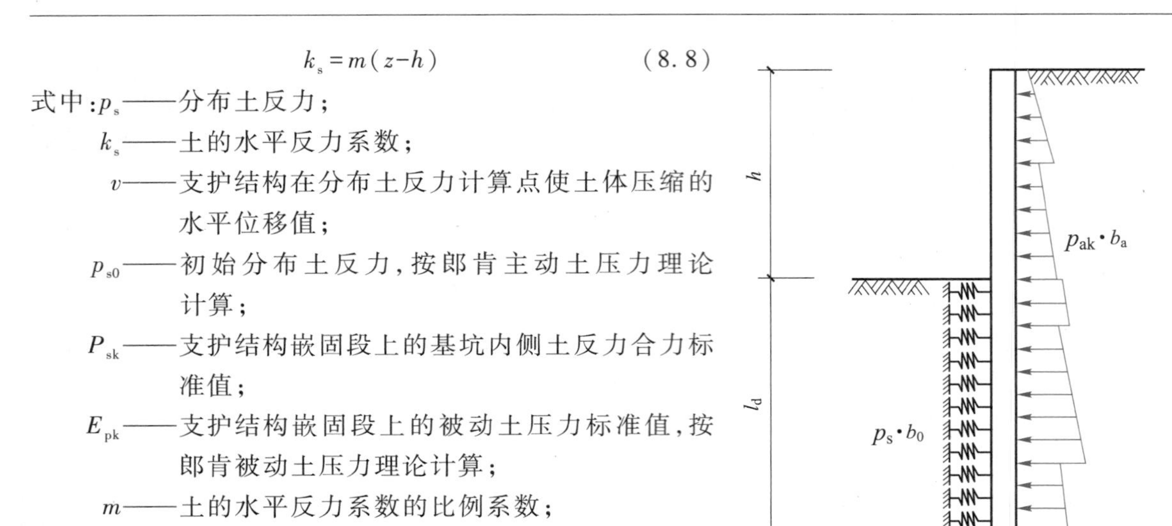

图 8.3　弹性支点法

计算过程中，地基土水平反力系数的比例系数 m 宜按桩的水平荷载试验及地区经验取值，当缺少试验或经验时，可采用式（8.9）所示的经验公式进行计算；

$$m = \frac{0.2\varphi^2 - \varphi + c}{v_b} \tag{8.9}$$

式中：c——土的黏聚力，对多层土，按不同土层分别取值；

φ——土的内摩擦角；

v_b——支护结构在坑底处的水平位移量，当不大于 10 mm 时，可按 10 mm 计算。

得到排桩或地下连续墙上的外力表达式之后，即可按照弹性地基梁的方法计算桩身或墙身上的截面内力及位移，进而进行配筋。

8.2　单层支点排桩、地下连续墙支护结构

单层支点支护结构是指在基坑开挖面以上的任意位置上提供单个支点与挡土结构结合而成的混合支护结构。混合支护结构适用于深度较大、悬臂式支护结构无法满足强度与变形要求的工程。

混合支护结构的主要类型有：

① 单（多）层支点排桩混合支护结构。在排桩支护结构中，于开挖面以上某固定位置处增加一层至数层支点（内支撑或锚杆），即可组成混合支护结构。

② 单（多）层支点地下连续墙。当地下连续墙应用于较深的开挖深度，墙体刚度无法满足要求时，应用支点形成混合支护结构，可适用于较深的基坑。

③ 沉井。沉井是由内墙和外墙形成垂直的井壁，上下开口的井。由于其顶部和底部都是敞开的，所以在沉井下沉时，其井内水位与地下水位相同。沉井的内墙即为外墙的内支撑，受力亦属于多支点混合支护结构。

设置支点支撑的主要方式有：撑梁、支撑或斜撑、锚杆。

对于仅需挡土而不需考虑地下水的基坑，排桩间可以选择不要挡板和其他墙体。因为桩的侧向压力产生的“土拱”形成跨越作用将挡住桩间土，当然桩必须适当支撑以提供必要的侧向土阻力。在必须同时挡土和水的地方，支护结构在水位以下必须挡水，并具有抵抗土和静水压力的能力。一般大量的降低水位是不现实的，因为这会引起土体和基坑周边建（构）筑物的沉降。在这种情况下，可在钢筋混凝土排桩之间浇筑素混凝土桩形成咬合桩或额外施工止水帷幕，也可通过地下连续墙止水。

混合支护结构的施工程序是先施工桩或墙（板桩、灌注桩或地下连续墙），同时灌浆，做一些初步的防水工作。在此期间应监测基坑周围结构物的标高和水平位移的变化，以便测定和监测地面的沉陷及朝向基坑的侧向位移。然后进行开挖，并根据地面沉陷的监测和预测，在选定的深度处设置撑梁和支撑。支撑或斜撑体系在开挖区域内不应造成施工障碍。消除施工障碍的替代办法是用锚杆，但是锚杆钻孔也会引起侵占红线外场地及遇到邻近建（构）筑物基础的问题。

基坑周围的地表沉降是一个非常严重的问题，至今还没有一个可靠的解决办法，只能通过加强监测、实现施工与设计的动态关联，将地表沉降控制在允许范围。

我国工程设计经验与实测结果证明，在简化计算条件下，混合支护结构的侧向土压力分布应用简单的悬臂式结构侧向土压力分布结果是可行的。

8.2.1　单层支点排桩、地下连续墙支护结构的嵌固深度计算

按照 JGJ 120—2012《建筑基坑支护技术规程》规定，单层支点支护结构的嵌固深度应满足以下验算，同时，嵌固深度不宜小于 0.3 倍的基坑开挖深度。

1. 单层支点排桩、地下连续墙支护结构嵌固稳定性验算

单层锚杆和单层支撑的支挡结构的嵌固深度 l_d 应符合下式的嵌固稳定性要求（图 8.4）：

$$\frac{E_{pk}a_{p2}}{E_{ak}a_{a2}} \geqslant K_e \tag{8.10}$$

式中：K_e——嵌固稳定安全系数，安全等级为一级、二级、三级的单层支点支挡结构，K_e 分别不应小于 1.25、1.2、1.15；

E_{ak}、E_{pk}——基坑外侧主动土压力和基坑内侧被动土压力合力标准值；

a_{a2}、a_{p2}——基坑外侧主动土压力、基坑内侧被动土压力合力作用点至支点的距离。

2. 单层支点排桩、地下连续墙支护结构整体稳定性验算

计算过程同悬臂式排桩、地下连续墙整体稳定性验算（图 8.2）。

3. 单层支点排桩、地下连续墙支护结构隆起稳定性验算

单层支点排桩、地下连续墙支护结构的嵌固深度尚应符合下列要求（图 8.5）：

$$\frac{\gamma_{m2}l_dN_q+cN_c}{\gamma_{m1}(h+l_d)+q_0} \geqslant K_b \tag{8.11}$$

$$N_q=\tan^2\left(45+\frac{\varphi}{2}\right)e^{\pi\tan\varphi} \tag{8.12}$$

$$N_c=(N_q-1)/\tan\varphi \tag{8.13}$$

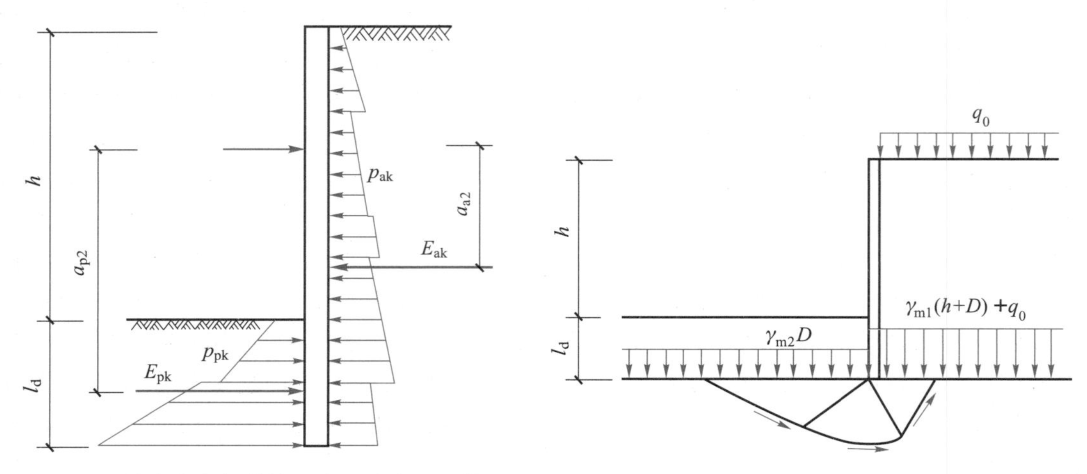

图 8.4 单支点支挡结构的嵌固稳定性验算　　图 8.5 支护结构隆起稳定性验算

式中：K_b——抗隆起安全系数，安全等级为一级、二级、三级的支挡结构，K_b 分别不应小于 1.8、1.6、1.4；

γ_{m1}、γ_{m2}——基坑外、基坑内支挡结构底面以上土的天然重度，对于多层土，取各层土按厚度加权的平均重度；

l_d——支挡结构的嵌固深度；

h——基坑深度；

q_0——地面均布荷载；

N_c、N_q——承载力系数；

c、φ——支挡结构以下土的黏聚力和内摩擦角。

4. 单层支点排桩、地下连续墙支护结构以支点为轴心的圆弧滑动稳定性验算

当坑底以下为软土时，单层支点排桩、地下连续墙支护结构的嵌固深度应符合下列以支点为轴心的圆弧滑动稳定性验算，如图 8.6 所示（考虑到后续内容中多层支点支护结构计算介绍的需要，图 8.6 中标出了 3 层支点，对于单层支点排桩、地下连续墙支护结构，对仅有的单支点进行验算即可）：

$$\frac{\sum[c_j l_j+(q_j b_j+\Delta G_j)\cos\theta_j\tan\varphi_j]}{\sum(q_j b_j+\Delta G_j)\sin\theta_j}\geqslant K_r \tag{8.14}$$

式中：K_r——以最下层支点为轴心的圆弧滑动稳定安全系数，安全等级为一级、二级、三级的支挡结构，K_r 分别不应小于 2.2、1.9、1.7；

c_j、φ_j——第 j 分条土在滑弧面处的黏聚力、内摩擦角；

l_j——第 j 分条土的滑弧长度，取 $l_j=b_j/\cos\theta_j$；

q_j——第 j 分条土顶面上的竖向压力标准值；

b_j——第 j 分条土的宽度；

θ_j——第 j 分条滑弧面中点处的法线与垂直面的夹角；

ΔG_j——第 j 分条土的自重。

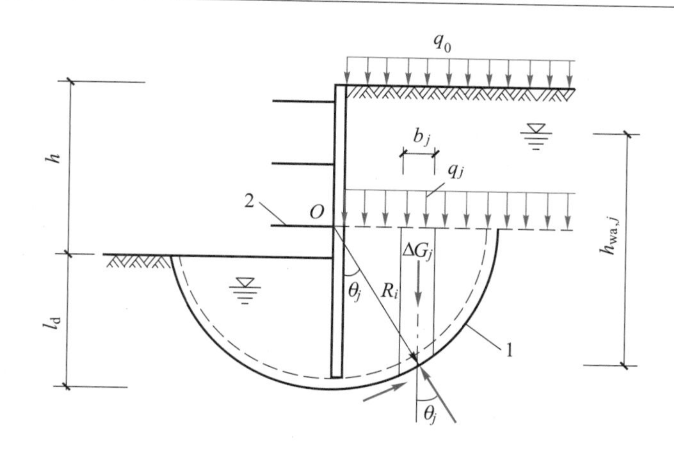

1—任意圆弧滑动面;2—最下层支点。

图 8.6　以支点为轴心的圆弧滑动稳定性验算

8.2.2　单层支点排桩、地下连续墙支护结构计算

1. 静力平衡法

单层支点排桩、地下连续墙的结构内力可按照静力平衡条件确定,结构弯矩和剪力计算同悬臂式排桩、地下连续墙支护结构的计算。

2. 等值梁法

等值梁法的基本原理是将支护排桩或地下连续墙看作一端嵌固(支护结构嵌固底部)、另一端简支(将单层支点视为简支)的梁,在铰接支座与嵌固支座之间必存在反弯点,将梁在反弯点处断开,即可形成一个简支梁和一个悬臂梁,在土压力作用下可分别求出支座反力和截面内力,求出的支座反力即为单支点作用力。

等值梁法的关键在于确定反弯点的位置,为简化计算,一般取基坑底面以下坑内土压力强度值与坑外土压力强度值相等的点作为反弯点。

3. 弹性支点法

单层支点排桩、地下连续墙支护结构也可根据受力条件分段,按平面问题采用现行 JGJ 120—2012《建筑基坑支护技术规程》中推荐的弹性支点法进行计算,计算时排桩水平荷载计算宽度同样取排桩的中心距,地下连续墙取单位宽度或一个墙宽。

计算过程中应考虑基坑开挖及土体回填过程,重点针对以下工况进行分析:

① 基坑开挖到底时的工况;

② 基坑开挖至各层锚杆或支撑施工面时的工况;

③ 利用坑内主体地下结构构件替换支撑或锚杆时的工况。

坑内分布土反力及坑外土压力参照悬臂式支挡结构弹性支点法计算,锚杆和内支撑对支护结构的作用力按下式计算:

$$F_h = k_R(v_R - v_{R0}) + P_h \tag{8.15}$$

式中:F_h——支护结构计算宽度内的弹性支点水平反力;

k_R——支护结构计算宽度内的弹性支点刚度系数;

v_R——支护结构在支点处的水平位移；

v_{R0}——支护结构在支点处的初始水平位移；

P_h——支护结构计算宽度内的法向预应力。

锚拉式支护结构的弹性支点刚度系数 k_R 应利用锚杆拉拔试验通过式(8.16)确定，当缺少试验时，也可按式(8.17)、式(8.18)进行计算；支撑式支护结构的弹性支点刚度系数 k_R 可按式(8.19)计算。

$$k_R=\frac{(Q_2-Q_1)b_a}{(s_2-s_1)s} \tag{8.16}$$

$$k_R=\frac{3E_sE_cA_pAb_a}{[3E_cAl_f+E_sA_p(l-l_f)]s} \tag{8.17}$$

$$E_c=\frac{E_sA_p+E_m(A-A_p)}{A} \tag{8.18}$$

$$k_R=\frac{\alpha_R EAb_a}{\lambda l_0 s} \tag{8.19}$$

式中：Q_1、Q_2——锚杆拉拔试验中 $Q-s$ 曲线上对应锚杆锁定值与轴向拉力标准值的荷载值；

s_1、s_2——$Q-s$ 曲线上对应于荷载 Q_1、Q_2 的锚头位置值；

s——锚杆水平间距或支撑水平间距；

b_a——结构的计算宽度；

E_s——锚杆杆体的弹性模量；

E_c——锚杆的复合弹性模量；

A_p——锚杆杆体的截面面积；

A——注浆固结体或支撑的截面面积；

l_f——锚杆的自由段长度；

l——锚杆长度；

E_m——注浆锚固体的弹性模量；

λ——支撑不动点调整系数；

α_R——支撑松弛系数；

E——支撑材料的弹性模量；

l_0——受压支撑构件的长度。

得到排桩或地下连续墙上的土压力及锚杆和内支撑对支护结构的作用力后，即可按照弹性地基梁的方法计算桩身或墙身上的截面内力及位移，进而进行配筋。

8.2.3 单层支点排桩、地下连续墙支护结构锚杆、内支撑的计算

1. 锚杆锚固段的计算

锚杆可采用钢筋锚杆，也可采用钢绞线锚杆(通常称为锚索)，对于环境保护要求严格的区域，应采用可回收锚杆。

锚杆的极限抗拔承载力应满足下式要求：

$$\frac{R_k}{N_k}\geq K_t \tag{8.20}$$

式中：K_t——锚杆抗拔安全系数，安全等级为一级、二级、三级的支护结构，K_t 分别不应小于 1.8、1.6、1.4；

N_k——锚杆轴向拉力标准值；

R_k——锚杆极限抗拔承载力标准值。

锚杆轴向拉力标准值 N_k 通过下式计算：

$$N_k = \frac{F_h s}{b_a \cos \alpha} \tag{8.21}$$

式中：F_h——支护结构计算宽度内的弹性支点水平反力；

s——锚杆水平间距；

b_a——支护结构的计算宽度；

α——锚杆倾角。

锚杆极限抗拔承载力标准值 R_k 应通过锚杆的拉拔试验确定，也可按式(8.22)进行估算：

$$R_k = \pi d \sum q_{sk,i} l_i \tag{8.22}$$

式中：d——锚杆的锚固体直径；

l_i——锚杆的锚固段在第 i 土层中的长度，锚固段长度为锚杆在理论直线滑动面以外的长度，理论直线滑动面按 JGJ 120—2012《建筑基坑支护技术规程》的规定确定；

$q_{sk,i}$——锚固体与第 i 土层的极限黏结强度标准值，具体见表 8.1。

表 8.1　锚杆的极限黏结强度标准值

土的名称	土的状态或密实度	q_{sk}/kPa	
		一次常压注浆	二次压力注浆
填土		16~30	30~45
淤泥质土		16~20	20~30
黏性土	$I_L>1$	18~30	25~45
	$0.75<I_L\leqslant 1$	30~40	45~60
	$0.50<I_L\leqslant 0.75$	40~53	60~70
	$0.25<I_L\leqslant 0.50$	53~65	70~85
	$0.0<I_L\leqslant 0.25$	65~73	85~100
	$I_L\leqslant 0.0$	73~90	100~130
粉土	$e>0.90$	22~44	40~60
	$0.75\leqslant e\leqslant 0.90$	44~64	60~90
	$e<0.75$	64~100	80~130
粉细砂	稍密	22~42	40~70
	中密	42~63	75~110
	密实	63~85	90~130

续表

土的名称	土的状态或密实度	q_{sk}/kPa	
		一次常压注浆	二次压力注浆
中砂	稍密	54～74	70～100
	中密	74～90	100～130
	密实	90～120	130～170
粗砂	稍密	80～130	100～140
	中密	130～170	170～220
	密实	170～220	220～250
砾砂	中密、密实	190～260	240～290
风化岩	全风化	80～100	120～150
	强风化	150～200	200～260

2. 锚杆自由段的计算

锚杆自由段长度 l_f 应根据理论直线滑动面确定，一般情况下，锚杆自由段长度不应小于 5 m，且应按下式确定（图 8.7）：

$$l_f \geqslant \frac{(a_1+a_2-d\tan\alpha)\sin\left(45°-\frac{\varphi_m}{2}\right)}{\sin\left(45°+\frac{\varphi_m}{2}+\alpha\right)}+\frac{d}{\cos\alpha}+1.5 \tag{8.23}$$

式中：α——锚杆倾角；

a_1——锚杆的锚头中点至基坑底面的距离；

a_2——基坑底面至基坑外侧主动土压力强度与基坑内侧被动土压力强度等值点的距离；

d——挡土构件的水平尺寸；

φ_m——基坑外侧主动土压力强度与基坑内侧被动土压力强度等值点以上各土层按厚度加权的等效内摩擦角。

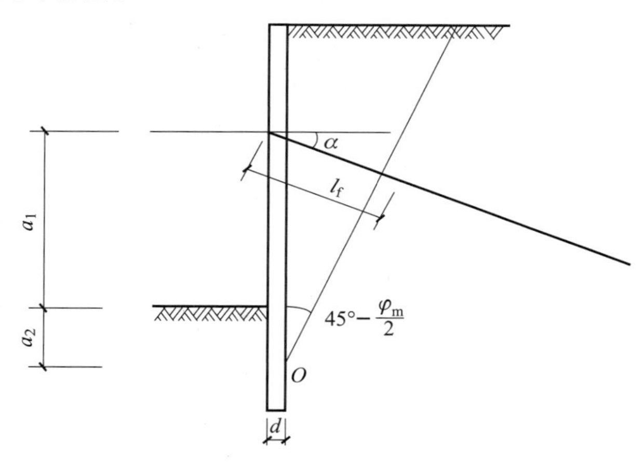

图 8.7　锚杆自由段长度计算简图

3. 锚杆锚固段长度设计

锚杆设计需要解决三个问题：锚杆预应力的大小，锚杆的直径，锚杆的锚固段长度。前两个问题已经解决，下面求锚杆的锚固段长度。

支护结构内力计算时算出的第 j 个锚杆的总拉力 T_{pj} 必须满足式(8.24)的要求，即可确定锚杆在稳定锚固区的长度 l_{nj}：

$$1.2T_{pj} \leq \pi d_{nj} \sum q_{sk,i} l_{ni} \tag{8.24}$$

式中：l_{ni}——第 j 根锚杆在稳定区穿越第 i 层稳定土体内的长度；

d_{nj}——第 j 根锚杆锚固体直径；

$q_{sk,i}$——锚杆穿越第 i 层土时土体与锚固体极限摩擦力标准值，应由现场试验确定，如无试验资料可按表 8.1 取值。

则第 j 根锚杆的总长度为

$$l_j = l_{fj} + l_{nj} \tag{8.25}$$

4. 内支撑的计算

混凝土内支撑、钢管内支撑和型钢内支撑的水平对撑、水平斜撑可按偏心受压构件进行计算，计算方法参照现行 GB 50010—2010《混凝土结构设计规范(2015 年版)》和 GB 50017—2017《钢结构设计标准》。对于矩形基坑的正交平面杆系支撑，可分解为纵横两个方向的结构单元，仍然按照偏心受压构件进行计算；对于平面杆系支撑、环形杆系支撑，可采用平面有限元法进行计算。考虑到支撑自重等竖向荷载作用的存在，应将内支撑和立柱综合为空间框架进行计算；当竖向荷载较小时，可将内支撑的水平构件按连续梁计算。

8.3　多层支点排桩、地下连续墙支护结构

多层预应力锚杆排桩由灌注桩加多层锚杆组成，这种支护结构的施工方法是，首先在地面上用人工或冲击钻打竖向桩孔，浇筑钢筋混凝土桩，然后开挖基坑，在开挖到预应力锚杆位置时，施工预应力锚杆，施加预应力。预应力锚杆在稳定区土层中锚固，一般在锚固段压力注入水泥浆将锚杆嵌固，而在主动区锚杆自由段不注浆。预应力锚杆排桩支护结构可用于高层建筑深基坑支护、高速公路和铁路边坡支护及建筑边坡支护等。这种支护结构特别适用于施工场地紧张、含水量较低的土质和砾石深基坑支护，由于受力合理，支护结构的造价较低，在中国、美国、加拿大和欧洲得到广泛使用。特别在中国西北黄土地区，多层预应力锚杆排桩展示了非常广阔的应用前景。在西北地区的非饱和黄土上开挖深基坑，当基坑深度大于 10 m 时，要保证基坑开挖时安全可靠且变形较小，多数设计方案会采用预应力锚杆排桩支护结构。通过多年工程实践观察和预应力锚杆排桩支护结构变形的现场测试分析，在黄土地区采用这种支护结构，基坑支护安全可靠，基坑结构产生的水平位移较小。

地下连续墙通常与内支撑一起使用，组成多支点地下连续墙结构。多支点地下连续墙刚度更大，对变形控制更加明显，在我国东南沿海等软土地区运用较多。考虑到地下连续墙本身具有防水作用，当基坑深度大、地下水位较高、周边建(构)筑物对地表沉降敏感时，我国西部黄土地区也可考虑采用地下连续墙内支撑支护结构。这种支护结构的施工方法是，首先在地表用专门的成槽机械沿着基坑周边，在泥浆护壁的保护下，分段开挖一条狭长的深槽，之后在槽内沉放钢

筋笼并浇灌水下混凝土,筑成一段钢筋混凝土墙幅;若干墙幅连接成整体,形成一条连续的地下连续墙;然后进行基坑开挖,在开挖至支撑位置时,施工支撑,按照设计方案,可选用钢筋混凝土支撑,也可选用钢管支撑或型钢支撑;重复上述步骤直至开挖到底。地下连续墙内支撑支护结构还适用于对红线有严格要求而锚杆无法施工的场地。

多层支点排桩、地下连续墙支护结构的稳定性验算与单层支点排桩、地下连续墙支护结构的稳定性验算类似,这里不再赘述。

对于多层支点排桩、地下连续墙支护结构的分析,目前有以下几种方法:第一种方法是空间有限元分析方法。由于基坑支护结构是钢筋混凝土桩或地下连续墙、锚杆或内支撑与岩土相互作用问题,分析相当复杂,而且往往由于本构关系选取不当出现伪结果,这种方法直接应用于实际工程设计还需大量的研究工作。第二种方法是将多层支点排桩、地下连续墙支护结构看成加了支座的梁,基坑底部以上土体对桩作用主动土压力,基坑底部以下土体对桩作用主动土压力和被动土压力之和,对多层锚杆采用分层平衡法计算。这种计算方法不能考虑结构与土体的协同工作,也无法考虑预应力对支护结构位移的贡献,也就不能计算支护结构在土压力作用下的位移。第三种方法是弹性支点法,也是 JGJ 120—2012《建筑基坑支护技术规程》推荐的方法,该方法的具体计算过程在单层支点排桩、地下连续墙支护结构计算中已详细介绍。

第二种算法存在以下明显不足:第一,这种算法对多层支点排桩、地下连续墙支护结构,无法算出桩和锚杆或墙和内支撑协同工作的内力及支护结构的位移;第二,这种算法无法求出排桩锚杆或连续墙内支撑的优化设计解,经济效益差;第三,对多层支点排桩、地下连续墙支护结构的计算采用分层平衡法,未考虑桩身或墙身刚度对支护结构受力的影响,因此,很难与实际受力情况相符。第三种算法虽然结果准确,但计算过程较为复杂,需求解多次微分方程,对设计人员的计算能力要求较高。

因此,有人提出了第四种算法,这种方法是将锚杆或内支撑处理成一个弹簧支座加在桩或墙上,根据这种计算模型可比较准确地反应排桩锚杆或连续墙内支撑的实际受力,实现排桩或地下连续墙、锚杆或内支撑和土体的协同工作计算,保证支护结构的安全可靠,并且可迭代求出支护结构的优化设计。这种算法可推广到锚杆挡土墙和框架锚杆挡土墙,能够计算出支挡结构的内力和位移,并可通过调整预应力的大小实现支护结构的位移控制,使支护结构的分析和设计更加可靠合理。下面将以预应力锚杆排桩支护结构为例进行说明,地下连续墙内支撑支护结构的计算类似。

8.3.1 预应力锚杆排桩支护结构的计算模型

在深基坑预应力锚杆排桩支护工程中,由于施工条件的限制及各方面因素的影响,所需开挖深度不可能一次挖到位。因此,基坑开挖是分步进行的,可分为多个工况,对应每一工况都是先开挖、后加设锚杆,在加设锚杆之前,桩体已产生变形,这种变形导致桩后土压力的重新分布。作用于桩体上的土压力随着结构变形在不断地发生变化。目前,我国所使用的一些基坑支护设计软件,大多采用朗肯及库仑土压力理论进行土压力计算。但是,这些经典的土压力计算理论是假设土体处于极限平衡的状态而推导的,实际工程很难允许支护结构达到极限状态、产生那么大的位移。土体处于非极限状态下的土压力及其分布形状不仅与土质有关，并且在相当程度上取决于支护结构的变形情况。针对这种情况，国内外众多学者提出采用增量法解决这类问题。增量法可以有效跟踪支护结构的变形过程，体现加载路径的影响，但它是用一系列线性问题去近似非线性问题，随着荷载量的增加，计算结果误差越来越大，最终造成计算结果无法收敛。

基于众多学者研究的基础，采用位移土压力模型，运用混合法，可尝试求解土体与桩体之间的这种非线性变化问题。编制 Matlab 程序进行计算，将计算结果与理正软件计算结果相对比，进而分析该计算方法的合理性及经济性。

作用于桩侧的土压力与桩体位移是相互作用、相互影响的。大量的试验监测数据也表明，基坑侧桩体所受土压力并不是简单的主动土压力和被动土压力，而是一种介于主动土压力和被动土压力之间的位移土压力。其位移量 $s\in(s_a,s_p)$，s_a 为达到主动土压力时的位移量，$s_a=(-0.001\sim-0.003)H$，H 为挡土结构的高度；s_p 为达到被动土压力时的位移量，$s_p=(0.02\sim0.05)H$。梅国雄给出考虑变形的朗肯土压力计算公式：

$$P=\left[\frac{\dfrac{4\tan^2\left(45^\circ+\dfrac{\varphi}{2}\right)}{1-\sin\varphi'}-4}{1+\mathrm{e}^{\frac{\ln A}{s_a}s}}-\frac{\dfrac{4\tan^2\left(45^\circ+\dfrac{\varphi}{2}\right)}{1-\sin\varphi'}-8}{2}\right]\frac{(1-\sin\varphi')\gamma h}{2} \tag{8.26}$$

其中，

$$A=\frac{\tan^2\left(45^\circ+\dfrac{\varphi}{2}\right)-\tan^2\left(45^\circ-\dfrac{\varphi}{2}\right)}{\tan^2\left(45^\circ+\dfrac{\varphi}{2}\right)-2(1-\sin\varphi')+\tan^2\left(45^\circ-\dfrac{\varphi}{2}\right)}$$

式中：φ——土的内摩擦角，(°)；

φ'——土的有效摩擦角，(°)；

γ——土的重度，$\mathrm{kN/m^3}$；

h——计算点距地面的高度，m；

s——计算点的位移，m。

在深基坑支护工程中，排桩主要承受横向荷载，对其与土相互作用的问题，通常采用两种方法进行处理：一种是将土体作为连续体用有限单元离散，土体和桩之间用接触单元连接；另一种是利用由试验得到的土阻力与桩变形之间的关系，将土体与桩之间的相互作用简化为一系列离散的弹簧，这种方法也称为混合法。混合法合理地考虑了土的非线性、刚度变化及成层性等因素，被广泛应用于各类工程。依据 Winkler 模型，用一系列的土弹簧来表示土对桩的作用，弹簧的刚度系数 $k=F/\delta$，δ 为该弹簧所产生的变形位移量，可由 Boussinesq 解求得，F 为相应的力。同样，锚杆也用弹簧代替，刚度系数为 k_T，等效简图如图 8.8 所示。

由图 8.8 所示的土弹簧等效简图，根据现场实际施工情况，确定荷载增量，对应每一荷载增量求出各单元刚度矩阵 $\boldsymbol{k}^e$，并整合成支护结构整体刚度矩阵 $\boldsymbol{k}$，进而计算该荷载增量对应的支护结构的内力及位移，对其结果进行迭代修正，直至满足误差要求，停止迭代。再施加下一级荷载增量，重复以上计算过程。最后，对每一荷载增量下得出的结果叠加，得到支护结构的内力及位移。计算简图如图 8.9 所示。

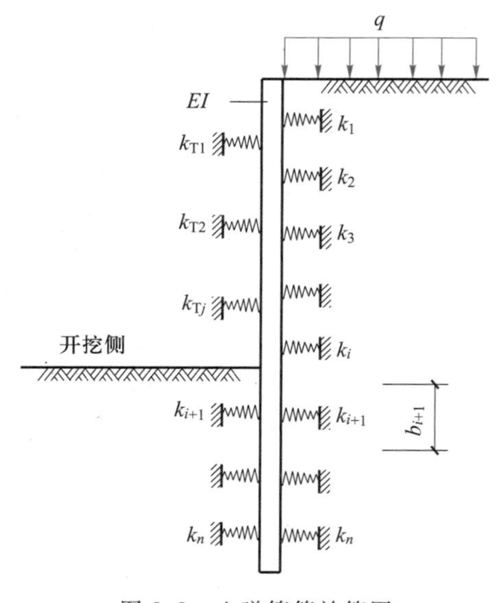

图 8.8 土弹簧等效简图

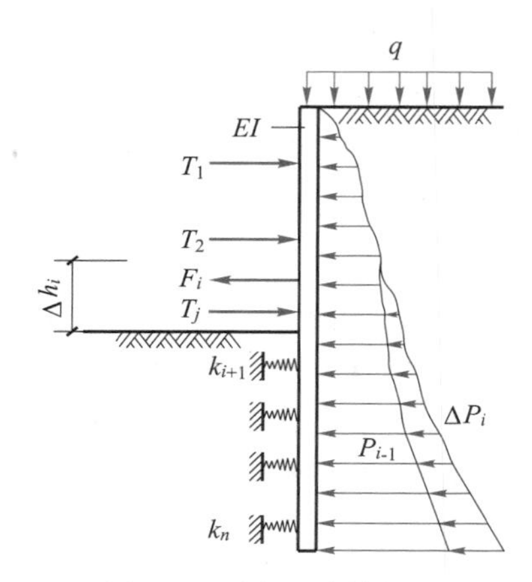

图 8.9 混合法计算简图

8.3.2 混合法公式的推导

1. 建立整体平衡非线性方程组

针对土体与支护桩之间的这种非线性作用,可建立如下结构的整体平衡非线性方程组:

$$\boldsymbol{k}\{\boldsymbol{\delta}\}-\{\boldsymbol{P}\}=0 \tag{8.27}$$

式中:$\boldsymbol{k}$——结构的整体刚度矩阵;

$\{\boldsymbol{\delta}\}$——全部的节点位移组成的向量;

$\{\boldsymbol{P}\}$——全部节点荷载组成的向量。

2. 确定增量荷载

为了有效跟踪支护结构的内力变化,必须针对不同工况将荷载划分成增量形式。荷载增量主要划分为以下三部分:

① 开挖侧土体开挖卸载所产生的土压力增量。可根据不同工况的开挖深度 Δh_i,由式(8.26)分别计算出 P_{i-1} 及 P_i,进而求得该工况下的土压力增量。

$$\Delta P_i=P_i-P_{i-l} \tag{8.28}$$

将计算出的结果 ΔP_i,采用杆系有限单元法转化成等效节点荷载$\{\Delta P_i\}$。

② 开挖侧土弹簧的消除。上一工况支护结构的位移量为$\{\delta_{i-1}\}$,开挖侧消除的土弹簧刚度为$[K_{si}^i]$,则消除的土弹簧力可由式(8.29)计算:

$$\{F_i\}=[K_{si}^i]\{\delta_{i-1}\} \tag{8.29}$$

③ 对锚杆施加的预应力$\{T_i\}$。将以上三种荷载叠加,得到本工况的荷载增量$\{\Delta q_i\}$为

$$\{\Delta q_i\}=\{\Delta P_i\}+\{F_i\}+\{T_i\} \tag{8.30}$$

8.3.3 结构整体刚度矩阵的确定

结构的整体刚度矩阵由开挖后剩余土弹簧刚度矩阵 $\boldsymbol{k}_i$、锚杆刚度矩阵 $\boldsymbol{k}_{\mathrm{T}}$ 及排桩刚度矩阵 $\boldsymbol{K}_z$ 组成,此处排桩刚度取为常刚度 EI。

$$[\boldsymbol{K}_i]=[\boldsymbol{k}_i]+[\boldsymbol{k}_{\mathrm{T}}]+[\boldsymbol{K}_z] \tag{8.31}$$

1. 土弹簧刚度矩阵 $\boldsymbol{k}_i$

设一个土弹簧产生的集中力为 F_i，作用于桩侧单位面积上的土压力为 q_i，用矩形面积近似代替圆弧面积，则有：$q_i=\dfrac{F_i}{b_i \cdot d}$，其中，$b_i$ 为一个土弹簧力所产生的集中力的影响深度，d 为桩身直径。

设 $d<b_i$，则由 Boussinesq 解可得在 q_i 作用下，由土体的变形模量 E_0 和泊松比 μ 所表示的位移 δ 为

$$\delta=-\frac{dq_i(1-\mu^2)}{E_0}\omega=\frac{d_iF_i(1-\mu^2)}{b_id_iE_0}\omega \tag{8.32}$$

则

$$k_i=\frac{F_i}{\delta}=\frac{b_iE_0}{(1-\mu^2)\omega} \tag{8.33}$$

其中，ω 是与 b_i/d 有关的形状系数：当 $b_i/d=1.0$ 时，$\omega=0.8$；当 $b_i/d=1.5$ 时，$\omega=1.08$；当 $b_i/d=2.0$ 时，$\omega=1.22$。当 $d>b_i$ 时，应以 d 代替 b_i，而 ω 应由 d/b_i 的值确定。靠近地表附近的弹簧，由于边界条件的影响，其刚度系数应乘以 2/3。

由以上公式计算出开挖后剩余土体的单元刚度矩阵 $\boldsymbol{k}_i^e$，并将其转化为整体刚度矩阵 $\boldsymbol{k}_i$。对于开挖面以上挡土侧的土弹簧，如果受拉，则弹簧不起作用，因为土体不能承受拉力，此时 $k=0$。

2. 锚杆刚度矩阵 $\boldsymbol{k}_{\mathrm{T}}$

锚杆刚度系数 k_{T} 由式(8.34)计算：

$$k_{\mathrm{T}}=\frac{3AE_sE_cA_c}{3l_fE_cA_c+E_sAl_a}\cos^2\theta \tag{8.34}$$

$$E_c=\frac{AE_s+(A_c-A)E_m}{A_c} \tag{8.35}$$

式中：A——杆体截面面积；

E_s——杆体弹性模量；

E_c——锚固体组合弹性模量；

A_c——锚固体截面面积；

l_f——锚杆自由段长度；

l_a——锚杆锚固段长度；

θ——锚杆水平倾角；

E_m——锚固体中注浆体弹性模量。

通过以上公式得出锚杆单元刚度矩阵 $\boldsymbol{k}_{\mathrm{T}}^e$，将其转化为整体刚度矩阵 $\boldsymbol{k}_{\mathrm{T}}$。

3. 桩体内力及位移的计算

将每一工况的增量荷载 $\{\Delta q_n\}$ 及对应的整体刚度矩阵 $\boldsymbol{K}_n$ 带入(8.29)式，计算该工况荷载增量下的节点位移 $\{\delta_i\}$，

每一荷载增量下的计算结果与结构实际内力相比会有较大的误差，为了避免这种误差的积累，可采用以下公式对其进行修正：

$$\{\psi(\delta_i)\} = \{F(\delta_i)\} - \{P'_i\} \tag{8.36}$$

$$\{F(\delta_i)\} = \sum \int_V [\boldsymbol{B}]^{\mathrm{T}} [\boldsymbol{D}(\delta_i)] [\boldsymbol{B}] \mathrm{d}V \{\delta_i\} \tag{8.37}$$

$$\{P'_i\} = \{P_{i-1}\} + \{\Delta q_i\} \tag{8.38}$$

式中：$\{\psi(\delta_i)\}$——结构非平衡力；

$\{F(\delta_i)\}$——结构恢复力；

$\{P'_i\}$——该工况施加于支护结构的全部荷载。

假定任一工况结构的节点位移和恢复力分别为$\{\delta_i\}$、$\{F_i\}$，计算对应于此位移下各个单元的弹性矩阵$\boldsymbol{D}_t(\boldsymbol{\delta}_i)$和单元切线刚度矩阵$\boldsymbol{K}_{\mathrm{T}i}^{e}$，并组合成整体切线刚度矩阵$\boldsymbol{K}_{\mathrm{T}i}$，过程如下：

$$\{\varepsilon_{i-1}\} = [\boldsymbol{B}]\{\delta_{i-1}\} \tag{8.39}$$

$$\{\sigma_{i-1}\} = [\boldsymbol{D}]\{\varepsilon_{i-1}\} \tag{8.40}$$

$$[K_{i-1}] = \sum \int_V [\boldsymbol{B}][\boldsymbol{D}_{i-1}][\boldsymbol{B}]^{\mathrm{T}} \mathrm{d}V \tag{8.41}$$

式中：$[\boldsymbol{D}]$——弹性矩阵，与单元的弹性模量E和泊松比μ有关；

$\{\varepsilon_{i-1}\}$——结构的应变；

$[\boldsymbol{B}]$——应变矩阵；

$\{\delta_{i-1}\}$——结构的位移；

$\{\sigma_{i-1}\}$——结构的应力。

施加全部荷载，计算节点增量位移$\{\Delta\delta_n\}$：

$$[K_{\mathrm{T}}(\delta_i)]\{\Delta\delta_{i+1}\} = -\{\psi(\delta_i)\} = \{P'_i\} - \{F(\delta_i)\} \tag{8.42}$$

进而根据下式进行收敛判别：

若$\|\Delta\delta_i\| \leqslant \alpha \|\delta_i\|$，则计算收敛，终止迭代。若不满足，根据此位移继续计算结构切线刚度矩阵，继续迭代，直至满足收敛准则为止。式中，α为规定的位移收敛公差，取$0.1\% \leqslant \alpha \leqslant 5\%$。

将以上计算的增量位移及增量内力叠加到上一工况中，即得到本次工况的总位移和内力，从而得到整个结构的位移及内力。根据以上计算步骤，采用 Matlab 编制计算程序，即可对基坑工程进行计算。

8.4 多层预应力锚杆排桩支护结构设计例题

兰州市红楼时代广场深基坑支护工程，长约 120 m，宽约 70 m，基坑深度为 19.3 m，重要性系数$\gamma_0 = 1.1$，基坑整体稳定性安全系数取 1.35，抗倾覆安全系数取 1.25。岩土工程勘察报告的土体参数见表 8.2。

表 8.2 土 体 参 数

序号	土层名称	层厚/m	天然重度 $\gamma/(\mathrm{kN \cdot m^{-3}})$	内摩擦角 $\varphi/(^\circ)$	黏聚力 c/kPa	极限摩擦力 /kPa
1	杂填土	6.0	16.0	15.0	5.0	20.0
2	卵石层	3.9	20.0	40.0	0.0	135.0
3	风化砂岩	20.0	22.0	35.0	35.0	120.0

由于基坑开挖深度的不同及周边环境条件的差异，本工程基坑支护分五段进行处理，本算例选 ABC 段进行计算，地面附加超载取 20 kPa。本段基坑 0～-3.5 m 采用 1∶0.1 坡度土钉墙支护；-3.5～-19.3 m 采用排桩加三排预应力锚杆支护，桩径 800 mm，桩间距 2.0 m，桩长 22.7 m，嵌固深度 6.7 m。锚杆杆体采用 HRB400 钢筋，锚固体直径为 150 mm。第一排锚杆在地表下 3.7 m 处，锚杆自由段长度为 10.0 m，锚固段长度为 8.0 m，预应力为 180 kN；第二排锚杆在地表下 8.7 m 处，锚杆自由段长度为 8.0 m，锚固段长度为 8.0 m，预应力为 160 kN；第三排锚杆在地表下 13.7 m 处，锚杆自由段长度为 5.0 m，锚固段长度为 8.0 m，预应力为 160 kN（图 8.10）。

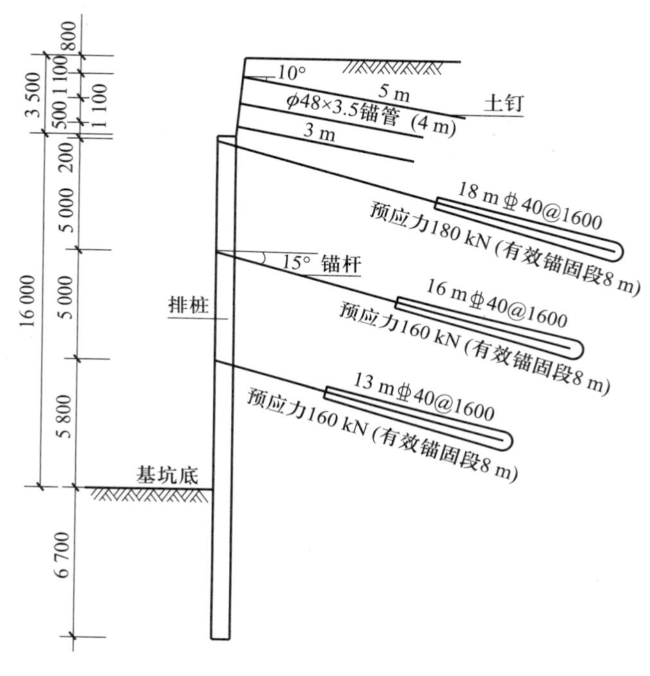

图 8.10　深基坑支护剖面图

该工程采用理正深基坑支护结构设计软件 F-SPW6.0 计算，将运用混合法得出的计算结果与理正软件计算结果进行对比分析（如图 8.11、图 8.12 所示）可知，采用混合法计算出的位移值较理正软件计算出的位移值最大可减小 20%，弯矩值最大可减小 15%，说明在深基坑预应力锚杆排桩支护结构内力计算中，考虑支护结构位移影响的土压力要比朗肯土压力更接近于实际土压力值，使用混合法可以很好地反映土体与桩之间、土压力与桩身位移之间的非线性作用关系，进而得出更为精确的计算结果。

理正软件采用“*m* 法”进行计算，该方法只能用于求解刚性支档结构，而混合法既可用于刚性支档结构的内力计算，又可用于柔性支挡结构的内力计算。混合法还有效解决了增量法随着荷载水平的增大，误差累积使结果漂移以致不可接受的问题，以及迭代法无法考虑加载路径影响的问题，进一步扩大了应用范围，可广泛用于深基坑支护结构的非线性求解。通过对实际工程的计算比较，混合法所得出的计算结果小于理正软件计算结果，而且小于 JGJ 120—2012《建筑基坑支护技术规程》方法的计算结果，说明此种计算方法更为精确。

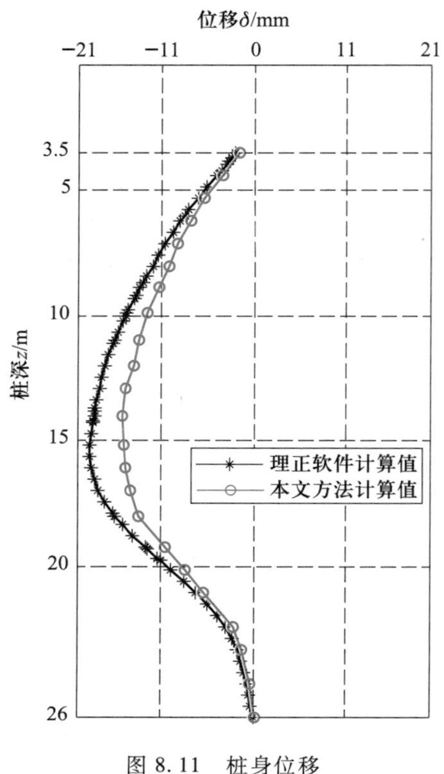

图 8.11　桩身位移

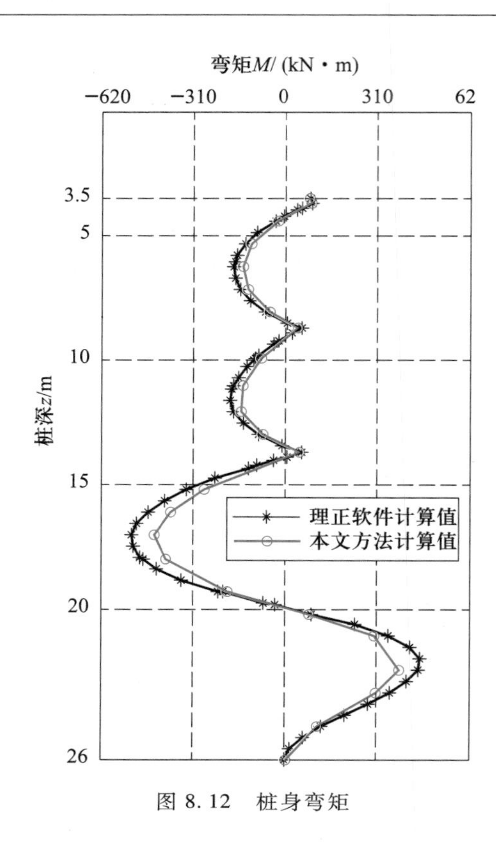

图 8.12　桩身弯矩

思考题与习题

8.1　排桩支护的作用原理是什么?

8.2　排桩支护的适用范围有哪些?

8.3　预应力锚杆排桩的作用原理是什么?

8.4　如何分析多层预应力锚杆排桩支护结构?

8.5　某大厦基坑开挖深度为 11 m,长度为 180 m,宽度为 31.2 m,基坑周围现有建筑物较多,地下水位较高,地质状况复杂,土层分布及各层土体参数见表 8.3。由于基坑尺寸较大,周围环境复杂,最近建筑物离基坑边仅 6 m,且为浅基础,因此,对基坑开挖提出了很高的要求,仅允许基坑边产生 20 mm 的水平位移,基坑周围竖向沉降量必须控制在最小范围。根据现场情况、基坑地质资料和对基坑变形的要求,决定采用预应力锚杆排桩支护结构。试设计预应力锚杆排桩支护结构。

表 8.3　各层土体参数

土的种类	土层厚度/m	摩擦角 φ/(°)	黏聚力 c/kPa	重度 γ/(kN · m^{-3})
杂填土	4.5	21	11	16.5
卵石	5	43	0	18
红砂岩	>10	37	8	17.5

第四篇

滑坡防治结构

第9章 滑坡支挡结构

本章学习目标:

1. 掌握滑坡定义、滑坡推力计算方法、滑坡稳定性分析、抗滑桩分类,熟练掌握悬臂抗滑桩和锚索抗滑桩的设计计算方法及构造;
2. 具备设计和施工悬臂抗滑桩、锚索抗滑桩的能力;
3. 掌握防治滑坡等地质灾害的能力,充分认识工程结构防灾是一种经济的防灾手段,理解防灾减灾与经济效益的辩证统一。

9.1 滑坡概述

第9章
教学课件

我国的滑坡灾害发生密度大、频率高、分布范围广泛。全国地质灾害大调查结果表明,我国受潜在地质灾害困扰的县级城镇达400多个,有1万多个村庄受到滑坡、崩塌、泥石流等灾害的威胁。2008年5月12日发生的汶川大地震诱发了近15 000处滑坡、崩塌、泥石流灾害,导致了约2 000人死亡。由此可见,滑坡灾害带给人类的危害是巨大的。

9.1.1 滑坡的定义

滑坡是一定自然条件下的斜坡,由于河流冲刷、人工切坡、地下水活动或地震等因素的影响,使部分岩土体在重力作用下,沿着坡体内一定部位的软弱面(带)产生剪切破坏,并发生整体、缓慢、间歇性、以水平位移为主的变形失稳现象。

滑坡具有方量大、范围广、滑动推力大等特点,严重时能够阻断交通、堵塞河道、摧毁厂房、掩埋村镇,造成人员伤亡和巨大的经济损失,因此被公认为是一种严重的自然灾害。又因其发生和发展与地质条件密切相关,故又称为地质灾害。

9.1.2 滑坡的分类

对滑坡进行分类是认识滑坡的基础,国内外对滑坡现象有广泛的研究,按照不同的分类标准划分的滑坡类型见表9.1。

表 9.1　滑坡的分类

序号	分类标准	类型
1	按滑坡体物质组成	土质滑坡:黏性土滑坡、黄土滑坡、堆积土滑坡、堆填土滑坡
		岩质滑坡:层状岩体滑坡、块状岩体滑坡、破碎岩体滑坡、坡脚软岩滑坡
2	按滑坡发生年代	古滑坡(全新世以前发生的)
		老滑坡(全新世以来发生的,现未活动)
		新滑坡(正在活动的)
3	按滑坡的规模	小型滑坡(<10 万 m^3)
		中型滑坡(10 万~50 万 m^3)
		大型滑坡(50 万~100 万 m^3)
		特大型(巨型)滑坡(>100 万 m^3)
4	按滑体的厚度	浅层滑坡(<6 m)
		中层滑坡(6~20 m)
		厚层滑坡(20~50 m)
		巨厚层滑坡(>50 m)
5	按主滑面的成因	堆积面滑坡
		层面滑坡
		构造面滑坡
		同生面滑坡

① 按滑坡体物质组成的分类是最普遍使用的一种分类,能直观地了解发生滑动的物质是什么,它可能沿着什么面(带)滑动。土质滑坡中又分黏性土滑坡,黄土滑坡,堆积土(崩积、坡积、洪积、冲积、冰碛等)滑坡,堆填土(包括堤坝填土及弃碴堆积)滑坡。岩质滑坡是指各种岩体的滑动,包括层状岩体的顺层面滑动、块状岩体顺构造面的滑动、破碎岩体顺构造面的滑动及坡脚软岩的挤出性滑动。

② 按滑坡发生年代分为古滑坡、老滑坡与新滑坡。古滑坡指全新世以前发生的滑坡,即河流一级阶地形成期及以前发生的滑坡,现河流冲刷对其稳定性不再起作用,如分布在一、二、三级阶地后缘的滑坡。老滑坡指发生在全新世以来的滑坡,目前处于稳定状态,即发生在河流岸边(或压埋河床卵石层)暂时稳定的滑坡,河流的冲刷对其稳定性仍然有影响。如南昆铁路八渡老滑坡,其前缘压埋南盘江河床卵石层 40~80 m 宽,该段 200 m 宽的河床被挤压到 120 m;1997 年南盘江发生大洪水,冲刷滑坡前缘抗滑段,造成老滑坡复活。新滑坡是指目前正在活动的滑坡,一般指新发生的滑坡。

③ 按滑坡的规模进行分类也是一种常用的分类方法。一般滑体在 10 万 m^3 以内的为小型滑坡,以在不动原线的条件下采取工程整治措施为原则,技术上易行、费用上经济。滑体在 10 万~50 万 m^3 的为中型滑坡,以减少整治量或为便于施工可局部移动线路为原则,采取综合措施防治,效

果较好。滑体在 50 万~100 万 m^3的为大型滑坡,可采取防治工程进行处理,包括针对成因或危害的主体工程和削弱或控制其他作用因素的多种辅助工程。滑体超过 100 万 m^3的为特大型滑坡,治理费用巨大,多以必要防护、改线绕避为主。

9.1.3　滑坡的破坏模式与特征

按力学条件和破坏模式,滑坡可分为牵引式滑坡和推移式滑坡。

牵引式滑坡是具有滑动条件的斜坡,由于河流冲刷、海浪侵蚀或人工开挖,削弱了坡脚的支撑力,使斜坡下部一块滑体沿潜在滑面先行滑动,而后斜坡中部、上部因下部滑动失去支撑而跟着发生第二、第三块滑动,国外称其为后退式滑坡。此种情况若采取工程措施及时稳定了第一块滑体,第二、三块滑体的滑动将不会发生。长江北岸的新滩滑坡因上部高百米的广家崖石灰岩崩塌加载造成的周期性滑动就是牵引式滑坡的典型实例。当然,江水冲刷坡脚也是滑坡复活的原因之一。牵引式滑坡的滑体主要是松散层、软弱夹层或古滑坡体、蠕变体,在山区进行的高速公路切方边坡中,会遇到大量的牵引式滑坡。同时,牵引式滑坡常有多个清坡平台,而推移式滑坡常只有一个带坡平台,如图 9.1 所示。

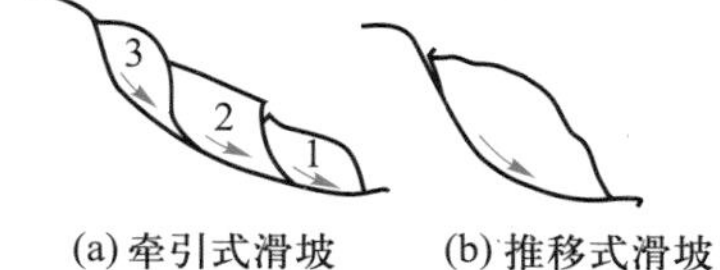

图 9.1　牵引式滑坡与推移式滑坡示意图

推移式滑坡由上部岩层滑动挤压下部产生变形,滑动速度较快,滑体表面呈波状起伏,多见于有堆积物分布的斜坡地段,一般不再带动上部山体发生大规模滑动。该类滑坡的破坏特征通常为水平层状体斜坡的滑移—压至拉裂或塑流—拉裂变形,具有间歇裂隙充水和承压型水动力特点。在三峡库区和四川盆地普遍存在一类十分特殊的滑坡,这种类型的滑坡多发育于近水平砂岩、泥岩互层的岩体中,岩层倾角一般仅为 3°~5°,最陡者也不超过 10°,如三峡库区的万州和平广场滑坡群、重庆市巴南麻柳嘴滑坡、四川省冯店垮梁子滑坡、宣汉县天台乡滑坡。

9.2　滑坡推力计算与稳定性分析

9.2.1　滑坡推力计算

滑坡推力的概念是剩余下滑力,即滑坡下滑力减去抗滑力。计算滑坡推力的基本原理是极限平衡理论。由于滑坡体物质及其构造的差异,滑动面可分为单一滑动面、圆弧滑动面、折线滑动面等不同类型,因此计算滑坡推力的方法各有不同。计算滑坡推力必须考虑一定的安全余量,通常有两种方法:一是将抗滑力折减 K 倍;二是将下滑力增大 K 倍。第一种方法力学概念清晰,但必须进行迭代计算以确定安全系数 K,计算工作量较大。第二种方法计算较简单,也是工程中常用的方法。以下主要介绍计算滑坡推力的第二种方法。

1. 单一平面式滑动面的滑坡推力计算

对于一般散体结构或破碎状结构的坡体,或顺层岩石坡体的滑动面,大多具有单一平面式滑动面或可简化为单一平面式滑动面。此时,计算滑坡推力通常假定用考虑黏聚力的等效内摩擦角代替岩土体的内摩擦角(图 9.2),因此滑体的稳定系数 K_0可表述为

$$K_0=\frac{\tan\ \varphi_b}{\tan\ \beta} \tag{9.1}$$

式中：φ_b——滑动面的等效内摩擦角，(°)；

β——滑动面倾角，(°)。

所以滑坡推力可表示为

$$F_a=W\cos\ \beta(K\tan\ \beta-\tan\ \varphi_b) \tag{9.2}$$

式中：W——滑体的重力，kN；

K——滑坡设计所需的安全系数。

2. 圆弧式滑动面的滑坡推力计算

对于含有大量黏性土质或黏性土的滑坡体，其滑动面形态一般可简化为圆弧式滑动面（图 9.3）。当滑体为均质时，可采用整体圆弧滑动面法；当滑体为非均质时，可采用圆弧滑动条分法。采用圆弧滑动条分法的滑体稳定系数 K_0 可表述为

$$K_0=\frac{\sum W_i\cos\ \alpha_i\tan\ \varphi_i+\sum c_i l_i}{\sum W_i\sin\ \alpha_i} \tag{9.3}$$

式中：α_i——某一分条滑面的倾角，(°)；

c_i、φ_i、l_i——某一分条底面的黏聚力（kN/m^2）、内摩擦角（°）、滑面长度（m）。

由此，滑坡推力可表示为

$$F_a=K\sum W_i\sin\ \alpha_i\sec\alpha_i-\sum W_i\cos\ \alpha_i\tan\ \varphi_i\sec\alpha_i-\sum c_i l_i\sec\alpha_i \tag{9.4}$$

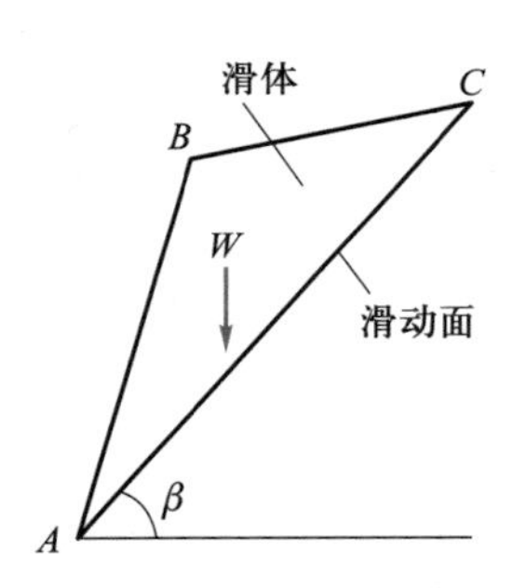

图 9.2　单一平面式滑动面

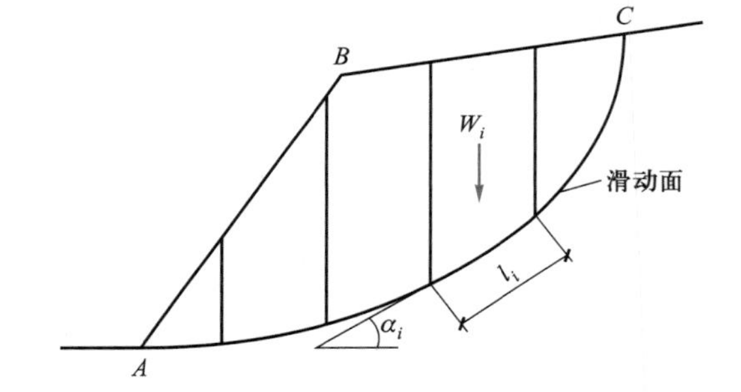

图 9.3　圆弧式滑动面

3. 折线式滑动面的滑坡推力计算

当滑动面为非均质时，滑动面形态多为一系列折线，通常采用传递系数法计算滑坡推力。其基本假定是：① 滑动体不可压缩，条块间没有挤压变形；② 条块间只传递推力，不传递拉力，因此条块间不产生拉裂破坏；③ 条块间相互作用力（条间推力）的作用方向平行于前一条块的滑动面方向，推力作用点位于条块分界面中点；④ 取滑坡主滑线剖面方向为滑动推力计算断面，不考虑计算断面之间的摩擦力（图 9.4）。取第 i 条块为隔离体，沿该条块滑动面方向建立力的平衡方程如下：

$$F_i-W_i\sin\ \alpha_i-F_{i-1}\cos\ (\alpha_{i-1}-\alpha_i)+[W_i\cos\ \alpha_i+F_{i-1}\sin\ (\alpha_{i-1}-\alpha_i)]\tan\ \varphi_i+c_i l_i=0 \tag{9.5}$$

由此得到第 i 条块的剩余下滑力，滑坡推力 F_i 为

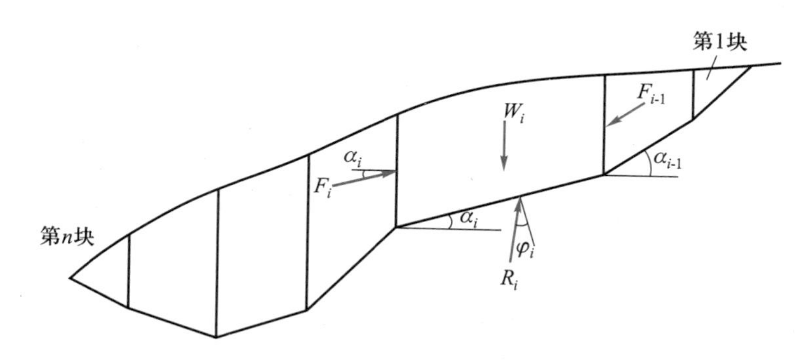

图 9.4　折线式滑动面的传递系数法

$$F_i=KW_i\sin\alpha_i-W_i\cos\alpha_i\tan\varphi_i-c_il_i+\Psi_iF_{i-1} \tag{9.6}$$

式中：F_i——第 i 条块滑体的剩余下滑力，kN；

F_{i-1}——第 $i-1$ 条块滑体的剩余下滑力，kN；

α_i——第 i 条块滑动面的倾角，(°)；

α_{i-1}——第 $i-1$ 条块滑动面的倾角，(°)；

c_i、φ_i、l_i——第 i 条块滑体底面的黏聚力（kN/m^2）、内摩擦角（°）、滑面长度（m）；

Ψ_i——传递系数，$\Psi_i=\cos(\alpha_{i-1}-\alpha_i)-\sin(\alpha_{i-1}-\alpha_i)\tan\varphi_i$；

K——滑坡设计所需的安全系数。

计算时由上至下逐条块进行，如果计算中某一条块的滑动面为逆坡，即 α_i 为负值，则 $W_i\sin\alpha_i$ 项不再乘以安全系数 K。如果最后一条块的 F_n 为正值，说明在当前设计安全水平下滑坡是不稳定的；若 F_n 小于等于零，说明滑坡稳定，满足设计要求。

4. 分块极限平衡法计算滑坡推力

折线式滑动面的滑坡推力计算方法存在两点不足：第一是各条块大多采用沿折线滑动面的竖直划分，这对于由岩石组成的滑坡体而言是难以做到的。第二是岩石滑体在滑动位移中，条块间一般都会有条块的相互错动，即在某条块达到极限状态时，条块界面也相应达到极限剪切状态。如果假定条块界面与滑体滑动面同时达到极限状态，则可采用分块极限平衡法计算任一划分条块界面，且条块间存在相互错动时的滑坡推力。

如图 9.5，假定 X_i、Y_i 分别为作用于第 i 条块滑体上的各种外荷载合力在水平和竖直方向的分量，$R_{i,i+1}$、$T_{i,i+1}$、$u_{i,i+1}$ 分别为 i 与 $i+1$ 条块交界面的法向力、切向力与孔隙水压力，$\mu_{i,i+1}$、$\beta_{i,i+1}$ 分别为 i 与 $i+1$ 条块交界面的摩擦系数、i 与 $i+1$ 条块交界面与水平轴正向的夹角。分析第 2 条块的受力，可得

$$R_{12}=\frac{B_1-A_1}{C_1} \tag{9.7}$$

$$T_{12}=\frac{\mu_{12}R_{12}+c_{12}l_{12}}{K} \tag{9.8}$$

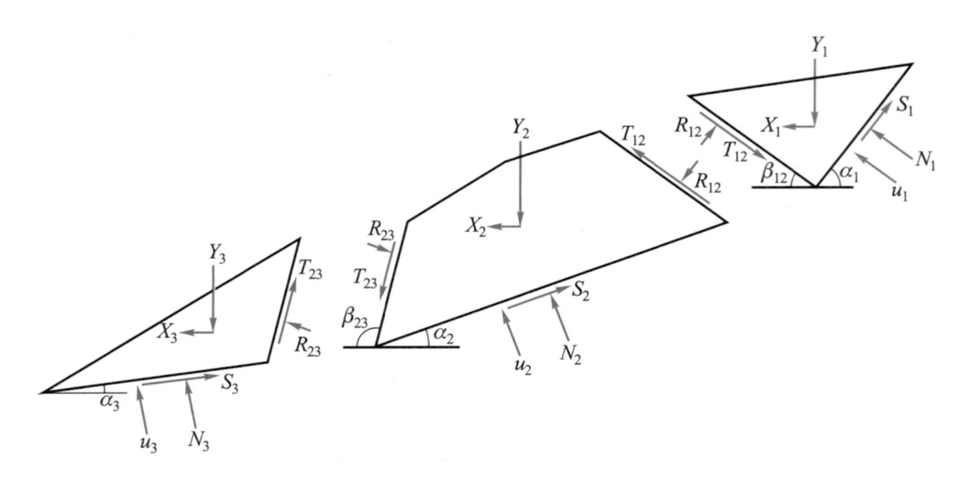

图 9.5 分块极限平衡法计算滑坡推力

其中

$$\begin{cases} A_1=\left(Y_1-\dfrac{c_1l_1}{K}\sin\alpha_1-\dfrac{c_{12}l_{12}}{K}\sin\beta_{12}-u_1\cos\alpha_1\right)\left(\dfrac{\mu_1}{K}\cos\alpha_1-\sin\alpha_1\right)\\ B_1=\left(X_1-\dfrac{c_1l_1}{K}\cos\alpha_1+\dfrac{c_{12}l_{12}}{K}\cos\beta_{12}+u_1\sin\alpha_1\right)\left(\cos\alpha_1+\dfrac{\mu_1}{K}\sin\alpha_1\right)\\ C_1=\left(\sin\beta_{12}-\dfrac{\mu_{12}}{K}\cos\beta_{12}\right)\left(\cos\alpha_1+\dfrac{\mu_1}{K}\sin\alpha_1\right)-\left(\cos\beta_{12}+\dfrac{\mu_{12}}{K}\sin\beta_{12}\right)\left(\dfrac{\mu_1}{K}\cos\alpha_1-\sin\alpha_1\right) \end{cases}$$

式中：c_{12}、φ_{12}——第 1 条块与第 2 条块交界面的黏聚力、内摩擦角。

分析第 3 条块的受力，可得到：

$$R_{23}=\frac{B_2-A_2}{C_2}+F_{12} \tag{9.9}$$

$$T_{23}=\frac{\mu_{23}R_{23}+c_{23}l_{23}}{K} \tag{9.10}$$

其中

$$F_{12}=\frac{(R_{12}\sin\beta_{12}-T_{12}\cos\beta_{12})\left(\cos\alpha_2+\dfrac{\mu_2}{K}\sin\alpha_2\right)-(R_{12}\sin\beta_{12}+T_{12}\cos\beta_{12})\left(\dfrac{\mu_2}{K}\cos\alpha_2-\sin\alpha_2\right)}{C_2}$$

A_2、B_2、C_2的表达式与 A_1、B_1、C_1的表达式相同，只是将相应的下标 1 换为 2、12 换为 23 即可。由此类推，第 i 条块传递给第 $i+1$ 条块的力为

$$R_{i,i+1}=\frac{B_i-A_i}{C_i}+F_{i-1,i} \tag{9.11}$$

$$T_{i,i+1}=\frac{\mu_{i,i+1}R_{i,i+1}+c_{i,i+1}l_{i,i+1}}{K} \tag{9.12}$$

其中

$$
\left.\begin{aligned}
A_i&=\left(Y_i-\frac{c_il_i}{K}\sin\alpha_i-\frac{c_{12}l_{12}}{K}\sin\beta_{i,i+1}-u_i\cos\alpha_i\right)\left(\frac{\mu_i}{K}\cos\alpha_i-\sin\alpha_i\right)\\
B_i&=\left(X_i-\frac{c_il_i}{K}\cos\alpha_i+\frac{c_{i,i+1}l_{i,i+1}}{K}\cos\beta_{i,i+1}+u_i\sin\alpha_i\right)\left(\cos\alpha_i+\frac{\mu_i}{K}\sin\alpha_i\right)\\
C_i&=\left(\sin\beta_{i,i+1}-\frac{\mu_{i,i+1}}{K}\cos\beta_{i,i+1}\right)\left(\cos\alpha_i+\frac{\mu_i}{K}\sin\alpha_i\right)-\\
&\quad\left(\cos\beta_{i,i+1}+\frac{\mu_{i,i+1}}{K}\sin\beta_{i,i+1}\right)\left(\frac{\mu_i}{K}\cos\alpha_i-\sin\alpha_i\right)\\
F_{i-1,i}&=\frac{(R_{i-1,i}\sin\beta_{i-1,i}-T_{i-1,i}\cos\beta_{i-1,i})\left(\cos\alpha_i+\frac{\mu_i}{K}\sin\alpha_i\right)}{C_i}-\\
&\quad\frac{(R_{i-1,i}\sin\beta_{i-1,i}+T_{i-1,i}\cos\beta_{i-1,i})\left(\frac{\mu_i}{K}\cos\alpha_i-\sin\alpha_i\right)}{C_i}
\end{aligned}\right\}\quad(9.13)
$$

安全系数 K 的取值见表 9.2。

表 9.2　安全系数 K 取值表

	临时工程	永久工程	重要工程
K	1.05~1.10	1.15~1.20	1.25~1.50

9.2.2　滑坡稳定性分析

滑坡稳定性分析是一个融合多学科、考虑多要素的复杂体系，在评价过程中往往需要从滑坡体发育环境、诱发因素、内在成因机制、运动模式等多方面进行综合分析。目前，分析方法发展迅速，主要有定性、定量两大类。定性类方法在工程项目中应用时间较早、适用范围广，因而在评价预测方面发挥了重大作用。目前定性类方法主要有自然历史分析法、工程类比法和图解法。定量分析方法是一种涉及力学、统计学等多领域的量化计算方法，主要有极限平衡法、强度折减法、数值法、破坏概率法及其他类方法。工程中多用整体圆弧滑动法、瑞典条分法、毕肖普法、简布法及不平衡推力传递法等，其中不平衡推力传递法详见 GB/T 38509—2020《滑坡防治设计规范》。

1. 整体圆弧滑动法

图 9.6 表示一个均质的黏性土坡。AC 为滑动圆弧，O 为圆心，R 为半径。认为边坡失去稳定就是滑动土体绕圆心发生转动。把滑动土体看作一个刚体，滑动土体的重量 W 将使土体绕圆心 O 旋转，转动力矩为 $M_s=Wd$，d 为过滑动土体重心的竖直线与圆心 O 的水平距离。抗滑力矩 M_R 由两部分组成：一部分是滑动面AC上的黏聚力产生的抗滑力矩，其值为 $c\cdot AC\cdot R$，c 为土的黏聚力；另一部分是滑动土体重量在滑动面上的正应力所产生的总抗滑力矩，这一抗滑力矩可积分求得：

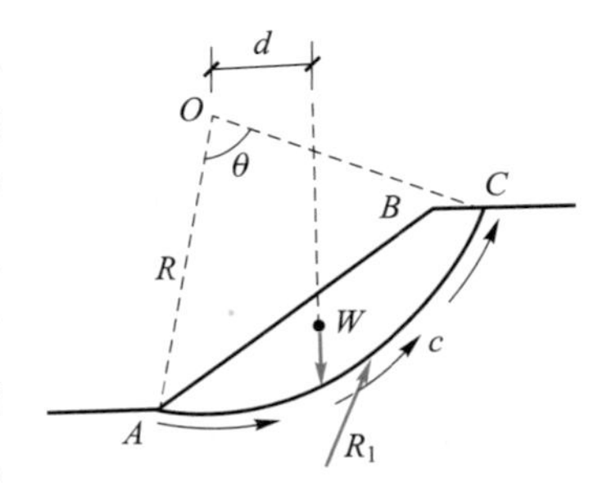

图 9.6　整体滑动弧面

$$M_{R2}=\int_A^C \sigma_n \tan\varphi R\mathrm{d}l \tag{9.14}$$

由于滑动面上各点的 σ_n 无法确定，这部分抗滑力矩无法直接积分求得。因此对于 $\varphi>0$ 的土，必须用后面将讲述的条分法，才能近似求得摩擦力所产生的抗滑力矩。当 $\varphi=0$ 时，各点反力的方向必垂直于滑动面，即通过圆心 O，不产生抗滑力矩，因此抗滑力矩只有 $c\cdot AC\cdot R$ 一项。这时稳定安全系数可用下式定义：

$$F_s=\frac{\text{抗滑力矩}}{\text{滑动力矩}}=\frac{M_R}{M_s}=\frac{c\cdot AC\cdot R}{Wd} \tag{9.15}$$

这就是整体圆弧滑动法计算边坡稳定的公式，它只适用于 $\varphi=0$ 的情况，即适用于饱和软黏土的不排水条件下的土坡。

2. 瑞典条分法

瑞典条分法是条分法中最简单最古老的一种。该法假定滑动面是一个圆弧面，并认为条块间的作用力对边坡的整体稳定性影响不大，可以忽略，或者说，假定条块两侧的作用力大小相等、方向相反且作用于同一直线上，所以可以不予考虑。如图 9.7 所示，取条块 i 进行分析，土条 i 的重力 W_i 沿该条滑动面的中点分解为切向力 $T_{Wi}=W_i\sin\theta_i$ 和法向力 $N_{Wi}=W_i\cos\theta_i$。滑动面以下部分对该条的反力的两个分量分别表示为 N_i 和 T_i。

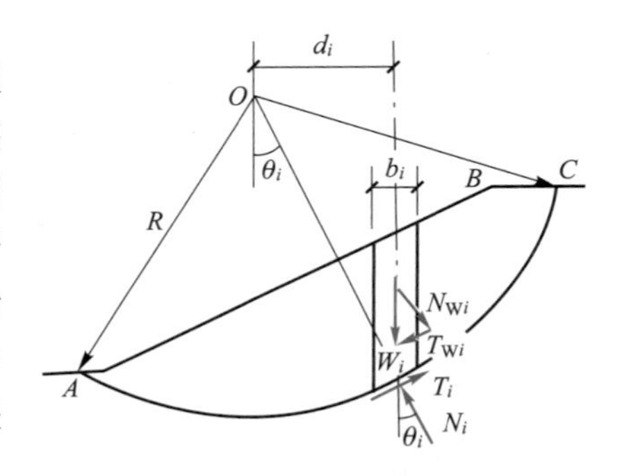

图 9.7　瑞典条分法

$$\sum F_s=\frac{\sum(c_il_i+W_i\cos\theta_i\tan\varphi_i)}{\sum W_i\sin\theta_i} \tag{9.16}$$

由此看来瑞典条分法是忽略条间力影响的一种简化方法，它只满足滑动土体整体力矩平衡条件而不满足土条的静力平衡条件，这是它区别于后面将要介绍的其他条分法的主要特点。此法应用的时间很长，积累了丰富的工程经验，一般得到的安全系数偏低，即误差偏于安全方面，故目前仍然是工程中常用的方法。

3. 毕肖普法

毕肖普(Bishop)于 1955 年提出一个考虑土条侧面力的土坡稳定分析方法，称为毕肖普法。如图 9.8 所示，从圆弧滑动体内取出土条 i 进行分析。作用在条块 i 上的力，除了重力 W_i 外，滑动面上有切向力 T_i 和法向力 N_i，条块的侧面分别有法向力 P_i、P_{i+1} 和切向力 H_i、H_{i+1}。若条块处于静力平衡状态，根据满足安全系数为 F_s 时的极限平衡条件，应有

$$F_s=\frac{\sum\frac{1}{m_{\theta i}}[(c_ib_i+(W_i+\Delta H_i)\tan\varphi_i]}{\sum W_i\sin\theta_i} \tag{9.17}$$

式中：$m_{\theta i}=\cos\theta_i+\dfrac{\sin\theta_i\tan\varphi_i}{F_s}$。

这就是毕肖普法的土坡稳定一般计算公式，式中 $\Delta H_i=H_{i+1}-H_i$，仍然是未知量。如果不引进其他的简化假定，式(9.17)仍然不能求解。毕肖普进一步假定 $\Delta H_i=0$，也就是认为条块间只有水平作用力 P_i 而不存在切向力 H_i，或者假设两侧的切向力相等，即 $\Delta H=0$，于是式(9.17)进一步简化为

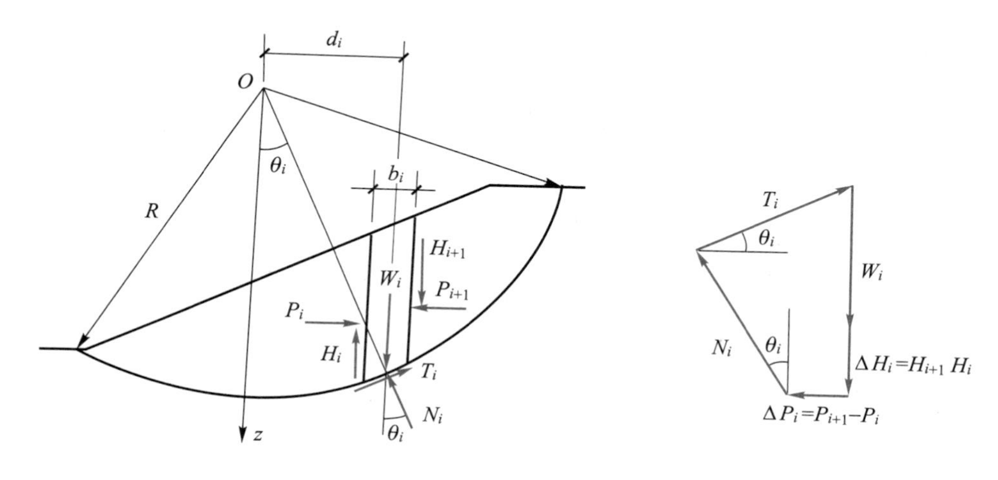

图 9.8　毕肖普法

$$F_s=\frac{\sum \frac{1}{m_{\theta i}}(c_ib_i+W_i\tan\ \varphi_i)}{\sum W_i\sin\ \theta_i} \tag{9.18}$$

上式称为简化毕肖普公式。式中,参数$m_{\theta i}$包含有安全系数F_s,因此不能直接求出安全系数,而需要采用试算的办法,迭代求算F_s。

由于毕肖普法考虑了条块间水平力的作用,得到的安全系数较瑞典条分法略高一些。很多工程计算表明,毕肖普法与严格的极限平衡分析法(即满足全部静力平衡条件的方法,如下述的简布法)相比,计算结果非常接近。由于计算不很复杂,精度较高,所以是毕肖普法目前工程中常用的一种方法。

4. 简布法

普通条分法是适用于任意滑动面的方法,不必规定圆弧滑动面。它特别适用于不均匀土体的情况,简布法是其中的一种方法。如图 9.9 所示,滑动面一般发生在地基具有软弱夹层的情况,简布法假设了条间力的作用位置,这样,各土条都满足所有的静力平衡条件和极限平衡条件,滑动土体的整体平衡条件自然也得到满足。

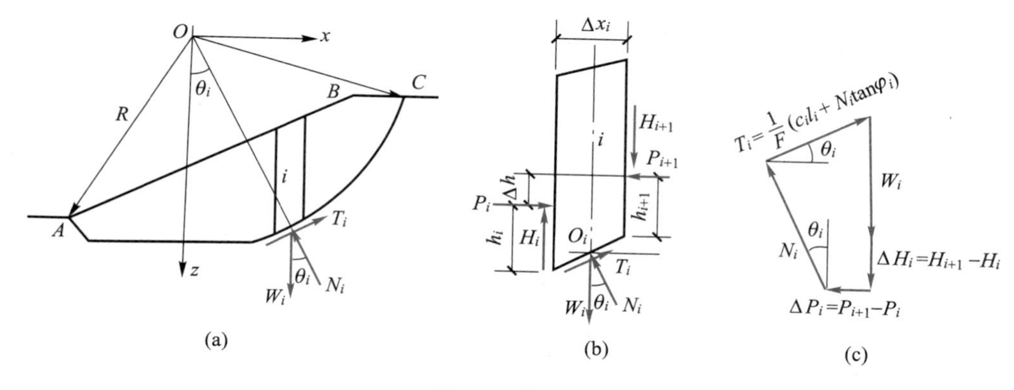

图 9.9　简布法

从图 9.9a 中的滑动土体 ABC 内取任意土条 i 进行静力分析。作用在土条 i 上的力及其作用点如图 9.9b 所示。按静力平衡条件，$\sum F_x=0$，整理后得

$$F_s=\frac{\sum\left[c_i l_i\cos\theta_i+(W_i+\Delta H_i)\tan\varphi_i\right]\dfrac{1}{\cos\theta_i(\cos\theta_i+\sin\theta_i\tan\varphi_i/F_s)}}{\sum(W_i+\Delta H_i)\tan\theta_i}=\frac{\sum\left[c_i l_i\cos\theta_i+(W_i+\Delta H_i)\tan\varphi_i\right]\dfrac{1}{m_{\theta i}\cos\theta_i}}{\sum(W_i+\Delta H_i)\tan\theta_i}\tag{9.19}$$

9.3　滑坡支挡结构设计

9.3.1　预应力锚索

锚索是一种主要承受拉力的杆状构件，它通过钻孔将钢绞线或高强度钢丝固定于深部稳定的地层中，并在被加固体表面通过张拉产生预应力，从而达到使被加固体稳定和限制其变形的目的。据资料记载，1933 年阿尔及利亚的工程师 Coyne 首次将锚索加固技术用于水利水电工程的坝体加固并获得成功。从 20 世纪 40 年代末至 70 年代初，锚索加固技术得到了迅速发展，加固理论、设计方法和有关规范也逐步出现和完善。我国的预应力锚索加固技术始于 20 世纪 60 年代，自 1964 年在梅山水库右岸坝基的加固中首次成功地使用了锚索加固技术以来，该项技术已在我国的边坡、基坑、地下工程、坝基、码头、船坞等工程的加固、支挡及抗浮、抗倾覆稳定性加固中逐步广泛使用。锚索与其他结构物组合的新型支挡结构，如锚索桩、锚索墙、锚索板桩墙、锚索地梁、锚索格构梁也得到了大力发展。图 9.10 所示为常用的预应力锚索工程应用。

随着锚固技术的发展，各类工程对锚索的要求越来越高，越来越精，特别是永久建筑物要求采用永久防护锚索。对外锚头，要求有可靠的锚固效果，避免产生滑丝等现象造成预应力损失；对锚索体，要求具有高强度、低松弛及高防护性能；对锚固段，要求能够提供更高的锚固力，特别是对处于土体中的锚固段，提出了更高的要求。

1. 预应力锚索类型

目前在加固工程中使用的锚索种类繁多，按不同的分类方法可将锚索划分为不同的类型，例如按外锚头的结构形式分为 OVM 锚、QM 锚、XM 锚等；按锚索体种类分为钢绞线束锚索、高强钢丝束锚索；按锚固段结构受力状态分为拉力型、压力型、荷载分散型；另外还有可拆除式锚索、观测锚索等。

① 拉力型锚索主要依靠内锚固段提供足够的抗拔力，以保证预应力的施作。拉力型锚索结构简单，施工方便，造价较低，其结构如图 9.11 所示。但这种锚索内锚固段受力机制不尽合理，在内锚固段底部岩体产生拉应力，且应力较集中，使内锚固段上部产生较大的拉力，易把浆体拉裂，影响抗拔力和锚索的永久性。

② 压力型锚索与拉力型锚索的受力原理不同，见图 9.12。压力型锚索荷载分布的特点是：在锚索的根部荷载大，靠近孔口方向荷载明显变小，这样有利于将不稳定体锚定在地层的深部，

充分利用有效锚固段，从而可缩短锚索长度；浆体受压，被锚固体受压范围更大，可提供更大锚固力；压力型锚索的锚索体采用无黏结钢绞线，因而多一层防护措施，如果采用镀锌或环氧喷涂钢绞线外再包裹一层或两层高密度聚乙烯(PE)套管，就具有更好的防护性能；安装锚索后可一次性全孔注浆，这样不仅减少注浆工序，而且即使没施加预应力，也可靠浆体和土体的黏结力起到一定的作用，这对于正在滑动的滑坡体加固是很有必要的。

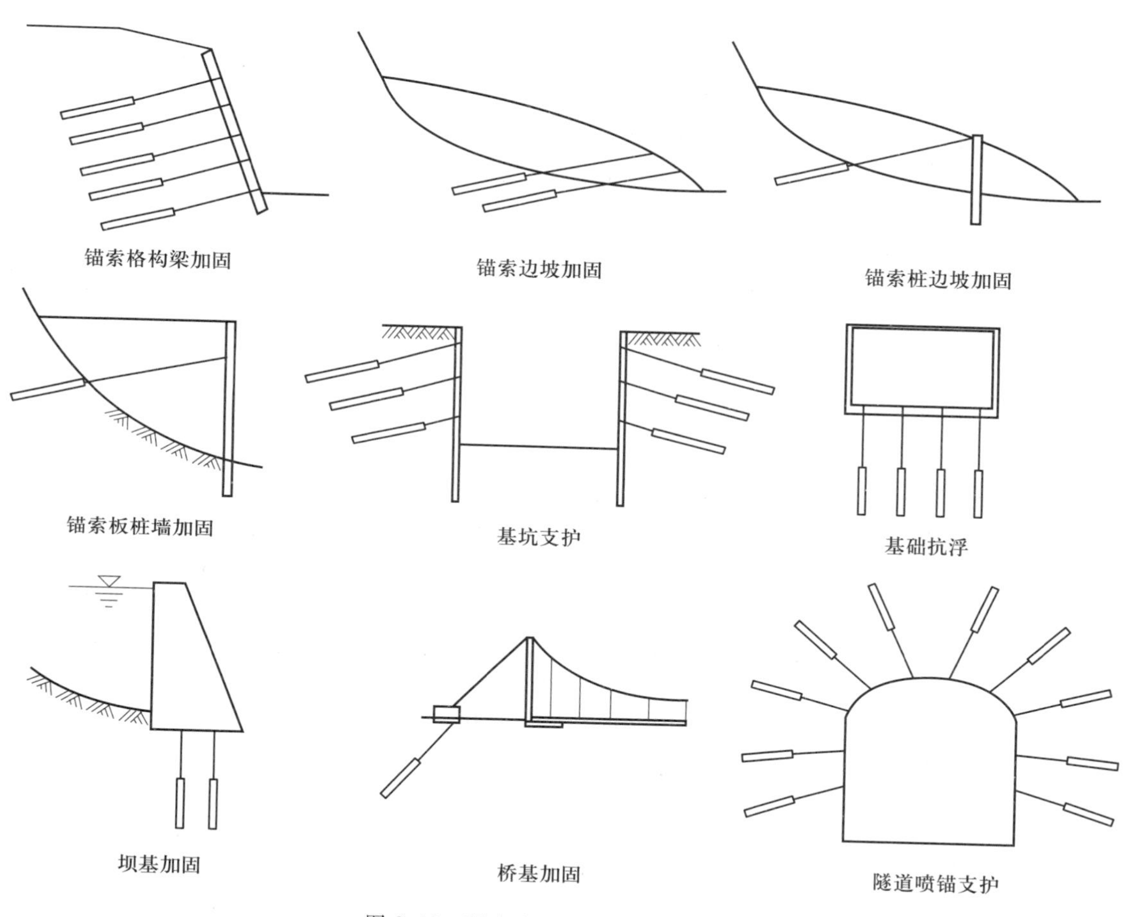

图 9.10　预应力锚索工程应用示意图

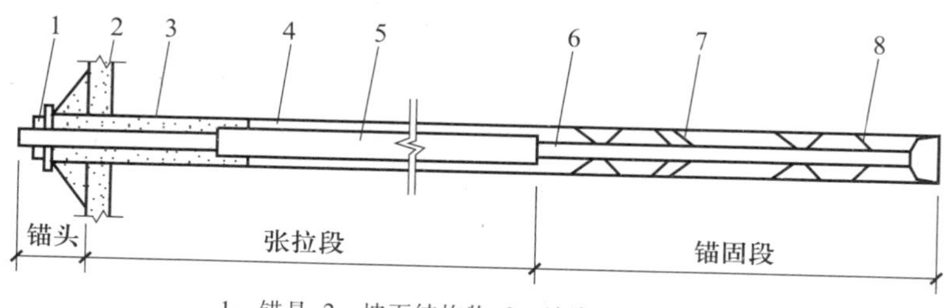

1—锚具；2—坡面结构物；3—油脂；4—注浆体；
5—套管；6—锚索体；7—裂纹；8—对中支架。

图 9.11　拉力型锚索结构示意图

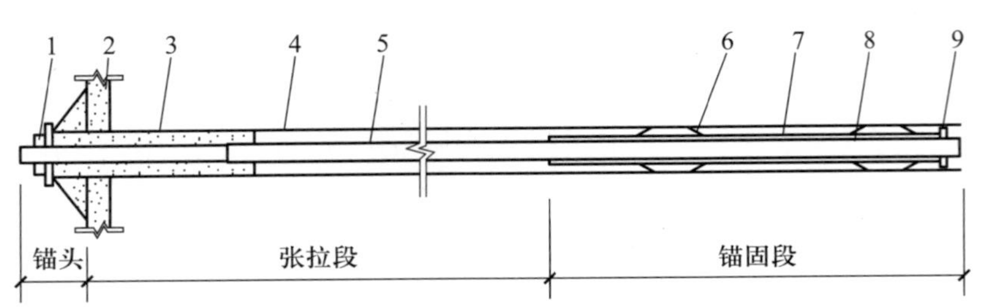

1—锚具;2—坡面结构物;3—油脂;4—注浆体;5—套管;6—对中支架;
7—波纹管;8—锚索体;9—端部压板。

图 9.12 压力型锚索结构示意图

③ 荷载分散型锚索。上述拉力型和压力型锚索,都将预应力过于集中地传递给锚固段的局部部位,拉力型锚索易把浆体拉裂,即使压力型锚索,在承载板上部 0.25~0.3 m 范围内的浆体也会有受压破坏的情况发生。荷载分散型锚索则是将施加的预应力分散在整个锚固段上,使应力应变分散、减小,从而确保锚固体不受破坏。这类锚索大致可分为拉力分散型、压力分散型、拉压分散型和剪力型锚索。

2. 预应力锚索的材料

(1) 锚索材料

锚杆体是实现张拉对介质进行锚固的关键。锚杆体材料主要有高强钢丝、高强钢绞线、高强的精轧螺纹钢筋和其他高强钢材。锚杆体在张拉荷载的作用下可以自由伸长,将这部分伸长量永久地固定或"冻结"以后,则对岩体或各种构筑物产生了一定的预压应力。目前我国预应力锚杆中使用的主要材料是高强钢丝和高强钢绞线,也有少量的工程采用精轧螺纹钢筋。随着预应力锚固技术的发展,最近几年又出现了双层保护的无黏结预应力锚索和自钻式预应力锚索。

预应力钢绞线按捻制结构分为两根钢丝捻制的钢绞线(1×2)、三根钢丝捻制的钢绞线(1×3)和七根钢丝捻制的钢绞线(1×7)。钢绞线结构见图 9.13,结构尺寸及允许偏差见表 9.3,钢绞线的力学性能见表 9.4。

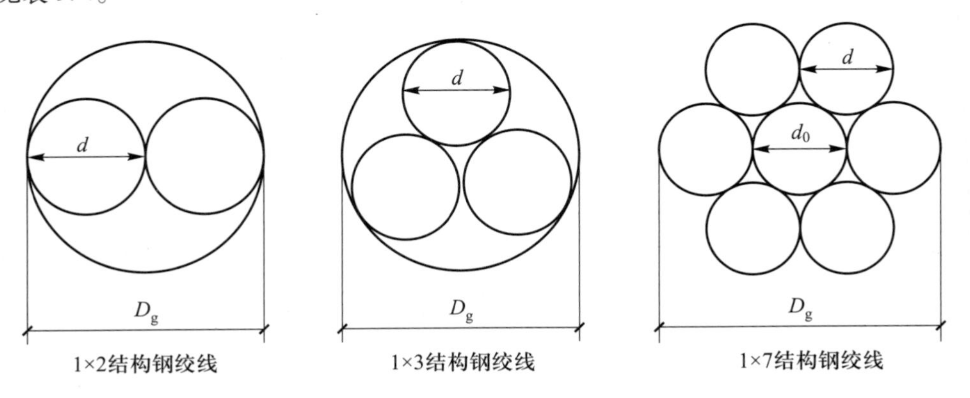

D_g—钢绞线直径;d_0—中心钢丝直径;d—外层钢丝直径。

图 9.13 钢绞线结构图

表 9.3　钢绞线结构尺寸及允许偏差

钢绞线结构	公称直径/mm		钢绞线直径允许偏差/mm	钢绞线公称截面面积/mm^2	每 1 000 m 钢绞线理论质量/kg	中心钢丝直径加大范围不小于/%
	钢绞线	钢丝				
1×2	10.00	5.00	+0.30 −0.15	39.5	310	—
	12.00	6.00		56.9	447	—
1×3	10.80	5.00	+0.30 −0.15	59.3	465	—
	12.90	6.00		85.4	671	—
1×7 标准型	9.50		+0.30 −0.15	54.8	432	2.0
	11.10			74.2	580	
	12.70		+0.40 −0.20	98.7	773	
	15.20			139	1 101	
1×7 模拔型	12.70			112	890	
	15.20			165	1 295	

表 9.4　钢绞线的力学性能

钢绞线结构	钢绞线公称直径/mm	强度级别/MPa	整根钢绞线的最大荷载/kN	0.2%屈服荷载/kN	伸长率/%	1 000 h 应力损失(%)不大于	
			不小于			70%公称最大负荷	80%公称最大负荷
1×2	10.00	1 720	67.6	59.5	3.5	2.5	4.5
	12.00		97.2	85.5			
1×3	10.80		110	96.8			
	12.90		158	139			
1×7	9.50	1 860	102	89.8			
	11.10		138	121			
	12.70		184	162			
	15.20		260	229			
	15.70		279	246			

注：屈服负荷不小于整根钢绞线的最大负荷的 85%。

(2) 自由段套管和波纹套管

自由段套管有以下两个功能：用于锚索体的防腐，阻止地层中有害气体和地下水通过注浆体向锚索体渗透；隔离效果，即将锚索体与周围注浆体隔离，使锚索体能自由伸缩，达到应力和应变全长均匀分布的目的。

自由段套管的材料常用聚乙烯、聚丙乙烯或聚丙烯，在施工时可选用与钢绞线尺寸相符的优质塑料管在现场套制。无论是在现场制作或使用工厂生产的套管，均要保证其壁厚不小于 1 mm，以防在锚索施工中破损。

波纹套管应使用具有一定韧性和硬度的塑料制成，有以下两方面功能：① 锚索体防腐，作用同塑料套管；② 保证锚固段应力向地层传递的有效性。波纹套管可使管内注浆体与管外注浆体形成相互咬合的沟槽，以使锚索拉力通过注浆体有效地传入地层。

（3）锚具

锚具是锚索的重要部件，锚索的锚固性能是否能满足设计要求，所选锚具的质量是关键。

目前用于钢绞线锚固的锚具有 JM 系列、XYM 系列、QM 系列和 OVM 系列等。选用锚具应符合 JGJ 85—2010《预应力筋用锚具、夹具和连接器应用技术规程》的规定，锚具的形式和规格应根据锚索体材料的类型、锚固力大小、锚索受力条件和锚固使用要求选取。承受动荷载和静荷载的重要工程，应使用Ⅰ类锚具；受力条件一般的非重要工程，可使用Ⅱ类锚具。所选用的锚具都要进行性能试验。

（4）注浆体

注浆体用于锚索的锚固和防腐。目前工程中常用水泥质注浆体，树脂类注浆体的造价较高，工程应用较少。水泥质注浆体材料主要为纯水泥浆或水泥砂浆，水灰比一般为 0.4~0.45，根据需要掺入部分外加剂，注浆体抗压强度一般不低于 30 MPa。外加剂主要有早强剂、缓凝剂、膨胀剂、抗泌剂、减水剂等。对于永久性锚索，外加剂中不得含有害性元素。

（5）对中支架

对中支架保证张拉段的锚索体在孔中居中，从而使锚索体可被一定厚度的注浆体覆盖。在设置对中支架时要符合下列要求：① 所有锚索均应沿锚索张拉段全长设置对中支架；② 对中支架应保证其所在位置处锚索体的注浆体覆盖层厚度不小于 10 mm；③ 波纹管内对中支架应保证其所在位置处锚索体的注浆体覆盖层厚度不小于 5 mm；④ 对中支架的间距一般根据锚索组装后的刚度确定，应确保两相邻对中支架中点处锚索体或波纹管的注浆体覆盖层厚度不小于 5 mm；⑤ 在软弱地层中的对中支架应避免陷入孔壁地层，应将支架与孔壁的接触面积进行相应扩大。

（6）隔离支架

隔离支架的作用是使锚固段的各根钢绞线相互分离，并使锚索体居中。隔离支架的设置要符合下列要求：① 所有钢绞线组成的锚索体，在锚固段均应使用隔离支架；② 隔离支架应在保证其有效工作的同时，确保注浆体能顺利通过；③ 隔离支架应具有足够的刚度，当锚索受力时不允许产生过大变形；④ 隔离支架应能使钢绞线可靠分离，使每股钢绞线之间的净距大于 5 mm，且使隔离支架处锚索体的注浆体厚度大于 10 mm；⑤ 每根锚索的锚固段最少应安装 3 个隔离支架，其间距一般由现场组装情况确定。

3. 预应力锚索的防腐

（1）预应力锚索防腐的概念

防腐设计的目的是确保在工程有效服务年限内锚索不被腐蚀和破坏。锚索要在高应力状态下长时间工作，这些锚索所处的工作环境可能十分恶劣，在这种条件下锚索的腐蚀速度是十分惊人的。目前对锚索的腐蚀与防腐研究还没达到量化的程度，只能针对地层对锚索的腐蚀程度采取相应的保护措施。地层对锚索的腐蚀是从锚索体表面开始的，首先腐蚀金属表面的纯化层，继而腐蚀锚索体本身，腐蚀锚索体材料的速度取决于注浆体的质量、渗透性、注浆体是否开裂、裂缝宽度、锚索的工作环境和锚索的应力状态。

（2）预应力锚索防腐的原则

在确定预应力锚索防腐系统时，应重点考虑以下因素：① 锚索服务年限；② 地层腐蚀级别；③ 工程的重要性；④ 腐蚀破坏所产生的后果与施加防腐蚀措施所增加费用的对比。因此锚索防腐的基本原则是，对于锚固力较低的锚索，当处于非侵蚀性和低渗透性（$K<10$ m/s）的地层中时，可仅使用水泥质注浆体进行防护；锚固力较高的永久性锚索，即使当锚索工作在低渗水性的地层中时，原则上也要进行物理防护。锚索的防腐方法主要有碱性环境防护、物理防护和电力防护等。由于造价等方面的原因，目前的防腐蚀主要以前两种方法为主。

（3）预应力锚索的防腐措施

① 自由段防腐。自由段塑料套管宜选用聚氯乙烯或聚丙烯软塑料管，分别对每一根钢绞线或钢筋进行防护，自由段防腐应遵守如下规定：

a. 自由段塑料套管宜选用聚氯乙烯或聚丙烯软塑料管，套管内所有空间应用油脂充填；

b. 临时锚索可用塑料带或油脂浸渍的高分子纤维织物取代塑料套管，在缠裹时，塑料带的搭接长度应大于带宽的 50%，且塑料带应与锚索体紧密接触；

c. 在现场制作防腐涂层时，锚索体应用防锈剂涂刷防锈层；

d. 套管与锚索体之间的空隙应用油脂充填；

e. 自由段长度部分可用光面塑料管取代波纹管，但光面管应具有足够的抗变形性、韧性和抗渗透性，光面管与锚固段波纹管之间要有可靠的连接；

f. 自由段宜选用无接头的套管，当有接头存在时，接头处搭接长度应大于 50 mm，并用胶带密封，若使用有溶解能力的黏结胶密封时，其搭接长度一般不小于 20 mm。

② 锚固段防腐。对锚固段进行防腐处理时，防腐系统应确保能把锚索内部的应力有效地传入地层，同时要确保防腐系统的有效性。

③ 锚头防腐。锚头防腐分为垫板下部和垫板上部两个部分，上部是对外露部分进行防腐处理，下部是对由于注浆体收缩而形成的空洞进行处理。

垫板下部的防腐处理不应影响锚索的性能。对于自由锚索，防腐处理后的锚索体应能自由伸缩，所以垫板下部要注入油脂，且要求油脂充满整个空间。当锚索需要补偿张拉时，垫板上部的锚头部分必须使用可拆除式的防护帽进行防护，防护帽可使用金属或塑料制作，防护帽与垫板应有可靠的联结和密封，内部用油脂充填（图 9.14）。当锚索不需补偿张拉时，可使用混凝土进行防护处理，混凝土覆盖层厚度应不小于 25 cm。当锚头被混凝土结构覆盖且覆盖层厚度满足规范要求

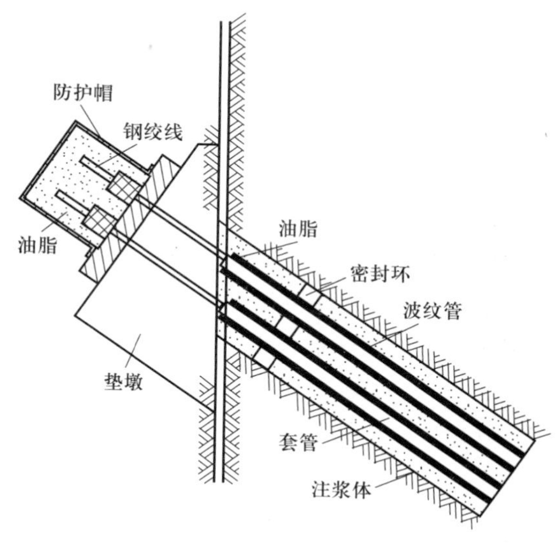

图 9.14　锚头防腐结构示意图

时，可不再进行防腐处理。

4. 预应力锚索结构设计

(1) 锚索破坏形式与锚索设计的一般要求

预应力锚索设计就是针对特定的地层条件和锚固形式，确定锚索承载能力和锚固长度。为了确保锚索的应力传入稳定的地层，通常采用下列方法：

① 用机械装置(例如胀壳式内锚头)把锚索固定在坚硬稳定的地层中；

② 用注浆体(例如砂浆、素水泥浆或树脂类注浆体)把锚固段锚索体与孔壁黏结在一起；

③ 用扩大锚头钻孔(例如高压注浆、扩孔)等手段把锚固段固定在稳定地层中。

能否合理选用以上方法，主要取决于设计人员对地层的力学性质和锚索力学性能的了解程度。地层条件存在差异同时锚索的锚固性能又对地层性质的变化极其敏感，所以不可能用一个简单的公式来准确地计算其锚固力，通常是通过现场试验来确定锚索在某一特定地层中的锚固力和锚固性能。为了确保锚索加固的长期有效性，德国工业标准(DIN4125)规定，对于土层锚索，不得在下列地层中设置锚固段：① 有机土质地层；② 稠度指数为 0.9 以下的黏性土层；③ 液限为 50%以上的黏性土层；④ 相对密度为 0.3 以下的松散砂层。

锚索的破坏，常常表现为以下几种形式：① 沿着锚索体与注浆体界面破坏；② 沿着注浆体与地层界面破坏；③ 由于埋入稳定地层中的深度不够而使地层呈锥体状剪切拉断破坏；④ 由于锚索体材料强度不足而出现断裂破坏；⑤ 锚固段注浆体被压碎或破裂；⑥ 锚索整体承载力不够而出现锚索群体破坏。设计应考虑到锚索在最大承载力范围内工作时，能够避免以上破坏形式的出现。因此预应力锚索设计的一般要求为：

a. 应在调查、试验、研究的基础上，充分考虑锚固区岩土工程条件及其工程的重要性；

b. 在满足工程使用功能的条件下，应确保锚固设计具有安全性与经济性；

c. 确保锚索施加于结构或地层上的预应力不对结构物本身和相邻结构物产生不利影响，锚固体产生的位移应控制在允许的范围内；

d. 永久锚索的有效寿命不应小于被加固结构物的服务年限；

e. 设计采用的锚索均应在进行锚固性能试验后才能用于工程加固；

f. 锚固设计结果与试验结果有较大差别时，应调整锚固设计参数后重新进行试验。

(2) 锚索设计内容、设计准则与安全系数

锚索设计的主要内容有：① 根据地层情况合理选择锚索锚固类型及结构尺寸；② 确定锚索的锚固力及预应力量值；③ 确定锚索体材料及截面面积；④ 计算锚索注浆体与地层之间的锚固长度；⑤ 计算锚索注浆体与锚索体之间的锚固长度；⑥ 确定锚索锚固段长度、张拉段长度及锚固深度；⑦ 根据所选用的张拉设备及锚具，确定锚索的张拉长度；⑧ 确定锚索的结构形式及防腐措施；⑨ 确定锚头的锚固形式及防护措施。

应满足的锚索设计准则为

$$\left.\begin{aligned} T_a &= T_u / K \\ T_a &\geq T_w \end{aligned}\right\} \tag{9.20}$$

$$T_d \geq T_w \tag{9.21}$$

式中：T_a——锚索容许锚固力；

T_u——锚索极限锚固力；

T_w——锚索工作锚固力；

T_d——锚索设计锚固力；

K——安全系数。

由于前述的各种破坏形式具有许多不确定因素，在确定安全系数时，一般将锚索划分为"临时"和"永久"两类，分别考虑其重要性。表 9.5 给出了锚固设计时各界面在不同情况下的安全系数。

表 9.5　单根锚索设计安全系数

分类	安全系数			
	锚索体	注浆体与地层界面	注浆体与锚索体或注浆体与套管	锥体破坏
服务年限小于 6 个月的临时锚索，破坏后不会产生严重后果，且不会增加公共安全危害	1.40	2.00	2.00	2.00
服务年限不超过 2 年的临时锚索，破坏后不会产生严重后果，但没有事先预报也不会产生公共安全危害	1.60	2.50①	2.50	3.00
永久锚索，高腐蚀地层中的锚索，破坏后果相当严重的锚索	2.00	3.00②	3.00	4.00

注：① 如果已进行现场试验，可取 $K=2.00$；

② 在黏性土中 $K=4.00$。

（3）锚索工作锚固力 T_w 的计算

根据设计荷载在锚索结构物上的分配，通过计算确定锚索工作锚固力。针对不同的外锚结构形式可采用不同的计算方法，如连续梁法、简支梁法、弹性地基梁法等。边坡采用预应力锚索加固时，一般可采用边坡稳定性分析方法，求得达到边坡安全状态时所需施加的锚索外力（锚索工作锚固力）。如图 9.15 所示的边坡加固问题，其锚索工作锚固力可按下式计算：

$$T_w=\frac{F}{\sin(\alpha\pm\beta)\tan\varphi+\cos(\alpha\pm\beta)} \tag{9.22}$$

式中：F——边坡下滑力，可采用极限平衡法或传递系数计算，安全系数采用 1.05～1.25；

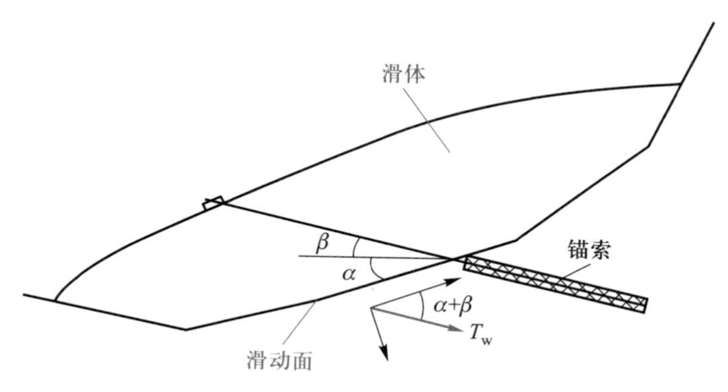

图 9.15　预应力锚索加固边坡

φ——滑动面内摩擦角,(°);

α——锚索与滑动面相交处的滑动面倾角,(°);

β——锚索与水平面的夹角(锚索倾角),一般取15°~30°,也可参照式(9.23)计算:

$$\beta=\frac{45°}{A+1}+\frac{(2A+1)\varphi}{2(A+1)}-\alpha \tag{9.23}$$

式中:A——锚索的锚固段长度与自由段长度之比。

当锚索上仰时,式(9.22)中取"-";当锚索下倾时,式(9.22)中取"+"(图9.16)。

(4) 注浆体与地层界面的锚固力计算

锚索在注浆体与地层界面的锚固力受诸多因素的制约,如岩土材料的强度、锚索类型、锚固段形式及施工工艺等,其中锚固段形式是决定锚固力的主要因素,工程中常用锚索锚固段形式可归为A、B、C、D四类(图9.17)。锚固力计算是依据某些假设得到的,然而这些假设条件很难和现场条件相一致,因此计算得到的锚固力一般用于预应力锚索结构的初步设计。确定锚索锚固力最可靠的方法是在特定的地层条件下进行严格的锚索试验。

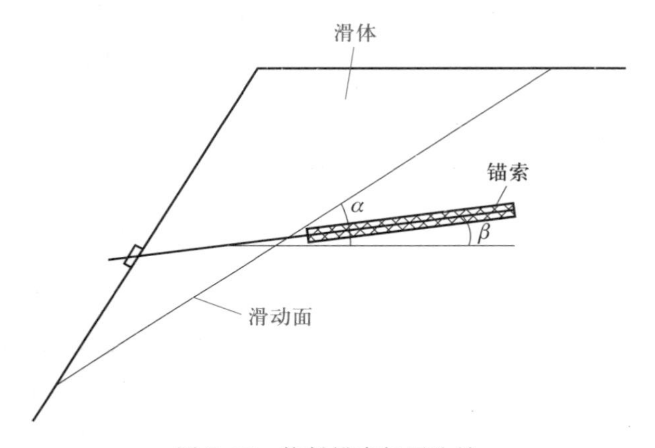

图9.16 仰斜锚索加固边坡

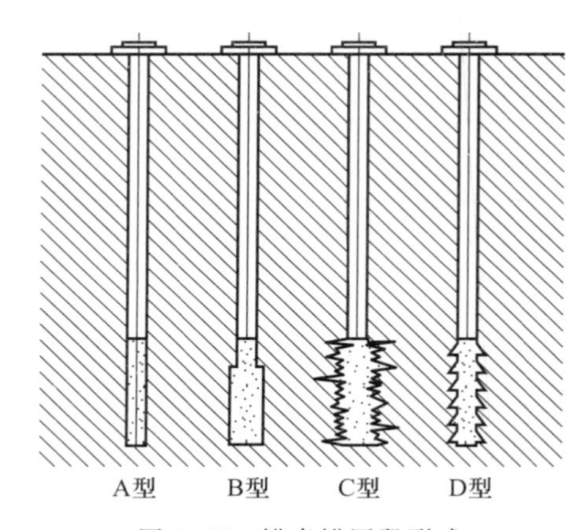

图9.17 锚索锚固段形式

① A型锚固段锚索锚固力计算。A型锚固段主要用于岩体或硬质黏性土地层,其锚固段钻孔为直筒状,采用较小的注浆压力(P_g<1 MPa)或无压注浆。注浆后锚固段钻孔无扩孔现象发生,其锚固力主要受锚索体与注浆体界面控制。其锚固力的计算方法是基于以下假设而得到的:

a. 锚固段传递给岩土体的应力沿锚固段全长均匀分布。然而研究表明,锚固段的结合应力分布取决于锚索弹性模量(E_a)与地层弹性模量(E_g)的比值,除短锚索(长径比≤6)外,E_a/E_g越小(硬地层),锚索锚固段近端应力越集中;E_a/E_g越大(软地层),应力分布越均匀。

b. 钻孔直径和锚固段注浆体直径相同,即在注浆时地层无被压缩现象。

c. 岩石与注浆体界面产生滑移(硬岩、孔壁光滑)或剪切(软岩、孔壁粗糙)破坏。

在以上假设条件下,锚索在岩体和黏性土层中的极限锚固力T_u为

$$T_u=\pi DL\tau_s$$

或

$$T_u=\alpha\pi DLc_u \tag{9.24}$$

其中锚固段长度可按以下方法计算：

$$L=\frac{T_{w}K}{\pi D\tau_{s}}$$

或

$$L=\frac{T_{w}K}{\alpha\pi Dc_{u}} \tag{9.25}$$

式中：D——钻孔直径，m。

L——锚固段长度，m。

τ_{s}——孔壁与注浆体之间的极限黏结强度，kPa。

c_{u}——锚固段范围内黏性土不排水抗剪强度的平均值，kPa。

α——与黏性土不排水抗剪强度有关的系数。当 $c_{u}=50$ kPa 时，$\alpha=0.75$；当 $c_{u}=100$ kPa 时，$\alpha=0.40$；当 $c_{u}=150$ kPa 时，$\alpha=0.30$。

由于岩体强度、所使用锚索的类型和施工方法都控制着黏结强度的发挥，而岩体类型千差万别，因此黏结强度应在现场试验的基础上确定。在无试验条件的情况下，极限黏结强度可按照表 9.6 选取，也可根据岩石的强度确定。对于单轴抗压强度小于 7 MPa 的软岩，应对有代表性的岩石进行剪切试验，设计采用的极限黏结强度不应大于最小剪切强度；对于缺乏剪切强度试验和拉拔试验资料的硬岩，极限黏结强度可取岩石单轴抗压强度的 10%且不大于 4 MPa。

表 9.6　岩体与注浆体界面的极限黏结强度　MPa

岩体类型	极限黏结强度	岩体类型	极限黏结强度
花岗岩、玄武岩	1.70~3.10	板　岩	0.80~1.40
白云岩	1.40~2.10	页　岩	0.20~0.80
灰岩	1.10~1.50	砂　岩	0.80~1.70

② B 型锚固段锚索锚固力计算。B 型锚固段适用于软弱裂隙岩体和无黏性土。通常采用压力注浆形成锚固段，注浆压力一般大于 1 MPa。在软弱裂隙岩体和粗粒状无黏性土层中，注浆液渗入岩土体的孔隙或裂隙中，使锚固段有效直径增加。在细粒状无黏性土中，注浆体虽然不易渗入土体细小的孔隙，但注浆压力作用可以局部挤压土体，使锚固段有效直径增加，也可提高锚固力。锚固力取决于锚固段的侧向抗剪力：

$$T_{u}=\xi L\tan\varphi'$$

或

$$L=\frac{T_{w}K}{\xi\tan\varphi'} \tag{9.26}$$

式中：L——锚固段长度，m；

T_{w}——锚索工作锚固力，kN；

K——安全系数；

φ'——有效内摩擦角，(°)；

ξ——系数,单位为 kN/m,与钻孔工艺、注浆压力、锚固段埋深、锚固段直径有关,当钻孔直径为 0.1 m、注浆压力小于 1 MPa 时,粗砂、卵石和中细砂的系数可按表 9.7 取值,当钻孔直径有明显增大或减小时,ξ 值也应按比例增大或减小。

表 9.7 系数 ξ 的取值

岩土体类型	渗透系数/km/s	ξ 值/kN/m
粗砂、卵石	$>10^{-4}$	400~600
中细砂	1.40~2.10	130~165

当考虑锚固段尺寸效应时,锚索的极限锚固力可表示为锚固段侧向抗剪力与锚固段端部的局部承载力之和:

$$T_u = A\sigma_v \pi DL\tan\varphi' + B\gamma h\frac{\pi(D^2-d^2)}{4}$$

或

$$L=\frac{T_w K - B\gamma h\pi(D^2-d^2)/4}{A\sigma_v \pi D\tan\varphi'} \tag{9.27}$$

式中:A—— 锚固段与地层界面接触处土压力与平均有效上覆压力之比值,A 值与施工工艺和岩土体类型相关,其值一般为 1~2。对于致密的砂砾层($\varphi'=40°$),$A=1.7$;对于细砂层($\varphi'=35°$),$A=1.4$。

σ_v—— 作用于锚固段上的平均有效上覆压力,kPa。

h—— 锚固段埋置深度,m。

L—— 锚固段长度,m。

D—— 锚固段有效直径,m。

d—— 直杆段孔径,m。

B—— 修正系数,$B=N_g/1.4$,N_g为承载力系数,可按表 9.8 取值。

精确确定有效直径 D 比较困难,通常是依据与岩土体孔隙率有关的注浆量进行现场破坏试验后反算进行近似评估。表 9.9 给出了一些有代表性地层中的 D 值,一般来说,土粒越粗、注浆压力越大,D 值就越大。

表 9.8 承载力系数 N_g 的取值

h/D	内摩擦角				
	26°	30°	34°	37°	40°
15	11	20	43	75	143
20	9	19	41	74	140
25	8	18	40	73	139

注:$h/D>25$ 时,按 $h/D=25$ 确定。

表9.9 无黏性土中的有效直径

土体类型	有效直径 D	注浆压力/MPa	注浆机理
粗砂、砾石	$\leqslant 4d$	低 压	渗透注浆
中等密实砂	$(1.5\sim2.0)d$	<1.0	局部压密、渗透注浆
密 砂	$(1.1\sim1.5)d$	<1.0	局部压密注浆

如忽略锚固段端部的局部承载力时,锚索的极限承载力可表示为

$$T_u = k\pi DL\sigma_v \tan\varphi'$$

或

$$L = \frac{T_w K}{k\pi D\sigma_v \tan\varphi'} \tag{9.28}$$

式中:k——与锚固段有效上覆压力相关的系数,可按表9.10取值。

表9.10 系数 k 的取值

岩土体类型	k 值	注浆压力
密实的砂砾石	1.0~2.3	低压注浆
细砂、砂质粉土	0.5~1.0	低压注浆
致密的砂	1.4	低压注浆

③ C型锚固段锚索锚固力计算。C型锚固段采用高压注浆,注浆压力一般大于2 MPa,锚固段地层由于受注浆体的水力劈裂作用而形成了大于原钻孔直径的树根状注浆体,从而可增加锚固力。其通常的施工方法是,预先像B型锚固段那样先进行第一次注浆,待注浆体初凝之后通过设置在锚固段的袖阀管进行第二次高压注浆,当注浆压力突然降低时,表明劈裂现象已经形成,以后在一定的时间内只能维持相对小的注浆压力。理论上,C型锚固段适用于软岩及各类土层,但对于较硬的地层,要使用较高的注浆压力才可实现。对于土层中的锚索,无控制的注浆压力可能导致地层的隆起和相邻构筑物损坏,为确保这类现象不致发生,国际预应力学会(FIP)建议注浆压力在锚固段埋深内的平均值不应大于0.02 MPa。

目前,对C型锚固段作用机理的研究尚不完善,尚没有成熟可靠的理论公式或经验公式确定其锚固力。一般的方法是采用在现场试验得到的一组设计曲线来初步确定其极限锚固力(图9.18)。

④ D型锚固段锚索锚固力计算。D型锚固段适用于黏性土地层。施工时,首先在黏性土中钻一个圆柱形的锚索孔,然后把锚固段部分的钻孔使用一种带有铰刀的钻具钻成一系列哑铃状的扩大孔,扩孔后的直径一般为原直径的2~4倍。D型锚固段锚索的锚固力主要取决于锚固段的周边抗剪力 T_f、端承载力 T_N 和直杆段承载力 T_s:

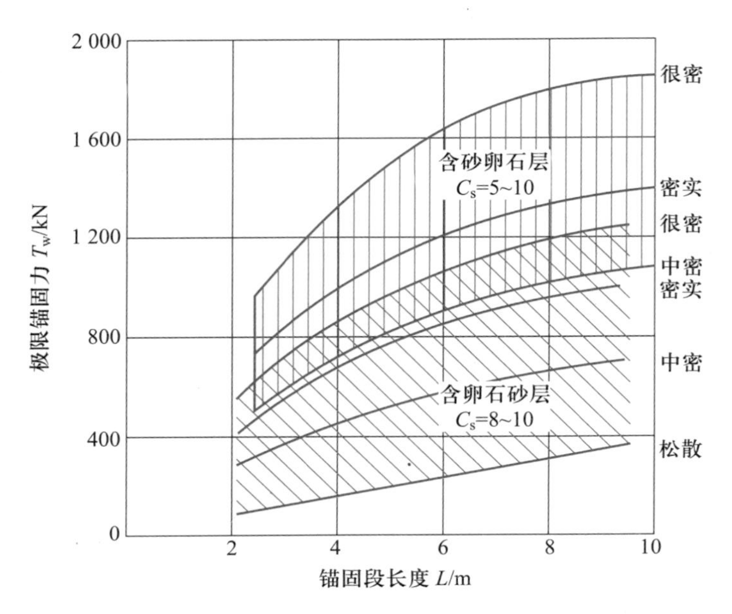

图 9.18　无黏性土中的锚固长度与极限锚固力

（钻孔直径 d=0.1~0.15 m）

$$T_u = T_f + T_N + T_s = \pi D L c_u + \frac{\pi}{4}(D^2 - d^2) N_c c_{ub} + \pi d l \tau_s \tag{9.29}$$

$$L = \frac{T_w K - (D^2 - d^2) N_c c_{ub}/4 + \pi d l \tau_s}{D L c_u} \tag{9.30}$$

式中：D——钻孔直径，m；

c_u——锚固段全长不排水抗剪强度的平均值，kPa；

d——直杆段直径，m；

l——直杆段长度，m；

N_c——承载力系数，一般取 $N_c=9$；

c_{ub}——锚固段近端不排水抗剪强度，kPa；

τ_s——注浆体与土体界面的黏结强度，按表 9.11 取值。

表 9.11　注浆体与土体界面的黏结强度　　MPa

土体类型	状态	黏结强度	土体类型	状态	黏结强度
黏性土	坚硬	0.06~0.07	砂土	松散	0.09~0.14
	硬塑	0.05~0.06		稍密	0.16~0.20
	可塑	0.04~0.05		中密	0.22~0.25
	软塑	0.03~0.04		密实	0.27~0.40
粉　土	中密	0.10~0.15			

在缺乏现场试验资料的情况下,应考虑施工技术和扩孔的几何尺寸等的影响。设计中采用 0.75~0.95 的折减系数来估算式(9.29)中的周边抗剪力 T_f和端承载力 T_N,当锚固段地层含有砂子充填的裂隙时,计算周边抗剪力和端承载力建议取 0.5 的折减系数。显然,锚索的锚固力随扩孔锥数的增加而线性增大,但黏性土的软化和锚固段产生的不同程度的位移会使锚索锚固力会大大降低。试验表明,当锚固段产生的位移达到扩孔直径的 0.16%时,扩孔锥数超过 6 个后,增加扩孔锥数对锚索锚固力的提高就不太明显。

对于黏性沉积土来说,尽量缩短钻孔、扩孔和注浆的时间是提高锚固力的有效方法。考虑到水对土的软化作用,应保证在最短的时间内完成作业,否则,即便仅几个小时的时间拖延,也会造成预应力的减小和锚固力的明显降低。例如在裂隙充填砂子的情况下,3~4 h 足以使土的不排水抗剪强度 c_u减小到接近软化值。

D 型锚固段:适用于 c_u大于 0.09 MPa 的黏性土。当 c_u为 0.06~0.07 MPa 时,各扩孔段之间缩口处可能会局部塌孔;当 c_u小于 0.05 MPa 时,扩孔几乎是不可能的。对于低塑性指数的土(例如塑性指数小于 20 时),扩孔也是十分困难的。

对于 D 型锚固段:各扩孔段的扩孔间距,如果要求锚固段在产生较小位移时即产生锚固力,可用式(9.31)估算导致土层发生圆柱形剪切破坏的最大允许间距 δ_u。当锚固段位移不会产生严重后果时,可采用较大的间距,以使各扩孔段相互独立发挥作用。

$$\delta_u \leqslant \frac{(D^2-d^2)N_c}{4D} \tag{9.31}$$

[例题 9.1]　在密实的砂砾地层中构筑一锚索轻型挡土墙,采用 B 型锚固段,已知单根锚索的工作锚固力 $T_w=1\ 000$ kN,锚固段埋深 $h=15$ m,钻孔直径 $d=100$ mm,地层介质重度 $\gamma=20$ kN/m^3,内摩擦角 $\varphi=35°$,取安全系数 $K=2.5$。试确定锚固段的长度。

[解]

① 计算锚固段上的平均有效土压力:

$$\sigma_v=\gamma h=20\times 15\ \text{kPa}=300\ \text{kPa}$$

② 查表 9.9 确定锚固段的有效直径 D,$D=3d=0.3$ m。

③ $h/D=15/0.3=50$,查表 9.8,承载力系数近似取 50,修正系数 $B=N_g/1.4=35.7$。

④ 确定系数 A,$A=1.5$。

⑤ 由式(9.27)计算锚固段长度:

$$L=\frac{T_wK-B\gamma h\pi(D^2-d^2)/4}{A\sigma_v\pi D\tan\varphi'}=\frac{1\ 000\times 2.5-35.6\times 300\times\pi\times(0.3^2-0.1^2)/4}{1.5\times 300\times\pi\times 0.3\times\tan 35°}\ \text{m}=6.15\ \text{m}$$

该锚索的锚固段长度为 6.15 m。

(5) 锚索体与注浆体界面的锚固力计算

目前国内外对锚索体与注浆体之间剪应力的分布与传递机理的研究尚不成熟,很多资料提供的数据都是在预应力钢筋混凝土的研究中得到的,所以对于这一问题,仍需要进行大量的试验研究工作。

在岩体中的锚索,锚固力主要受注浆体与锚索体界面的剪应力的控制和影响,在该界面上剪应力包括以下三个因素:

① 黏结力：锚索体表面与注浆体之间存在物理黏结力，当该界面由于剪力作用而产生应力时，黏结力就成为发生作用的基本抗力；当锚索锚固段产生位移时，这种抗力就会消失。

② 机械嵌固力：由于锚索体材料表面的肋节、螺纹和沟槽等的存在，注浆体与锚索之间形成机械联锁，这种力与黏结力一起发生作用。

③ 表面摩擦力：枣核状锚固段在受力时，注浆体有一部分被锚索夹紧，表面摩擦力的产生与夹紧力及材料表面粗糙度为函数关系。

目前所研究的锚索体与注浆体界面的剪应力值，通常是指以上这三个力的合力。

对于拉力型锚索，其表面剪应力沿锚固段长度上的分布呈指数关系：

$$\tau_x = \tau_0 \exp\left(\frac{A}{d}\right) \tag{9.32}$$

式中：τ_x——距锚固段近端 x 处剪应力；

τ_0——锚固段近端的剪应力；

d——锚索直径；

A——锚索中黏结应力与主应力相关的常数。

沿锚固段长度 L 积分，可得到极限锚固力的理论表达式：

$$T_u = \frac{\pi d \tau_0}{A} \tag{9.33}$$

但该公式在实际使用中有所不便，一般来说，随着预应力的增加，剪应力的最大值 τ_{max} 将以渐近方式向锚固段远端转移并改变剪应力的分布（图 9.19）。在设计中，确定锚索体在注浆体中锚固长度的计算公式是根据剪应力均匀分布的假定而得到的，其极限锚固力为

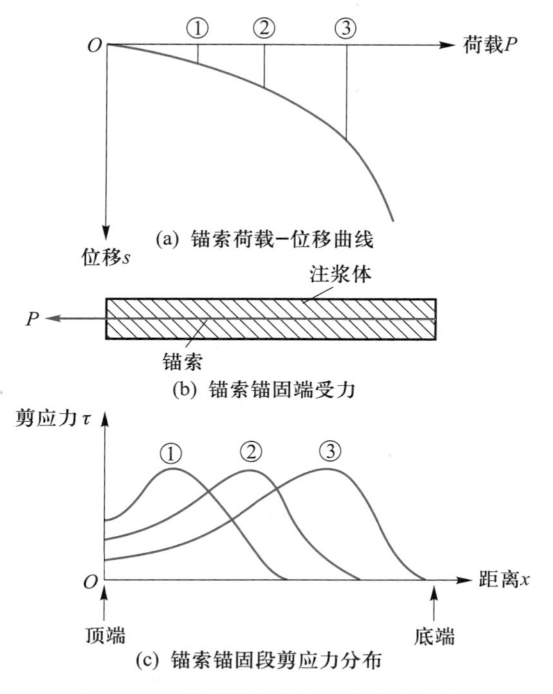

图 9.19 锚固段长度上的剪应力分布

$$T_u = n\pi dL\tau_u$$

或

$$L = \frac{T_u K}{n\pi d\tau_u} \tag{9.34}$$

式中：n——钢绞线根数；

τ_u——极限剪应力。

极限剪应力的大小与锚索体材料表面粗糙度和注浆体强度有关，建议注浆体抗压强度不小于 30 MPa，但过高的强度对剪应力的增加并无明显作用。对于任何情况，剪应力不应大于注浆抗压强度的 1/10，且不大于 4 MPa。对于不同的界面，剪应力的取值可按以下不同情况选取：

a. 干净的光面钢筋或钢丝：$\tau_u \leqslant 1.0$ MPa；

b. 刻痕钢丝：$\tau_u \leqslant 1.5$ MPa；

c. 钢绞线：$\tau_u \leqslant 2.0$ MPa；

d. 有枣核状的钢绞线：$\tau_u \leqslant 2.5$ MPa；

e. 波纹套管：$\tau_u \leqslant 3.0$ Mpa。

[例题 9.2]　使用预应力锚索加固岩石边坡，内锚固段采用枣核状结构，已知单根锚索的工作锚固力 $T_w = 1\ 500$ kN，注浆体抗压强度为 30 MPa，经计算决定使用 9 根 7ϕ5 钢绞线（公称直径为 15 mm）。试计算锚固长度。

[解]　查表 9.5，取 $K = 2.5$；取 $\tau_u = 2.5$ MPa。由式（9.34）计算其锚固长度：

$$L = \frac{T_w K}{n\pi d\tau_u} = \frac{1\ 500 \times 2.5}{9 \times \pi \times 0.015 \times 2\ 500}\ \text{m} = 3.5\ \text{m}$$

该锚索的锚固段长度取为 3.5 m。

(6) 锚索锚固段长度的确定

对于岩体中的锚索，在某些条件下，即使采用较大的安全系数，小于 3 m 的锚固段长度也已足够。例如现场试验表明，对于钢绞线，每厘米锚固长度可承受约 10 kN 的抗拔力。但对于应力较大的锚索，若锚固长度过短，锚固段岩体质量的突然下降或施工质量的原因可能会严重降低锚索的锚固力。建议锚固段的实际长度不宜小于 2 m，对于锚固力较大的锚索，锚固段的实际长度不宜小于 3 m。

关于无黏性土中锚固段长度的确定，经大量的试验研究得到以下几点重要结论：

a. 在密实砂层中，最大表面黏结力仅分布在很短的锚固长度范围内；

b. 在松散～中密砂层中，表面黏结力接近于理论假定的均匀分布；

c. 随着外荷载的增加，表面黏结力的峰值点向锚固段远端转移；

d. 较短锚索表面黏结力的平均值大于较长锚索表面黏结力的平均值；

e. 锚索锚固力对地层密实度变化反应敏感，从松散到密实地层中，平均表面黏结强度要增大 5 倍。

因此，在锚索正常工作状态下，存在一个有效锚固段长度的临界值，超过该值后再增加锚固段长度对锚索承载力的增加并不产生显著影响。研究表明,考虑到无黏性土中锚固段的上述特点,锚固段有效长度为 6~7 m 为最优值。

黏性土中锚固段有效长度的确定,取决于对锚固段黏结应力分布的认识。D 型锚固段的性能复杂,原因在于沿锚固长度上各扩孔锥之间存在相互影响。试验研究表明,黏性土中锚索的极限锚固力与锚固长度在一定范围内呈直线关系,当扩孔锥超过 6 个以后,扩孔锥的增加对承载力并不产生显著的影响。考虑到施工中扩孔的效果及地层软化的影响,一般 D 型锚固段锚索的锚固长度不宜小于 3 m 且不大于 10 m;当采用 A 型锚固段时,其锚固长度可由试验确定。值得说明的是,如果采用后期二次或三次高压注浆,A 型锚固段锚索的锚固力可增加 25%~100%。

所以,在确定锚索锚固段长度时,应具体分析锚固段所处的地层情况。对于硬岩,锚索锚固力一般受注浆体和锚索体界面控制;在软弱的地层中,锚固力一般受注浆体与地层界面控制。一般建议按上述两种方法分别进行计算,锚固段长度应取其中的较大值。通常在设计中确定锚索的锚固长度时应符合下列要求:

a. 分别对锚索结合长度和握裹长度进行计算,实际锚固段长度取较大值。

b. 对于岩体中的锚索,当锚索锚固力 T_w<200 kN 时,锚固长度不宜小于 2 m;当锚索锚固力 T_w>200 kN 时,锚固长度不宜小于 3 m;锚索最大锚固长度不宜大于 10 m。

c. 土中锚索的锚固长度不应小于 3 m,也不宜大于 10 m。

[例题 **9.3**] 拟在一砂岩地层中设置锚索,通过试验,其最大抗压强度为 25 MPa,已知单根锚索的工作锚固力 T_w = 1 500 kN,使用 9 根枣核状的 7ϕ5 钢绞线,钻孔直径为 D = 120 mm,注浆体抗压强度为 30 MPa。试确定其锚固长度。

[解]

① 先计算地层与注浆体界面的长度 L_1。

取其极限黏结强度 τ_u = 2.5 MPa,查表 9.5 选定 K = 2.5,按式(9.25)计算地层与注浆体界面的锚固长度 L_1:

$$L_1=\frac{T_w K}{\pi D\tau_u}=\frac{1\ 500\times 2.5}{\pi\times 0.12\times 2\ 500}\ \text{m}=4.0\ \text{m}$$

② 计算注浆体与锚索体界面的锚固长度 L_2。

根据前一算例结果可知,注浆体与锚索体界面的锚固长度 L_2 = 3.5 m。由此说明该锚索的锚固力受注浆体与地层界面的控制,所以应取锚固段长度 L = 4.0 m。

(7) 锚固段在稳定地层中的锚固深度

锚固深度是指稳定地层表面至锚固段中点的地层厚度。锚索能否成功地锚固于地层之中,锚索能否达到预计的锚固力,除了取决于锚索体材料强度、注浆体与地层界面的黏结力和注浆体与锚索体界面的握裹力外,也取决于地层抵抗锚索被拉出的抗力,特别是承受锚索锚固段压力的部分地层和不受这部分压力的部分地层之间的抗剪强度。这种抗力只有在大于或等于锚索的锚固力时才能保证结构的稳定,否则将出现图 9.20 所示的地层破坏。在均质材料中,地层倒锥形破坏的角度为 90°,然而在其他情况下该角度可能会降至 60°。所以在设计时应对地层的稳定性进行验算。

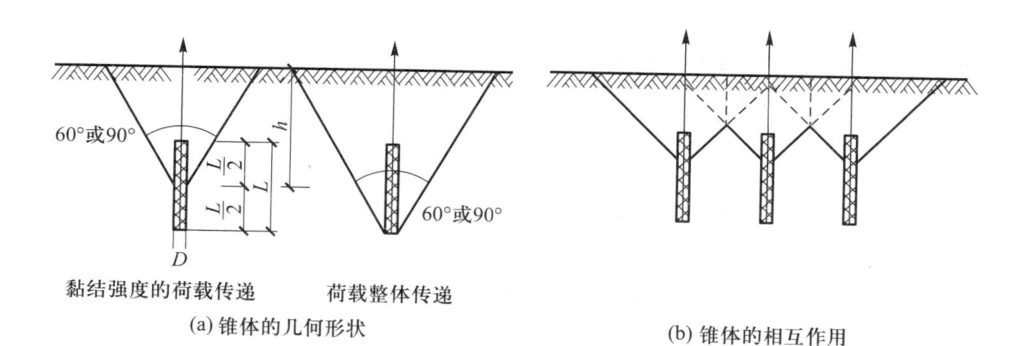

图 9.20　锚固体的锥体破坏

① 锚固段在岩体中的锚固深度。

a. 对于良好的均质岩体,单根锚索的锚固深度可按式(9.35)计算,锚索群的锚固深度可按式(9.36)计算:

$$h=\sqrt{\frac{T_{w}K}{4.44\tau}} \tag{9.35}$$

$$h=\frac{T_{w}K}{2.83\tau a} \tag{9.36}$$

b. 对于不规则的断裂岩体,单根锚索的锚固深度可按式(9.37)计算,锚索群的锚固深度可按式(9.38)计算:

$$h=3\sqrt{\frac{3T_{w}K}{\gamma\pi\tan^{2}\varphi}} \tag{9.37}$$

$$h=\sqrt{\frac{T_{w}K}{\gamma a\tan\varphi}} \tag{9.38}$$

c. 对于侵入性的不规则断裂岩体,单根锚索的锚固深度可按式(9.39)计算,锚索群的锚固深度可按式(9.40)计算:

$$h=3\sqrt{\frac{T_{w}K}{(\gamma-\gamma_{w})\pi\tan^{2}\varphi}} \tag{9.39}$$

$$h=\sqrt{\frac{T_{w}K}{(\gamma-\gamma_{w})a\tan\varphi}} \tag{9.40}$$

式中:τ——岩体的剪切强度,kPa;

K——安全系数,见表 9.5;

a——锚索间距,m;

φ——岩体有效内摩擦角,(°);

T_{w}——锚索锚固力,kN;

γ——岩石重度,kN/m^{3};

γ_w——水的重度，kN/m^3。

② 锚固段在无黏性土中的锚固深度。

对于松散干燥的无黏性土，其锚固深度应按下列公式计算。

a. 当锚索轴向间距 $a \geqslant \sqrt{12T_w/\pi\sigma_v}$ 时，其锚固深度按式(9.41)计算：

$$h=\sqrt{\frac{3T_wK}{\pi\sigma_v\tan^2\varphi}}+1 \tag{9.41}$$

b. 当锚索轴向间距 $a<\sqrt{12T_w/\pi\sigma_v}$ 时，其锚固深度按式(9.42)计算：

$$h=\frac{a}{2\tan\varphi}+\frac{B'+\sqrt{B'^2-a^2\sigma_v^2/\tan^2\varphi}}{2a\sigma_v}+1 \tag{9.42}$$

$$B'=\frac{a^2\sigma_v}{2\tan\varphi}+2\cos\varphi\left(T_wK-\frac{a^2\pi\sigma_v}{12}\right)$$

式中：h——锚固深度，m；

a——锚索间距，m；

T_w——锚索锚固力，kN；

σ_v——土体作用在锚固段上的径向压力，kPa。

对于饱和无黏性土，其锚固深度应按下列公式计算。

a. 对于垂直锚索，其锚固深度应按式(9.43)计算：

$$h_v=\sqrt{\frac{T_wK}{\pi d(\gamma-1)k_0\tan\varphi}} \tag{9.43}$$

式中：k_0——侧压力系数。

b. 对于水平锚索，其锚固深度应按式(9.44)计算：

$$h_z=\frac{T_wK}{\pi d(\gamma-1)h_v\tan\varphi} \tag{9.44}$$

c. 对于倾斜锚索，其锚固深度应按式(9.45)计算：

$$h_s=\frac{T_wK}{\pi d(\gamma-1)h_v\cos\phi(\tan\phi+\tan\phi)} \tag{9.45}$$

式中：h_v、h_z、h_s——锚固深度，m；

d——锚固段钻孔直径，m；

ϕ——锚索倾角，(°)。

③ 锚固段在黏性土中的锚固深度。

a. 对于单根或 $a>L\tan\varphi$ 的锚索，其锚固深度按式(9.46)计算：

$$h=\sqrt{\frac{3T_wK\cos\varphi}{\pi\tan\varphi(3c+\sigma_v\sin\varphi)}} \tag{9.46}$$

b. 对于 $a\leqslant L\tan\varphi$ 的锚索群，其锚固深度应按式(9.47)计算：

$$h=\frac{T_wK\cos\varphi}{a(2c+\sigma_v\tan\varphi)} \tag{9.47}$$

式中：L——锚索锚固段长度，m；

a——锚索间距，m；

φ——土体的内摩擦角，(°)；

c——土体的黏聚力，kPa；

σ_v——锚固段上土体侧面的压力，kPa。

(8) 锚索体截面面积

锚索体截面面积按式(9.48)计算：

$$A=\frac{T_w K}{F_{ptk}} \tag{9.48}$$

式中：A——锚索体截面面积，m^2；

F_{ptk}——锚索体材料断裂强度，kPa。

(9) 外锚结构设计

锚索的紧固头一般固定在受力结构上，即外锚结构上。外锚结构一般为钢筋混凝土结构，其结构形式根据被加固岩土情况确定，常用的有垫板（垫块、垫墩）、地梁、格构梁、柱、桩、墙体等。

① 钢筋混凝土垫板设计。锚索的紧固头设置在钢筋混凝土垫板（垫块、垫墩）上，它与锚索结合，用以加固边坡及既有建筑物（图 9.21）。垫板大小可根据加固边坡岩土体的地基承载力确定：

$$A_B=\frac{\lambda T_w}{[\sigma]} \tag{9.49}$$

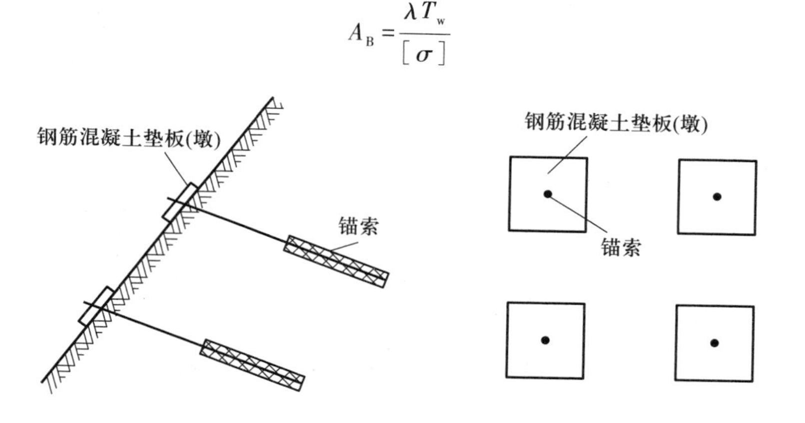

图 9.21　锚索垫板（墩）

式中：A_B——垫板面积，m^2；

$[\sigma]$——地基容许承载力，kPa；

T_w——锚索的工作锚固力，kN；

λ——锚索的超张拉系数。

垫板内力可按中心有支点的单向受弯构件计算。垫板强度与厚度，应根据垫板与钢垫板接触处的混凝土局部受压和冲切强度验算确定。

② 钢筋混凝土地梁、格构梁设计。锚索的紧固头设置在钢筋混凝土条形梁、格构梁结点上，与锚索结合加固边坡，这种结构形式称为锚索地梁（图 9.22）或锚索格构梁（图 9.23）。地梁（格构梁）的作用是利用施加于锚索上的预应力反作用于边坡岩土体，起到对岩土体支挡加固的作用。该结构的特点是受力均匀、整体效果较好，适用于加固承载力较低的岩土体边坡。

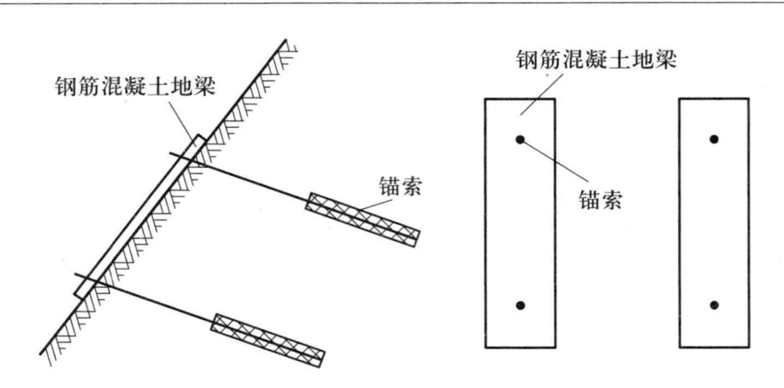

图 9.22 钢筋混凝土锚索地梁

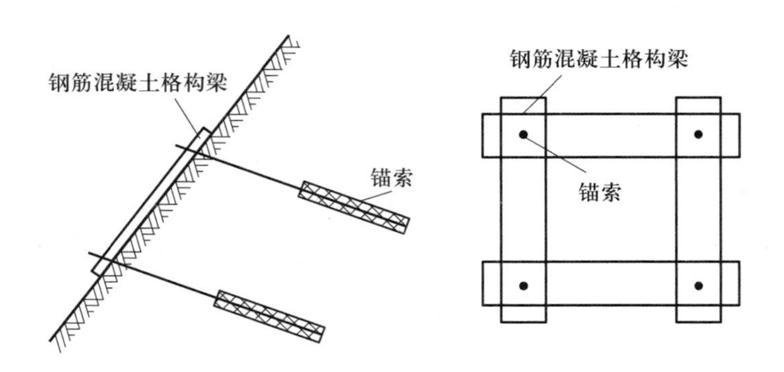

图 9.23 钢筋混凝土锚索格构梁

承受锚索预应力的地梁可简化为连续弹性地基梁进行内力计算，一般情况下可将地梁的地基反力按均布考虑。格构梁的内力计算可将锚索点预应力简化为纵横梁结点上的集中荷载，根据结点挠度相等的变形协调条件，将锚索预应力分配到纵横梁上，再按连续弹性地基梁方法进行内力计算。

5. 预应力锚索试验

为验证预应力锚索设计，检验其施工工艺，指导安全施工，在锚固工程施工初期，应进行预应力锚索锚固试验。锚固试验的数量可取工作锚索的 3%，有特殊要求时，可适当增加。锚固试验的平均拉拔力不应低于预应力锚索的超张拉力。当平均拉拔力低于此值时，应再按 3% 的比例补充锚固试验的数量。

预应力锚索锚固试验可分为破坏性试验（拉拔试验）和非破坏性试验（张拉试验）两类。破坏性试验可选择与加固工程地质条件相似的现场进行，不得在实际锚固工程部位进行，其主要目的是确定锚索可能承受的最大张力、锚固工程的安全及所采用参数是否正确。非破坏性试验一般都在有代表性的工作锚索中进行，其目的是验证设计的合理性和安全性，同时检查控制施工质量的技术要求是否合适。

9.3.2 抗滑桩的分类

抗滑桩一般布置于滑坡体厚度较薄、推力较小且嵌岩段地基强度较高的地段，用以支挡滑体的滑动力，起稳定边坡的作用，适用于浅层和中厚层的滑坡，是一种主要的抗滑处理措施。抗滑桩在滑坡支挡结构中占有很大的比例,但对正在活动的滑坡打桩阻滑需要慎重,以免因打桩振动而引起滑动。

国外采用抗滑桩治理加固边坡始于 20 世纪 30 年代,国内首次采用抗滑桩加固边坡的工程是 1954 年宝成铁路史家坝 4 号隧道北口左侧边坡的顺层滑塌抗滑桩加固工程。由于抗滑桩具有较大的抗滑阻力,且实践已证明其支挡结构性能良好,目前在铁路、公路、矿山等工程中,特别是三峡工程的地质灾害治理中得到了广泛应用,并已纳入国家及相关行业的规范和规程。

根据边坡形态及治理的要求,抗滑桩已由简单的单排抗滑桩衍生出许多抗滑桩组合结构。常用的抗滑桩结构类型有(图 9.24):

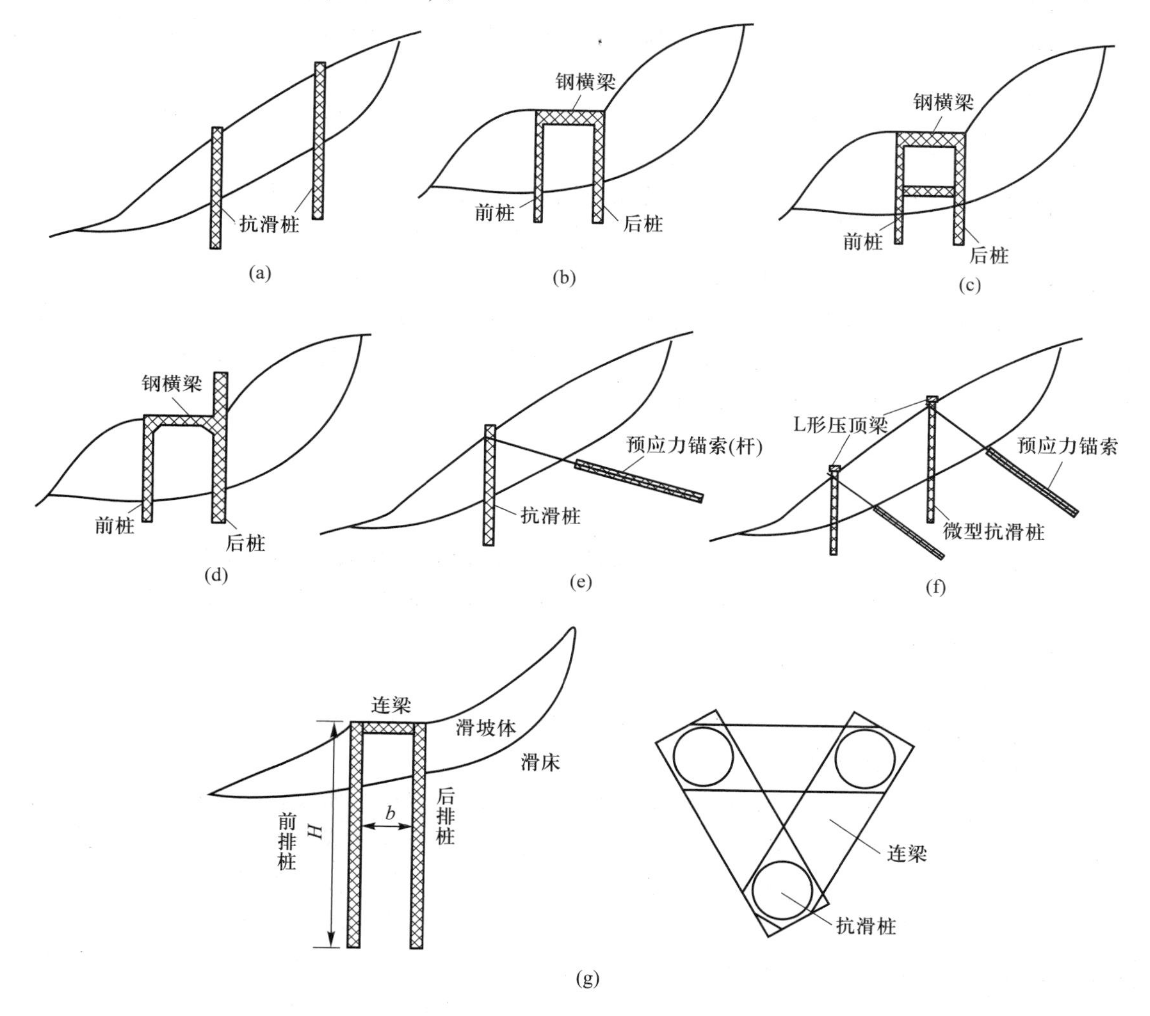

图 9.24　抗滑桩结构类型示意图

① 单(双)排抗滑桩。这是早期抗滑桩结构的主要形式(图 9.24a),双排抗滑桩的两排桩间距根据边坡滑动体的大小、滑动面形态而定,当边坡的推力较大、用单桩不足以承担其推力或使用单桩不经济时,可采用排桩。排桩的特点是转动惯量大,抗弯能力强,桩壁阻力较小,桩身应力较小,在软弱地层中有较明显的优越性。

② 门式抗滑桩。由前、后桩及刚横梁组成(图 9.24b),前、后桩通过刚横梁的作用形成协同

工作受力状态。

③ 排架式抗滑桩框架。由前、后桩及多层刚横梁组成(图 9.24c),其整体刚度更优于门式抗滑桩。

④ h 形排架式抗滑桩(图 9.24d)。受力形式与门式抗滑桩类似,仅后桩向上延伸,起到收坡的作用,适用于整治路堤边坡。

⑤ 椅式桩墙。由前桩、后桩、承台、上墙和拱板等部分组成,横剖面类似 h 形排架式抗滑桩。其工作原理是利用拱板支撑滑动岩土体,拱板推力通过前(后)桩传递至稳定岩土体中,由于刚性承台将前后桩联立形成框架,能够承受较大的弯矩,但桩壁应力较小,因而在软弱土层中更显示出其优越性。

⑥ 预应力锚索(杆)抗滑桩(图 9.24e)。主要由锚索(杆)受力,改变了悬臂抗滑桩的受力状态,以及单纯依靠桩前地基反力抵抗下滑推力的抗滑形式。

⑦ 微型桩群加锚索。属轻型抗滑结构,由预应力锚索、微型桩(每根桩内放钢筋或钢轨,桩内注水泥砂浆)和桩顶混凝土 L 形压顶梁组成(图 9.24f)。

⑧ 品字型抗滑桩。这是由 3 根单桩通过桩顶连梁组合成的空间结构,其平面布置形式可以是等腰三角形或等边三角形,如图 9.24g 所示。品字型抗滑桩属于组合式空间结构体系,它的受力状态比其他形式更复杂,各种设计要素对抗滑桩工作性能的影响也很难确定,设计抗滑桩时,很容易出现安全系数偏大、抗滑桩利用率不高等问题。

9.3.3 抗滑桩的设计方法

1. 方案选型

设计抗滑桩需根据周边环境、工程时间要求、施工的便利性等综合考虑,确定其平面布置、桩间距、桩长等,同时,根据滑坡推力的大小、桩间距、桩顶位移量及嵌固段地基的横向容许承载力等因素确定桩截面尺寸。

2. 滑坡推力计算

滑坡推力计算的基本原理是极限平衡理论,其详细算法见 9.2.1。

3. 桩身内力和位移计算

早期的抗滑桩设计思想是将抗滑桩视为单纯受剪构件,尽管这种设计方法比较简单,但对于滑动面位置确定、固定的岩层滑动而言,此方法不失为一种合理的设计方法。但当滑动面不确定、滑动体自身变形较大,或存在多个滑动面时,常用的设计计算方法有以下几种。

① 静力平衡法。该方法认为主(被)动土压力是抗滑桩的外荷载(图 9.25),桩入土的最小深度可根据水平力平衡方程及对桩底的弯矩平衡方程联立求解,进而计算桩身内力和挠曲变形。

② Blum 法。与静力平衡法相比,此法对土压力分布的假定方式不同(图 9.26),桩的最小入土深度是根据桩底弯矩平衡方程求得的。

③ 弹性地基梁法。其基本假定是桩身任一点处的岩土体抗力与该点的位移成正比。计算方法有两种,第一种是假定滑动面以上桩身为悬臂梁,滑动面以下为受到桩顶弯矩荷载和水平荷载作用的弹性地基梁;第二种是将滑坡推力视为桩的已知设计荷载,根据滑动面以上、以下地层的弹性系数,把整根桩当作弹性地基上的梁,不考虑滑动面的影响。具体计算方法有解析法、有限差分法和有限元法。

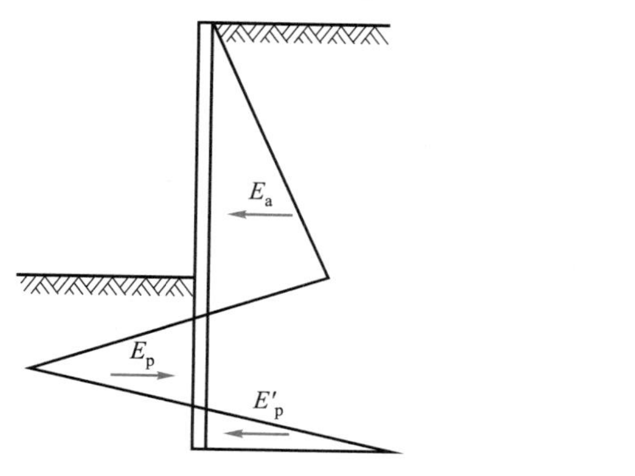

图9.25　静力平衡法计算简图

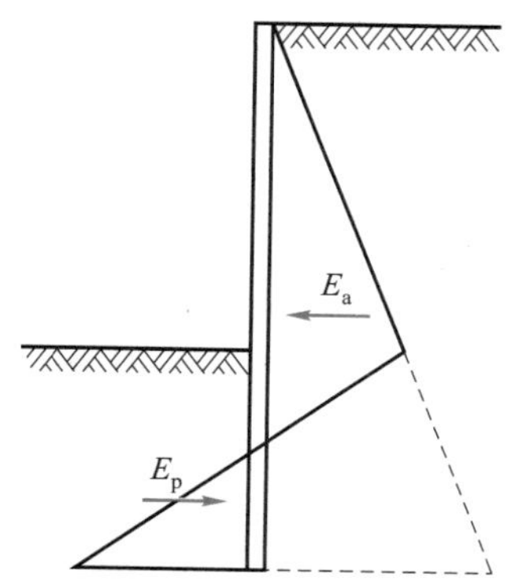

图9.26　Blum法计算简图

④ 其他方法。如链杆法、混合法等。

4. 抗滑桩的结构设计

根据桩身选型、桩身内力和位移计算及混凝土设计的相关规范进行抗滑桩的结构设计，具体包括桩截面的受弯计算和受剪计算。

5. 稳定性分析

滑坡稳定性分析和推力计算应根据滑面类型、滑体物质组成、地质条件的复杂性选用极限平衡法或数值模拟强度折减法，稳定性分析的具体内容见9.2.2。对于滑面倾角变化较大的滑坡或滑面部分有软弱夹层的滑坡，可按GB 50330—2013《建筑边坡工程技术规范》或GB/T 38509—2020《滑坡防治设计规范》规定计算。同时，对地质条件复杂或支挡工程组合结构复杂的滑坡，宜采用数值模拟方法进行设计和校验。

9.3.4　悬臂抗滑桩

悬臂抗滑桩是常用的结构形式，具有结构简单、受力明确的特点。按桩截面形状可分为矩形、圆形、箱型抗滑桩，如图9.27所示。

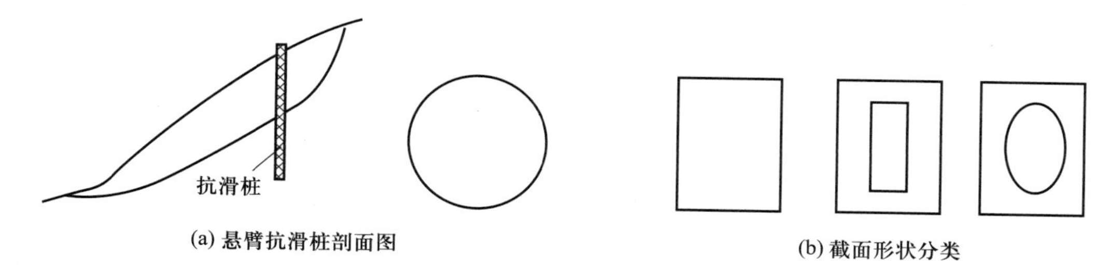

图9.27　悬臂抗滑桩结构示意图

1. 桩身内力计算

(1) 基本假定

① 桩的计算宽度。抗滑桩桩前岩土体抗剪强度的作用，使抗滑桩所承受的桩前岩土体反力大于实际桩的宽度或直径范围内的岩土体抗力，因此，在考虑桩前岩土体抗力作用时采用桩的计算宽度代替桩的实际宽度或直径。桩的计算宽度按以下方法确定。

矩形截面桩：

$$\left.\begin{aligned}&\text{当实际宽度 } b>1\ \text{m 时}, b_p = b+1\\&\text{当 } b<1\ \text{m 时}, b_p = 1.5b+0.5\end{aligned}\right\}\tag{9.50}$$

圆形截面桩：

$$\left.\begin{aligned}&\text{当桩径 } d>1\ \text{m 时}, b_p = 0.9(d+1)\\&\text{当 } d\leqslant 1\ \text{m 时}, b_p = 0.9(1.5d+0.5)\end{aligned}\right\}\tag{9.51}$$

式中：b_p——桩的计算宽度，m；

b、d——矩形桩的截面宽度、圆形桩的截面直径，m。

② 岩土层的水平弹性系数。研究水平受荷桩的弹性地基计算理论的目的是将承受水平荷载的单桩视作弹性地基（由水平向弹簧组成）中的竖直梁，通过求解梁的挠曲微分方程来计算桩身的弯矩和剪力及桩的水平承载力。模拟弹性地基中承受水平荷载的单桩建立梁的挠曲微分方程必须考虑桩-岩（土）间的相互作用，即桩身发生挠曲时，通常在不考虑桩-岩（土）之间的摩擦力及邻桩对水平抗力的影响时，假定水平弹性抗力 $\sigma(z,x)$ 与桩的侧向位移 x 成比例，即

$$\sigma(z,x) = C_H(z)x \tag{9.52}$$

式中：$C_H(z)$——地基水平弹性系数，kN/m^3。

大量试验表明，地基水平弹性系数 $C_H(z)$ 不仅与岩土的类别及其性质有关，还随着深度而变化。根据 $C_H(z)$ 随深度变化的特点，分别按照常数法（张氏法）、k 法、m 法和 C 法确定地基水平弹性系数（图 9.28）。

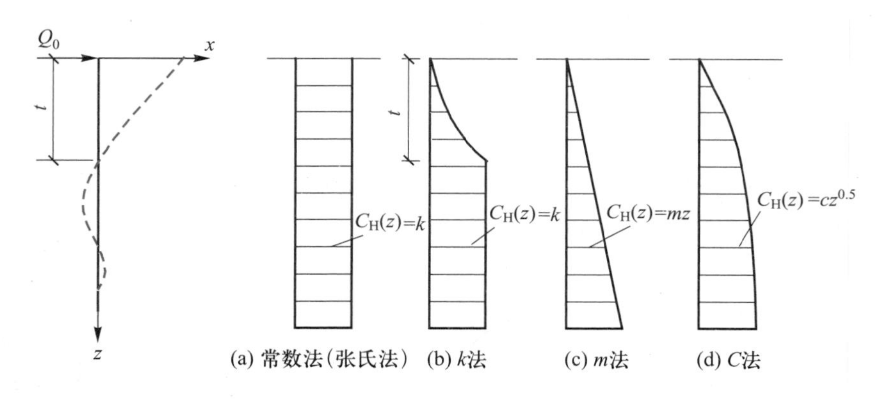

图 9.28　地基水平弹性系数的分布图示

a. 常数法（张氏法）假定地基水平弹性系数沿深度均匀分布，$C_H(z) = k$；

b. k 法假定地基水平弹性系数在第一弹性零点 t 以上按抛物线变化，以下保持常数；

c. m 法假定地基水平弹性系数随深度呈线性增加，即 $C_H(z) = mz$；

d. C 法假定地基水平弹性系数随深度呈抛物线增加，即 $C_H(z) = cx^{0.5}$。

工程实测资料研究表明，对于土体和风化破碎的岩石地基而言，桩前岩土体的水平弹性抗力 $\sigma(z,x)$ 分布接近 m 法计算结果，而对于较完整的岩石采用常数法计算的结果与实际情况较为符合。表 9.12～表 9.16 给出有关规范推荐的 m 法比例系数和常数法的地基水平弹性系数。

表 9.12　地基土水平弹性系数的比例系数 m 值

序号	地基土类别	预制桩、钢桩		灌注桩	
		$m/(\mathrm{MN\cdot m^{-4}})$	相应单桩在地面处水平位移/mm	$m/(\mathrm{MN\cdot m^{-4}})$	相应单桩在地面处水平位移/mm
1	淤泥、淤泥质土、饱和湿陷性黄土	2~4.5	10	2.5~6	6~12
2	流塑($I_L>1$)、软塑($0.75<I_L\leqslant1$)状黏性土，$e>0.9$ 的粉土、松散粉细砂、松散填土	4.5~6.0	10	6~14	4~8
3	可塑($0.25<I_L\leqslant0.75$)状黏性土，$e=0.75\sim0.9$ 的粉土、湿陷性黄土，稍密~中密填土，稍密细砂	6.0~10	10	14~14~35	3~6
4	硬塑($0<I_L\leqslant0.25$)、坚硬($I_L\leqslant0$)状黏性土，湿陷性黄土，$e<0.75$ 的粉土，中密中粗砂，密实老填土	10~22	10	35~100	2~5
5	中密、密实的砾砂，碎石类土			100~300	1.5~3

注：1. 本表出自 JGJ 94—2008《建筑桩基技术规范》。

2. 当桩顶横向位移大于表列数值或当灌注桩配筋率较高(>0.65%)时，m 值应适当降低；当预制桩的横向位移小于10 mm时，m 值可适当提高。

3. 当横向荷载为长期或经常出现的荷载时，应将表列数值乘以 0.4 降低采用。

4. 当地基为可液化土层时，表列数值尚应乘以有关系数。

表 9.13　抗滑桩土质弹性系数

序号	土的类别	竖直方向 $m_0/(\mathrm{kPa\cdot m^{-2}})$	$m/(\mathrm{kPa\cdot m^{-2}})$
1	$0.75<I_L<1.0$ 的软塑黏土及粉质黏土，淤泥	1 000~2 000	500~1 400
2	$0.5<I_L<0.75$ 的软塑粉质黏土及黏土	2 000~4 000	1 000~2 800
3	硬塑粉质黏土及黏土，细砂和中砂	4 000~6 000	2 000~4 200
4	坚硬的粉质黏土及黏土，粗砂	6 000~10 000	3 000~7 000
5	砾砂，碎石土、卵石土	10 000~20 000	5 000~14 000
6	密实的大漂石	80 000~120 000	40 000~84 000

注：1. 本表出自 TB 10025—2019《铁路路基支挡结构设计规范》。

2. I_L 为土的液性指数，其土质弹性系数 m_0 和 m 值，相应于桩顶位移 6~10 mm。

表 9.14　抗滑桩土质弹性系数

序号	土的类别	水平方向 m_H、竖直方向 m_V/ $(kN \cdot m^{-4})$
1	流塑黏性土，淤泥	3 000~5 000
2	软塑黏性土，粉砂	5 000~10 000
3	硬塑黏性土，细砂、中砂	10 000~20 000
4	半干硬的黏性土，粗砂	20 000~30 000
5	砾砂、角砾砂、砾石土、碎石土、卵石土	30 000~80 000
6	块石土、漂石土	80 000~120 000

注：1. 本表出自 TB 10093—2017《铁路桥涵地基和基础设计规范》。

2. 因表中 m_H 和 m_V 采用同一值，而当平均深度约为 10 m 时，m_V 值接近垂直荷载作用下的垂直方向地基弹性系数 k_V 值，故 k_V 不得小于 $10m_V$。

3. 本表可用于结构在地面处水平位移最大不超过 6 mm 的情况，当位移较大时应适当降低。

4. 当基础侧面设有斜坡或台阶，且其坡度或台阶总高度于地面以下或局部冲刷线以下深度之比大于 1∶20 时，m 值应减小一半。

表 9.15　较完整岩层的竖向弹性系数

序号	饱和极限抗压强度 R/kPa	C_V/$(kN \cdot m^{-3})$	序号	饱和极限抗压强度 R/kPa	C_V/$(kN \cdot m^{-3})$
1	10 000	$(1.0\sim2.0)\times10^5$	6	50 000	8.0×10^5
2	15 000	2.5×10^5	7	60 000	12.0×10^5
3	20 000	3.0×10^5	8	80 000	$(15.0\sim25.0)\times10^5$
4	30 000	4.0×10^5	9	>80 000	$(25.0\sim28.0)\times10^5$
5	40 000	6.0×10^5			

注：1. 本表出自《铁路工程设计技术手册·路基》(修订版，1995 年)。

2. 一般水平向 C_H 为竖向 C_V 的 0.6~0.8 倍，当岩层为厚层或块状整体时 $C_H = C_V$。

表 9.16　岩石的竖向弹性系数

序号	R/kPa	C_0/$(kPa \cdot m^{-1})$	序号	R/kPa	C_0/$(kPa \cdot /m^{-1})$
1	1 000	300 000	2	≥2 500	15 000 000

注：1. 本表出自 TB 10093—2017《铁路桥涵地基和基础设计规范》和 JGJ 94—2008《建筑桩基技术规范》。

2. 中间值采用内插法。表中 R 为岩石的单轴抗压强度极限值。

③ 桩底的约束条件。抗滑桩桩底的约束状态可采用自由端、铰支端和固定端。

当抗滑桩桩底置于土体中时，一般应将桩底视为自由端。

当抗滑桩桩底上、下岩土层的弹性系数比大于 10 时，可将桩底视为固定端，且下层岩层必须坚硬、完整，桩底嵌入该层一定深度。

当桩底附近水平方向弹性系数 k_H 较大，而桩底 k_V 相对较小时，桩底约束可视为铰支端，此时桩底水平位移为零，剪力不为零，转角不为零，弯矩为零。

当桩底的桩前部 k_H 大于桩后部的 k_H 时，如采用桩前部 k_H 计算，与固定端受力、变形相似，采用自由端计算则偏于安全。

（2）滑动面以上桩身内力与位移计算

① 内力计算。滑动面以上桩身所承受的荷载包括滑坡推力和桩前反力之差 E_x，可假定滑动面处桩截面位移为零，即锚固端，则滑动面以上桩身被视为一端固定的悬臂梁（图 9.29），由此计算桩身内力。

锚固端的桩身截面弯矩 M_0、剪力 V_0 为

$$M_0 = E_x z_x \tag{9.53}$$

$$V_0 = E_x \tag{9.54}$$

式中：z_x——桩身外力的合力作用点至锚固点的距离，m。

相应的荷载分布图形假定为梯形分布，e_1、e_2 分别为锚固端的矩形、三角形土压力强度，即

$$e_1 = \frac{6M_0 - 2E_x h_1}{h_1^2} \tag{9.55}$$

$$e_2 = \frac{6E_x h_1 - 12M_0}{h_1^2} \tag{9.56}$$

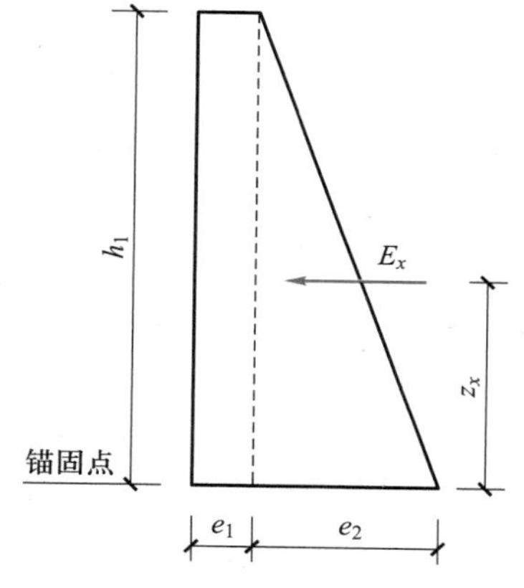

图 9.29　桩身悬臂梁的土压力分布图形

式中：h_1——锚固点（滑动面）以上桩长，m，则锚固点以上桩身的弯矩、剪力方程为

$$M_z = \frac{e_1 z^2}{2} + \frac{e_2 z^3}{6h_1} \tag{9.57}$$

$$V_z = e_1 z + \frac{e_2 z^2}{2h_1} \tag{9.58}$$

式中 z——锚固点（滑动面）以上某点至桩顶的距离，m。

② 变形计算。悬臂桩桩身的水平位移方程、转角方程为

$$x_z = x_0 - \phi_0(h_1 - z) + \frac{e_1}{EI}\left(\frac{h_1^4}{8} - \frac{h_1^3 z}{6} + \frac{z^4}{24}\right) + \frac{e_2}{EIh_1}\left(\frac{h_1^5}{30} - \frac{h_1^4 z}{24} + \frac{z^5}{120}\right) \tag{9.59}$$

$$\phi_z = \phi_0 - \frac{e_1}{6EI}(h_1^3 - z^3) - \frac{e_2}{24EIh_1}(h_1^4 - z^4) \tag{9.60}$$

式中：x_0——锚固点的初始水平位移，m；

ϕ_0——锚固点的初始转角，(°)。

(3) 滑动面以下桩身内力与位移计算

① 弹性桩的挠曲微分方程与 m 法求解。弹性地基梁的挠曲微分方程为

$$EI\frac{d^4x}{dz^4}+\sigma(z,x)=0 \tag{9.61}$$

式中：$\sigma(z,x)$——地基反力，kPa。

对于竖直的弹性桩（图 9.30），在式（9.61）中代入式（9.62），并采用 m 法表达水平弹性系数，即 $C_H(z)=mz$，则弹性桩的挠曲微分方程可表达为

$$EI\frac{d^4x}{dz^4}+m_H zxb_p=0 \tag{9.62}$$

式中：E——桩的钢筋混凝土弹性模量，kPa，$E=0.85E_c$，E_c为混凝土弹性模量；

I——桩的截面惯性矩，m^4；

m_H——水平向弹性系数随深度变化的比例系数，kN/m^4。

令 $\alpha=\sqrt[5]{m_H b_1/EI}$，则式（9.62）变为

$$\frac{d^4x}{dz^4}+\alpha^5 zx=0 \tag{9.63}$$

式中：α——桩的水平变形系数，量纲为 m^{-1}。

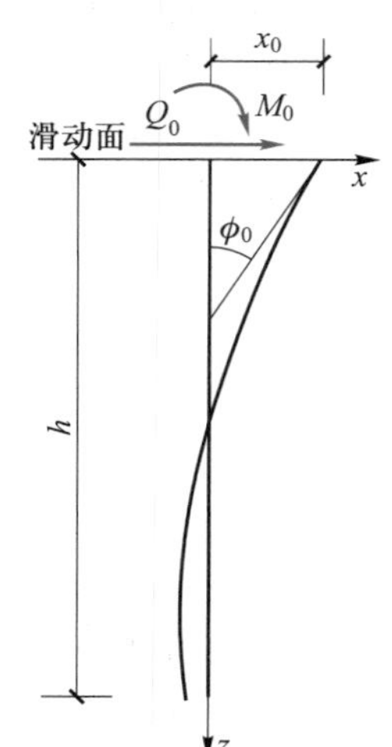

图 9.30 弹性桩的内力与位移

式（9.63）为四阶线性变系数齐次常微分方程，可以用幂级数法、差分法、反力积分法、量纲分析法等求解。以下给出了幂级数法解答（具体求解可参考有关专著）。解答中规定：横向位移沿 x 轴正方向为正值；转角逆时针方向为正值；弯矩当左侧纤维受拉时为正值；横向力沿 x 轴方向为正值。

$$\left.\begin{aligned}
x(z)&=x_0A_1+\frac{\phi_0}{\alpha}B_1+\frac{M_0}{\alpha^2EI}C_1+\frac{Q_0}{\alpha^3EI}D_1\\
\phi(z)&=\alpha\left(x_0A_2+\frac{\phi_0}{\alpha}B_2+\frac{M_0}{\alpha^2EI}C_2+\frac{Q_0}{\alpha^3EI}D_2\right)\\
M(z)&=\alpha^2EI\left(x_0A_3+\frac{\phi_0}{\alpha}B_3+\frac{M_0}{\alpha^2EI}C_3+\frac{Q_0}{\alpha^3EI}D_3\right)\\
Q(z)&=\alpha^3EI\left(x_0A_4+\frac{\phi_0}{\alpha}B_4+\frac{M_0}{\alpha^2EI}C_4+\frac{Q_0}{\alpha^3EI}D_4\right)\\
\sigma(z,x)&=m_Hx(z)=m_H\left(x_0A_1+\frac{\phi_0}{\alpha}B_1+\frac{M_0}{\alpha^2EI}C_1+\frac{Q_0}{\alpha^3EI}D_1\right)
\end{aligned}\right\} \tag{9.64}$$

式中：x_0——滑动面处桩截面的初始水平位移，m；

ϕ_0——滑动面处桩截面的初始转角，(°)；

M_0——滑动面处桩截面的初始弯矩，kN · m；

Q_0——滑动面处桩截面的初始剪力，kN。

上式中的 A_1、B_1、C_1、D_1、…、A_4、B_4、C_4、D_4——αz 的函数，计算如下：

$$\left.\begin{aligned}
A_1 &= 1 + \sum_{k=1}^{\infty}(-1)^k \frac{(5k-4)!!}{(5k)!}(\alpha z)^{5k} \quad (k=1,2,3,\cdots)\\
B_1 &= \alpha z + \sum_{k=1}^{\infty}(-1)^k \frac{(5k-3)!!}{(5k+1)!}(\alpha z)^{5k+1} \quad (k=1,2,3,\cdots)\\
C_1 &= \frac{(\alpha z)^2}{2!} + \sum_{k=1}^{\infty}(-1)^k \frac{(5k-2)!!}{(5k+2)!}(\alpha z)^{5k+2} \quad (k=1,2,3,\cdots)\\
D_1 &= \frac{(\alpha z)^3}{3!} + \sum_{k=1}^{\infty}(-1)^k \frac{(5k-1)!!}{(5k+3)!}(\alpha z)^{5k+3} \quad (k=1,2,3,\cdots)
\end{aligned}\right\} \tag{9.65}$$

$$\left.\begin{aligned}
A_2 &= -\frac{1}{4!}(\alpha z)^4 + \frac{6}{9!}(\alpha z)^9 - \frac{6\times 11}{14!}(\alpha z)^{14} + \frac{6\times 11\times 16}{19!}(\alpha z)^{19} - \cdots\\
A_3 &= -\frac{1}{3!}(\alpha z)^3 + \frac{6}{8!}(\alpha z)^8 - \frac{6\times 11}{13!}(\alpha z)^{13} + \frac{6\times 11\times 16}{18!}(\alpha z)^{18} - \cdots\\
A_4 &= -\frac{1}{2!}(\alpha z)^2 + \frac{6}{7!}(\alpha z)^7 - \frac{6\times 11}{12!}(\alpha z)^{12} + \frac{6\times 11\times 16}{17!}(\alpha z)^{17} - \cdots
\end{aligned}\right\} \tag{9.66}$$

$$\left.\begin{aligned}
B_2 &= 1 - \frac{2}{5!}(\alpha z)^5 + \frac{2\times 7}{10!}(\alpha z)^{10} - \frac{2\times 7\times 12}{15!}(\alpha z)^{15} + \cdots\\
B_3 &= -\frac{2}{4!}(\alpha z)^4 + \frac{2\times 7}{9!}(\alpha z)^9 - \frac{2\times 7\times 12}{14!}(\alpha z)^{14} + \cdots\\
B_4 &= -\frac{2}{3!}(\alpha z)^3 + \frac{2\times 7}{8!}(\alpha z)^8 - \frac{2\times 7\times 12}{13!}(\alpha z)^{13} + \cdots
\end{aligned}\right\} \tag{9.67}$$

$$\left.\begin{aligned}
C_2 &= (\alpha z) - \frac{3}{6!}(\alpha z)^6 + \frac{3\times 8}{11!}(\alpha z)^{11} - \frac{2\times 7\times 13}{16!}(\alpha z)^{16} + \cdots\\
C_3 &= 1 - \frac{3}{5!}(\alpha z)^5 + \frac{3\times 8}{10!}(\alpha z)^{10} - \frac{2\times 7\times 13}{15!}(\alpha z)^{15} + \cdots\\
C_4 &= -\frac{3}{4!}(\alpha z)^4 + \frac{3\times 8}{9!}(\alpha z)^9 - \frac{2\times 7\times 13}{14!}(\alpha z)^{14} + \cdots
\end{aligned}\right\} \tag{9.68}$$

$$\left.\begin{aligned}
D_2 &= \frac{(\alpha z)^2}{2!} - \frac{4}{7!}(\alpha z)^7 + \frac{4\times 9}{12!}(\alpha z)^{12} - \frac{4\times 9\times 14}{17!}(\alpha z)^{17} + \cdots\\
D_3 &= (\alpha z) - \frac{4}{6!}(\alpha z)^6 + \frac{4\times 9}{11!}(\alpha z)^{11} - \frac{4\times 9\times 14}{16!}(\alpha z)^{16} + \cdots\\
D_4 &= 1 - \frac{4}{5!}(\alpha z)^5 + \frac{4\times 9}{10!}(\alpha z)^{10} - \frac{4\times 9\times 14}{15!}(\alpha z)^{15} + \cdots
\end{aligned}\right\} \tag{9.69}$$

② 常数法求解。在式(9.61)中用常数法 $C_H(z)=k$ 表达桩前岩土体弹性抗力，则式(9.63)改为

$$\frac{d^4x}{dz^4} + 4\alpha^4 x = 0 \tag{9.70}$$

式中：$\alpha=\sqrt[4]{C_H b_1/4EI}$。

解方程式(9.70)得到桩身内力 $M(z)$ 与 $Q(z)$、位移 $x(z)$ 与 $\phi(z)$ 和桩前岩土抗力 $\sigma(z)$ 的解为

$$\left.\begin{aligned}
x(z)&=x_0\rho_1+\frac{\phi_0}{\alpha}\rho_2+\frac{M_0}{\alpha^2EI}\rho_3+\frac{Q_0}{\alpha^3EI}\rho_4\\
\phi(z)&=\alpha\left(-4x_0\rho_4+\frac{\phi_0}{\alpha}\rho_1+\frac{M_0}{\alpha^2EI}\rho_2+\frac{Q_0}{\alpha^3EI}\rho_3\right)\\
M(z)&=\alpha^2EI\left(-4x_0\rho_3-4\frac{\phi_0}{\alpha}\rho_4+\frac{M_0}{\alpha^2EI}\rho_1+\frac{Q_0}{\alpha^3EI}\rho_2\right)\\
Q(z)&=\alpha^3EI\left(-4x_0\rho_2-4\frac{\phi_0}{\alpha}\rho_3-4\frac{M_0}{\alpha^2EI}\rho_4+\frac{Q_0}{\alpha^3EI}\rho_1\right)\\
\sigma(z,x)&=m_Hx(z)=m_H\left(x_0\rho_1+\frac{\phi_0}{\alpha}\rho_2+\frac{M_0}{\alpha^2EI}\rho_3+\frac{Q_0}{\alpha^3EI}\rho_4\right)
\end{aligned}\right\}\tag{9.71}$$

式中：x_0、ϕ_0、M_0、Q_0与式(9.64)的符号意义相同；ρ_1、ρ_2、ρ_3、ρ_4为 αz 的函数：

$$\left.\begin{aligned}
\rho_1&=\cos\alpha z\,\mathrm{ch}\alpha z\\
\rho_2&=(\sin\alpha z\,\mathrm{ch}\alpha z+\cos\alpha z\,\mathrm{sh}\alpha z)/2\\
\rho_3&=\sin\alpha z\,\mathrm{sh}\alpha z/2\\
\rho_4&=(\sin\alpha z\,\mathrm{ch}\alpha z-\cos\alpha z\,\mathrm{sh}\alpha z)/4
\end{aligned}\right\}\tag{9.72}$$

③ 初始水平位移 x_0、初始转角 ϕ_0的求解。x_0、ϕ_0、M_0、Q_0为式(9.64)和式(9.71)的初参数。M_0、Q_0可由式(9.53)、式(9.54)直接求得，x_0、ϕ_0的确定需要分析桩底的约束条件。

a. 当桩底为固定端时，$x_h=0$，$\phi_h=0$，$M_h\neq0$，$Q_h\neq0$。将 x_h、ϕ_h代入式(9.64)的1、2式，联立求解得到m法的初参数 x_0、ϕ_0：

$$\left.\begin{aligned}
x_0&=\frac{M_0}{\alpha^2EI}\frac{B_1C_2-C_1B_2}{A_1B_2-B_1A_2}+\frac{Q_0}{\alpha^3EI}\frac{B_1D_2-D_1B_2}{A_1B_2-B_1A_2}\\
\phi_0&=\frac{M_0}{\alpha EI}\frac{C_1A_2-A_1C_2}{A_1B_2-B_1A_2}+\frac{Q_0}{\alpha^2EI}\frac{D_1A_2-A_1D_2}{A_1B_2-B_1A_2}
\end{aligned}\right\}\tag{9.73}$$

类似可得到常数法当桩底为固定端时的初参数 x_0、ϕ_0：

$$\left.\begin{aligned}
x_0&=\frac{M_0}{\alpha^2EI}\frac{\rho_2^2-\rho_1\rho_3}{4\rho_4\rho_2+\rho_1^2}+\frac{Q_0}{\alpha^3EI}\frac{\rho_2\rho_3-\rho_1\rho_4}{4\rho_4\rho_2+\rho_1^2}\\
\phi_0&=-\frac{M_0}{\alpha EI}\frac{\rho_1\rho_2+4\rho_3\rho_4}{4\rho_4\rho_2+\rho_1^2}-\frac{Q_0}{\alpha^2EI}\frac{\rho_1\rho_3+4\rho_4^2}{4\rho_4\rho_2+\rho_1^2}
\end{aligned}\right\}\tag{9.74}$$

b. 当桩底为铰支端时，$x_h=0$，$\phi_h\neq0$，$M_h=0$，$Q_h\neq0$。将 x_h、M_h代入式(9.64)的1、3式，联立求解得到m法的 x_0、ϕ_0：

$$\left.\begin{aligned}
x_0&=\frac{M_0}{\alpha^2EI}\frac{C_1B_3-C_3B_1}{A_3B_1-B_3A_1}+\frac{Q_0}{\alpha^3EI}\frac{B_3D_1-D_3B_1}{A_3B_1-B_3A_1}\\
\phi_0&=\frac{M_0}{\alpha EI}\frac{C_3A_1-A_3C_1}{A_3B_1-B_3A_1}+\frac{Q_0}{\alpha^2EI}\frac{D_3A_1-A_3D_1}{A_3B_1-B_3A_1}
\end{aligned}\right\}\tag{9.75}$$

类似可得到常数法当桩底为铰支端时的初参数 x_0、ϕ_0：

$$
\left.\begin{aligned}
x_0 &= \frac{M_0}{\alpha^2 EI}\frac{4\rho_3\rho_4+\rho_1\rho_2}{4\rho_2\rho_3-4\rho_1\rho_4}+\frac{Q_0}{\alpha^3 EI}\frac{4\rho_4^2+\rho_2^2}{4\rho_2\rho_3-4\rho_1\rho_4}\\
\phi_0 &= -\frac{M_0}{\alpha EI}\frac{\rho_1^2+4\rho_3^2}{4\rho_2\rho_3-4\rho_1\rho_4}-\frac{Q_0}{\alpha^2 EI}\frac{4\rho_3\rho_4+\rho_1\rho_2}{4\rho_2\rho_3-4\rho_1\rho_4}
\end{aligned}\right\} \tag{9.76}
$$

c. 当桩底为自由端时，$x_h \neq 0, \phi_h \neq 0, M_h = 0, Q_h = 0$。将 M_h、Q_h 代入式(9.64)的 3、4 式，联立求解得

$$
\left.\begin{aligned}
x_0 &= \frac{M_0}{\alpha^2 EI}\frac{C_4B_3-C_3B_4}{A_3B_4-B_3A_4}+\frac{Q_0}{\alpha^3 EI}\frac{B_3D_4-D_3B_4}{A_3B_4-B_3A_4}\\
\phi_0 &= \frac{M_0}{\alpha EI}\frac{C_3A_4-A_3C_4}{A_3B_4-B_3A_4}+\frac{Q_0}{\alpha^2 EI}\frac{D_3A_4-A_3D_4}{A_3B_4-B_3A_4}
\end{aligned}\right\} \tag{9.77}
$$

类似可得到常数法当桩底为自由端时的初参数 x_0、ϕ_0：

$$
\left.\begin{aligned}
x_0 &= \frac{M_0}{\alpha^2 EI}\frac{4\rho_4^2+\rho_1\rho_3}{4\rho_3^2-4\rho_2\rho_4}+\frac{Q_0}{\alpha^3 EI}\frac{\rho_2\rho_3-\rho_1\rho_4}{4\rho_3^2-4\rho_2\rho_4}\\
\phi_0 &= -\frac{M_0}{\alpha EI}\frac{4\rho_3\rho_4+\rho_1\rho_2}{4\rho_3^2-4\rho_2\rho_4}-\frac{Q_0}{\alpha^2 EI}\frac{\rho_2^2-\rho_1\rho_3}{4\rho_3^2-4\rho_2\rho_4}
\end{aligned}\right\} \tag{9.78}
$$

④ 当 $\sigma(z)|_{z=0} \neq 0$ 时的处理方法。对于抗滑桩而言，如果滑动面以上为松散的土体时，其弹性系数很小，若忽略其抗力效应，可取滑动面处 $\sigma(z)|_{z=0}=0$。否则滑动面处的岩土抗力 $\sigma(z)$ 并不等于零，即 $\sigma(z)|_{z=0} \neq 0$，其原因是滑动面以上岩土体的弹性系数 $C_H(z)|_{z=0} \neq 0$，因此整体抗滑桩桩前的弹性系数应表示为

$$
C_H(z) = m(z+h_1) \tag{9.79}
$$

为此应将图 9.30 修改为图 9.31，即将弹性系数图形向上延伸，由梯形改变为三角形，延伸的高度为

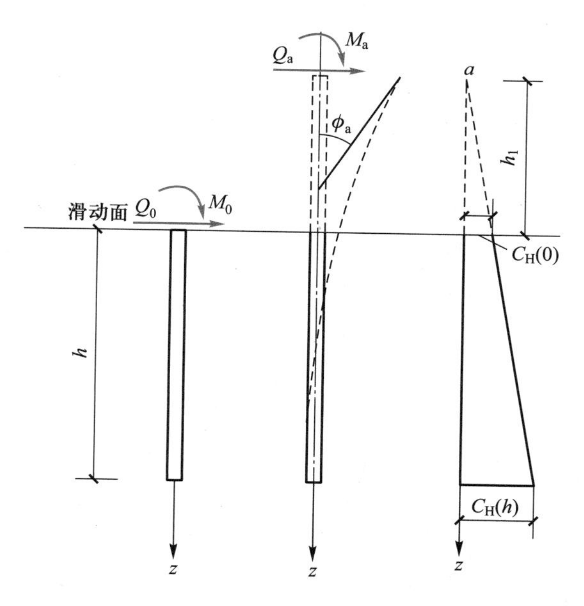

图 9.31　滑动面处岩土体抗力不为零时的处理

$$h_1=\frac{C_H(0)h}{C_H(h)-C_H(0)} \tag{9.80}$$

式中：$C_H(h)$——抗滑桩桩底处岩土体的水平弹性系数，kN/m^3；

$C_H(0)$——抗滑桩桩顶（滑动面）处岩土体的水平弹性系数，kN/m^3。

因此必须求解实际桩顶的初参数 x_a、ϕ_a、M_a、Q_a。在 M_a、Q_a 的作用下，应满足的条件是：

a. 当 $z=0$ 时（滑动面处），$M=M_0$，$Q=Q_0$（桩底为自由端），由式（9.64）可得

$$\left.\begin{aligned}
M_0&=\alpha^2EI\left(x_aA_3^0+\frac{\phi_a}{\alpha}B_3^0+\frac{M_a}{\alpha^2EI}C_3^0+\frac{Q_a}{\alpha^3EI}D_3^0\right)\\
Q_0&=\alpha^3EI\left(x_aA_4^0+\frac{\phi_a}{\alpha}B_4^0+\frac{M_a}{\alpha^2EI}C_4^0+\frac{Q_a}{\alpha^3EI}D_4^0\right)\\
&x_aA_3^h+\frac{\phi_a}{\alpha}B_3^h+\frac{M_a}{\alpha^2EI}C_3^h+\frac{Q_a}{\alpha^3EI}D_3^h=0\\
&x_aA_4^h+\frac{\phi_a}{\alpha}B_4^h+\frac{M_a}{\alpha^2EI}C_4^h+\frac{Q_a}{\alpha^3EI}D_4^h=0
\end{aligned}\right\} \tag{9.81}$$

b. 当 $z=h$ 时（桩底处），$x_h=0$，$\phi_h=0$（桩底为固定端），由式（9.64）可得

$$\left.\begin{aligned}
x_aA_1^h+\frac{\phi_a}{\alpha}B_1^h+\frac{M_a}{\alpha^2EI}C_1^h+\frac{Q_a}{\alpha^3EI}D_1^h=0\\
x_aA_2^h+\frac{\phi_a}{\alpha}B_2^h+\frac{M_a}{\alpha^2EI}C_2^h+\frac{Q_a}{\alpha^3EI}D_2^h=0
\end{aligned}\right\} \tag{9.82}$$

式（9.81）、式（9.82）中 A_3^0 为滑动面处的系数 A_3 值，A_3^h 为桩底处的系数 A_3 值，其他如此类推。

联立求解式（9.81）、式（9.82），得到 x_a、ϕ_a、M_a、Q_a，并用 x_a、ϕ_a、M_a、Q_a 代替式（9.71）中的 x_0、ϕ_0、M_0、Q_0，即可计算滑动面以下任一桩身截面的内力、位移及其桩前岩土体的弹性抗力。

2. 悬臂抗滑桩结构设计

（1）设置悬臂抗滑桩的基本原则

① 设置抗滑桩应保证提高滑坡体的稳定系数，使之达到设计所规定的安全值，保证滑坡体不越过桩顶或绕桩滑移，不产生新的深层滑动。抗滑桩的平面布置、桩间距、桩长和截面尺寸等的确定，应综合考虑，确保经济合理。

② 抗滑桩的平面布置。抗滑桩的桩位在剖面上应设置在滑坡体较薄、锚固段地基强度较高的地段。平面布置一般为一排，桩排的走向应与滑坡体的主滑移线方向垂直，且呈直线或曲线。桩的间距取决于滑坡推力的大小、滑坡体的岩土密度与强度、桩截面尺寸、桩长和锚固深度及施工条件等因素。两桩间在可形成土拱的条件下，土拱的支撑力和桩侧摩擦力之和应大于一根桩所能承受的滑坡推力，因此桩间距一般为 6~10 m。通常在滑坡的主滑移线附近布置的桩间距较小，两侧较大。对于受地表水涨落影响的滑坡，也可布置为两排，且按品字形或梅花形交错布置，上下排桩的间距为桩截面宽度的 2~3 倍。

③ 抗滑桩的锚固深度。桩埋入稳定岩土地层的锚固深度，与锚固段岩土体的强度、桩所承受的滑坡推力、桩的刚度及是否考虑滑动面以上桩前岩土体的弹性抗力等因素有关。锚固深度的强度控制原则是，锚固深度内岩土体的强度校核不能出现强度破坏，即在桩的侧向位移条件

下，桩前岩土体的弹性抗力不得大于其容许抗压强度，桩底的最大压应力不得大于地基的容许承载力。工程实践经验表明，锚固深度一般为抗滑桩总长度的 1/3～1/2，若锚固段为完整的岩石，锚固深度可取总桩长的 1/4。

④ 桩的截面形状与尺寸。钢筋混凝土抗滑桩的截面形状要求使其上部受力段能够产生较大的摩擦力，并使其下部锚固段能够抵抗较大的反力，其截面应具有较好的抗弯和抗剪性能。设计中常用矩形，其受力面一般为矩形的短边。桩的截面尺寸应根据滑坡推力的大小、桩间距及锚固段岩土体的侧向容许抗压强度等因素确定，一般最小截面尺寸不宜小于 1.25 m。

（2）悬臂抗滑桩设计步骤

① 首先根据边坡工程地质条件，确定滑坡范围和形态及主滑移线，选定布置抗滑桩的位置，计算滑坡推力，结合滑体的地层性质和选定的桩身材料等资料，初步拟定抗滑桩的间距、截面形状与尺寸及滑动面以下的嵌入深度。

② 桩前抗力损失判断，其目的是判断设置抗滑桩以后桩前岩土体是否会产生滑走现象。对桩前岩土体进行稳定性验算，如果稳定系数小于所选定的安全系数，桩前岩土体可能滑动移走，此时因将抗滑桩视为悬臂抗滑桩，设计抗滑桩时不计桩前岩土体的抗力效应，桩上所承受的荷载为桩后岩土体作用的滑坡推力。如果稳定系数大于所选定的安全系数，桩前岩土体不会滑动移走，桩上所承受的荷载为桩后岩土体作用的剩余下滑力。

③ 计算确定抗滑桩上的作用力，计算滑动面以上桩身内力、位移。

④ 根据拟定的嵌入深度、桩端地层性质等计算滑动面处桩截面的位移，按弹性地基梁理论计算抗滑桩锚固段的内力、位移与桩前岩土体抗力。

⑤ 桩前岩土体强度校核。若强度校核不满足要求，可考虑调整桩的嵌入深度或桩截面尺寸，也可重新计算桩间距。

⑥ 抗滑桩的结构设计。

⑦ 稳定性分析。

（3）桩前岩土体强度校核

抗滑桩桩前岩土体强度校核标准为

$$\sigma(z) \leqslant [\sigma_z] \tag{9.83}$$

式中：$[\sigma_z]$——桩前 z 深度处岩土体的容许抗压强度，kN/m²；

$\sigma(z)$——桩前岩土体所承受的横向作用应力（即弹性抗力），kN/m²。

① 埋式抗滑桩。当桩顶地面水平时，桩前滑动面以下任意深度 z 处的容许抗压强度等于桩前、桩后土压力之差（图 9.32a），即

$$[\sigma_z] = \sigma_{zp} - \sigma_{za} = \frac{4}{\cos\varphi}[(\gamma_1 h_1 + \gamma z)\tan\varphi + c] \tag{9.84}$$

式中：σ_{zp}——桩前 z 深度处岩土体的被动土压力，kN/m²；

σ_{za}——桩前 z 深度处岩土体的主动土压力，kN/m²；

γ、c、φ——锚固段岩土体的重度（kN/m³）、土的黏聚力（kPa）、内摩擦角（°）；

γ_1、h_1——抗滑桩受力段岩土体的重度（kN/m³）与厚度（m）。

当桩顶地面有坡度（图 9.32b），且 $\beta \leqslant \varphi_b$（$\varphi_b$ 为滑动面上下土体的等效内摩擦角）时，桩前滑动面以下任意深度 z 处的容许抗压强度为

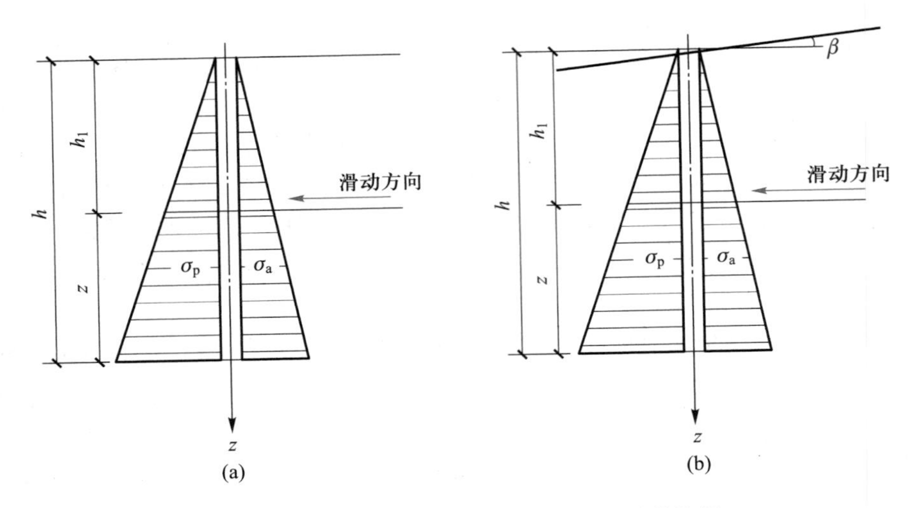

图 9.32　埋式抗滑桩侧向容许抗压强度计算简图

$$[\sigma_z]=\sigma_{zp}-\sigma_{za}=\frac{4(\gamma_1 h_1+\gamma z)\cos^2\beta\sqrt{\cos^2\beta-\cos^2\varphi_b}}{\cos^2\varphi_b} \tag{9.85}$$

② 悬臂式抗滑桩。当桩顶地面水平时（图 9.33a），桩前滑动面以下任意深度 z 处的容许抗压强度为

$$[\sigma_z]=\sigma_{zp}-\sigma_{za}=\frac{4\gamma z\tan\varphi_b}{\cos\varphi_b}-\frac{\gamma_1 h_1(1-\sin\varphi_b)}{1+\sin\varphi_b} \tag{9.86}$$

当桩顶地面有坡度（图 9.33b），且 $\beta\leqslant\varphi_b$（φ_b 为滑动面上下土体的等效内摩擦角）时，桩前滑动面以下任意深度 z 处的容许抗压强度为

$$[\sigma_z]=\sigma_{zp}-\sigma_{za}=\frac{4\gamma z\cos^2\beta\sqrt{\cos^2\beta-\cos^2\varphi_b}}{\cos^2\varphi_b}-\frac{\gamma_1 h_1\left(\cos\beta-\sqrt{\cos^2\beta-\cos^2\varphi_b}\right)}{\cos\beta+\sqrt{\cos^2\beta-\cos^2\varphi_b}} \tag{9.87}$$

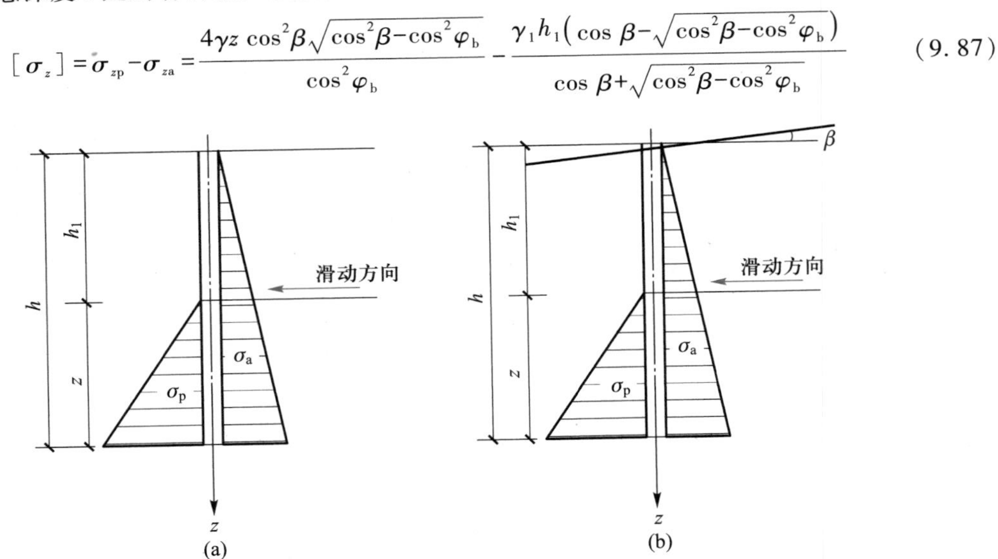

图 9.33　悬臂式抗滑桩侧向容许抗压强度计算简图

③ 岩石锚固段中的抗滑桩。当抗滑桩锚固段为较完整的岩石或中等风化的岩层时，桩前土体容许承载力的强度校核准则为桩侧的最大压应力不大于岩石的横向容许承载力，即

$$[\sigma_z]=K_H\xi R \tag{9.88}$$

式中：K_H——岩石强度的水平向换算系数。当围岩为密实土体或砂层时，$K_H=0.5$；当围岩为较完整的中等风化岩层时，$K_H=0.6\sim0.75$；当围岩为块状或层状少裂隙岩层时，$K_H=0.75\sim1.0$。

ξ——岩石构造折减系数，根据岩层的裂隙、风化程度、水理性质确定，$\xi=0.3\sim0.45$。

R——岩石单轴极限抗压强度，kN/m^2。

（4）悬臂抗滑桩的构造要求

① 一般情况下，抗滑桩的设计寿命为 100 年。

② 抗滑桩的受力主筋混凝土保护层厚度不小于 60 mm，箍筋和构造钢筋的保护层厚度不小于 15 mm。

③ 普通受拉钢筋的锚固长度 l_a 不应小于 GB 50010—2010《混凝土结构设计规范（2015 年版）》规定的计算锚固长度的 0.7 倍，且不小于 250 mm。

④ 钢筋搭接长度不小于 $35d$（d 为纵向钢筋直径），且不小于 500 mm，同一受力截面的钢筋搭接横截面面积不应大于 50%。

⑤ 纵向受力钢筋直径不应小于 16 mm，钢筋间距不宜小于 120 mm，且不得小于 80 mm，纵向钢筋的最小配筋率不应小于 0.2% 和 $0.45f_t/f_y$（f_t 为混凝土抗拉强度设计值，f_y 为钢筋抗拉强度设计值）中的较大值。当采用束筋时，每束不宜多于 3 根。

⑥ 纵向受力钢筋截断点应符合下列规定：

a. 当 $V\leqslant0.7f_tbh_0$ 时，纵向钢筋宜延伸至按正截面受弯承载力计算不需要该钢筋的截面以外不小于 $20d$ 处，且不应小于 $1.2l_a$；

b. 在滑动面以上，当 $V>0.7f_tbh_0$ 时，纵向钢筋宜延伸至按正截面受弯承载力计算不需要该钢筋的截面以外不小于 $1.3h_0$、$20d$ 和 $1.2l_a+1.7h_0$ 三者中的较大值处；

c. 在滑动面以下，当 $V>0.7f_tbh_0$ 时，纵向钢筋宜延伸至按正截面受弯承载力计算不需要该钢筋的截面以外不小于 h_0、$20d$ 和 $1.2l_a+h_0$ 三者中的较大值处。

⑦ 应采用封闭式箍筋，箍筋肢数不宜多于 4 肢，箍筋直径不宜小于 14 mm。箍筋间距应满足下列要求：

a. 当 $V>0.7f_tbh_0$ 时，箍筋间距不应大于 300 mm，箍筋的配筋率不宜小于 $0.24f_t/f_{yv}$；

b. 当 $V\leqslant0.7f_tbh_0$ 时，箍筋间距不应大于 400 mm。

⑧ 抗滑桩的侧面与受压边，应适当配置纵向构造钢筋，其直径不宜小于 12 mm，间距不宜小于 400 mm。桩的受压边两侧应配置架立钢筋，且直径不宜小于 16 mm。

⑨ 滑动面处的箍筋应适当加密。

（5）悬臂抗滑桩的配筋计算

① 矩形桩。

a. 桩截面的受弯计算。如果不考虑抗滑桩的侧面摩擦力作用，一般情况下可将抗滑桩视为受弯构件，按单筋矩形梁设计，其正截面受弯承载力为（图 9.34）：

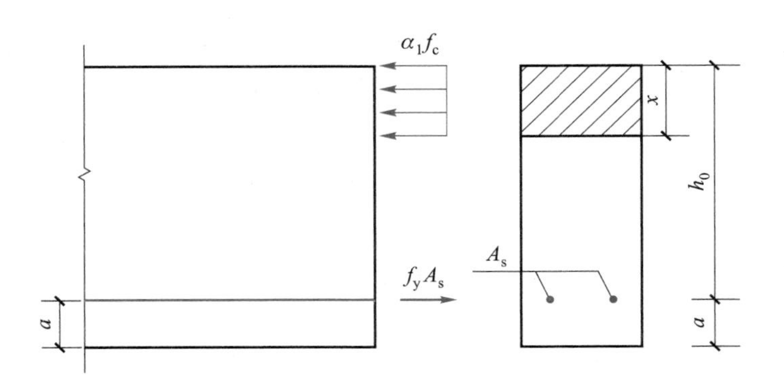

图 9.34　矩形截面正截面受弯承载力计算

$$M \leqslant \alpha_1 f_c bx\left(h_0 - \frac{x}{2}\right) \tag{9.89}$$

式中：M——桩身弯矩设计值。

α_1——系数，混凝土强度等级不超过 C50 时，$\alpha_1 = 1.0$；混凝土强度等级为 C80 时，$\alpha_1 = 0.94$；其间可内插取值。

f_c——混凝土轴心抗压强度设计值。

b——桩身矩形截面宽度。

h_0——桩身矩形截面有效高度。

x——桩身矩形截面混凝土受压区高度。

矩形截面混凝土受压区高度按下式确定：

$$\alpha_1 f_c bx\left(h_0 - \frac{x}{2}\right) = f_y A_s \tag{9.90}$$

式中：f_y——钢筋抗拉强度设计值；

A_s——受拉区纵向钢筋总的截面面积。

混凝土受压区高度应满足的条件为

$$x \leqslant \xi_h h_0 \tag{9.91}$$

式中：ξ_h——纵向受拉钢筋屈服与受压区混凝土破坏同时发生时的相对受压区高度，m，按下式计算：

$$\xi_h = \frac{\beta_1}{1 + f_y / E_s \varepsilon_{cu}} h_0 \tag{9.92}$$

$$\varepsilon_{cu} = 0.0033 - (f_{cu,k} - 50) \times 10^{-5} \tag{9.93}$$

式中：β_1——系数，混凝土强度等级不超过 C50 时，$\alpha_1 = 0.8$；混凝土强度等级为 C80 时，$\alpha_1 = 0.74$；其间可内插取值。

E_s——钢筋弹性模量。

$f_{cu,k}$——混凝土立方体抗压强度标准值。

ε_{cu}——正截面的混凝土极限压应变。

b. 桩截面的受剪计算。当矩形截面为受弯构件截面时,其受剪截面应符合如下条件:

$$\left.\begin{aligned}&\text{当}\frac{h_0}{b}\leqslant 4\text{时},\quad V\leqslant 0.25\beta_c f_c b h_0\\&\text{当}\frac{h_0}{b}\geqslant 6\text{时},\quad V\leqslant 0.2\beta_c f_c b h_0\\&\text{当}\,4<\frac{h_0}{b}<6\text{时},\quad\text{按线性插值计算}\end{aligned}\right\}\tag{9.94}$$

式中:β_c——混凝土强度影响系数,当混凝土强度等级不超过C50时,$\beta_c=1.0$;当混凝土强度等级为C80时,$\beta_c=0.80$;其间可内插取值。

V——斜截面的最大剪力设计值。

当仅配箍筋时,矩形、T形和I字形截面的受剪承载力应符合下列规定:

$$V\leqslant 0.7f_t b h_0+1.25f_{yv}\frac{A_{sv}}{s}h_0\tag{9.95}$$

$$A_{sv}=nA_{sv1}\tag{9.96}$$

式中:A_{sv}——配置在同一截面内全部箍筋的截面面积;

A_{sv1}——单肢箍筋的截面面积;

n——在同一截面内箍筋的肢数;

f_{yv}——箍筋抗拉强度设计值。

② 圆形桩。

a. 桩截面的受弯计算。沿周边均匀配置纵向钢筋的圆形截面钢筋混凝土抗滑桩,其正截面受弯承载力应符合式(9.97)~式(9.99)的规定(图9.35):

$$M\leqslant\frac{2}{3}f_c A r\frac{\sin^3\pi a'}{\pi}+f_y A_s r_s\frac{\sin\pi a'+\sin\pi a_t}{\pi}\tag{9.97}$$

$$a'f_c A\left(1-\frac{\sin 2\pi a'}{2\pi a'}\right)+(a'-a_t)f_y A_s=0\tag{9.98}$$

$$a_t=1.25-2a'\tag{9.99}$$

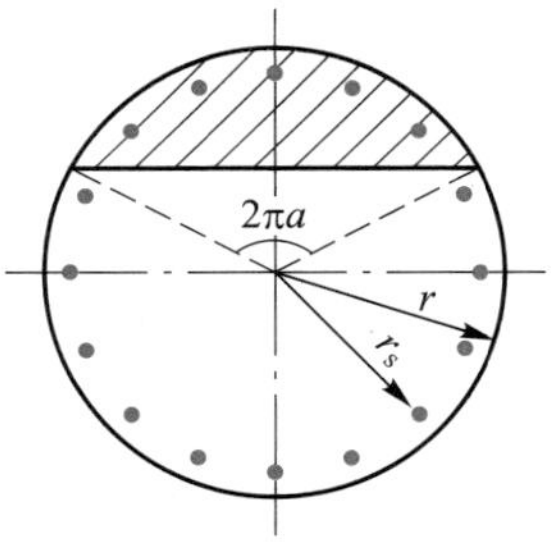

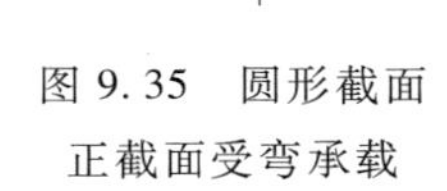

图9.35　圆形截面正截面受弯承载

式中:M——桩的弯矩设计值。

f_c——混凝土轴心抗压强度设计值,当混凝土强度等级超过C50时,f_c应以$\alpha_1 f_c$代替。当混凝土强度等级为C50时,取$\alpha_1=1.0$;当混凝土强度等级为C80时,取$\alpha_1=0.94$;其间按线性内插法确定。

A——桩的截面面积。

r——桩的半径。

a'——对应于受压区混凝土截面面积的圆心角(rad)与2π的比值。

f_y——纵向钢筋的抗拉强度设计值。

A_s——全部纵向钢筋的截面面积。

r_s——纵向钢筋重心所在圆周的半径。

a_t——纵向受拉钢筋截面面积与全部纵向钢筋截面面积的比值，当 $a'>0.625$ 时，取 $a_t=0$。

沿受拉区和受压区周边局部均匀配置纵向钢筋的圆形截面钢筋混凝土抗滑桩，其正截面受弯承载力应符合式(9.100)～式(9.103)规定(图 9.36)：

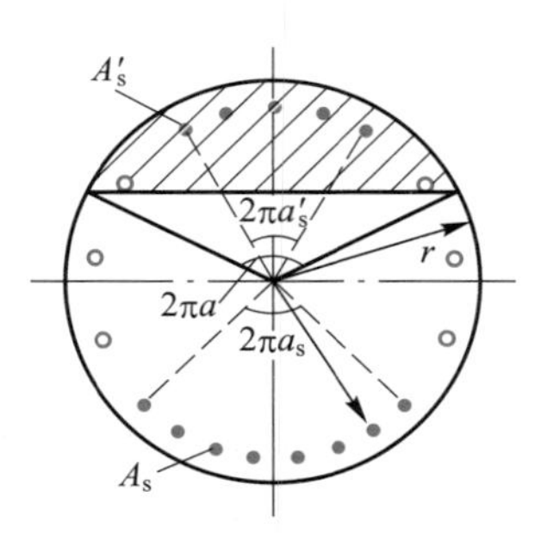

图 9.36　圆形截面正截面受弯承载力计算

$$M \leqslant \frac{2}{3} f_c A r \frac{\sin^3 \pi a'}{\pi} + f_y A_{st} r_s \frac{\sin \pi a_s}{\pi a_s} + f_y A'_{st} r_s \frac{\sin \pi a'_s}{\pi a'_s} \tag{9.100}$$

$$a' f_c A\left(1-\frac{\sin 2\pi a'}{2\pi a'}\right) + f_y(A'_{st}-A_{st}) = 0 \tag{9.101}$$

$$\cos \pi a' \geqslant 1-\left(1+\frac{r_s}{r}\cos \pi a_s\right)\xi_b \tag{9.102}$$

$$a' \geqslant \frac{1}{3.5} \tag{9.103}$$

式中：M——桩的弯矩设计值；

a_s——对应于受拉钢筋的圆心角(rad)与 2π 的比值，a_s 宜取 1/6～1/3，通常可取 0.25；

a_s'——对应于受压钢筋的圆心角(rad)与 2π 的比值，宜取 $a_s' \leqslant 0.5a'$；

A_{st}、A_{st}'——沿周边均匀配置在圆心角 $2\pi a_s$、$2\pi a_s'$ 内的纵向受拉、受压钢筋的截面面积；

ξ_b——矩形截面的相对界限受压区高度，应按混凝土结构设计有关规范的规定取值。

沿受拉区和受压区周边局部均匀配置的纵向钢筋数量，宜使按式(9.101)计算的 a' 大于 1/3.5，当 $a'<1/3.5$ 时，其正截面受弯承载力应符合式(9.104)的规定：

$$M \leqslant f_y A_{st}\left(0.78r + r_s \frac{\sin \pi a_s}{\pi a_s}\right) \tag{9.104}$$

b. 桩截面的受剪计算。圆形截面钢筋混凝土抗滑桩的受剪截面应符合式(9.105)的规定：

$$V = 0.704 f_c r^2 \tag{9.105}$$

式中：V——斜截面上的最大剪力设计值。

f_c——混凝土轴心抗压强度设计值，当混凝土强度等级超过 C50 时，f_c 应以 $\beta_c f_c$ 代替。当混凝土强度等级为 C50 时，取 $\beta_c=1.0$；当混凝土强度等级为 C80 时，取 $\beta_c=0.8$；其间按线性内插法确定。

r——桩的半径。

仅配置箍筋不配置弯起钢筋的圆形截面钢筋混凝土抗滑桩按受弯构件设计时，其斜截面受剪承载力应符合式(9.106)的规定：

$$V \leqslant 1.97 f_t r^2 + 1.6 f_{yv} \frac{A_{sv}}{s} r \tag{9.106}$$

式中：V——斜截面上的最大剪力设计值；

f_t——混凝土轴心抗拉强度设计值；

f_{yv}——箍筋的抗拉强度设计值；

A_{sv}——配置在同一截面内全部箍筋的截面面积；

s——箍筋间距。

③ 箱型抗滑桩。

对箱型结构的抗滑桩进行配筋计算，应进行三个截面强度计算，即在滑动面附近进行抗滑抗弯拉验算和在剪力最大的两个剖面处进行抗剪验算，分别为 $A—A$、$B—B$、$C—C$ 剖面，如图 9.37 所示。

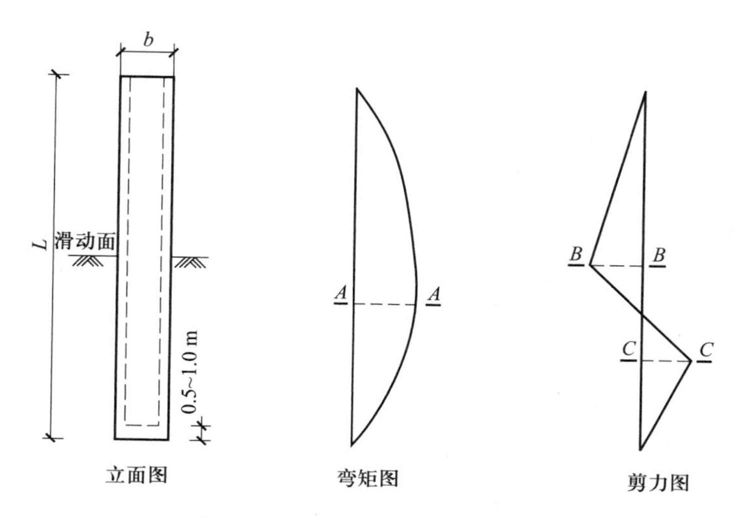

图 9.37　箱型抗滑桩结构内力图

a. 桩截面的受弯计算。进行截面抗弯承载力计算时，箱型截面受压混凝土高度 x 不应大于 ξ_b（如图 9.38 所示）。抗滑桩抗弯设计应符合式（9.107）~式（9.109）的规定：

$$\alpha_1 f_c bx + f_y' A_s' = f_y A_s \tag{9.107}$$

$$M \leqslant \alpha_1 f_c bx\left(h_0 - \frac{x}{2}\right) + f_y' A_s' (h_0 - a) \tag{9.108}$$

$$M \leqslant -\alpha_1 f_c bx\left(\frac{x}{2} - a\right) + f_y A_s (h_0 - a) \tag{9.109}$$

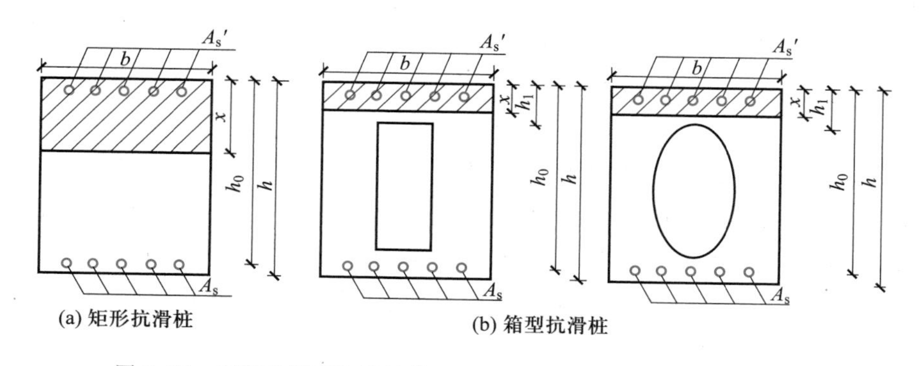

图 9.38　矩形和箱型抗滑桩截面（矩形、圆形中空井）抗弯设计简图

式中：α_1——混凝土强度折减系数，C50 以下混凝土的 $\alpha_1=1$；

f_c——混凝土轴心抗压强度设计值；

M——抗滑桩设计弯矩；

b——抗滑桩抗压截面宽度；

x——抗滑桩截面受压区高度；

h_0——抗滑桩截面有效高度；

f'_y——钢筋抗压强度设计值；

A'_s——受压钢筋截面面积；

A_s——受拉钢筋截面面积；

f_y——钢筋抗拉强度设计值；

a——钢筋保护层厚度。

b. 桩截面的受剪计算。抗滑桩中混凝土抗剪强度满足设计值要求时，仅配置构造箍筋即可。抗剪设计应符合式(9.110)的规定：

$$V \leqslant 0.25 f_c b_0 h_0 \tag{9.110}$$

式中：V——截面上由作用荷载效应产生的剪力设计值；

b_0——抗滑桩抗剪截面上的有效宽度之和，对于图 9.39 所示的矩形中空井截面，$b_0=2b_1$。

抗滑桩中混凝土抗剪强度未能满足剪力设计值要求时，抗剪设计应符合式(9.111)的规定：

$$V \leqslant 0.7 f_t b_1 h_0 + 1.25 f_{yv} \frac{A_{sv}}{s} h_0 \tag{9.111}$$

式中：V——截面上由作用荷载效应产生的剪力设计值；

f_t——混凝土轴心抗拉强度设计值；

b_1——抗滑桩抗剪截面有效宽度；

f_{yv}——箍筋的抗拉强度设计值；

A_{sv}——箍筋截面面积；

s——箍筋间距。

当 $V \leqslant 1.4 f_t b_1 h_0$ 时，箍筋间距不大于 250 mm；当 $V > 1.4 f_t b_1 h_0$ 时，在剪力最大处箍筋间距不大于 200 mm，直径不宜小于 10 mm。

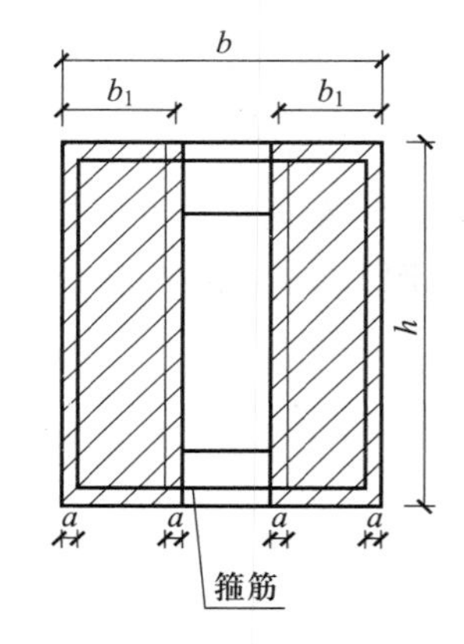

图 9.39 箱型抗滑桩截面（矩形中空井）抗剪设计简图

9.3.5 锚索抗滑桩

预应力锚索（杆）抗滑桩主要由锚索（杆）受力，改变了悬臂抗滑桩的受力状态，也改变了单纯依靠桩前地基反力抵抗下滑推力的抗滑形式，具体见图 9.24e。有锚桩的锚可用钢筋锚杆或预应力锚索，锚索（杆）和桩共同工作，大大改善了桩身的应力状态和桩顶变位，是一种较为经济、合理的抗滑结构。但锚杆或锚索的锚固端需要有较好的地层或岩层，对锚索而言，更需要有较好的岩层以提供可靠的锚固力。

1. 锚索拉力计算

(1) 单根锚索拉力计算

桩顶锚索拉力可按下式计算：

$$T_A=\frac{PL_0\left[\frac{\delta_{QQ}}{L_0}+\left(1+\frac{h}{L_0}\right)\delta_{QM}+h\delta_{QM}+\frac{L_0(3h-L_0)}{6}\right]-y_z}{h\left[\frac{\delta_{QQ}}{h}+2\delta_{QM}+h\delta_{MM}+\frac{h^2}{3E_cI_c}\right]} \tag{9.112}$$

式中：T_A——锚索拉力；

P——作用在桩上的滑坡推力；

L_0——滑坡推力合力作用点距滑动面的距离；

h——滑动面以上桩的高度；

δ_{QQ}——滑动面 O 处受单位剪力 $Q_0=1$ 作用时，桩截面形心在 O 点处剪力方向产生的位移；

δ_{QM}——滑动面 O 处受单位弯矩 $M_0=1$ 作用时，桩截面形心在 O 点处剪力方向产生的位移；

δ_{MM}——$Q_0=1$ 时桩截面形心在 O 点处的转角；

y_z——桩顶的位移，一般取 0.03 m；

E_cI_c——桩截面刚度。

在滑坡推力近似矩形分布，桩的埋深较浅（$h=2.5\sim3.0$ m）且桩前抗力分布与滑坡推力相似时，可根据桩上的滑坡推力 P 及桩前滑动面以上的岩土抗力计算出滑动面处的剪力 Q_0。以 $T_A=(1/2\sim4/7)Q_0$ 作为桩顶锚索拉力进行设计。

（2）多根锚索拉力计算

计算简图如图 9.40 所示，设第 i 根锚索作用点距滑动面距离为 L_i，锚索的弹性刚度为 k_i，抗滑桩的抗弯刚度为 EI，桩在滑动面以上的长度为 h_1，滑动面以下的嵌固段长度为 h_0。

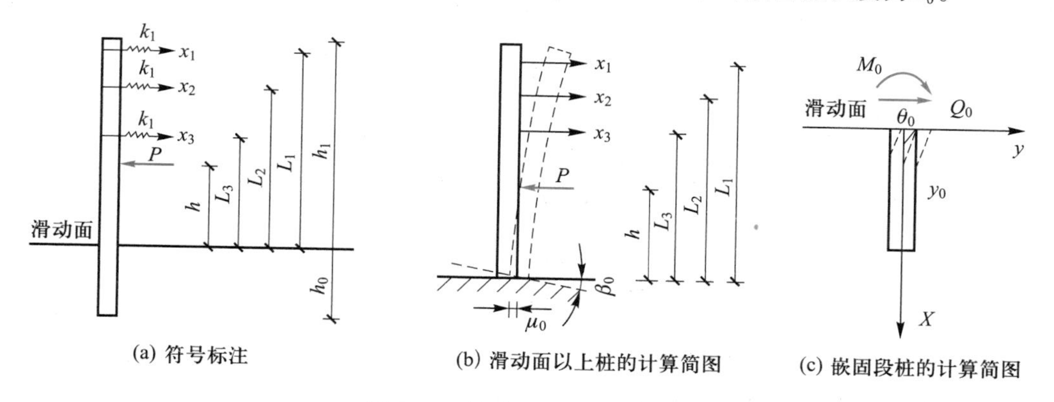

图 9.40　锚索抗滑桩计算简图

在多根锚索共同作用下，滑动面以上桩体的力法方程见式（9.113）~式（9.116）：

$$\boldsymbol{A}_x+\boldsymbol{A}_p=0 \tag{9.113}$$

$$\boldsymbol{A}=\begin{bmatrix}A_{11} & A_{12} & \cdots & A_{1n}\\ A_{21} & A_{22} & \cdots & A_{2n}\\ \vdots & \vdots & & \vdots\\ A_{n1} & A_{n2} & \cdots & A_{nn}\end{bmatrix} \tag{9.114}$$

$$\boldsymbol{A}_{\mathrm{p}}=\begin{bmatrix} A_{1\mathrm{p}} \\ A_{2\mathrm{p}} \\ A_{3\mathrm{p}} \\ \vdots \\ A_{n\mathrm{p}} \end{bmatrix} \tag{9.115}$$

$$x=\begin{bmatrix} x_1 \\ x_2 \\ x_3 \\ \vdots \\ x_n \end{bmatrix} \tag{9.116}$$

式中：$\boldsymbol{A}$——$n\times n$ 阶单位变位系数矩阵；

$\boldsymbol{A}_{\mathrm{p}}$——$n\times 1$ 阶载变位系数矩阵；

x——$n\times 1$ 阶锚索拉力$T_{\mathrm{A}i}$在水平方向上的分力列阵。

其中各系数由式(9.117)～式(9.122)计算，其中 $i=1,2,\cdots,n$，$j=1,2,\cdots,n$，A_{ij}中 $i\neq j$。

$$A_{ii}=\delta_{ii}+L_i^2\bar{\beta}_1+\bar{u}_1+\frac{1}{k_i} \tag{9.117}$$

$$A_{ij}=\delta_{ij}+L_iL_j\bar{\beta}_1+\bar{u}_1 \tag{9.118}$$

$$A_{i\mathrm{p}}=\Delta_{i\mathrm{p}}+L_iM_{\mathrm{P}}^0\bar{\beta}_1+Q_{\mathrm{P}}^0\bar{u}_1 \tag{9.119}$$

$$k_i=\frac{E_{\mathrm{s}}A_{\mathrm{s}i}}{L_{\mathrm{s}i}} \tag{9.120}$$

$$\delta_{ij}=\frac{L_i^2}{6EI}(3L_i-L_j) \tag{9.121}$$

$$\Delta_{i\mathrm{p}}=-\frac{Ph_0^2}{6EI}(3L_i-h_0) \tag{9.122}$$

式中：A_{ii}、A_{ij}——桩体的力法方程对应的系数；

M_{P}^0——滑坡推力在嵌固段桩顶产生的力矩；

Q_{P}^0——滑坡推力在嵌固段桩顶产生的剪力；

$\bar{\beta}_1$——嵌固段桩顶作用单位力矩$M_0=1$ 时引起该段桩顶的角变位；

$\bar{u}_1$——嵌固段桩顶作用单位力矩$Q_0=1$ 时引起该段桩顶的水平位移；

L_i——第 i 根锚索作用点距滑动面的距离；

k_i——第 i 根锚杆的弹性系数；

E_{s}——锚杆的弹性模量；

$A_{\mathrm{s}i}$——第 i 根锚杆的截面面积；

L_{si}——第 i 根锚杆自由段的长度；

δ_{ij}、Δ_{ip}——桩的单位变位和载变位。

由式(9.113)解出未知力x_i后，根据式(9.123)计算出各根锚索的拉力：

$$T_{Ai}=\frac{x_i}{\cos\ \alpha_i} \tag{9.123}$$

式中：T_{Ai}——第 i 根锚索的拉力；

x_i——第 i 根锚索的拉力水平向分力；

α_i——第 i 根锚索与水平面的夹角。

2. 桩身内力计算

将按照以上方法得到的锚索拉力T_A与滑坡推力 P，作为已知力施加在抗滑桩上，按照普通抗滑桩的计算方法计算桩体各截面的变形和内力，并进行配筋。

抗滑桩嵌固段顶面(滑动面)处的弯矩M_0和剪力Q_0由式(9.124)～式(9.125)计算：

$$M_0=\sum_{i=1}^{n}x_iL_i+M_P^0 \tag{9.124}$$

$$Q_0=\sum_{i=1}^{n}x_i+Q_P^0 \tag{9.125}$$

式中符号意义同式(9.121)、式(9.122)。

滑动面处桩的转角 β_0 和位移 u_0 可根据式(9.126)～式(9.127)计算：

$$\beta_0=\left(\sum_{i=1}^{n}x_1L_1+M_P^0\right)\bar{\beta}_1 \tag{9.126}$$

$$u_0=\left(\sum_{i=1}^{n}x_1+Q_P^0\right)\bar{u}_1 \tag{9.127}$$

式中符号意义同式(9.121)、式(9.122)。

滑动面处两个初参数y_0、θ_0可根据桩底边界条件求得，并满足式(9.128)～式(9.129)的变形协调条件：

$$u_0=y_0 \tag{9.128}$$

$$\beta_0=\theta_0 \tag{9.129}$$

3. 锚索抗滑桩结构设计

(1) 抗滑桩设置的基本原则

锚索抗滑桩的内力应按超静定体系分析。依据桩体和锚索(杆)的变形协调条件，参见以上的方法计算锚索(杆)和抗滑桩分担的荷载，并分项进行锚索和桩身设计。锚索分担荷载的比例一般不宜超过 50%。

初步拟定锚索抗滑桩长度时，抗滑桩嵌固段的长度可取桩长的 1/4～1/3，最终长度根据侧壁地层的横向容许承载力计算确定。

锚索设计应符合预应力锚索相关规定；对外锚头处桩体混凝土应进行局部抗压强度验算，并采取适当的加强措施。

锚索抗滑桩的桩体结构按照受弯构件设计,无特殊要求时,对抗滑桩的桩体可不进行裂缝宽度验算。

预应力锚索(杆)的预应力张拉值不应超过锚索(杆)的设计拉拔力,锚固力不应超过设计锚固力的80%。

(2)抗滑桩设计步骤

a. 侧向滑动推力计算;

b. 桩锚结构内力计算;

c. 桩嵌入深度计算;

d. 锚索计算和混凝土结构局部承压强度计算;

e. 变形控制验算。

(3)桩前岩土体强度校核

同9.3.4悬臂抗滑桩的桩前岩土体强度校核计算。

(4)抗滑桩的构造要求

抗滑桩桩身混凝土强度等级不应低于C30,当地下水有侵蚀性时,应按有关规定选用水泥。

锚索孔距桩顶的距离不应小于0.5 m。需在桩体上布置多排锚索(杆)时,各排锚索(杆)的间距不宜小于1.5 m。

锚索外锚头下的承力钢垫板平面应与锚索轴向保持垂直。

若抗滑桩先于锚索(杆)施工,应在桩身的锚索(杆)位置预埋锚索通道。锚索(杆)通道宜采用钢管制作。

(5)抗滑桩的配筋计算

同9.3.4悬臂抗滑桩的配筋计算。

9.4 滑坡支挡结构设计例题

2018年7月12日,受汛期连续强降雨及白龙江冲刷坡脚的影响,位于甘肃省甘南藏族自治州舟曲县南峪乡南峪村的江顶崖发生滑坡(H1滑坡),如图9.41所示,本次滑坡为南峪滑坡群江顶崖老滑坡体(H号滑坡)局部复活。江顶崖滑坡位于秦岭东西褶皱带的西延部分,构造活动十分强烈,形成了沿北西向展布的大致平行的断裂和褶皱带。本次滑坡长680 m、宽210 m,平均厚度约26 m,前后缘高差约180 m,体积近5.0×10^{6} m^{3},属大型堆积体滑坡。滑体为碎石土,滑带土为碳质板岩,滑床为断层破裂带,其中滑带碳质板岩吸水易软化、强度降低,滑体土石混合体松散、孔隙率大。具体土层参数见表9.17。滑坡地下水分布于滑体上层的碎石土中,下层的含砾黏土、黑色碳质板岩碎屑致密,软塑,相对隔水,存在上层滞水现象。根据GB/T 38509—2020《滑坡防治设计规范》,滑坡安全等级为一级,永久荷载分项系数$\gamma_G=1.35$。设计合理的滑坡治理方案。

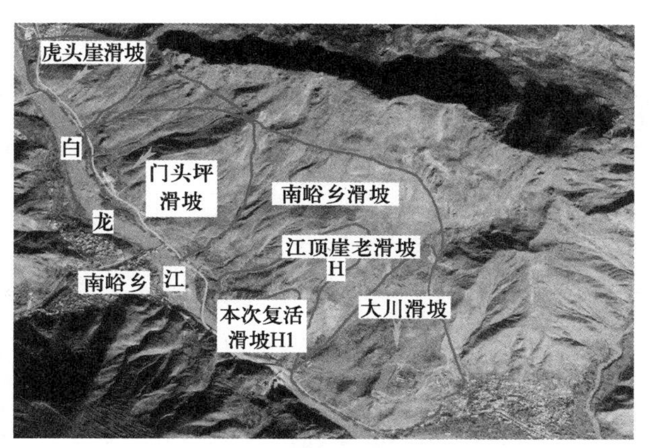

(a) 南峪滑坡群

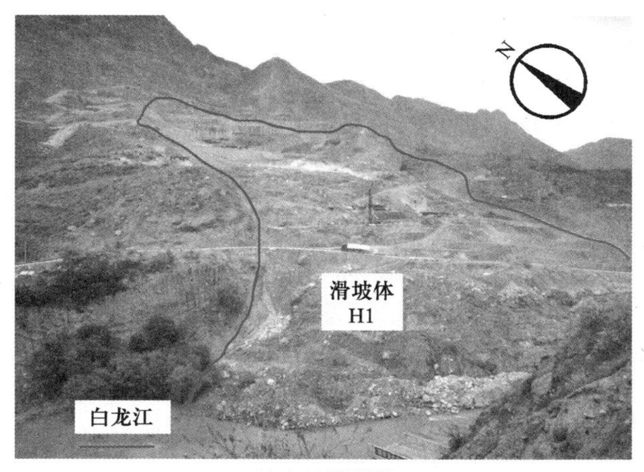

(b) 江顶崖滑坡

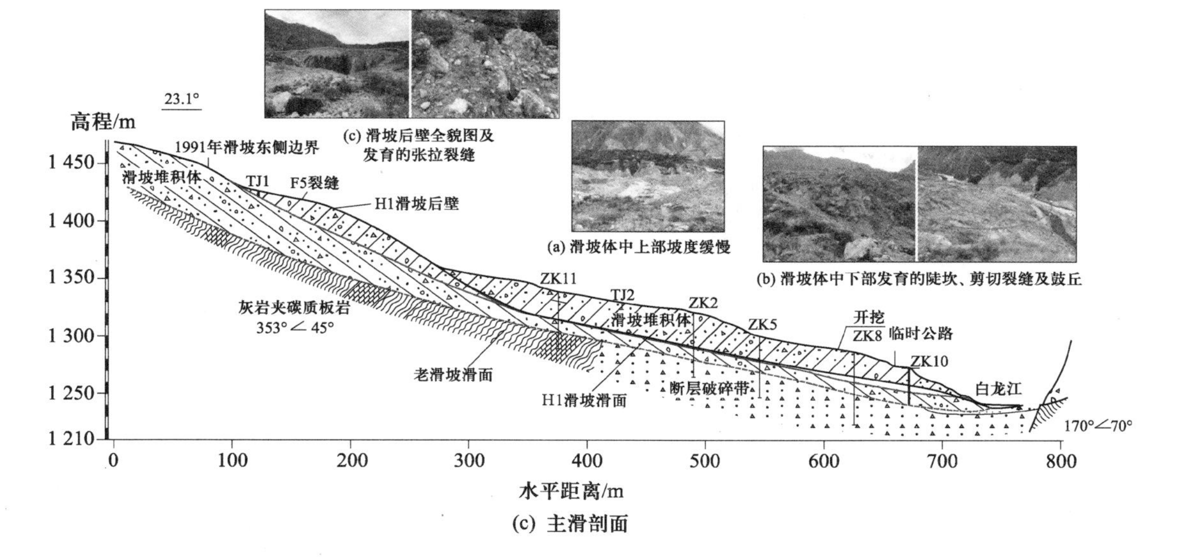

(c) 主滑剖面

图 9.41　舟曲县江顶崖堆积体滑坡

表 9.17　滑坡土层参数

土层	重度 $\gamma/(\mathrm{kN}\cdot\mathrm{m}^{-3})$	黏聚力 c/kPa	内摩擦角 $\varphi/(°)$
碎石土	18.5	12	22
碳质板岩	19~22.5	9~27	13.5~25.4
断层破裂带	21	8	26

9.4 设计例题详解

思考题与习题

9.1　简述滑坡的定义和滑坡的分类。滑坡的破坏模式有哪些?

9.2　试分析折线式滑动面滑坡推力计算的传递系数法基本原理。

9.3　试比较传递系数法与分块极限平衡法计算滑坡推力的差异。

9.4　试比较整体圆弧滑动法、瑞典条分法、毕肖普法、简布法等滑坡稳定性分析方法的优缺点。

9.5　简述滑动面以上抗滑桩内力计算分析方法。

9.6　试分析推导采用常数法与 m 法分析滑动面以下桩身内力、变形的挠度微分方程。

9.7　试分析抗滑桩桩前岩土体弹性抗力强度校核方法的理论基础。

9.8　什么是拉力型锚索、压力型锚索和荷载分散型锚索?简述压力型锚索与荷载分散型锚索的异同点。

9.9　不同锚固段形态对锚索拉力的影响有何不同?

9.10　简述锚固深度与锚固长度的概念,并分析其计算方法的差异。

9.11　试分析预应力锚索的外锚格构梁结构的内力计算方法。

参考文献

[1] 重庆市城乡建设委员会. 建筑边坡工程技术规范:GB 50330—2013[S]. 北京:中国建筑工业出版社, 2013.

[2] 中华人民共和国住房和城乡建设部. 建筑基坑支护技术规程:JGJ 120—2012[S]. 北京:中国建筑工业出版社,2012.

[3] 中交第二公路勘察设计研究院有限公司. 公路路基设计规范:JTG D30—2015[S]. 北京:人民交通出版社,2015.

[4] 中华人民共和国自然资源部. 滑坡防治设计规范: GB/T 38509—2020[S]. 北京: 中国标准出版社, 2020.

[5] 中国钢铁工业协会. 预应力混凝土用钢绞线: GB/T 5224—2014[S]. 北京: 中国标准出版社, 2014.

[6] 顾慰慈.挡土墙土压力计算[M]. 北京:中国建材工业出版社,2001.

[7] 朱彦鹏,王秀丽,周勇.支挡结构设计计算手册[M]. 北京:中国建筑工业出版社,2008.

[8] 陈忠达. 公路挡土墙设计[M]. 北京:人民交通出版社,1999.

[9] 朱彦鹏,罗晓辉,周勇. 支挡结构设计[M]. 北京:高等教育出版社,2008.

[10] 朱彦鹏,董建华. 柔性支挡结构的静动力稳定性分析[M]. 北京:科学出版社,2015.

[11] 朱彦鹏. 特种结构[M].4 版. 武汉:武汉理工大学出版社,2012.

[12] 朱彦鹏,朱胜祥,叶帅华,等. 桩板墙预应力锚托板柔性支护体系及其施工方法:ZL 201510022317.X[P].2017-02-22.

[13] 朱彦鹏,陶钧,杨校辉,等. 框架预应力锚托板结构加固高填方边坡设计与数值分析[J]. 岩土力学,2020,41(02):612-623.

[14] 李忠,朱彦鹏. 框架预应力锚杆边坡支护结构稳定性计算方法及其应用[J]. 岩石力学与工程学报,2005,24(21):124-128.

[15] 朱彦鹏,李元勋. 混合法在深基坑排桩锚杆支护计算中的应用研究[J]. 岩土力学,2013,34(05):1416-1420.

[16] 朱彦鹏,李忠. 深基坑土钉支护稳定性分析方法的改进及软件开发[J]. 岩土工程学报,2005,27(08):939-943.

[17] 朱彦鹏,王秀丽,李忠,等. 土钉墙的一种可靠性自动优化设计法[J]. 岩石力学与工程学报,2006,25(z1):3124-3130.

[18] 徐邦栋. 滑坡分析与防治[M]. 北京: 中国铁道出版社, 2001.

[19] 郑颖人,陈祖煜,王恭先,等. 边坡与滑坡工程治理[M]. 2 版.北京: 人民交通出版社, 2010.

[20] 殷宗泽. 土工原理[M]. 北京: 中国水利水电出版社, 2007.